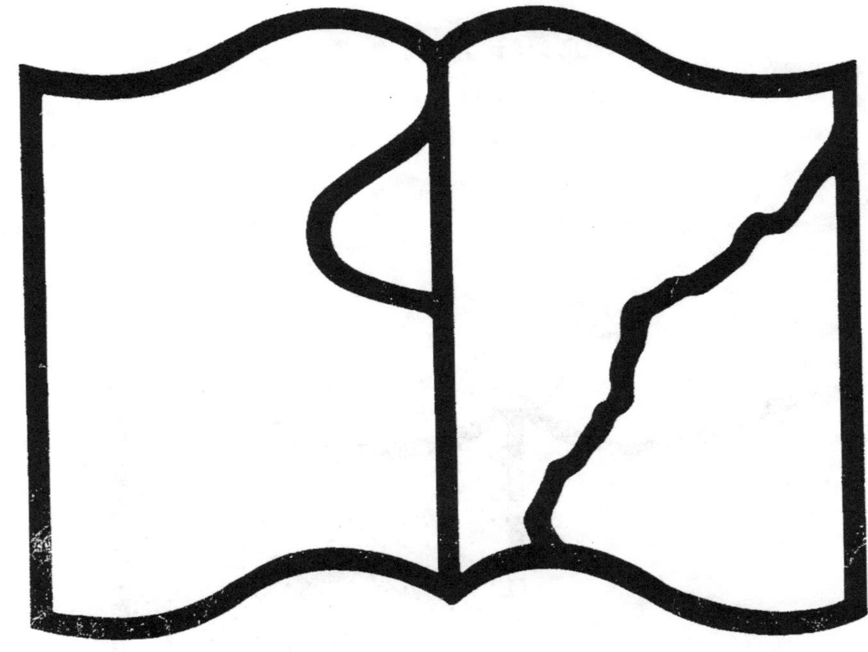

Texte détérioré — reliure défectueuse

NF Z 43-120-11

Contraste insuffisant

NF Z 43-120-14

VIGNERON

Sans pl. 15 oct. 1872

PARIS

LIBRAIRIE ENCYCLOPÉDIQUE DE RORET

RUE HAUTEFEUILLE, 12

ENCYCLOPÉDIE-RORET.

—

VIGNERON

MANUELS-RORET

NOUVEAU MANUEL COMPLET

DU

VIGNERON

OU

ART DE CULTIVER LA VIGNE

ET DE FAIRE LE VIN

CONTENANT

La description des différentes variétés de Vigne et des modes les plus usités de Plantation et de Culture ; les méthodes reconnues les plus efficaces pour prévenir et guérir ses Maladies ; les procédés perfectionnés de Fabrication et d'Entretien des Vins en cuve et en fût ; le chauffage des Vins ; la Fabrication spéciale de certains Vins ; l'Art de tirer parti de tout ce que la Vigne peut produire.

PAR

Arsenne THIÉBAUT DE BERNEAUD

SIXIÈME ÉDITION

REVUE, CORRIGÉE ET AUGMENTÉE

Par M. F. MALEPEYRE

PARIS

LIBRAIRIE ENCYCLOPÉDIQUE DE RORET

RUE HAUTEFEUILLE, 12

1873

AVIS

Le mérite des ouvrages de l'**Encyclopédie-Roret** leur a valu les honneurs de la traduction, de l'imitation et de la contrefaçon. Pour distinguer ce volume, il porte la signature de l'Éditeur, qui se réserve le droit de le faire traduire dans toutes les langues, et de poursuivre, en vertu des lois, décrets et traités internationaux, toutes contrefaçons et toutes traductions faites au mépris de ses droits.

Le dépôt légal de ce Manuel a été fait dans le cours du mois d'octobre 1872, et toutes les formalités prescrites par les traités ont été remplies dans les divers Etats avec lesquels la France a conclu des conventions littéraires.

INTRODUCTION

On possède en France, pays vinicole par excellence, un nombre incalculable de traités, de mémoires, de notices sur la vigne, ses différents cépages, la manière dont on la cultive, les produits variés qu'elle fournit suivant tel ou tel mode de traitement, soit de l'arbuste lui-même, soit de ses fruits. Au milieu de cet amas de documents, les uns remplis de renseignements utiles, les autres entachés d'erreurs, d'autres enfin ne s'appliquant qu'à des cultures particulières et à des procédés locaux, comment le simple vigneron pourra-t-il distinguer d'une manière sûre, la voie qu'il conviendra le mieux à ses intérêts d'adopter pour tirer de son héritage le plus de profit possible suivant le climat ou la latitude sous laquelle il est placé, avec la nature du terrain dont il dispose, le plant qu'il peut se procurer et les moyens de fabrication qui sont à sa disposition.

C'est pour venir en aide aux vignerons, surtout à ceux dont l'instruction n'est pas encore très-développée, que nous avons entrepris la rédaction de ce manuel dans lequel nous avons cherché à résumer ce qui peut intéresser et guider nos lecteurs dans la tâche laborieuse et parfois ingrate à laquelle ils consacrent leur travail et leurs forces et dans laquelle ils hasardent leur capital.

Loin de nous la pensée de donner un traité complet de la vigne s'appliquant à tous les pays, à toutes les conditions climatériques, à tous les sols, les expositions, les cépages, etc., nous avons simplement eu pour objet d'offrir au propriétaire de vignes en France, un manuel pratique dans lequel il puisse au besoin recourir avec confiance, et qui soit pour lui un guide fidèle pour tout ce qui concerne la culture du précieux arbrisseau et la préparation des vins.

Notre travail ne contient que ce que l'expérience des temps a confirmé, ainsi que les produits que la science moderne a signalés comme propres à améliorer soit la culture de la vigne, soit ses produits. De plus, nous avons discuté avec beaucoup de vignerons habiles, et nous avons mis leurs lumières à profit. Enfin nous avons, avec tout le soin dont nous sommes capable, cherché à être utile tant au petit qu'au riche propriétaire.

Disons maintenant un mot de l'ordre adopté pour la rédaction de cet ouvrage. Nous avons divisé les matières nombreuses et variées à traiter successivement en six livres.

Dans le premier en s'occupe de la culture de la vigne, en suivant pas à pas toutes les phases de sa végétation, et après voir parlé de son histoire, on cherche à fixer les incertitudes d'une nomenclature, variée à l'infini, et, autrefois, singulièrement embrouillée.

Le second Livre traite des maladies qui affectent la vigne, fait connaître leurs causes, et indique les moyens les plus économiques et les plus certains d'y porter promptement remède.

Le troisième est consacré aux vendanges et à leurs produits, à l'art de préparer, de conserver et d'améliorer les vins, depuis le moment que le raisin est placé sous le pressoir, jusqu'à celui où sa liqueur est livrée à la consommation.

Dans le cinquième Livre on s'occupe des divers usages que l'économie domestique et les arts peuvent faire des produits de la vigne.

Le cinquième a pour objet de faire connaître quelques sortes de vins fabriqués d'une manière spéciale, les principaux vins de France et quelques crus renommés en Europe.

Enfin, dans le sixième Livre, il est traité des maladies qui menacent incessamment le vigneron; on lui dépeint les plaisirs de sa récolte, et on lui montre, dans l'extension que la culture de la vigne prend à l'étranger, les obligations pressantes que lui imposent le bien-être de sa famille et le juste salaire de ses peines, de ses rudes travaux.

Comme nous nous adressons à nos compatriotes, nous nous sommes principalement occupé de la France. Cette tâche convenait à notre cœur et au genre de travaux auxquels nous nous livrons dans cette encyclopédie pour porter l'instruction dans les campagnes, aider à l'amélioration de toutes les branches de l'arbre agricole, dont la vigueur et l'ombrage tutélaire doivent attester la longue prospérité de notre pays. Que ceux qui voudront de plus amples lumières recourent aux traités des grands maîtres; qu'ils étendent leurs études au-delà des limites de la France, partout ils trouveront à se satisfaire. Notre ambition est limitée, heureux si nous avons su atteindre notre but et le remplir dignement. Ce n'est point un livre de bibliothèque que nous avons voulu écrire, mais seulement une instruction familière à la portée des plus simples intelligences.

Nous déclarons enfin que ce livre est principalement écrit dans le but d'appeler nos vignerons dans la voie du progrès et fixer toute leur attention sur une plante qui regarde la France comme sa patrie.

Il leur importe plus que jamais de soutenir la supériorité de ses produits, que partout, même dans les contrées septentrionales de l'Allemagne, on met tout en œuvre pour y cultiver la vigne, pour la multiplier et améliorer les vins qu'elle commence à y donner.

Redoublons de soins, perfectionnons nos produits, visons moins à la quantité qu'à la parfaite qualité, et frappons de l'anathème le marchand qui porte atteinte à notre industrie en falsifiant le fruit de nos sueurs. C'est la mauvaise foi du commerce qu'il faut uniquement accuser de la diminution sensible que l'on remarque dans la consommation étrangère ; l'appât d'un gain illicite le décide à des sophistications ; l'étranger s'en aperçoit et se venge en cessant tout rapport.

L'obligation où nous nous sommes trouvé, pour la sixième fois, de publier une nouvelle édition de ce *Manuel du Vigneron*, nous a déterminé, pour justifier son succès, à lui donner de nouveaux soins, et à l'augmenter de beaucoup. Nous désirons témoigner ainsi notre reconnaissance à nos lecteurs, et inspirer de plus en plus, à ceux qui nous liront, le goût des bonnes pratiques.

Les précédentes éditions, parues sous le titre de *Manuel du Vigneron français*, étaient accompagnées d'un Atlas. L'édition actuelle renferme une plus grande quantité de figures, placées dans le texte, et contient, en outre, douze planches représentant diverses espèces de raisins. Malgré ces améliorations importantes, nous n'avons pas augmenté le prix de ce manuel, afin de le maintenir à la portée des bourses les plus modestes.

NOUVEAU MANUEL COMPLET

DU

VIGNERON

LIVRE PREMIER

DE LA CULTURE DE LA VIGNE.

CHAPITRE PREMIER.

Histoire de la Vigne.

Les traditions les plus reculées nous apprennent que la vigne, sa culture et ses produits ont été consacrés à la satisfaction des besoins de l'homme dès la plus haute antiquité. Le paganisme avait des dieux et des déesses de la vigne et du vin, des temples, des prêtres et un culte pour ces dieux. Les livres sacrés nous montrent Noé cultivant la vigne et préparant du vin. Jésus-Christ transforme l'eau en vin aux noces de Cana et consacre le vin comme représentant le sang de notre divin Rédempteur.

L'arbrisseau qui porte le raisin est donc, depuis des siècles, au nombre des végétaux cultivés avec le plus de soins. Les documents historiques nous prouvent que les colonies éthiopiennes, qui s'étendirent si loin, frappées de l'excellence de ces belles grappes venues spontanément et sans le travail de l'homme, l'introduisirent partout où elles s'établirent. Ce sont elles en effet qui le donnèrent aux Arabes, sous le nom de *Karam*, d'où il passa dans l'Inde. De sa patrie descendu dans l'Egypte, et suivant le littoral de la Méditerranée, on le vit prospérer dans la Syrie, sur toute la côte de l'Ionie, en Grèce, en Italie, dans les Gaules et en Espagne. C'est à tort que Chaptal et d'autres donnent une autre origine à la vigne.

Que l'on trouve la vigne tombée à l'état sauvage en Syrie, dans les bois de Manzanderan et sur les montagnes des Kourdes, comme l'ont dit Michaud et Olivier; que Pallas la recueille sur les rives de la mer Caspienne et de la mer Noire; qu'elle vive sans culture dans le Belouchistan et les bords les plus au nord de la mer d'Arabie, au pied des monts Paropamisano, dans le Caboul, ces preuves de son passage de l'Ethiopie en Asie ne peuvent fixer des époques historiques. Celle première de la découverte de la vigne est irrévocablement perdue; pour elle, comme pour toutes les inventions utiles, comme pour tout ce qui se rattache aux premiers besoins de la vie, nous jouissons du bienfait sans nous inquiéter du bienfaiteur. Si nous voulons cependant fixer cette époque, en estimant qu'on aura trouvé l'art de cultiver la vigne et de préparer sa liqueur dès l'instant que l'homme s'est décidé à exploiter la terre et à s'approprier ses productions variées, on ne s'éloignera point de la vérité. La vigne a dû être une des premières conquêtes de l'industrie; son importance a dû fixer, dès le berceau de la société, les yeux et l'intérêt de l'homme.

Ce qui nous intéresserait beaucoup plus, ce serait de savoir positivement qui apporta, le premier, cet arbrisseau dans les Gaules et quand il y fut cultivé; mais le problème reste encore à résoudre. Ceux qui se sont occupés de recherches sur les antiquités de la France, ne nous offrent que des conjectures; il est en effet impossible de mettre d'accord les auteurs grecs et latins; leurs témoignages sont si opposés et même si contradictoires que, loin d'offrir une solution, ils augmentent la somme du doute. Selon Pline, le naturaliste (*Hist. nat.*, lib. XII, cap. 4), le premier qui fit connaître l'existence de la vigne aux Gaulois et leur révéla les nombreux avantages de sa culture et de la liqueur qu'on en obtient, fut un Helvétien, nommé Hélicon, lequel, après avoir fait une certaine fortune à Rome, voulut, en quittant l'Italie, enrichir de ce précieux arbrisseau son pays et la Gaule qu'il avait à traverser. Plutarque et Tite-Live disent, au contraire, que ce fut un Toscan émigré qui, désireux de se venger de sa patrie, vint dans les Gaules apportant le meilleur vin de l'Italie, en fit boire aux principaux chefs de leurs armées permanentes, et excita cette guerre cruelle qui fut cause du sac de Rome et des longs désastres de toute la Péninsule. Il serait plus sage d'adopter le sentiment de Cicéron et de croire avec lui que l'introduction de la vigne dans nos contrées a été le fruit du commerce : Varron, Jules César et Strabon semblent confirmer cette opinion. Diodore de Sicile, lui-même, nous le dit de la manière la plus positive, et c'est l'opinion que je crois devoir adopter comme la seule vraie. L'autorité de Justin vient me fournir un nouvel argument à l'appui, quand il avance que les Phocéens, en fondant les murs de Marseille, ont enrichi leur nouvelle patrie de la vigne qu'ils cultivaient avec le plus grand succès au pays que la tyrannie les avait obligés d'abandonner.

La culture de l'arbrisseau vinifère fut longtemps confinée dans les environs de la Nouvelle-Phocée, mais elle s'étendit par suite des communications avec l'Italie, devenues plus fréquentes depuis l'invasion d'Annibal. Elle devint bientôt plus florissante et les vins de la Gaule acquirent à Rome une juste réputation.

Quoi qu'il en soit du moment où la vigne parut dans les Gaules, il est constant, par le témoigngge de tous les siècles, que sa culture gagna bientôt, partout où elle trouvait des terres convenables, une bonne situation et des bras actifs pour la cultiver. Ses progrès furent même si rapides qu'ils portèrent ombrage aux Romains, et que, sous le spécieux prétexte de prévenir une famine, on fit à tous une nécessité de restituer les terres au blé.

La famine ne fut qu'un prétexte pour rendre de nouveau la Gaule tributaire de l'Italie, et ruiner la haute réputation qu'acquéraient chaque jour les vins qu'elle produisait, qu'elle portait aux nations voisines et même aux plus lointaines, puisque l'édit eut son effet durant deux siècles. Ce ne fut qu'en l'année 282 que Probus rendit cette culture à nos ancêtres. La replantation se fit au milieu de l'allégresse : femmes, enfants, vieillards, et jusqu'aux soldats des légions romaines, tous prirent part à un travail qui régénérait la patrie et fermait les plaies de chaque famille. Chacun s'empressait, se livrait à l'envi, et presque spontanément, à ouvrir le sol, à extirper d'antiques et inutiles souches, à creuser des fossés, et à placer sur les coteaux la plante chérie et si longtemps regrettée. C'était, au rapport des annalistes, un spectacle ravissant de voir des populations entières se répandre joyeusement dans les campagnes, remplir l'air de leurs chansons, et au milieu des danses rendre aux ceps le terrain qu'ils avaient autrefois ombragé (1). De ce moment, la vigne, d'abord limitée à la ligne des Cévennes, s'étendit sur tous les coteaux du Rhône, de la Saône, et même elle monta jusqu'aux rives de la Seine, de la Marne, de la Moselle, de l'Escaut et du Rhin; partout elle fit alors partie de la culture du grand comme du petit propriétaire.

Les peuplades du Nord qui débordèrent sur notre patrie, après avoir brisé les derniers obstacles que la faiblesse des héritiers des Césars opposaient à leur marche torrentueuse, respectèrent les plantations de vignes; ils prononcèrent même des peines très-sévères contre quiconque déracinerait un cep, volerait du raisin ou répandrait l'enivrante liqueur; mais bientôt, par une fatalité nouvelle, la vigne devint l'objet des spéculations fiscales. Des impôts onéreux pesèrent sur elle; ils étaient tant en nature qu'en numéraire. La culture fut plus un fardeau qu'un avantage, ce qui lui porta un coup funeste.

Cependant les désastreuses expéditions des XIIe et XIIe siècles contre les nations de l'Asie ont fait rapporter

____

(1) Dunod, en son *Histoire des Séquanois*, est entré, à ce sujet, dans de curieux détails.

de Chypre, d'Alexandrie, de Corinthe et de la Palestine, des sarments de vigne d'une espèce excellente et demeurée jusqu'alors inconnue; ils furent plantés au pied des Pyrénées, et ont donné naissance aux vins de Frontignan, de Lunel, de Rivesaltes et autres.

L'usage du vin s'étendit chez le peuple jusqu'alors privé de linge et de la liqueur reconfortante. Les nombreuses léproseries qui couvraient le sol de la France diminuèrent, après le xve siècle, quand les lumières répandues par l'imprimerie eurent éveillé les esprits.

Dès lors, et jusqu'au xvie siècle, la vigne se multiplia sur tous les points de la France, et devint pour le commerce une branche féconde. Mais, en 1566, une nouvelle proscription vint la frapper. On lui reprocha de nuire à la culture des terres labourables, et sur ce prétexte on fit arracher encore une fois les pampres qui ornaient nos coteaux. Onze ans après, cet ordre fut révoqué, et la vigne reparut en triomphatrice sur sa terre adoptive. Au commencement du xviiie siècle, on s'en prit encore à la vigne de la misérable situation dans laquelle languissaient toutes les autres cultures, et le 5 juillet 1731, on fit défense de planter aucune nouvelle vigne en France, et de donner le moindre soin à celles qui auraient été abandonnées depuis deux ans, sous peine de trois mille francs d'amende. Loin de remédier au mal, c'était lui en ajouter un autre beaucoup plus grand.

L'excès dans l'impôt et l'arbitraire dans sa perception sont venus remplacer les prohibitions de 1731; ils ont produit un mécontentement général. Est-il juste en effet que celui qui veut planter paie l'impôt durant quatre, cinq et six ans, sans retirer le plus léger profit? et s'il désire obtenir un vin généreux, et par conséquent attendre vingt-cinq à trente ans, faut-il qu'il paie comme si sa vigne était en plein rapport?

En rendant à chacun tous les droits que lui donne la propriété légitimement acquise, la révolution de 1789 a confié à l'intérêt privé l'intérêt général; elle a détruit tout système de contrainte, elle a laissé à l'industrie le pouvoir de créer, celui de tirer parti de ses ressources et d'enrichir le sol national. Les avantages de cette nouvelle législation nous ont mis en mesure de satisfaire pleinement aux besoins de la consommation intérieure et de répondre aux besoins de la consommation extérieure. Le mouvement est donné, on l'arrêterait difficilement.

En 1775, on ne comptait en France que 800,000 hectares de vignes ; cette quantité, en 1789, était de 1 million 500,000 ; en 1800, cette culture embrassait 1 million 905,900 hectares ; aujourd'hui, en 1872, nous comptons 2,200,000 hectares plantés en vignes, c'est-à-dire, environ un vingt-cinquième de la superficie totale de notre territoire, exploité par 2,468,300 familles, produisant plus de 1200 millions de francs. La vigne a pour limites, au sud, les Pyrénées et la Méditerranée ; à l'ouest, sa culture s'arrête avec la rive gauche de la Loire, à son embouchure près de Paimbœuf (1) ; à l'est, elle cesse dans les Ardennes, auprès de Mézières. Sa ligne septentrionale laisse en dehors les départements du Pas-de-Calais, de la Somme et du Nord ; elle ne dépasse pas la partie méridionale du département de l'Aisne, où, à très-peu d'exceptions près, ses produits sont d'une qualité inférieure.

Nous n'avons que dix départements où la vigne ne produit pas de vin, ce sont ceux du Calvados, des Côtes-du-Nord, de la Creuse, du Finistère, de la Manche, du Nord, de l'Orne, du Pas-de-Calais, de la Seine-Inférieure et de la Somme. Trois en produisent, année commune, plus de deux millions d'hectolitres (la Charente-Inférieure, la Gironde et l'Hérault). Ceux où l'hectare produit le plus, sont ceux d'Eure-et-Loire, de la Moselle, des Ardennes, de la Meuse, de la Meurthe et du Haut-Rhin ; l'hectare y donne, année moyenne, de quarante-cinq à cinquante-cinq hectolitres. Le département le moins favorisé à cet

(1) En 1823, on en voyait encore des ceps dans le Morbihan, surtout aux environs de Vannes ; le vin en était d'assez bonne qualité, mais de prétendus changements dans notre température atmosphérique les ont fait couper depuis cette époque. On cultive encore le chasselas et quelque autre raisin de table, dans quelques jardins : c'est tout.

égard est celui de Vaucluse qui ne rend que cinq à sept hectolitres par hectare.

Dans les terrains d'alluvion de l'Hérault, la vigne est d'une vitalité bien remarquable, et sa vigueur est telle qu'elle lui permet de donner jusqu'à 400 hectolitres de vin par hectare.

Nos vins rouges de première classe croissent dans les départements de l'Yonne, de la Côte-d'Or, de Saône-et-Loire, du Rhône, de l'Isère, de la Drôme et de la Gironde ; les vins blancs de la même classe proviennent des départements de la Marne, de la Côte-d'Or, de la Gironde, de la Loire et de la Drôme. La seconde classe rivalise avec la première, mais de la troisième à la cinquième, les qualités déclinent très-sensiblement ; tous ont, en particulier, un goût et un parfum propres à les distinguer. Aucun pays ne peut disputer à nos vins, ni cet arôme spiritueux, que l'on nomme *bouquet*, qui flatte le goût, l'odorat, et promet une délicate jouissance, encore moins cette sève délicieuse qui chatouille tous les sens à la fois, parfume l'haleine, va récréer l'estomac, et lui porter de nouvelles forces, de nouveaux plaisirs.

La vigne a pu être cultivée sous le ciel brumeux de l'Angleterre, et surtout dans l'île d'Ely que les vieux Normands appelèrent l'Ile-des-Vignes ; qu'elle y soit de nouveau cultivée en espalier depuis 1825 ; que la Belgique puisse bien citer quelques côteaux aussi heureusement inclinés que celui du village de Wesemael, près de Louvain, il n'est pas moins vrai que le fécond arbrisseau a choisi la France pour sa patrie, qu'il y donne ses plus aimables productions avec une étonnante variété, et que partout où les montagnes sont couvertes de ceps, comme dans la vallée pittoresque et bien boisée de Marcillac, département de l'Aveyron, on voit poindre sous les pampres verts des maisons, des cabanes, de vieilles ruines qui en reçoivent une nouvelle vie. Aucune limite apparente entre les divers héritages, ne vient rompre l'uniformité de ce riche ruban.

On a calculé que la production annuelle du vin en

France, sur une surface de 2,194,092 hectares cultivés en vignes, s'élève à près de 49 millions d'hectolitres, de toutes les qualités, sur quoi l'exportation en emporte un million 222,000 hectolitres. On estime qu'il en faut vingt-un million pour être convertis en eau-de-vie, vinaigre, etc.

CHAPITRE II.

De la Vigne, de ses espèces et variétés.

La vigne appartient à la famille naturelle des Viticées, et à la pentandrie monogynie de Linnée ou bien à la 3ᵉ classe ou celle des dicotylées polypétales à étamines attachées sous le pistil, ordre XVII, vinifères, tribu des sarmentatées de Jussieu. Elle forme un genre, dont presque toutes les espèces sont originaires de l'Amérique du nord, à l'exception d'une seule ; la plus intéressante et la plus commune, *Vitis vinifera*, fait partie de la flore agricole de l'ancien continent.

Les caractères botaniques du genre Vigne, *Vitis*, sont d'offrir des arbrisseaux à tige sarmenteuse, trop faible pour se soutenir par elle-même, qui s'attache aux arbres, ou bien aux tuteurs qu'on lui donne, soit en contournant sa tige et ses rameaux autour d'eux, soit en s'y accrochant par les vrilles dont elle est munie ; elle est aussi susceptible de s'enraciner par ses nœuds. Les feuilles sont alternes, palmées à cinq lobes, plus ou moins incisées, divisées ou dentées, vertes et glabres, à fleurs en grappe opposées aux feuilles, soutenues par un pédoncule commun qui devient une vrille si les fleurs avortent. Ces fleurs sont petites, verdâtres, portées sur un calice très-petit, d'une seule pièce, à cinq dents. La corolle est formée de cinq pétales caducs, souvent réunis à leur sommet en forme de coiffe, détachés souvent par le bas, et tombant sans se séparer. Cinq étamines opposées aux pétales, à filiments subulés, étalés, redressés, caducs, supportent des anthères simples. Style nul ; stigmate en tête et sessile sur un ovaire à cinq loges. Cet ovaire devient une baie globuleuse ou ovale, succulente, uniloculaire à l'époque de la maturité, contenant cinq graines osseuses, dont deux, trois, et quelquefois quatre, avortent.

Les fruits paraissent toujours sur les pousses de l'année, et sont ordinairement placés au cinquième, au sixième et au septième nœud ; de manière que lorsqu'on voit le septième nœud paraître sans fruit sur cette pousse, on ne doit pas s'attendre à en voir dans l'année sur le rameau.

Je ne m'arrêterai point aux diverses espèces du genre Vigne, une seule doit fixer mon attention ; mais avant, il convient de détruire ici l'opinion de ceux qui pensent que l'espèce cultivée, *Vitis vinifera*, est une amélioration obtenue par la culture, de l'espèce cotonneuse appelée par les botanistes modernes, *Vitis labrusca*, ou même d'une autre espèce distincte, la Vigne-vierge, *Vitis hederacea*.

Trompés par l'adoption du mot *labrusca*, que Linnée emploie comme adjectif, pour désigner une espèce de vigne indigène à l'Amérique septentrionale, on a voulu rapporter à cette espèce, dont le fruit rond et noir fournit un suc âpre, le *Labrusca* des anciens, qui est la plante spontanée de la vigne cultivée, et l'on a jeté de la confusion dans la nomenclature. La tige sauvage de notre précieux arbrisseau est encore connue dans le midi de la France, sous les noms de *lambrusco*, de *lambresquiero* et sous celui de *labrusque*.

Certains auteurs en font une espèce distincte, les autres une simple variété provenant de pépins apportés par les oiseaux. Je la regarde comme le type de la vigne perfectionnée par la culture, comme la source primitive de toutes les variétés et sous-variétés connues. Je sais bien qu'un vigneron distingué d'Aubenas, Bernardi, a semé des pépins de la variété appelé *œillade* dans le Midi, qu'il en a obtenu des ceps de diverses variétés, et jamais de lambrusques. Je n'en persiste pas moins dans mon opinion.

Le lambrusque grimpe sur les ormeaux du Delta du

Rhône, et quelquefois les écrase sous sa luxuriante végétation, en formant sur leurs têtes de lourds dômes de
verdure liés les uns aux autres, de telle sorte, qu'ils
semblent ne former qu'un seul sommet. Elle croît le long
des fossés, au milieu des haies et des palissades, et montre une vigueur d'autant plus forte que le terrain est
profond, substantiel et frais. Les pousses longues, grêles
et flexibles prennent, au bout de quelques années, une
consistance ligneuse très-forte, sans perdre de leur élasticité. Les feuilles qui les garnissent, en se desséchant,
deviennent souvent d'un beau rouge que l'on pourrait,
peut-être, employer dans la teinture.

Il y en a plusieurs variétés à fruits blancs, et d'autres
à fruits noirs dont les grappes et les grains sont petits.
On emploie parfois son raisin pour teindre les vins.
Taillée et cultivée, elle pourrait porter des grappes plus
grosses et de meilleurs fruits, mais on lui donne, dans
quelques localités, une destination peut-être plus importante, on en fait un nouveau genre de prairie artificielle dont l'avantage ne saurait être douteux. En effet, l'a-
bondance de ses feuilles, leur qualité, l'ombre épaisse
qu'elles fournissent au sol sur lequel la labrusque croît,
favorise la végétation de l'herbe, et la saison où l'on est
à même de faire usage de ce fourrage, mérite la plus
grande attention de nos cultivateurs du Midi. Les petits
oiseaux, et surtout les bec-figues, sont très-friands du
fruit de la labrusque : c'est un moyen de les attirer et de
procurer aux chasseurs beaucoup de gibier. Dans les
bois où cette plante se trouve, il n'est point rare de la
voir couvrir entièrement la tige et les branches des plus
grands arbres, orner leur belle colonne, leur immense
chapiteau, d'une incalculable quantité de petits raisins
noirs, dont la présence contraste singulièrement avec le
feuillage et le fruit des chênes, des micocouliers, des
érables, etc.

Quant à la vigne cultivée, qui va nous occuper uniquement, elle compte de nombreuses variétés. Leur distinction obscure, empirique, ne peut donner une nomenclature raisonnée et soigneusement faite qu'après un exa-

men de toutes les variétés cultivées dans chaque département, et en ramenant les sous-variétés, les simples variations accidentelles à leurs types.

Outre des racines traçantes qui demandent à s'étendre, et sont munies d'un chevelu fort et puissant, la vigne a un pivot qui s'enfonce profondément. Ses tiges sont cylindriques, grêles, relativement à leur longueur, et veulent être soutenues. Au pays où fut son berceau, l'arbuste prend un accroissement considérable, je devrais dire prodigieux ; on y trouve des pieds qui ont près de 2 mètres de diamètre, d'autres ont donné des colonnes, un volume assez fort pour les tailler en statues, pour servir à la construction des grandes portes de la cathédrale de Ravenne, en Italie. Enfin, on en cite même auxquels l'antiquité donna six et huit siècles d'existence.

Un pied de vigne s'appelle *souche*, et mieux encore *cep*, mais on réserve plus particulièrement ce dernier nom à la partie de la vigne que dans les arbres on nomme tronc ; sa grosseur et sa hauteur sont indéterminées dans les individus sauvages ; le vigneron les fixe suivant la méthode qu'il adopte pour la culture. Le cep est recouvert d'une *écorce* verte ou fauve dans le jeune âge, brune lorsque la vigne est vieille, plus ou moins épaisse, plus ou moins adhérente au bois ; elle est, le plus souvent, crevassée longitudinalement, et se lève par parcelles longues et étroites, comme par écailles, s'accumulant les unes sur les autres jusqu'à ce que les pluies ou les vents les détachent entièrement de la souche. Dans les pays froids, l'écorce est plus compacte et plus unie.

Du cep partent des *sarments* ronds, quelquefois fourchus, lisses, d'un gris rougeâtre dans la partie ligneuse, et vert dans la partie herbacée. Leur nombre varie beaucoup ; ils sont plus ou moins longs. Ceux qui s'élèvent perpendiculairement sont plus courts que ceux qui prennent une direction horizontale, et ceux-ci plus courts que les rampants. La grosseur est d'ordinaire proportionnée à celle de la souche. Dans le sarment de l'année, la moelle occupe tout le diamètre du bois ; l'année suivante elle diminue, la troisième il en reste encore des traces sensibles, enfin, à la quatrième année, elle a totalement disparu.

Les petits rameaux qui sortent des sarments principaux s'appellent *rameaux secondaires*. Si la sève manque à la vigne, il reste aux sarments beaucoup de bourgeons serrés qui, peut-être, ne s'ouvriront pas; mais si la sève est surabondante, les sucs nourrissent et poussent les boutons de manière qu'il en sort un rameau secondaire qui s'allonge considérablement et se charge de fruits : la vigne jeune et le sarment étêté par un accident poussent beaucoup de ces rameaux.

La sève est très-limpide, incolore et sans odeur; sa saveur est faiblement acide et sa densité un peu plus grande que celle de l'eau. La chimie nous dit qu'elle contient 10 centimètres cubes d'acide carbonique libre par chaque kilogramme, 1 gr.25 de tartrate de chaux, 2 centigrammes de nitrate de potasse, du sulfate de potasse et du phosphate de chaux.

Les sarments se chargent de *feuilles*, de *fruits* ou grappes opposées aux feuilles, et de *vrilles* ou mains au moyen desquels ils s'attachent aux plantes voisines. Quelquefois on remarque à l'extrémité des sarments des grapilles dont les grains sont petits, ordinairement ronds et presque toujours serrés.

Les feuilles sont généralement plus grandes dans la partie inférieure que celles du milieu du sarment. Elles perdent la figure orbiculaire à proportion que leurs lobes sont plus ou moins profonds et pointus. Les nervures sont très-prononcées, parfois la couleur rouge du pétiole en teint la base. La face inférieure est cotonneuse et absorbe beaucoup d'air, tandis que la face supérieure, percée de mille trous, peu ou point perceptibles à l'œil, exhale l'oxygène après avoir retenu le carbone.

Les *vrilles* ou *cirrhes* sont des productions filamenteuses, composées des mêmes vaisseaux que ceux du sarment et insérées sur eux. Elles sont le plus souvent opposées aux feuilles et rarement éparses ; elles se ramifient et se divisent à raison que l'espèce a plus de vigueur, ou selon la nature de la souche ou la puissance végétative du rameau. Elles se contractent et s'enroulent sur elles-mêmes à leur extrémité ; c'est à leur aide que les plantes qui en sont munies s'accrochent aux corps environnants et montent sur les plus hauts arbres. C'est ce qui leur fait donner le nom de mains. On peut les mettre à fruit en retranchant près de son origine la branche la plus petite ; après deux ou trois jours, il paraît à la branche conservée des petits boutons qui se développent ensuite, et offrent à la fin des grappes bien formées qui mûrissent et donnent de très-beaux et excellents raisins. Cette expérience, faite pour la première fois, en 1817, par Ristelhuber, de Strasbourg, a été répétée par un grand nombre de propriétaires, de jardiniers et de vignerons, toujours avec le même succès.

Les fruits sont plus ou moins gros, ovales ou ronds, d'un violet noirâtre ou moins foncé, roux ou verts, blancs ou jaune d'or. Cette couleur appartient principalement à la peau, laquelle est mince, dure ou coriace ; la pulpe et le moût sont très-peu colorés, même dans les raisins noirs. La fleur ou poussière qui recouvre les grains lorsqu'ils sont mûrs est, aux yeux de Garidel et de Estevan Boutelon, un signe caractéristique qu'il ne faut pas négliger. Chaque grain est attaché à un petit pédoncule particulier qui naît le long de la rafle ou pédoncule commun, et constitue par leur union ce qu'on appelle la grappe.

Pendant le temps de la floraison, la vigne exhale une odeur agréable que les peuples de l'Orient estiment singulièrement.

Chaque grain de raisin contient de une à cinq semences dures, presque osseuses, turbinées, un peu en cœur, et appelées *pépins*. Ces semences conservent leur propriété végétative pendant deux années au moins. En les semant, on obtient souvent des variétés plus ou moins remarquables, jamais, comme on l'a dit, la Lambrusque, communément appelée vigne sauvage, *Vitis labrusca*, genre, ainsi que je l'ai dit tout à l'heure, distinct de la vigne cultivée et indigène de l'Amérique septentrionale.

Les caractères généraux que je viens de tracer sont les plus constants ; cependant ils varient à l'infini selon l'influence du climat, du sol, de l'exposition, des saisons et de la culture, surtout, qui modifie de plusieurs façons différentes la qualité des produits. On estime à cinq cent soixante-cinq le nombre des variétés que nous avons en France, trois cent sept rouges et deux cent cinquante-huit blanches; il serait difficile d'en donner une nomenclature exacte et surtout de la rendre régulière. Aussi, pour diriger le lecteur, et parler en même temps à ses yeux et à son esprit, est-ce d'après la base des caractères généraux établis que nous allons citer et figurer les principales espèces ou variétés dont la culture est le plus profitable.

Nous ne pouvons nous refuser ici au plaisir de citer un article de M. Méline, jardinier en chef du jardin botanique de Dijon, où on cultive plus de huit cents espèces de vignes, article dans lequel il a analysé avec une très-grande netteté la charpente d'un pied de vigne.

« A notre avis, dit-il, il serait utile que les viticulteurs se joignissent aux arboriculteurs pour parler le même langage technique. Ne conviendrait-il pas de s'entendre et de dire :

« 1. *Un pied de vigne* pour la totalité du cep?

« 2. *Ceps* (1), pieds de vignes racineux propres à planter à demeure, provenant de rameaux-crossettes, de simples rameaux (*boutures*), de couchage ou chevelée (*marcotte*), ou de semis, etc.

« 3. *Tige*, en partant du collet des racines jusqu'aux premières ramifications.

« 4. *Branches*, toutes les ramifications de vieux bois que les arboriculteurs nomment charpentes d'un arbre.

« 5. *Rameaux*, le bois de la pousse de l'année muni d'yeux, mais dépourvu de feuilles.

« 6. *Vrais-bourgeons*, toutes les pousses munies de feuilles sorties de l'œil d'un rameau, et qui se diviseraient en *forts*, *moyens* et *faibles*.

« 7. *Faux-bourgeons*, ceux sortis des yeux, placés à

_____

(1) *Cepages.*

l'aisselle des feuilles des bourgeons primitifs, tels que vrais-bourgeons et gourmands, pendant le courant de la végétation.

« 8. *Faux-rameaux*, les faux-bourgeons, mais dépourvus de feuilles.

« 9. *Bourgeons gourmands*, ceux qui prennent naissance sur le vieux bois, là où il n'y a pas d'yeux visibles.

« 10. *Rameaux gourmands*, les bourgeons gourmands, mais dépourvus de feuilles.

« 11. *Bourgeons épuisants*, ceux qui naissent du collet de la tige et des racines.

« 12. *Rameaux épuisants*, les bourgeons épuisants, mais dépourvus de feuilles.

« 13. *Bifurcations*, les coursons ou crossettes.

« 14. *Scions*, rameaux détachés du pied, propres à servir de greffes.

« 15. *Sujets*, pieds de vignes propres à recevoir la greffe.

« 16. *Rameaux-crossettes*, rameaux détachés avec un peu de vieux bois; crossettes qui servent à faire certaines boutures.

« 17. *Marcotter*, provigner, recoucher.

« 18. *Taulle*, rameau désigné pour être marcotté (provigné).

« 19. *Sarments*, bois en fagots, provenant de la taille de la vigne.

« 20. *Yeux* (*gemma*). Ils sont, dit M. Thouin, en grand nombre sur toutes les parties d'un pied de vigne. Après la chute des feuilles, ils sont visibles sur la totalité des rameaux. Celui que l'on choisira pour tailler, à 2 ou 3 centimètres au-dessus du vieux bois, on le nomme *œil terminal combiné*.

« 21. *Yeux simples*. Ils sont pointus et comme turbinés par le bout, gros et arrondis à la base; on les rencontre ordinairement vers l'extrémité des bourgeons de la dernière sève.

« 22. *Yeux doubles*. Ce sont ceux qui produisent les bourgeons fructifères. Ils sont accouplés deux à deux et inégaux en grosseur, presque ronds et plus petits que les yeux à bois. On les rencontre vers la base des vrais bourgeons (rameaux) ; ils ont la figure d'un 8 horizontal (∞).

« D'après cette observation, il est facile de laisser chargés de fruits ou d'en décharger les pieds de vigne lors de la taille.

« 23. *Yeux triples.* Ils se rencontrent sur le renflement formé à la base du rameau, qui a pris naissance au printemps sur une tige âgée de plusieurs années. Ce sont des *yeux latents*, qui se développent après une taille rigoureuse. Si on allonge la taille, ils restent dans l'inaction.

« 24. *Yeux inattendus et adventifs.* On leur donne ce nom parce qu'ils ne sont pas apparents ; des amputations sur le vieux bois, ou une taille trop courte, déterminent leur développement.

« On sait, quant aux yeux doubles ou triples, que si l'un d'eux pousse, les autres restent dans l'inaction (*latents*). Si le premier poussant est détruit par la gelée ou par un accident quelconque, le second le remplace lors du premier mois de l'ascension de la sève.

« 25. *Ecailles.* Tous les yeux de la vigne sont couverts de quatre ou cinq écailles imbriquées et imperméables à l'humidité. Elles abritent une bourre rousse qui entoure les germes des bourgeons et les défend contre la rigueur du froid.

« 26. *Racines.* Nous dirons seulement que toutes les racines pivotantes ou fibreuses sont munies à leur extrémité d'une bouche aspirante que l'on nomme *spongiole*; il est donc utile dans la pratique des labours, pour les vieux ceps, d'épargner la destruction de ces bouches, car elles se reforment avec plus de difficulté que chez les jeunes individus.

« Le mot charpente d'un pied de vigne paraît facile à comprendre au premier abord; mais pour peu qu'on y réfléchisse, on se trouve embarrassé, attendu que cette charpente constitue la forme que l'on veut donner aux pieds de vigne, soit en cordon, soit en spirale, en tonnelle, en vase, en espalier, etc. (Il va sans dire que ceci ne saurait s'appliquer au pineau, sur lequel on ne laisse habituellement qu'une *taille* ou *brin*).

« Si l'on veut obtenir le développement d'un ou de plusieurs membres du cep, il faut choisir l'œil le plus rapproché de la place où l'on désire que se trouve chaque membre, soit à droite, soit à gauche, devant ou derrière, par rapport à l'observateur. Cet œil terminal combiné, la taille étant pratiquée au-dessus, se développe avec le temps et devient le membre que l'on désirait obtenir. De cette manière, on forme, on complète ou on rajeunit la charpente d'un pied de vigne. On voit qu'elle doit être combinée et basée sur des yeux bien constitués, parce qu'ils seront dans la suite les supports des bourgeons à bois et à fruits.

« Si l'on veut établir une branche de bifurcation à droite, on tourne l'œil terminal combiné à gauche, et *vice versâ*, de manière qu'en se développant il forme le prolongement de la branche qui le supporte. L'œil qui le précède se trouvant placé à droite, émet le bourgeon qui, plus tard, devient la branche de bifurcation désirée.

« Enfin, souvent l'un et l'autre se placent à droite et à gauche, pour commencer la formation des deux mères-branches horizontales d'un cordon de vigne.»

Parmi les 500 ou 600 variétés de vignes que l'on cultive, 50 à 60 seulement, suivant M. J. Guyot, forment le fond des vins connus soit parmi les vins de liqueur, soit parmi les vins d'entremets, soit parmi les bons vins ordinaires, soit parmi les vins communs, soit enfin parmi les vins à eau-de-vie et à esprits. Voici d'après les œnologues les noms de ces espèces fondamentales en partant de l'extrême nord pour arriver à l'extrême midi.

1. Morillon noir.
2. Meunier noir.
3. Vert doré noir.
4. Arnoiron blanc ou épinette blanche.
5. Pineau noir ou noirien.
6. Pineau blanc ou chardenet.
7. Pineau gris ou beurot.
8. Chasselas blanc.
9. Olewer blanc.
10. Traminer rose.
11. Riesling blanc.
12. Mielleux, le petit, blanc.
13. Gamays noirs à grains ovales.
14. Gouais noirs et blancs.
15. Pulsard rouge.

16. Trousseau noir.
17. Savagnin jaune.
18. Muscadet blanc.
19. Cot rouge et vert-noirs.
20. Grollot noir.
21. Pineau, gros et petit, de la Loire, blancs.
22. Carbonet sauvignon ou Breton noir.
23. Gamay (petit) à grains ronds du Beaujolais, noir.
24. Merlot noir.
25. Sauvignon blanc.
26. Semillon blanc.
27. Folle blanche.
28. Muscadelle blanc.
29. Balzac noir.
30. Sérine noir.
31. Vionnier blanc.
32. Persan noir.
33. Bouchi noir.
34. Mollard noir.
35. Tannat noir.
36. Jurançon blanc.
37. Mausène blanc.
38. Fer servandou noir.
39. Arrouïat noir.
40. Négret noir.
41. Mozac noir, rose et blanc.
42. Sira (petite) noire.
43. Bouxane blanche.
44. Braquet noir.
45. Fuella noire.
46. Bouteillan noir et blanc.
47. Clairette blanche.
48. Ouilla noire.
49. Marvet noir.
50. Picpoul noir.
51. Téret noir.
52. Pisan noir.
53. Carignan noir.
54. Grenache noir.
55. Ugné blanc.
56. Aramon noir.
57. Téret bouret rose.
58. Muscats noir, jaune et blanc.
59. Furmint rose.
60. Malvoisie blanc.

Nous décrirons maintenant avec plus de détails et représenterons par des figures certaines variétés plus répandues et plus méritantes de raisin.

1. *Morillon noir hâtif.*

Nous connaissons deux espèces de Morillon noir hâtif ; l'une est indigène et ordinairement connue sous le nom particulier de *Raisin de la Madeleine*, plant de juillet, noirin précoce ; l'autre est exotique, et commence à se propager en France ; elle est connue sous le nom de *Vigne d'Ischia* ou *des trois récoltes*.

La vigne qui fournit le raisin de la Madeleine, est, dit-on, originaire d'Italie ; elle s'élève moins que la plupart des autres espèces ; ses feuilles sont petites, d'un vert clair en-dessus comme en-dessous, bordées de larges dents peu aiguës ; la grappe est petite, serrée ; le grain n'est pas très-gros, il a la forme ovoïde et présente une peau coriace, d'un violet-noir, et fleurie ; sa chair verdâtre, peu sucrée, et presque insipide. Il mûrit à la fin de juillet et au plus tard au commencement d'août : c'est là son seul avantage ; il figure sur les tables où l'on se plaît à réunir les fruits de primeur et, comme eux, il n'a d'autre mérite que celui de flatter le luxe et le goût dépravé des gastronomes. Il veut une terre rouge, franche, exposée au midi.

On a avancé une erreur quand on a dit qu'on pouvait, au moyen de la taille, en obtenir dans les années favorables, deux et même trois récoltes.

La vigne à laquelle Virgile (*Georg*. II) fait allusion et que Pline (*Histoire naturelle*, XVI, 27) appelle *trifera*, à trois récoltes, *insana* ou vigne folle, a été cultivée avec succès par Borchers, de Lumigny, près Rozoy, département de Seine-et-Marne, et depuis 1812 il en avait distribué un grand nombre de chevelées et de plants enracinés. Cette vigne est très-vigoureuse, donne abondamment d'excellents raisins, dès la quatrième année de la plantation, pourvu qu'on ne la taille pas trop court : son extrême vigueur a convaincu de la nécessité de laisser allonger le bois dès la deuxième taille. Quand cette vigne est à sa quatrième année, sa première récolte, qui est la plus productive, atteint au 48ᵉ degré de latitude, sa parfaite maturité, à l'exposition du midi, du 15 au 20 août au plus tard. La seconde récolte a lieu du 25 septembre au 5 octobre ; et la troisième, qui est peu considérable, du 25 octobre au 10 novembre, lorsque la gelée ne s'y oppose pas. Ces deux dernières sont le résultat de la taille : elle se fait sur deux et même sur trois yeux, au-dessus du fruit, au moment de la défloraison et lorsque le raisin est noué, c'est-à-dire du 15 au 30 juin. Elle produit aussitôt le développement de nouvelles branches, qui ne tardent pas à montrer leurs grappes. Quand ces dernières sont défleuries, on taille également; quelque temps après cette seconde taille, mais moins spontanément qu'à l'époque de la première opération, paraît la troisième récolte, qu'on ferait peut-être bien, dans les latitudes élevées, de ne pas provoquer, parce qu'elle est très-exiguë, et qu'elle ne mûrit pas toujours. On ne peut raisonnablement l'espérer que lorsque l'année est très-précoce.

Pour prospérer, cette vigne veut une terre douce, essentiellement légère, riche d'humus, et dans les sécheresses, quelques arrosements; l'exposition du midi et l'espalier sont rigoureusement indispensables pour en obtenir trois récoltes dans nos départements septentrionaux. Je l'ai vu, dans une pareille situation, donner, en 1826, année peu favorable à la vigne et à toutes les cultures, les trois récoltes, et la dernière atteindre à sa parfaite maturité.

Elle paraît originaire de l'île de Chio, d'où elle fut portée dans la Calabre et dans l'île d'Ischia, où elle est appelée *Uva di tre volte l'anno*. Le raisin qu'elle donne est noir, sucré, d'un goût fort agréable et réunissant toutes les qualités requises pour la table et pour fournir un très-bon vin. Nous recommandons cette vigne aux amateurs et aux vignerons, et nous les invitons à en tenter la culture partout où les autres raisins ne mûrissent presque jamais, et où ils sont dépourvus de toute saveur. Quand même elle n'y produirait pas un vin préférable au cidre ou à la bière, elle serait du moins une ressource de plus au temps de la moisson, et pour la table du pauvre.

Plusieurs écrivains ont confondu cette belle espèce avec la précédente, quoiqu'elles n'aient entre elles d'autres rapports que la précocité. Pour combattre leur erreur, je vais entrer dans quelques détails.

Soumis aux mêmes procédés de culture et de taille pendant plusieurs années consécutives, le raisin Madeleine s'est montré toujours précoce, mais ne donnant qu'une récolte l'année, tandis que la vigne d'Ischia en a donné trois en 1822 ; seulement deux parfaitement mûres, en 1823 et 1824, qui n'ont pas été très-favorables aux vignobles ; en 1825, cette vigne a dépassé toutes les espérances ; des individus tenus en espalier ont fourni, le 18 août, une récolte abondante en maturité parfaite ; le 20 septembre, la seconde récolte a présenté des fruits magnifiques, plus gros que ceux de la première récolte, et d'une maturité des plus complètes ; à la même époque, les grains de la troisième récolte étaient en gros verjus et commençaient à se colorer, pendant qu'une quatrième récolte était en fleur. Cette dernière a fourni le 30 octobre, un fruit légèrement acidule, mûr et assez beau, très-nombreux et de la grosseur des petits pois.

Cette même vigne, cultivée en plein champ, ayant ses branches tournées en spirale sur de forts tuteurs de 40 centimètres de hauteur, a produit, le 10 septembre 1834, une première récolte magnifique sous tous les rapports ; le 20 octobre, une seconde récolte parfaitement mûre, assez abondante, mais les grappes étaient petites. La troisième a manqué. Quoi qu'il en soit, l'introduction de la vigne d'Ischia dans nos jardins, est avantageuse, puisqu'elle prolonge la durée d'un fruit agréable, sans en multiplier les plants et les espèces ; elle fait surtout valoir l'industrie du vigneron et celle de l'horticulteur, en leur permettant, au moyen de quelques soins supplémentaires, d'augmenter les produits d'un même végétal, ce qui est réellement créer un nouveau capital productif. Elle peut encore, en donnant constamment trois récoltes dans nos départements méridionaux, deux dans ceux du centre, reculer vers le nord et l'ouest, les limites des vignobles, et par suite diminuer les funestes chances que font courir à cette culture les intempéries des saisons.

Le Morillon noir (pl. I, fig. 1) a les lobes de ses feuilles peu profonds, la grappe de grosseur moyenne, les grains peu gros, peu serrés, de couleur noirâtre, assez agréables au goût.

Il est représenté moitié grandeur naturelle, ainsi que le seront les autres espèces, deux seules exceptées, le Muscat d'Alexandrie et le Verjus, dont la grappe n'est qu'au tiers de nature.

2. *Le Meunier*.

Le Meunier est le raisin le plus précoce connu, puisqu'il mûrit le premier, avec celui vulgairement appelé *de la Madeleine*. Il se distingue facilement au milieu de tous les autres par la blancheur de ses feuilles qui, surtout au printemps et dans leur jeune âge, sont couvertes d'un duvet soyeux, abondant et blanchâtre. Il se contente d'une terre maigre, et craint peu la gelée; lorsqu'il en est atteint, il ne repousse pas de raisin. Ses grappes sont courtes, épaisses, formées de grains assez serrés, ronds, gros, d'un jaune très-pâle, d'une saveur douce et agréable; le vin qu'on en retire est passable. Ce raisin, très-commun dans tous les vignobles, a le précieux avantage de n'être point sujet à la coulure; on le taille en courgée moyenne. (Pl. I, fig. 2.)

L'*Enfariné* des vignobles du Jura et de plusieurs autres localités, est une variété très-voisine du Meunier, mais qui en diffère essentiellement: 1° il a les feuilles minces, à lobes très-prononcés et à dentelures très-aiguës, glabres, d'un beau vert en-dessus, velues en-dessous, principalement sur les nervures; 2° la grappe est grosse, portée sur un pédoncule grêle, garnie de baies grosses, rondes, juteuses, noires à l'époque de la maturité, mais couvertes d'une poussière blanche, très-fine, qui les fait paraître comme enfarinées; 3° quoique mûr, le raisin conserve une saveur acerbe, qui se communique à la liqueur qu'on obtient, mais elle disparaît à la seconde, quelquefois seulement à la troisième année; dès lors, plus le vin vieillit, plus il est de haute qualité; il offre une belle couleur rubiconde, et a un goût flatteur.

Le Meunier porte aussi les noms vulgaires de *Farineux noir*, de *Fromenté*, de *Resseau*, de *Savagnien*, de *Matique*, de *Taconnet*, etc.

3. *Le Pineau*.

La vigne que l'on nomme le plus généralement *Bourguignon noir, franc Pineau*, et quelquefois *Pulsart, Farl-*

neau, Noirieu et *Auvernas* (1), a les feuilles couvertes d'un duvet cotonneux, obtuses à la pointe, et lobées peu profondément. Son bois, ainsi que le pétiole, et jusqu'à la rafle, sont d'un rouge foncé. La grappe est peu grosse, peu serrée, raccourcie, et présente des grains ovales, d'un rouge très-foncé, qui mûrissent uniformément, et passent alors au noir. Il a deux variétés assez rares, qui donnent un raisin blanc et un autre restant toujours rouge. Ce raisin est un fruit médiocre pour la table, mais il est excellent pour faire du vin ; aussi le regarde-t-on généralement comme le raisin par excellence, comme le père des meilleurs vins de France. Il demande une terre légère et siliceuse, l'exposition du levant et du couchant. Les gelées sont peu à craindre pour lui, il peut durer un siècle sans donner aucun signe de décrépitude. Le vin qu'il fournit est bon, de garde, et a un bouquet agréable. Son seul défaut est d'être peu productif et de ne donner souvent que de deux années l'une, ce qui n'est pas un défaut aux yeux de celui qui préfère la qualité à la quantité. (Pl. II, fig. 1.)

Le nom de Pineau lui vient de la forme qn'affecte sa grappe, et qui rappelle celle du Pin, *Pinus sylvestris.* Cette opinion est fort ancienne, je la trouve consignée dans le traité d'agriculture publié au treizième siècle de l'ère vulgaire, par Piero de Crescenzi, quand il parle d'une vigne des environs de Milan, qui portait le nom de *Pignole* ; je la trouve encore dans une ordonnance de 1394, où le *Pinot* ou le *Pinoz* est recommandé comme donnant le meilleur de tous les vins connus (2).

---

(1) Ses noms vulgaires sont bien plus nombreux, je dépasserais les limites que je me suis dictées si je les inscrivais tous ici. Cependant, je crois devoir nommer ceux-ci : *Pimbart, Mérille, Gribulel, Mourvebré* et *Mourvegué, Massoutel* et *Maurillon-manosquen.*

(2) On continue, dans quelques départements, à prodiguer le nom de pineau aux raisins qui fournissent les petits vins des Vosges, les vins plats de la Haute-Vienne et de plusieurs autres départements ; s'ils proviennent primitivement du véritable Pineau, ils sont cruellement dégénérés, et mériteraient qu'on en fît justice en repeuplant les vignobles qu'ils encombrent, de bel et bon plant.

4. *Le Teïnturier*.

Le bois de cette vigne, que l'on nomme aussi *Gros Ga-met* et *Noireau* (1), *Gros Noir* ou *Noirin*, et *Noir d'Espa-gne*, est encore plus rouge que celui de la précédente ; mais ce sont surtout les feuilles qui se font remarquer par cette couleur bien avant la maturité du fruit. Ces feuilles sont divisées en cinq lobes, et bordées de dents profondes. Elles produisent un singulier effet sur les cô-teaux d'Orléans et de tout le département du Loiret, où le Teinturier est le seul cep que l'on y cultive, et où, pour masquer ses pauvres qualités, on l'affuble de son titre primitif, et très-éloigné de *Raisin d'Alicante*, de *Mouré de Portugal*. La grappe est courte, un peu ser-rée, portant des grains inégaux, d'un rouge–violet foncé, médiocrement gros, et rempli d'un suc abondant qui sert à colorer les vins des autres ceps ; seul, il ne fournit qu'un vin plat, acerbe, désagréable : on lui donne du montant en l'associant avec du blanc commun. Il redoute les gelées du printemps. Toutes les terres et toutes les expositions lui conviennent. Le raisin qu'il porte n'est point bon à manger, il est acerbe, aciduleux et dur. Je le crois originaire des environs d'Oporto ; il est moins dégénéré là où il porte le nom de *Négrier*, de *Romanat* ; on lui trouve encore de la qualité ; ses grappes et ses grains sont plus gros, ses feuilles ont aussi plus d'am-pleur. Mais quand il prend le nom de *Teinturin*, de *Tein-teau*, de *Teinturier*, il est totalement déchu, et bon seu-lement pour cacher les nombreuses frelateries des mar-chands de vin détaillants et des cabaretiers. (Pl. II, fig. 2.)

5. *Le Gamet*.

Cette variété de Morillon noir, appelé aussi Moisi noir, Foirard noir, vient bien en terre forte, et s'accommode de toutes les expositions, mais plus particulièrement de celle du nord. Ses feuilles sont pointues, d'un vert pâle et di-visées en trois lobes très-distincts. La pointe de leurs

(1) Olivier de Serres l'appelle *Nigrier*.

dents est terminée par une glande rouge, plus apparente sur les jeunes feuilles que sur les vieilles.

Jean-sans-Peur, duc de Bourgogne, défendit de le planter sous peine d'amende : il le nomma le *déloyal-gamet*. Le Gamet redoute les gelées tardives du printemps, mais il repousse des raisins lorsque cet accident lui arrive. Son raisin mûrit bien, fait un vin coloré passable, est d'un bon produit : le cep demande à être provigné souvent. Son plant dure fort peu d'années, et a besoin par conséquent d'être renouvelé souvent : il a été proscrit en 1395. (Pl. III, fig. 1.)

6. *Le Raisin perlé.*

Munie de feuilles lobées, dentelées, d'un beau vert, de grappes peu fournies, de rafles bien vertes et donnant des grains de volume inégal, en général peu gros, ovales, d'un vert pâle perlé, et remplis d'un suc doux et sucré, cette variété fait la base d'un grand nombre de vignobles. Elle aime une terre substantielle, calcaire ou marneuse, un sol en pente. L'humidité lui est surtout préjudiciable à l'époque de sa floraison ; elle redoute aussi les gelées du printemps et de l'automne : lorsqu'elle en est frappée, les ceps ne rapportent que deux ans après. Son raisin, quand il est parfaitement mûr, est d'une saveur légèrement musquée, et le vin qu'on en obtient, généreux, excellent, soit rouge, clairet ou blanc. Il procure un très-bon raisiné. Cette variété ne veut pas être provignée souvent, et quand on la soumet à la taille, il faut le faire sur les sarments intermédiaires, et non pas sur les plus forts ; suivant sa force, on lui donne une ou deux grandes courgées, archets ou ances de pot, sans craindre d'allonger. Il porte différents noms vulgaires, tels sont ceux de *Barlantin*, de *Londoulaou*, de *Rognon de coq, Danugue.* (Pl. III, fig. 2.)

7. *Le Cornichon.*

Garnie de feuilles grandes, si peu découpées qu'on les croit entières, et munies de dents grandes et aiguës, cette vigne porte des grappes petites, peu garnies, et des rai-

Vigneron.

sins dont la forme est allongée, la tête grosse et la pointe recourbée comme dans certains cornichons; leur longueur est de 36 à 45 millimètres, tandis que dans leur plus grand diamètre, ils n'ont pas plus de 14 millimètres. Au temps de la maturité, ils sont quelquefois entièrement violets, mais le plus souvent ils restent verts à une extrémité, et c'est presque toujours celle de la tête. On observe principalement ce phénomène aux environs de Paris, où le cornichon mûrit très-difficilement. Il s'y rencontre une sous-variété blanche qui atteint plus facilement à sa maturité. Le vin de cette sorte de vigne est dur et demande à être mélangé avec le raisin des plants doucereux. Il préfère les terres fortes et l'exposition du midi. (Pl. IV, fig. 1.)

Dans l'une et dans l'autre variété, le grain a la peau dure, fleurie, d'un vert blanchâtre, jaunissant à l'époque de la maturité, qui n'est réellement parfaite, pour nos contrées situées au nord, qu'à une très-bonne exposition, et dans les années très-chaudes. La chair en est blanche, fondante, transparente, pleine d'une eau sucrée. On donne vulgairement à la sous-variété blanche le nom de *Crochet*, de *Pisutelle*; à la violette celui de *Raisin de poche*.

8. *Le Griset.*

Sa feuille, d'un vert gai, a les lobes si peu distincts qu'elle paraît presque entière. La grappe est petite, de forme peu régulière, et composée de grains ronds, serrés, d'un vert grisâtre, dont la saveur douce, parfumée, est très-agréable. Le vin blanc qu'on en retire est fort estimé, et figure avec distinction dans la troisième classe des vins de France; il est moëlleux, fin, corsé, a du bouquet et surtout beaucoup de spiritueux : il faut en boire modérément. Le Griset demande une terre graveleuse, en pente, et une exposition chaude. Il se taille en petites courgées. (Pl. IV, fig. 2.)

Il constitue la majeure partie des hauts vignobles de Pouilly, au sud de Mâcon, département de Saône-et-Loire, d'où ce raisin a pris dans la nomenclature vulgaire le nom de *Pouilly* et de *Pineau gris de Pouilly*.

9. *Le Beaunier.*

Le Beaunier ou Morillon blanc a la feuille grande, d'un beau vert gai en dessus, blanchâtre et comme drapée en dessous, et a cinq lobes séparés par des échancrures irrégulières, peu profondes. Ses grappes sont un peu allongées et composées de grappillons distincts quoique très-serrés les uns contre les autres. Les grains ne sont pas trop pressés, ils sont arrondis, de moyenne grosseur, d'un vert blanchâtre, passant au blanc, puis au jaune clair, et formés d'une chair douce et sucrée. Cette vigne mûrit aisément, elle est excellente pour faire du vin et pour la table, aime les terres argileuses situées en pente, et se plaît surtout à l'exposition du midi et à celle du couchant. On la taille généralement en longues courgées. Son raisin se conserve frais assez longtemps, et le vin qu'il donne est de garde. (Pl. V, fig. 1.)

10. *Le Mornain.*

Par le volume et la forme de sa grappe, par la disposition de ses grains, qui sont peu serrés, d'un jaune pâle et arrondis, le Mornain blanc ressemble beaucoup au Chasselas, il en porte même le nom dans quelques localités, quoiqu'il en diffère très-sensiblement. Il roussit de même au soleil : son jus est doux, fort agréable, et son raisin mûrit très-facilement, même au nord. Cette espèce est connue dans quelques vignobles sous le nom de *Mélier* blanc, noir et vert. Le Mélier blanc est préférable au Mélier noir et au Mélier vert, quoique ce dernier charge beaucoup, soit moins sujet à couler, et que son vin ne jaunisse jamais. On le mêle utilement aux vignes blanches. La feuille du véritable Mornain est d'un vert pâle en dessus, blanchâtre en dessous et revêtue d'un léger duvet; les cinq lobes qui la divisent sont assez profonds et très-échancrés. (Pl. V, fig. 2.)

11. *Le Muscat.*

Généralement recherché pour la table, le Muscat ne produit que très-peu de vin en France, même à Rive-

saltes, département des Pyrénées-Orientales, à Frontignan et à Lunel, département de l'Hérault (1). Ses grains
sont ronds, fermes, croquants, très-gros ; le plus souvent très-serrés sur la grappe, d'un goût musqué très-
agréable. Il y en a de blancs, de rouges, de noirs, de violets. Les botanistes qui ont précédé C. Bauhin, leur donnaient le nom de *Uva* et *Vitis apiana*, parce que les abeilles
les attaquent de préférence. Duhamel leur conservait cette
épithète.

La grappe de *Muscat blanc*, naturellement très-grosse,
est allongée, étroite, et se termine en pointe arrondie.
Ses grains, pressés les uns contre les autres, veulent être
éclaircis pour atteindre à leur degré de maturité ; ils sont
durs, croquants, d'un vert clair, ambrés du côté du soleil,
et un peu fleuris : leur chair est blanche, avec un œil
bleu, d'une saveur très-musquée, fondante. Ce raisin
mûrit difficilement aux environs de Paris ; ses pépins
sont petits, blancs,. marbrés de gris et de violet, au
nombre de trois à quatre. Le vin qu'il donne a du corps,
un goût de fruit très-prononcé, un parfum des plus
suaves : il gagne à vieillir. (Pl. VII, fig. 2.)

Le *Muscat rouge* a la grappe moins serrée, et en même
temps moins allongée ; ses grains, parfaitement ronds,
prennent une couleur rouge de brique à l'ombre, ou
présentent une teinte pâle, tandis que le côté exposé aux
rayons du soleil est de couleur violette et pourpre. (Pl. VII,
fig. 1.) Cette sous-variété est sujette à couler lorsqu'elle
est en fleurs. Son grain ne renferme d'ordinaire qu'un
seul pépin. La chair est ferme, d'un blanc bleuâtre,
pleine d'une eau musquée, relevée, fort agréable, mais
inférieure à celle du Muscat blanc. Ce raisin a le mérite
de parvenir aisément à une maturité parfaite sous la zône
de Paris.

Le *Muscat noir* se fait remarquer par sa grappe étroite,
fort peu serrée, par ses grains ronds, plus petits et moins

(1) Les plants que l'on a portés de Frontignan dans les vallées de la
Crimée, surtout dans celles de Soudac et à Lespi, près de Balaclava,
y fournissent des grappes énormes.

musqués que dans la variété précédente, et couverts
d'une peau noire, fleurie ou d'un violet foncé. La chair
est rougeâtre auprès de la peau. Ce raisin mûrit fort
bien et est très-recherché par certains amateurs, qui lui
donnent le nom de *Raisin de Madère*. Transporté au Cap
de Bonne-Espérance, il y porte un grain plus petit, rond,
et a changé ses deux noms en celui de *Raisin noir de
Constance*. Sous les diverses climatures où on le cultive,
il ne contient jamais moins de deux ou trois pépins.
Les vignerons de nos départements du sud-est l'appellent *Muscat négré*. (Pl. XI, fig. 2.)

Le *Muscat d'Alexandrie* a les feuilles plus petites, découpées plus profondément que celles des autres sous-
variétés de Muscats; les dents qui les bordent sont plus
fines, plus aiguës. Ses grappes sont plus volumineuses,
fortement allongées, et garnies de grains longs, gros,
ovales; hauts de 30 millimètres dans le sens de la longueur, d'un vert clair, légèrement ambrés, durs, croquants, d'une saveur très-agréable et musquée. On en
trouve quelquefois sans pépins, souvent avec un seul,
presque jamais avec deux, mais dans tous les cas, remarquables par leur petitesse. Il se conserve longtemps; rarement il arrive à maturité sous le climat de Paris. Il
demande une terre substantielle et une exposition chaude.
(Pl. VI.)

Il porte différents noms. C'est la *Passalongue musquée*
de certaines localités; le *Malaga*, de quelques autres, le
Muscat de panse de nos départements du sud-est, la
Pergolèse des Italiens.

La *Clairette* ou *Clareto* de divers cantons, que son
raisin soit d'un jaune blanchâtre ou d'un rouge clair,
appartient à cette sous-variété.

12. *Le Chasselas.*

Ce raisin est excellent, fort recherché pour la table, et
celui que l'on cultive dans tous les jardins, en berceau,
en treilles et en palissades. Il y mûrit parfaitement bien,
et se conserve depuis la fin de septembre ou commencement d'octobre que sa maturité arrive, pendant tout

l'automne et l'hiver, et même jusqu'au mois de mai. Ses feuilles sont de grandeur moyenne, d'un vert gai, découpées assez profondément, bordées de dents larges et peu aiguës, et portées sur des sarments d'un jaune clair plus gros que les autres vignes. Ses grappes sont ordinairement grosses, allongées, peu serrées et divisées dans le haut en larges grappillons. Les grains qui composent la grappe sont ronds, fermes, d'une grosseur variable ; les moyens présentent le plus généralement 18 millimètres de diamètre. La peau est dure, d'un vert clair, prenant une couleur ambrée fort jolie du côté frappé par le soleil. La chair, très-fondante, est d'un vert pâle, remplie d'une eau abondante, douce, sucrée, et contenue dans une peau ferme, quoique aisée à manger. Les pépins sont verts, marbrés de gris, et au nombre de deux à quatre. Cette belle variété se plaît à l'exposition du midi ; elle supporte celle du levant et du couchant, et préfère être cultivée en espalier. Elle y mûrit plus promptement, d'ordinaire du 15 au 30 septembre ; c'est le luxe de la table, on a tort de chercher à en faire du vin : cette liqueur est faible et ne se conserve pas. La *Blanquette* du sud-ouest est une sous-variété, qui s'en rapproche indéfiniment. Le *Chasselas rouge* en est une autre sous-variété, dont les grains prennent une teinte tantôt noirâtre et tantôt d'un rouge sale. Quelques personnes le préfèrent à une troisième sous-variété, dite *Chasselas blanc*, qui est commune, quoiqu'il mûrisse un peu plus tard que cette dernière. (Pl. VIII.)

Il y a une quatrième sous-variété, connue sous le nom de *Chasselas musqué*, dont les grains, d'un vert-blanc, sont fermes, et ont le goût peut-être plus exquis et plus distingué que dans les autres Chasselas. Leur eau est plus abondante, sucrée et musquée. Ils contiennent deux pépins petits et gris.

La feuille de cette sous-variété est moins grande, d'un vert plus foncé, à lobes moins profonds. Sa grappe est plus serrée, et tous ses grains arrondis. Elle mûrit de bonne heure, quand elle est placée à une bonne exposition.

13. *Le Ciotat.*

Quoique généralement regardée comme une simple variété du Chasselas ordinaire, cette vigne en diffère beaucoup, d'abord par ses feuilles petites, très-découpées et laciniées, ensuite par ses grappes moins grosses, moins fournies, et par ses grains plus petits, moins ronds et plus mous. Je devrais ajouter qu'elle diffère encore du Chasselas ordinaire par ses qualités inférieures. Des œnologistes l'appellent *Cioutat* ou *Raisin d'Autriche*, et même *Tardarié*. Je regarde comme une sous-variété du Ciotat le raisin rouge que l'on appelle *Persillade de Bordeaux*, et ailleurs *Raisin à feuilles d'Ache*. (Pl. IX, fig. 1.)

14. *Le Corinthe* (1).

Nous possédons, sous le nom de Corinthe, quatre sortes de vignes, le Corinthe blanc et le Corinthe violet, le rouge et le gros. Le premier, le plus estimé de tous, a les feuilles étoffées, grandes, peu découpées, inégalement dentées, d'un vert foncé en dessus et couvertes d'un duvet blanc en dessous. La grappe est assez grosse, courte, fleurie, serrée et garnie de petits grains ronds qui n'ont pas plus de 9 millimètres de diamètre. Ils mûrissent en septembre, sont d'un blanc un peu jaune, et leur chair blanche est très-sucrée, fondante et fort agréable au goût; ils ne contiennent pas de pépins, et la rafle est si tendre qu'on peut la manger avec les grains (Pl. X, fig. 2). On en trouve une variété dans le Ghilan et le Schyrvan (montagne du Caucase) qui donne des grains beaucoup plus gros, et qui réussirait parfaitement sur nos côteaux voisins de la Méditerranée. C'est le Kyschacysch des Persans.

Ce raisin, que l'on appelle *Passerille* et *Passe*, fournit, dans une excellente position, un gros grain sans pépin,

(1) Je ne conserve cette dénomination que parce qu'elle est généralement adoptée, car je devrais dire le *Raisin grec*, attendu qu'il est plus particulièrement cultivé à Zante, Céphalonie, Patras, Vottiche, Anatta, qu'à Corinthe et sur l'Isthme entier du même nom.

ou; s'il en contient un, il est très-petit. Les grappes sont volumineuses. La souche acquiert souvent de très-fortes dimensions en grosseur et en longueur. On donne à cette rare sous-variété le nom de *gros Corinthe.*

Le Corinthe violet, ainsi nommé de la couleur du grain, est plus gros que celui du Corinthe blanc, également sans pépins, mais fort sujet à couler. Son raisin passe si rapidement que, dans nos départements du sud-est, on a donné le nom de *Passerette* et *Passerillette* à cette vigne, qui veut être taillée plus longue que les autres vignes. (Pl. X, fig. 1.)

Le Corinthe rouge est très-estimé, le gros paraît être une variété du Chasselas blanc, à grains moins petits et moins doux.

15. *Le Raisin d'Alep.*

Apporté en France au temps des croisades, le Raisin d'Alep s'y est acclimaté de manière à faire partie de nos cultures. Il se distingue entre ses congénères non-seulement par des grains assez gros, ovales, quelquefois ronds, les uns blancs, les autres noirs ou panachés par moitié, ou présentant des bandes de deux couleurs sur la même grappe, mais encore par ses feuilles, d'abord d'un vert foncé et bien lobées, qui se panachent à l'automne de rouge et de jaune. Ce raisin n'a qu'un pépin, il mûrit aisément, et comme il est fort sujet à la coulure, on a soin de le tailler en longues courgées. Ce cépage est d'un bon produit, durable, mais il vient lentement; son vin est bon, de garde, et améliore tous ceux auxquels on le mêle; il leur donne du spiritueux et concourt à leur conservation. (Pl. IX, fig. 2.)

16. *Le Gouais.*

Deux sortes de raisins portent le nom de Gouais ou Gouest : l'un est blanc et s'appelle vulgairement *Verdin blanc, Marmot* et *Mouillet;* l'autre violet, nommé *Gros Plant* ou *Plant de Vigneron, Complant de lune, Gros Tressaut;* tous deux sont excellents pour faire du vin. La grappe en est très-grosse et fort longue, les grains qu'elle porte sont tantôt oblongs, tantôt arrondis, gommeux, mollasses, plutôt verdâtres que jaunes, très-riches en suc, peu savoureux, mais chargeant beaucoup. Cette abondance de jus a fait choisir de préférence le Gouais partout où l'on vise plus à la quantité qu'à la qualité du vin. Les vignes qui en sont composées durent fort longtemps, surtout quand le 'Gouais blanc domine. Il aime une terre franche, une terre légère et chaude. Ses feuilles sont cordiformes, à lobes peu prononcés, d'un rouge-brun, ainsi que l'écorce du sarment, et bordées d'un large feston à dents inégales. (Pl. XI, fig. 1.)

17. *Verjus.*

Connu sous le nom de *Bordelais*, d'*Agrias*, de *Grey* et de *Grégeoir*, le Verjus a les feuilles grandes, épaisses et peu profondément découpées. La grappe est ordinairement grosse, longue et présentant dans le haut plusieurs autres grappes secondaires qui en forment une masse monstrueuse. La grappe est garnie de grains médiocrement serrés, oblongs, pointus, d'un vert pâle, jaunissant un peu à l'époque de la maturité ; leur peau est dure, la chair ferme, d'un blanc verdâtre, d'un goût d'abord très-âpre, mais devenant passablement doux vers la mi-octobre. Ce raisin, qui contient ordinairement quatre pépins, ne peut être mangé cru : il est très-propre à fournir cet acide désigné par le nom de *Verjus*, et à faire des confitures (Pl. XII).

Nous possédons trois belles sous-variétés de cette vigne, l'une à raisins blancs, l'autre à grains noirs, et la troisième à grains rouges. Ces deux dernières sont moins estimées que la première. On peut les greffer sur toutes sortes de plants ; elles réussissent parfaitement sur ceux qui sont sujets à couler, tels que le Corinthe violet, le Muscat d'Alexandrie, etc. On leur donne toujours la place la moins chaude du jardin.

Diffusion des variétés.

Cherchons dans les soixante espèces principales qui ont

été mentionnées ci-dessus, celles qu'on cultive de préférence dans les localités dont les vins sont plus ou moins renommés en France.

« Pour les grands vins rouges du nord et du centre nord, dit M. J. Guyot, les Pineaux noirs ou noiriens (Bourgogne, Champagne, Lorraine, Alsace, Franche-Comté). Pour les grands vins blancs de la Côte-d'Or et de Saône-et-Loire, les pineaux blancs ou Chardenets seuls. Pour les grands vins blancs de la Marne, le vert doré, plant vert, le petit arnoijon blanc ou épinette de Champagne qui donne seul le vin blanc de Chablis. Pour les grands vins de l'Alsace, les gentilles (Pineau noir et blanc), le Pineau gris ou Bourot, le Riesling et le Traminer. Pour les grands vins rouges du Jura, les Pineaux, le Trousseau et le Pulsart. Les mêmes pour les vins légers blancs. Le Savagnin jaune, Gamay blanc, pour les vins de liqueur. Les vins communs de la même région sont produits, en Alsace, par les Chasselas, le petit mielleur et l'Olewer; en Lorraine, en Bourgogne, en Franche-Comté, en Champagne, par les gros Gamays et leurs variétés et par les Gouais. Enfin, les vins mixtes par les Meuniers et les Morillons noirs. Les bons vins et les communs de la Savoie sont donnés surtout par la Mondeuse, suivant les sites. Le Persan y produit un excellent vin de la Maurienne. Les vins fins et ordinaires du Beaujolais et du Mâconnais sont fournis par les seules variétés des petits Gamays à grains ronds. Les vins nobles de la Touraine sont le produit des Pineaux noirs et blancs, associés au Beurot, au Cot rouge et au Meunier. Le Breton, ou Carbenet-Sauvignon seul, donne les excellents vins rouges d'Indre-et-Loire, de Maine-et-Loire et de la Sarthe. Les vins blancs fins et communs, suivant les sites et la conduite, sont fournis par les gros et menus Pineaux de la Loire. Les vins rouges communs de la même contrée sont produits par les Cots, le Grollot et les Gamays. Le Muscadet donne les vins bourgeois de la Loire-Inférieure, et la Folle, qui, des deux Charentes, s'étend jusqu'à la Loire et remonte jusqu'au milieu de Maine-et-Loire, y fournit abondamment les bons vins du Rhône, Côtes-Rôties; la petite Syra et la Rouxane, les bons vins rouges et blancs de la Drôme et de l'Ardèche (Hermitage et Saint-Péray). Le Mollard, les Cots, la grosse Syra, la Marsanne en fournissent les vins communs. Tous les vins fins rouges de la Gironde, de la Dordogne, sont produits par le Carbenet-Sauvignon, le Cot rouge et le Merlot, et tous les vins fins blancs (Sauterne, Graves) par le Semillon, le Sauvignon et la Muscadelle (Bergerac). Ceux de la Haute-Garonne, par le Négret, le Cot rouge et les Mozacs ; ceux de Jurançon, par le Bouchi, le Mansenc et l'Arrouïat. Tous les gros vins de ces contrées sont, en rouge, fournis par le Balzac, les Cots, le Tannat, le Fertervadau. Tous les vins blancs communs ou à eau-de-vie, par le Jurançon et la Folle-Blanche (les deux Charentes, le Gers, les Hautes et Basses-Pyrénées). Les bons vins de la Gaude et des Alpes-Maritimes sont le produit du Braquet, de la Fuelle et de la Clairette qui, jointe au Bouteillan et au Grenache, donne les bons vins des Basses-Alpes, et réunie au Picpoul et au Téret noir, donne les meilleurs vins de Vaucluse. Les Pirans, les Térets et Picpoul noirs, l'Ouillade et toujours un peu de Clairette, donnent les meilleurs vins rouges du Gard et de l'Hérault. Le Morved donne les vins ordinaires de la Provence. Le Carignan et le Grenache sont la base des gros vins rouges de Roussillon, en même temps que, portés à une maturité plus parfaite, ils produisent les vins de Collioure et de Banyuls qui rivalisent avec les vins de Porto. Les Muscats donnent les vins de liqueur de Rivesaltes, de Frontignan et de Lunel. Le Malvoisie, le Macabeo donnent les vins de liqueur qui portent le même nom, et le Furmint donne le Tokai. Enfin, les Aramons et les Téret bourets donnent tous les vins communs et de chaudière du Languedoc.

De quelques cépages importants.

Nous avons présenté précédemment les caractères généraux des principaux cépages français, mais depuis quelque temps plusieurs de ces raisins ont fait l'objet d'une étude toute particulière, à cause de leur importance, et c'est à M. Bouchardat que nous sommes principalement redevable des documents les plus importants sur ce sujet. Nous allons chercher à présenter une analyse succincte de ses travaux.

M. Bouchardat a d'abord constaté la parfaite identité des pineaux cultivés dans les meilleurs crus de la Côte-d'Or et de tous les meilleurs crus de la Champagne. C'est exactement le même pineau noir franc qui donne les vins rouges si estimés de la Romanée et les vins de Champagne de première qualité ; c'est encore lui qui peuple les vignes les plus renommées du département de l'Yonne. Sans doute il existe de très-remarquables modifications que des dégénérescences ou une ancienne culture ont produites, et il a décrit avec soin ces sous-variétés dans sa *Monographie des pineaux;* mais le type principal est le même dans les départements indiqués. M. Bouchardat a été curieux de rechercher si on pouvait trouver dans la composition des raisins provenant de ces diverses localités des caractères suffisants pour donner une explication de la différence si remarquable de qualité et de prix dans des vins provenant du même plant venu dans des terrains différents. Il a, à cet effet, déterminé, à l'aide de l'appareil de polarisation, la proportion de sucre contenue dans les sucs de pineaux provenant des meilleurs vignobles de l'arrondissement de Nuits.

La densité des sucs du franc pineau noir a varié entre 1,11, et 1,10, et le pouvoir moléculaire rotatoire pour un tube de 500 mill. entre 28° et 31°, ce qui correspond à des quantités de sucre pouvant fournir de 13 à 15 et demi pour 100 d'alcool.

Ces données semblent confirmer ce que M. Bouchardat a avancé dans sa *Monographie des pineaux*, que le vin de pineau ne prend du bouquet que lorsque les raisins à grains convenablement espacés atteignent une complète maturité. Dans les vignes qui produisent des vins ordinaires, on arrive exceptionnellement à ces chiffres des pineaux de l'arrondissement de Nuits.

Rien, au reste, dans la nature du suc, n'a paru différent quand la maturité est la même.

Voici, d'après l'ordre d'importance, les conditions qui

paraissent influer sur la qualité du vin dans notre région centrale :

1º *Nature du cépage.* — Les variétés de qualité supérieure du type pineau sont les seules dont les fruits atteignent la perfection quand la maturité est complète ;

2º Exposition au sud ou sud-est ;

3º Elévation de 220 à 260 mètres au-dessus du niveau de la mer. Il est remarquable qu'on retrouve la même élévation de 235 mètres dans les meilleurs vignobles de l'Yonne et de la Côte-d'Or ;

4º Terrain calcaire jurassique ou oolithique.

Il a aussi examiné le suc provenant des gamets cultivés dans le même arrondissement de Nuits ; il ne renfermait qu'une quantité de sucre pouvant fournir à peine 10 pour 100 d'alcool. Jamais les vins que ces plants fournissent ne pourront faire la moindre concurrence aux bons vignobles de la Côte-d'Or ; on aura beau y faire toutes les additions de sucre ou de glucose, on n'aura pas de produit ayant la moindre distinction et pouvant en imposer au connaisseur le plus vulgaire. Ces vins de gamets sont exclusivement destinés à la consommation locale ou aux cabarets des localités voisines. On n'exporte sous de grands noms que des vins de pineaux.

Ce qu'on a eu tort de faire dans les grands vignobles, c'est de descendre quelquefois les pineaux dans la plaine à la place des gamets, dans des localités où l'on récolte alors ces vins faibles de complexion, qui peuvent compromettre des réputations anciennement et justement méritées.

M. Bouchardat a ensuite doté la viticulture d'une excellente *Monographie des pineaux* et s'est attaché surtout à ces *pineaux fromentés*, base, comme nous le disions tout à l'heure, des meilleurs vignobles de la Bourgogne et de la Champagne, et en a décrit vingt-cinq variétés, en faisant connaître leurs synonymes et les limites des contrées où elles sont cultivées.

Les caractères qui servent à fonder des groupes naturels parmi les variétés cultivées présentent une valeur qui ne peut être bien appréciée que par une étude ap-

profondie. Il ne faut rien négliger pour arriver à la vérité. C'est guidé par ces principes que M. Bouchardat
a mis en relief les caractères distincts et saillants tirés
de la description du bois, des feuilles, de la verna-
tion, de l'époque de la floraison, de celle de la maturité, de la forme des grappes, de la grosseur et de la
forme des grains, de leur consistance, de leur couleur,
de leur saveur, de leur composition : ce dernier caractère a une importance considérable pour le sujet qui
nous occupe ; jusqu'ici on était loin, faute de moyens
d'examen rapides et précis, de lui accorder la valeur
qu'il mérite.

Il montre, dans son travail, qu'on rompt les rapports
naturels les plus intimes, en classant les raisins d'après
leur coloration : il prouve, en effet, que le franc pineau
noir, le pineau blanc et le pineau gris se ressemblent
infiniment plus entre eux que le pineau noir ne ressemble à d'autres pineaux qui ont la même couleur que lui.

Il énumère les soins spéciaux de culture que réclament
les pineaux, étudie les produits qu'ils fournissent suivant
les différents modes de culture auxquels ils sont soumis,
fait valoir les avantages de la culture des pineaux en vignes permanentes, étudie les conditions particulières de
la fermentation des pineaux, et précise les conditions
agricoles qui favorisent la formation du bouquet des vins.
Nous allons les mentionner sommairement ici.

« Ce n'est, dit-il, que les années où les raisins atteignent
une complète maturité que le vin prend du bouquet dans
nos contrées ; il faut qu'il n'intervienne pas dans la cuve
d'autres raisins que ceux fournis par le franc pineau noir,
le pineau blanc et le pineau gris.

« Dans nos contrées, c'est seulement dans les vignes à
mi-côte, exposées au midi, plantées dans les dépôts du lias
supérieur, qu'on récolte des vins pourvus de bouquet.

« Il faut bien se garder de confondre avec le bouquet
la saveur propre de certains vins qu'on désigne sous le
nom de *goût de terroir*, le bouquet n'apparaît que trois
ou quatre ans après la première fermentation ; les vins
possèdent immédiatement le goût de terroir. »

M. Bouchardat a passé ensuite à la description détaillée des variétés et des sous-variétés des pineaux qu'il divise en : 1º pineaux de qualité supérieure; 2º pineaux fromentés; 3º pineaux de qualité inférieure; 4º pineaux hybrides ou incertains.

Voici un tableau indiquant la quantité d'alcool contenu dans les vins des divers pineaux, dont il a analysé les raisins, en l'estimant à l'aide de l'appareil de M. Biot, d'après la quantité de sucre renfermée dans les sucs; on voit, en l'examinant, que les fruits de ces diverses variétés diffèrent beaucoup les uns des autres.

	1845	1846	1847	1847	1848
		8 octob.	fin octob.		
Franc Pineau noir. . .	10.6	13.5	12 0	13.2	13.0
Pineau à petits grains.	13.0	16 0	16.0	16.0	16.0
Pineau-Coulneau. . . .	00.0	13.0	11.2	12.5	12.5
Pineau blanc.	10.1	14 2	12.2	13.5	13.6
Pineau-Rousseau. . . .	06.0	00.0	12.0	13.6	12.6
Pineau-Beaunois. . . .	00.0	14.0	00.0	00.0	13.0
Pineau gris.	00.0	14.0	12.3	14.0	13.5
Pineau-Meunier. . . .	00.0	11.5	7.2	9.5	10.0
Raisin de la Madeleine.	00.0	11.5	6.5	9.0	10.2

De la classification des cépages et des collections
de vignes.

On a fait beaucoup d'efforts pour réunir dans des collections tous les cépages connus, afin d'en former un objet d'étude pour nos vignerons et pour nos propriétaires vinicoles, et on a cherché à établir un ordre dans les collections et à les soumettre à une classification régulière. Ces travaux sont assurément très-estimables, mais ni les collections, ni les classifications ne seront jamais d'une grande utilité aux cultivateurs, surtout dans un pays qui possède déjà par lui-même des cépages renommés et jouissant d'une réputation séculaire. De bonnes monographies, bien faites, comme en ont présenté depuis quelques années divers savants, auront toujours plus de prix aux yeux des praticiens que ces immenses nomenclatures où figurent en nombre incalculable des variétés à caractères à peine saisissables, ou de nombreuses vignes qui n'auront à aucune époque la moindre importance pour eux.

Quoi qu'il en soit, il a existé en France quatre grandes collections de vignes d'une très-haute importance : 1º la collection du Luxembourg, qui comptait dix-huit cents noms où M. Hardy s'occupait d'établir une synonymie aussi exacte et complète que possible. Cette collection a disparu; 2º celle de la pépinière des frères Audibert à Tarascon; 3º la collection de cépages de M. Bouchereau à Bordeaux; 4º enfin la collection de M. le comte Odart à Tours, qui était peut-être la plus importante pour le classement ou la détermination des espèces, et qui a servi à cet amateur plein de zèle à la rédaction du grand et curieux ouvrage qu'il a publié sous le nom d'*Ampélographie universelle*. Quelques amateurs ont aussi des collections de vignes intéressantes; il en est de même de plusieurs établissements publics des départements, entre autres le jardin botanique de Dijon, qui renferme plus de huit cents espèces. Au reste, pour donner une idée de l'incertitude et de l'imperfection des classifications, nous citerons ici un exemple d'une modification spontanée dans la coloration d'un raisin, obtenue sur un cépage connu sous le nom de Tresseau, qu'a fait connaître M. Bouchardat, dans une note présentée à la société centrale d'agriculture.

Quelques auteurs, dans leurs catalogues de vignes, ont attaché une grande importance à la coloration des raisins, ils ont formé des divisions de noirs, blancs, gris ou rosés. M. Bouchardat avait cependant déjà établi, dans son *Mémoire sur les pineaux*, qu'en agissant ainsi, on séparait les cépages présentant entre eux la plus grande analogie, et il en a présenté un exemple décisif.

L'observation qu'il rapporte présente de l'intérêt en ce que la variété qu'il décrit est nouvelle, qu'elle appartient à un groupe de cépages qui est à peine mentionné par les meilleurs ampélographes, et dont la culture est cependant très-répandue dans un grand nombre de nos meilleurs vignobles de l'est ou du centre.

Dans sa *Monographie des verreaux ou tresseaux*, M. Bouchardat a décrit six variétés intimement liées par ces caractères de première valeur, mais aussi distinctes par leur apparence que par les qualités qu'elles communiquent aux vins qu'elles donnent. C'est une de ces variétés qui lui a paru le sujet de l'observation qui suit :

Dans une pièce de vignes, située dans les environs d'Avallon, on cultivait, depuis plusieurs années, une douzaine de ceps de la variété de vigne désignée anciennement sous le nom de *verreau blanc*. Chaque année, tous les ceps de cette variété assez productive avaient donné des raisins qui toujours avaient été blancs. Six années d'observations assidues ne laissent aucun doute à cet égard. A la récolte de 1848, le propriétaire a été surpris de voir, à la maturité, la récolte de ces ceps de verreaux blancs se bigarrer de la manière la plus bizarre.

Certaines grappes étaient composées de grains entièrement blancs, chez d'autres la moitié des grains étaient noirs et d'autres blancs, quoique également mûrs; d'autres grains étaient moitié blancs et moitié noirs; chez quelques-uns des bandes blanches alternaient avec les noires et constituaient des grains diversement bigarrés.

Cette variété, à deux couleurs, formée spontanément, pourra probablement se multiplier à l'aide de boutures et de provins, car elle n'est pas nouvelle. M. Bouchardat avait déjà vu et décrit ce tresseau à deux couleurs, variété curieuse qu'on peut multiplier à volonté.

En examinant le suc des grains blancs et des noirs du même raisin, on leur a trouvé exactement la même composition; ils renfermaient les uns et les autres une quantité de sucre suffisante pour donner 11 et demi pour 100 d'alcool.

On voit donc, d'après cela, que le caractère de la coloration des grains de raisin n'a qu'une très-faible importance, que des colorations très-distinctes peuvent s'observer sur les variétés les plus voisines.

CHAPITRE III.

Terrain et Exposition qui conviennent à la vigne.

Quand on considère la population extrêmement pauvre du plus grand nombre des vignobles, on serait tenté d'en accuser la vigne; mais si l'on approfondit les causes de cet état de gêne, on voit qu'elles tiennent aux impôts dont on grève les ceps et la liqueur qu'ils produisent, aux impôts si arbitrairement répartis, que les vignes les moins productives paient souvent autant et même plus que les meilleures, et que la qualité du vin, qui détermine sa valeur, entre très-rarement avec exactitude dans les éléments de la taxe qu'il supporte. Les autres causes sont le résultat des erreurs dans la culture. On ne calcule pas assez, quand on plante une vigne, la nature du sol auquel on la confie, ni l'exposition qu'elle exige, ni les avances que sa culture demande en tout temps; on fait plus mal encore le choix du cépage, et l'on néglige souvent les labours, la taille, l'échalassement et les autres opérations que la vigne réclame.

Les impôts découragent les propriétaires. Il n'en est pas de même des erreurs de la culture, leurs conséquences sont funestes à l'État et aux particuliers : à l'État qu'elles privent des avantages d'une agriculture florissante et rendent tributaire de ses voisins, aux particuliers qu'elles réduisent à la mendicité, tandis qu'avec un peu de soin, ils seraient en mesure de retirer d'un demi-hectare, de 5 à 600 fr., tous frais faits, d'accroître utilement la population, de multiplier leurs ressources par les travaux qu'exige la culture de la vigne, et de fournir aux débouchés extérieurs. Donnons-leur les moyens d'atteindre à ce but en les dirigeant dans leurs diverses opérations.

La première de toutes est la connaissance du terrain. Cette connaissance est soumise à la nature du climat. Tous ne conviennent pas également à la vigne. En thèse générale, on peut dire qu'il lui faut un terrain sec, léger, caillouteux; qu'un sol peu argileux, avec un fond de roches fendillées ou de pierres, à travers lesquelles ses racines peuvent s'étendre aisément ou pénétrer assez avant, lui convient essentiellement. Nous la voyons prospérer sur la craie dans les départements de la Marne et de l'Aisne ; dans l'argilo-calcaire en ceux du Jura, de Saône-et-Loire, de la Côte-d'Or et de l'Yonne ; sur les détritus granitiques aux côtes du Rhône, sur la déjection volcanique de l'Ardèche, sur des sables mêlés de schiste et de silice de la Drôme, de la Charente-Inférieure. Elle croît et paraît végéter avec force au nord, mais le raisin n'y parvient point à un degré de maturité suffisant. Au midi, elle est exposée à une sécheresse dévorante, et son produit est de mauvaise qualité lorsqu'on parvient à l'obtenir à force d'arrosages. Ainsi le climat ne doit être ni trop chaud, ni trop froid. La vigne redoute les deux extrêmes; elle ne prospère réellement qu'entre le 25e et le 51e degré de latitude (1). On croit que le Ténériffe, qui est par 28 degrés et demi, et Schiraz, grande et belle ville de la Perse, située au pied des montagnes du Faristhan, par le 29e degré 36 minutes, sont les points les plus méridionaux où elle donne un vin potable, comme les fameuses treilles de Dourdechanay, près Mayence, et surtout comme Coblentz, assise par le 50e degré de latitude nord, au confluent du Rhin et de la Moselle, sont les points les plus septentrionaux où la culture et une heureuse exposition l'amènent à produire les vins si justement réputés du Rhin (2).

(1) On trouve, il est vrai, des vignes à Tranquebaïr et à Pondichéry, placées l'une et l'autre sur le bord de l'Océan, à la côte de Coromandel, entre les onzième et douzième degrés; ses fruits y mûrissent bien, mais on ne les y convertit pas en liqueur.

(2) La véritable patrie des vins du Rhin est aux environs de Hochheim et de Rhingaw. Les premiers donnent la première goutte, et pour en maintenir la suprématie, il est expressément défendu de livrer passage dans tout le territoire de Hochheim aux autres vins du Rhin, particulièrement dans le vignoble dit fleur de Hochheim. Ce vignoble renferme, sur une étendue de trois hectares et demi, quatre mille ceps. Son exposition est délicieuse, frappée tout le jour par les rayons solaires, et abritée des vents du nord par des constructions, et par la ville elle-même qui le domine. Autour de cette espèce de clos, un ruisseau roule ses ondes paisibles, augmentées après chaque pluie,

Cependant on ne peut se le dissimuler, les rapports de la vigne sont parfaits entre les termes indiqués seulement. C'est aussi là que sont les vignobles les plus renommés, et les pays les plus riches en vins, tels que le Portugal, l'Espagne, la France, l'Italie, l'Autriche, la Styrie, la Carinthie, la Hongrie, la Transylvanie et une partie de la Grèce.

Au moyen des abris, on peut, dans les contrées froides, créer des localités propres à la vigne, et lui procurer, en été, un degré de chaleur égal à celui des climats où elle prospère le mieux. Ces abris sont dans l'exposition relativement à l'action directe des rayons solaires. L'influence de l'exposition est très-puissante en agriculture; aussi les vignerons doivent-ils faire une grande attention. L'exposition au nord est généralement regardée comme la moins convenable : celle du levant serait une des meilleures si, aux premiers jours du printemps, elle n'occasionnait la brûlure et autres accidents aux plantes couvertes de petits glaçons; celle du midi est souvent trop ardente pendant l'été, et celle de l'ouest, la plus défavorable de toutes, elle brûle et dessèche la plante. Dans les régions méridionales, on préférera le levant, et dans les régions boréales, le midi.

Cette règle générale n'est pas sans exception, puisque les riches vignobles dits *de la rivière de Marne* et *des montagnes de Reims*, ceux qui fournissent les bonnes cuvées de Joué, département d'Indre-et-Loire, des deux rives du Cher, de Saumur, d'Angers, etc., sont en général situés au nord-est et presque en plein nord ; ils sont moins sujets que les autres aux effets désastreux des gelées tar-

des eaux et du limon fertilisant, qui descendent de la ville. La culture y est très-soignée ; un triple binage ne permet à aucune plante d'y prendre racine, et l'assiette du sol est minée de manière à le débarrasser des eaux qui pourraient nuire. Sa plantation date des premières années du dix-huitième siècle. Les vins qui marchent immédiatement après la fleur de Hochheim sont ceux de Rudesheim, de Johannisberg et de Kostheim ; viennent ensuite ceux de Bacharach et de Lintz, que l'on a comparés au meilleur vin de notre département de Saône-et-Loire.

dives du printemps, et donnent des vins de bonne qualité, d'un goût fin et parfumé.

La vigne s'accommode de toute espèce de terrain, pourvu qu'il ne soit pas abreuvé par des eaux stagnantes ou corrompues. Celui qu'elle préfère est sec, léger et sablonneux. Les vignerons du département de l'Ariège la cultivent jusqu'au milieu de leurs plus hautes montagnes, dans des endroits tout couverts de grosses pierres roulées, et s'ils étaient moins indifférents sur la manière de faire le vin, sur la qualité des ceps qu'ils plantent et sur les soins de culture que réclame la vigne, ils pourraient obtenir un vin très-estimé, un vin pareil à celui de Tokay, qui fait la richesse de la Hongrie et vient également au milieu de gros cailloux de nature calcaire, sur les mamelons les plus élevés d'une montagne exposée au nord et à l'ouest, au confluent du Bodrog avec le Thibisque, en face des monts Carpathes. Je connais quelques terres grasses, absolument privées de cailloux, qui rapportent de très-bons vins : tels sont les vins du crû nommé *Bellai*, dans le département de Maine-et-Loire, qui sont généreux, corsés, de très-bon goût, et préférables à ceux que donnent les coteaux pierreux du même département.

Il ne faut pas conclure de ces faits qu'il faille paver une vigne pour en obtenir de parfaits résultats ; le pavage serait une absurdité, non-seulement il s'opposerait à l'utile évaporation du sol, il empêcherait encore les eaux pluviales d'en pénétrer les couches, et par conséquent priverait la plante de retrouver la portion du liquide consommé dans l'acte de sa végétation. Couvrez de pierres le sol sec, léger, sablonneux, vous en ferez un sol de prédilection pour votre vigne.

Quoi qu'il en soit, les terres grasses et très-substantielles conviennent mal à la vigne; l'expérience nous a appris que presque jamais la bonté du vin n'est en rapport avec la vigueur de la plante, et qu'on doit lui réserver les terrains secs et légers.

Les terrains calcaires, et surtout ceux de la formation des craies, où les argiles à lignites ou plastiques ont été déposés, portent des vignes superbes, dont la liqueur a beaucoup plus de finesse, de légèreté et d'agrément. Tels sont les riches coteaux de la Marne, surtout ceux de Reims et d'Epernay; les vignobles du Cher, de la Creuse, ceux de la côte des Grouets, département de Loir-et-Cher, etc. La vigne y vient lentement, il est vrai, mais une fois enracinée, elle s'y maintient avec avantage. Plus le terrain calcaire est aride, sec et léger, plus il repousse toute autre culture, plus il est convenable à la vigne. L'eau, dont il s'imprègne par intervalles, circule, pénètre librement dans toute la couche; les nombreuses ramifications des racines la pompent par tous les pores, la vigne prospère, sa culture est facile, et le vin qu'elle donne est spiritueux.

Les sols granitiques, dont les roches désagrégées sont réduites superficiellement en sable friable, fournissent des vins d'une très-belle couleur, ayant beaucoup de spiritueux, une sève et un bouquet aromatique des plus agréables. Tels sont nos vignobles du *Mans*, de *Beaune*, de *Reaucoulle*, du *Muret* et *Bessas*, commune de Tain, département de la Drôme (1); de *Côte-Rôtie*, département du Rhône; du *Moulin-à-Vent*, commune de Romanèche, département de Saône-et-Loire; ceux des bords du Rhin; de Rochemaure, département de l'Ardèche, etc.

Les terres fortes et argileuses ne sont point propres à la culture de la vigne. Ses racines ne peuvent pas s'y étendre et se ramifier convenablement; de plus, la facilité avec laquelle les couches de ce sol serré se pénètrent d'eau et la retiennent, établit autour d'elles une humidité permanente qui les pourrit et entraîne bientôt la destruction du cep.

Les terrains volcaniques donnent des vins délicieux. Ces terres présentent un mélange intime de presque tous les principes terreux; leur tissu à demi-vitrifié, décom-

---

(1) Il est plus généralement connu sous le nom de vin de l'*Ermitage*. Je ferai connaître les procédés que l'on emploie pour l'obtenir, et l'usage que l'on fait de cette liqueur, quand je traiterai du mélange des vins.

posé par l'action combinée de l'air et de l'eau, fournit à la vigne tous les éléments d'une végétation brillante, et communique à la liqueur qu'elle produit une partie du feu dont ces terres ont été imprégnées. Les meilleures vignes de l'Italie sont plantées sur des débris de volcan. Le vin que l'on récolte sur le vieux volcan, au pied duquel la ville d'Agde est bâtie, est un des plus riches du midi de la France.

Ainsi, toute terre légère, quelle que soit sa couleur, poreuse, fine et friable, où l'eau ne séjourne pas, soit à la superficie, soit au fond du sol, est celle que la vigne demande : c'est celle où son cep portera du bon vin. Ces sortes de terrains abondent en France, et la situation heureuse de notre beau pays le rend la seconde patrie de la vigne, la patrie des meilleurs vins. Aucun autre, en effet, ne présente une si grande étendue de vignobles, ni des expositions plus variées ; aucun ne présente une aussi étonnante variété de températures, une série si nombreuse de vins agréables et plus spiritueux. Depuis les rives sablonneuses du Rhin jusqu'au pied des Pyrénées, et depuis les côtes que baigne l'Océan, le père des fleuves, jusqu'aux sommités d'où l'on découvre les âpres montagnes de l'Helvétie, la nature prodigue offre un sol favorable à la vigne, une population brillante qui ne saurait suffire à la consommation de tous ses vins, un sol sacré où toutes les richesses territoriales sont la juste récompense de l'industrie toujours active, d'un zèle que les plus grands malheurs ne peuvent refroidir, que la patience et le patriotisme soutiennent sans cesse.

La connaissance du sol une fois acquise, on se demandera nécessairement quelle situation on doit choisir. Selon quelques auteurs, il faut réserver les hauteurs à la vigne : *Bacchus amat colles*, dit le proverbe latin, et cette maxime est telle pour eux, qu'ils assurent que l'élaboration de la sève ne peut être complète que sur les terrains à mi-côte, et qu'on ne peut recueillir du bon vin dans les plaines. Cependant, que de vignobles estimés sont plantés en plaine ! Le pays de Médoc, département de la Gironde, est en plaine, et l'on sait que c'est là que sont situés les clos Lafitte, Château-Margaux, Léoville, Laroze, Brane-Mouton, etc., dont les vins sont légers, très-fins, très-soyeux, pleins de sève et d'un bouquet qui participe de l'odeur de la violette ou de la framboise. C'est en plaine que viennent les vignes de Saint-Denis et de Sandillon, département du Loiret, celles qui, peuplées de *Négriers*, donnent le meilleur vin de l'Orléanais. C'est aussi en plaine que se trouvent les excellents vignobles de Tonnerre, de Chablis, département de l'Yonne, de la côte du Rhône, et ceux qui donnent en grande partie les vins connus dans le commerce sous le nom vieilli de *vins de Languedoc fins*. Cependant, il faut le dire, malgré ces exemples, dans les plaines, les rayons solaires sont trop obliques pour que le raisin puisse y mûrir également et complétement ; elles sont bonnes pour la production du bois.

Dans les pays chauds, la vigne vient très-bien sur les montagnes les plus élevées, et quoique là, une ventilation presque habituelle menace sans cesse la vigne qu'elle tourmente : la plus belle plantation de raisin Malvoisie, dans l'île de Madère, est assise sur une avalanche de tuf que les vignerons gravissent et descendent à l'aide de simples pieux ferrés qu'ils enfoncent sur cette roche escarpée et faisant saillie. La plus haute montagne du mont Ferrat ne présente qu'un tuf ingrat ; en 1777, le père Tovi, franciscain, y planta de la vigne qui prospéra bientôt, et donne un vin excellent.

L'Abyssinie, le Mont-Liban, les points les plus culminants du Mexique et de la Caroline, la Cordilière par où passe la route de Buénos-Ayres à Santiago du Chili, nous en sont encore une preuve. La vigne y trouve une température convenable, égale à celle des plaines des pays tempérés. Sur les côteaux, la vigne se plaît également, surtout si leur inclinaison est médiocre, et s'ils ne sont pas environnés de grands bois. Le sommet des côteaux est généralement fâcheux : il reçoit à chaque instant l'impression des moindres vicissitudes de l'atmosphère, et l'on sait que les vents fatiguent la vigne ; les brouillards qui s'y accumulent lui sont très-funestes, et les gelées blanches si désastreuses, y sont trop fréquentes. La base de la colline offre aussi de très-grands inconvénients, à cause de l'humidité dont l'air y est constamment chargé, et de la nature de la terre qui se trouve sans cesse imbibée d'eau. Les flancs de la colline, lorsqu'ils ne sont point trop rapides, et qu'ils s'élèvent au sud-est par une pente douce au-dessus d'une plaine, présentent à la vigne sa véritable situation.

On trouve rarement une bonne vigne dans un vallon resserré, au pied duquel coulent les eaux d'une rivière, à cause des courants d'air, plus ou moins froids, qui s'y font sentir presque chaque jour, et surtout à cause des brouillards qui y règnent sans cesse et de l'humidité constante qui y est entretenue. Mais il ne faut pas conclure de cette observation vraie, que toute vigne placée près d'une eau courante ne produira jamais de bons vins, comme quelques agriculteurs l'estiment. Le voisinage d'une rivière n'est dangereux que lorsque la colline n'est pas très-découverte et qu'elle ne reçoit pas directement les rayons du soleil. La bonté des vins du Rhône, de la Gironde, de la Marne, etc., justifie l'excellence de cette situation.

Cependant, depuis l'année 1814 jusqu'en 1871 compris, la fréquence des mauvaises récoltes, les gelées printanières et d'automne, si nombreuses durant cette période, ont prouvé que la proximité des eaux courantes ruinait en une seule nuit les pénibles travaux de plusieurs années, et enlevait toutes les ressources du vigneron déjà si pauvre. Dans cette position, les hivers rigoureux de 1820, de 1830 et de 1871, ont été plus désastreux que partout ailleurs ; une grande partie du bois fut gelé, le provignage fut impossible pendant deux années de suite.

La vigne exige l'action directe du soleil pour répondre aux espérances de celui qui se consacre à sa culture. C'est à cette action puissante que le raisin doit ses précieuses qualités : il faut donc arracher tous les arbres qui pourraient fournir de l'ombre et épuiser le sol. Dans quelques localités où la vigne est sujette à geler, on est dans l'usage de complanter les ceps de certains arbres, tels que pêchers, pommiers, oliviers, noyers, cerisiers, etc., afin de la garantir de la gelée ; c'est à tort, quoiqu'on puisse apporter pour preuve l'année 1797, qui vit, dans les départements de l'Yonne et de la Côte-d'Or, geler toutes les vignes qui n'étaient point abritées par des arbres. Dans l'immense variété des vignobles qui couvrent le sol de la France, cette anomalie ne peut servir de règle. Le principe est rigoureux, lorsqu'on veut voir se développer dans le raisin la maturité et la matière sucrée, qui seules forment la base et le caractère d'un bon grain. Les grands végétaux absorbent tous les rayons solaires et nuisent à la vigne ; les moins dangereux sont les pêchers, les amandiers et les oliviers.

Il arrive quelquefois de rencontrer dans les meilleurs vignobles, dans les situations les plus appropriées à la vigne, des endroits où, tout auprès d'excellents vins, on en recueille de très-mauvais : tel est, par exemple, le petit vignoble de Montrachet, département de la Côte-d'Or. Il est distingué en trois parties séparées l'une de l'autre par un étroit sentier, et appelées, la première, le *Canton de l'Aîné*, la seconde, le *Canton Chevalier*, et la troisième, le *Canton Bâtard*. Quoique leur exposition soit absolument la même sur tous les points, quoique la nature de la terre, du moins quant à la couche supérieure, soit également la même, et que les plants, tous de mêmes qualités, reçoivent les mêmes soins, soient soumis aux mêmes procédés de culture et de fabrication, il n'est pas moins évident que le vin blanc du Montrachet-Aîné réunit toutes les qualités qui constituent un vin parfait : il a du corps, beaucoup de spiritueux et de finesse, un goût de noisette très-agréable, et surtout une sève, un bouquet dont la force et la suavité le distinguent des autres vins blancs de la Côte-d'Or ; tandis que le Montrachet-Chevalier ne possède pas les mêmes qualités au même degré, et qu'il est rare de le retrouver dans le Montrachet-Bâtard. Cette différence tient nécessairement à la nature ou à la disposition des couches inférieures, et pour bien dire, il est difficile d'en assigner la véritable cause, quoique je sois persuadé qu'elle résulte des couches inférieures de la terre, sur laquelle la culture et les instruments qu'elle emploie n'ont point eu jusqu'ici, et ne peuvent peut-être pas avoir d'influence au-delà d'un mètre, sans entraîner à des dépenses considérables, souvent inutiles, et plus souvent au-dessus des moyens des vignerons.

Le sol où pareille influence est nuisible sera toujours celui dont la couche de terre cultivée est peu épaisse, et ayant au-dessous d'elle une roche ou une argile imperméable aux racines. Alors il faut, de distance en distance, ouvrir le sol avec une petite tarière, ou taravelle, pour donner aux racines demi-pivotantes et demi-traçantes de la vigne, les moyens de s'asseoir convenablement, de s'insinuer dans les trous pratiqués, et d'y trouver, pendant les chaleurs de l'été et les temps de sécheresse, le degré d'humidité justement nécessaire à sa végétation.

Lors de la réunion du congrès des vignerons et des producteurs de cidre en France, à Angers, en 1843, il s'est élevé une discussion sur le mérite relatif et le choix des variétés. Les uns, avec MM. Petit-Lafitte et Royer, ont prétendu que le sol influait à ce point sur la qualité des vins, qu'il pouvait amener plus ou moins promptement la dégénérescence des cépages ; les autres, avec M. le comte Odart, ont soutenu que les caractères spécifiques se conservaient en dépit de la nature géologique des terres, et que l'espèce à laquelle appartiennent les crossettes pouvait ainsi modifier, sous tous les climats, la qualité des vignobles. Les preuves qu'on a citées de part et d'autre ont mis, ce me semble, plus que jamais hors de doute cette double vérité, que ni le sol ni le climat ne peuvent, en effet, changer les caractères botaniques des cépages ; mais, d'un autre côté, que la saveur des raisins et la qualité de leur moût ne sont jamais indépendantes des circonstances locales, et que, ainsi, il n'est pas plus possible, en introduisant une nouvelle variété dans un vignoble, de dire qu'elle y donnera des vins semblables à ceux qu'elle donnait dans des conditions météorologiques et géologiques différentes, que d'affirmer qu'elle en produira, après un certain temps, de semblables à ceux de la localité où elle vient d'être fixée. En pareil cas, la nature des produits est éminemment la résultante de deux causes dont il est malheureusement impossible de déterminer, *à priori*, les effets complexes.

D'après les récents travaux d'un éminent physicien, M. Becquerel père, il faut se placer à 20 ou 25 mètres du sol pour observer convenablement la température. Les sols calcaires ou siliceux s'échauffent davantage et se refroidissent plus lentement que les sols argileux et humides. La température de l'air, au-dessus des premiers, diminue en s'élevant jusqu'à la limite, tandis qu'elle va en augmentant au-dessus des seconds.

Les arbustes qui, comme la vigne, craignent donc la gelée et demandent de la chaleur, doivent être cultivés dans les premiers sols. Si donc on veut avoir de la vigne dans les terrains argileux et humides et même dans certaines localités un peu au nord, il faut faire courir les ceps sur de longues perches ou sur des arbres comme dans le Milanais, pour les mettre le plus possible à l'abri de l'action refroidissante du sol. M. Becquerel a fait l'essai de cette prescription depuis un certain nombre d'années, dans un terrain très-argileux, humide et boisé, situé commune de Charme (Loiret), dans lequel on ne cultivait pas la vigne. On y récolte maintenant une très-petite quantité de vin qui n'est pas de première qualité, tant s'en faut, mais qui est buvable pour les personnes qui n'ont pas le goût difficile.

L'année 1871 a été désastreuse pour les ceps de vigne dans l'arrondissement de Montargis et les localités environnantes, où la température s'est abaissée, en décembre, à 27 degrés sous zéro. Ce froid exceptionnel a gelé un grand nombre d'arbres, et notamment des treilles très-anciennes qu'on a dû couper à ras de terre. C'est ce qui est arrivé dans la commune de Charme, où l'on avait planté de la vigne, qui était cultivée comme on vient de le dire.

Les pousses de l'année dernière ont été seules gelées; quelque temps avant la gelée, le vent ayant renversé des perches qui servaient de tuteurs à la vigne, et la neige ayant recouvert le tout, les ceps ont été conservés et sont aujourd'hui couverts de fruits.

De ce qui précède ne pourrait-on pas conclure qu'il serait possible de cultiver la vigne, sur une petite échelle, à la vérité, plus au nord qu'on ne le fait aujourd'hui, en rabattant les ceps au commencement de l'hiver et les recouvrant de terre, ainsi qu'on le fait pour la culture du figuier dans les environs de Paris? On aurait alors la chance d'obtenir un certain degré de maturité pour le raisin.

CHAPITRE IV.

Culture proprement dite.

Presque tous ceux qui ont écrit sur la vigne se sont bornés simplement à parler de la culture usitée dans leurs cantons. Ils ont, pour la plupart, posé des principes et proposé des méthodes convenables pour ces mêmes cantons, qu'ils ont ensuite voulu imposer généralement à tous les vignobles. Alors le but a été manqué. Il y a des principes généraux qui peuvent, à la vérité, s'appliquer à la culture en général; mais chaque sol, chaque terrain, chaque exposition, disons plus, chaque coin d'un même hectare, demande des différences remarquables dans la plantation, dans la culture, dans l'entretien, eu égard au sol, à sa position, à sa nature, au fond, à son exposition et à une foule de circonstances et même d'accidents. C'est au propriétaire à calculer toutes les chances et à faire l'application des principes; c'est à lui de discerner ce qui est bon de ce qui peut être défectueux. Avec des matériaux savamment disposés, éclairés l'un par l'autre, tout est possible à l'homme intelligent: il crée des mondes nouveaux, il élève des monuments gigantesques, il change la nature même des choses.

Il est une grande question à résoudre sur la vigne; elle est importante, et d'elle dépendent presque absolument la maturité du raisin et la qualité du vin. Il s'agit de savoir à quelle hauteur on doit tenir la vigne. Les uns la veulent à hautes tiges, les autres à tiges basses ou rampantes. Qui a véritablement raison? C'est ce qu'il nous faut examiner sans prévention et en appréciant les motifs réels des uns et des autres; alors seulement il nous sera permis d'émettre notre opinion. Quoique appuyée sur l'expérience de plusieurs propriétaires instruits, elle n'aura de poids auprès de tous que lorsque chacun connaîtra le fort et le faible des divers usages préconisés.

Mais, auparavant, inscrivons ici les différents modes usités pour multiplier notre précieux arbrisseau.

La vigne se perpétue de semis, de boutures et de crossettes, de plant enraciné, de marcottes ou provins. Chacune de ces méthodes sera successivement étudiée.

§ 1er. DE LA VIGNE A HAUTE TIGE.

La méthode de cultiver la vigne en soutenant ses longues tiges sur des arbres ou sur des palissades nous vient des Romains; elle est encore particulière à la haute Italie et à ceux de nos départements de l'Isère, de la Drôme, des Alpes, des Basses-Pyrénées, du Bas-Rhin, de la Charente-Inférieure, de l'Ariège, qui l'ont reçue des premières colonies romaines. Cette culture se nomme *ceps hautains*. On plante la vigne près d'un érable, d'un mûrier, d'un cerisier, d'un orme, auxquels on ne laisse que de petits rameaux pour soutenir sa végétation. On y met tantôt un seul pied, tantôt deux; les intervalles ou les rangées sont labourées à la charrue ou bien à la bêche. Seule, la vigne entrelace ses tiges sarmenteuses dans les branches des arbres; ils forment ensemble des buissons épais, et les raisins cachés sous des masses de feuilles sont ordinairement verts, d'un goût peu agréable, parce qu'ils ne reçoivent pas assez de rayons solaires pour parvenir à maturité; le vin qu'on retire est acerbe et sans chaleur. Lorsque les ceps sont doubles, ils montent d'abord jusqu'à la fourche, et ensuite on les dirige en guirlandes, l'un d'un côté, l'autre de l'autre, sur les arbres voisins(1).

(1) Chez les anciens Romains, un même arbre pouvait porter jusqu'à dix ceps, on ne lui en donnait pas moins de trois (Columelle, *de re rusticâ*. lib. V. cap. 4; Pline, *Hist. nat.* XVII, 23). Chaque arbre était à la distance de 6 mètres et demi l'un de l'autre.

De la sorte, le raisin gagne beaucoup plus pour la maturité, et le terrain intermédiaire est consacré à la culture des céréales ou des plantes légumineuses. Cette méthode est très-agréable pour l'œil, mais elle est rarement pratiquée avec intelligence. Les arbres sont ordinairement trop près les uns des autres et donnent beaucoup d'ombrage; il y a d'ailleurs quelque danger à cette culture, puisqu'au rapport des anciens géopones, les vignerons romains stipulaient dans leurs baux que s'ils tombaient en taillant la vigne et se tuaient, les frais de leur guérison, comme ceux de leurs funérailles et de leur sépulture, seraient payés par le propriétaire. D'un autre côté, les raisins qui viennent sur la cime des arbres sont les seuls qui donnent du bon vin; les branches du bas se chargent plus de grappes, mais elles fournissent un vin grossier très-abondant.

On cite quelques lieux où l'on substitue aux arbres des échalas de 2 ou 3 mètres de haut, d'une grosseur raisonnable, et offrant une ou plusieurs fourchures. Placés à une distance égale à leur hauteur, les sarments de la vigne sont jetés sur eux par étages et forment des festons qui font plaisir à voir, et donnent aux campagnes un air d'opulence qui sourit au cœur philanthrope. Cet usage, adopté pour les vignes de la terre Saint-Thierry, département de la Marne, est d'un entretien coûteux; mais le raisin mûrit mieux, il est plus exposé au contact de l'air et à l'ardeur du soleil. Il y demande une terre forte et vigoureuse.

Dans d'autres lieux, particulièrement à Weissembourg, département du Bas-Rhin, on tient la vigne en berceaux plats, à 1 mètre de terre. Dans le département du Doubs, on la tient en espalier sur des chevalets, surtout aux environs de Besançon; ailleurs, on la palissade contre des murs plus ou moins hauts. L'une et l'autre de ces méthodes a ses partisans, chacun la préfère, en vante les avantages, en cache les inconvénients. La culture de la vigne en berceau convient tout au plus dans les jardins, encore doit-elle y être proscrite, parce que les grappes sont presque toutes privées de l'influence des rayons solaires, et que la hauteur où elles se trouvent fait qu'elles sont continuellement refroidies par les vents.

§ 2.   VIGNES A TIGES BASSES.

Les vignes basses nous viennent des Grecs ; elles ont été introduites dans les Gaules par la colonie phocéenne de Marseille, comme on les retrouve en Italie, aux environs de Tarente et dans les deux Calabres, où s'établirent des colonies grecques. Cette méthode, qui paraît la plus ancienne et la plus naturelle à la plante vinifère, fut longtemps concentrée sur nos côtes méridionales(1), ensuite depuis les Alpes jusqu'au pied des Cévennes, qu'elle n'avait point encore osé dépasser au premier siècle de l'ère vulgaire, ainsi que nous l'apprend l'exact Strabon (*Géogr.* IV). Mais tout à coup elle s'étendit vers l'ouest, gagna le centre de la France, et à mesure que l'état d'anarchie cessait et que la paix rendue aux champs permettait de reprendre les travaux, la culture de la vigne a gagné les environs de Paris, alors appelé Lutèce, des contrées plus au nord, et même le pays des Belges. Avec la plante, la méthode des tiges basses s'est propagée dans toute la France, si l'on excepte quelques cantons qui, ainsi que je l'ai dit, conservent encore le système de culture le plus généralement suivi par les Romains.

La méthode des vignes basses a reçu depuis longtemps des modifications différentes. Ici les plants sont appuyés sur des échalas de moyenne hauteur, de 3 à 10 décimè-

---

(1) A cette époque, Diodore de Sicile (*Hist.* IX, 23) nous dit, d'après un auteur plus ancien, qu'une amphore de vin s'échangeait contre un esclave, et une amphore ordinaire contenait, au plus, de vingt-huit à trente-deux de nos litres. Un prix aussi élevé dut éveiller le désir d'introduire la vigne au-delà de ces limites. Il y eut quelques obstacles, d'abord par suite de l'opinion erronée que la vigne ne pouvait prospérer que sous le soleil du midi, ou dans le voisinage de la mer, opinion que tentèrent d'accréditer de nos jours Chaptal, Bigot de Morogues, et autres, malgré l'évidence et les brillantes cultures de nos départements de l'est, des vignobles du Rhin, etc. ; mais on finit par vaincre le préjugé, et la conquête de la vigne fut assurée pour toute la France.

tres; là, la vigne est rampante et ses tiges se traînent les unes sur les autres; plus loin, les ceps, très-peu élevés au-dessus de terre, se soutiennent d'eux-mêmes; ailleurs, ils sont entourés de petites perches fichées en terre, auxquelles on lie le sarment en le conduisant le long du cercle que les perches forment.

Dans les départements des Bouches-du-Rhône, du Gard, de l'Hérault, de l'Aude, et presque dans tous ceux les plus méridionaux, on tient les ceps fort écartés, et on laisse monter leur souche jusqu'à 6 décimètres sur un seul brin. On appelle ces vignes courantes.

Aux environs de Grenoble, de Lyon, d'Autun, de Dijon, d'Auxerre, de Troyes, d'Orléans, d'Agen, d'Albi, de Cahors, dans tout le Médoc, et même dans quelques vignobles de Reims et de Laon, on tient les vignes en treilles basses, disposées et rangées fort écartées ou sur une seule tige, mais à 3 décimètres seulement de terre.

Sur les coteaux qui dominent le bourg d'Argence, département du Calvados, et aux environs de La Rochelle, on n'emploie pas d'échalas; les sarments rampent sur la terre jusqu'aux approches de la maturité; alors on les relève, en attachant ensemble, par leur extrémité, ceux de chaque cep, de manière que les raisins se présentent au soleil, sans cependant trop s'éloigner de terre. Ces vignes ne donnent que très-peu de vin, et un vin très-commun. Les jeunes vignes de Bordeaux, Lyon, Angers, etc., que l'on tenait ainsi, commencent à être assujetties contre un petit échalas, parce que leurs sarments, plus longs, n'ont pas assez de force pour se soutenir par eux-mêmes.

On donne pour motifs à cette méthode le besoin de soustraire la vigne à l'action des grands vents dans les contrées voisines de la mer, et d'épargner l'emploi du bois. Ces motifs peuvent être plausibles pour nos départements de l'ouest sans cesse exposés aux bourrasques de l'Océan, mais il y aurait erreur très-grande à les appliquer à toutes les localités.

C'est faute de lire les auteurs grecs dans leur langue, que l'on a commis cette faute, en parlant des vignobles de la Grèce, de connaître l'espèce de terre que l'on destinait, en leur pays, à la culture de l'arbuste vinifère. On le plantait sur un sol léger, sur les pentes des collines, et on le tenait pour ainsi dire rampant sur la terre, afin que son feuillage et ses rameaux entrelacés entretinssent une humidité suffisante à son pied, pour permettre que l'herbe pût y croître, et lui fournir les moyens de réparer les effets des vents brûlants du midi. C'est dans cette vue que le vigneron grec choisissait de préférence le voisinage de la mer, ou l'exposition du nord-ouest, et celui des côtes africaines de la Méditerranée, l'exposition du nord. On employait parfois les échalas comme on le fait dans quelques-unes de nos localités, où le système grec a bravé les changements inséparables des siècles; mais cet usage n'était point général, et ces échalas servaient peut-être alors, ainsi que je l'ai vu dans divers cantons des Calabres, notamment près de Reggio et de Scylla, pour supporter un chapeau de fougères, afin d'éviter qu'une chaleur trop forte ne desséchât les raisins ou ne les empêchât de mûrir. On se bornait presque partout à lier ensemble les branches vers leur sommet, sans leur donner aucun autre appui que celui qu'elles se prêtaient mutuellement. Quand on veut critiquer une méthode empruntée des anciens, il faut auparavant en rechercher l'origine, et ne point torturer les textes pour avoir le méchant plaisir de tout condamner, ou de trouver ridicule une opération qui, prise isolément, peut être mauvaise, mais qui ne l'est point quand on l'examine dans ses antécédents et les autres opérations qui l'accompagnent, la suivent et la complètent.

§ 3.   VIGNES TENUES EN PERCHÉES.

Roger Schabol, qui fut si versé dans l'art du jardinier, est l'auteur de ce système, que l'on trouve adopté dans un grand nombre de nos départements. Il consiste à disposer les plants par rangées parallèles transversales, en sorte qu'ils soient tout autour éclairés par le soleil. Les vignes sont formées à la troisième ou quatrième année de la plantation, en façon de contre-espalier construit

avec de forts échalas à la hauteur de 13 décimètres. Vers
le milieu des échalas, on attache un rang de perches en
travers qui règnent d'un bout à l'autre, et un second
rang à l'extrémité d'en haut et dressé au cordeau. Les
rangées sont espacées l'une de l'autre de 2 mètres.

Quand la vigne est en état de garnir les perchées, au
lieu de diriger ses pousses perpendiculairement et verticalement, comme on fait lorsqu'on les lie aux échalas,
ou même aux perchées des vignobles d'Auxerre, on les
tire toutes obliquement à droite et à gauche de chaque
perchée, où les ceps doivent former un double espalier,
en sorte que la vigne puisse être également palissadée
des deux côtés. On conduit ainsi tous les bourgeons, depuis le bas des perchées jusqu'en haut, de façon qu'ils
les tapissent exactement, et qu'ils forment un cordon ou
une sorte de couronnement dans toute la longueur. Pour
y parvenir, il ne faut rogner l'extrémité des bourgeons
que quand toutes les perchées sont garnies, et à mesure
qu'ils poussent, on les entrelace.

Cette méthode procure une quantité prodigieuse de raisins qui profitent d'autant mieux que la sève est plus
échauffée et que les bourgeons ayant plus d'air, sont plus
favorisés des rayons du soleil, au moyen de quoi ils mûrissent plus vite et acquièrent un goût supérieur.

Un autre avantage non moins remarquable est l'allon-
gement des bourgeons, qu'on n'arrête qu'après qu'ils ont
jeté leur feu. La vigne ne s'épuise pas d'abord pour la
formation successive des faux bourgeons qui empêchent
la souche de profiter, et l'obliquité des bourgeons opère
une répartition de la sève plus réglée et plus utile à toute
la plante.

§ 4. VIGNES ÉCHALASSÉES.

Les vignes échalassées sont généralement en usage, à
partir des anciennes limites de la vigne jusque dans les
parties de notre territoire qui s'approchent le plus de nos
frontières du nord. Les plants se mettent en tranchées
séparées l'une de l'autre par des espaces assez larges pour
faciliter les labours, les binages et la circulation entre les

ceps. Selon la nature du sol, les tranchées, y compris la couche de terre ameublie qui garantit les alentours du pied, ont de 20 à 40 centimètres de profondeur. Dès que le plant a acquis assez de force et d'élévation, on provigne pour rétrécir les intervalles laissés d'abord entre une tranchée et la suivante; on comble à cet effet les tranchées.

Toute vigne échalassée ne doit prendre ni un gros tronc, ni une grande élévation; sa durée est évaluée à vingt ans, et lorsqu'elle est composée de plants en harmonie pour le choix avec la nature du sol et celle du climat, quand elle est bien conduite, le vin qu'elle fournit, même dans nos régions septentrionales, peut soutenir la comparaison avec les meilleurs produits de la vigne gouvernée autrement, et sous un ciel plus brillant. Elle rapporte même beaucoup plus que les autres, parce que sur un espace donné, elle présente un plus grand nombre de ceps, qu'on peut lui donner toutes les façons convenables, sans les endommager, sans leur porter le plus léger préjudice, et que le provignage la rend toujours jeune.

Olivier de Serres préfère, dans son *Théâtre d'Agriculture*, la vigne échalassée, qu'il appelle tantôt *moyenne*, tantôt *française*, aux vignes basses adoptées en son pays : le passage est tellement remarquable que j'estime utile de le citer ici. L'opinion d'un praticien de sa portée ne peut que corroborer les faits que je viens d'écrire. « Ceste « vigne, dit-il (*lieu* III, *chap.* 4), est d'autant plus à pri- « ser pour la bonté de son vin, que plus elle approche « des basses, desquelles ne diffère beaucoup : par n'estre « que bien peu relevée sur terre, dont le voisinage, en « saison, aide à la maturité des raisins : ce petit relève- « ment les préserve de pourriture et de la violence des « vents, la ferme attache de ses rameaux aux eschalats. « Touchant la quantité, tant plus grande est-elle, que « plus il y a de bourgeons ou œils logez sur le nouveau « bois du cep, comme en ce point ci, ceste vigne sur- « passe toutes les autres. D'autant que par fréquent pro- « vigner les ceps couchés dans terre, s'augmentent en

« nombre, et par conséquent en rameaux, lesquels taillés
« longs se chargent ensuite de beaucoup d'œils ou bour-
« geons, d'où vient celle abondance de vin, tant admi-
« rée en telle sorte de vignes... Ceste vigne est voire-
« ment de grande despence, mais aussi de grand rap-
« port : pour laquelle cause, sans avoir esgard aux
« frais de l'entretenement, est-elle beaucoup prisée, cou-
« chée au premier rang de fertilité, et au second de
« bonté de vin : et en ceste qualité-ci, ne céderait guères
« à la basse.»

Dans quelques contrées de la Hongrie, et principalement à Œdenbourg, où l'on fait d'excellents vins, les
vignes se plantent et se cultivent de la manière suivante :

Dans le champ destiné à cette plantation, on pratique
longitudinalement et en lignes parallèles des fosses à la
distance d'environ un mètre les unes des autres, de manière à ce que les plants figurent un quinconce. Dans
chaque trou l'on pose deux plants ou autrement deux
crossettes. Pendant la première et la seconde année, cette
plantation est abandonnée à elle-même; on s'occupe seulement de cultiver le terrain à la sape, de manière à le
tenir propre ; la troisième année, on coupe les ceps au-
dessus du second bouton, il croît donc deux bourgeons
à chacun, et l'on obtient ainsi quatre rameaux des reje-
tons utiles, et l'on donne un bon sarclage ; la quatrième
année, sur les quatre rameaux, deux sont taillés au-dessus du second bourgeon, et les plus forts servent à former des arcs dont l'un est dirigé à droite et l'autre à
gauche ; deux quarts de la branche serviront à former
l'arc, un autre quart se plie avec le genou et est enfoui
en terre, le dernier quart forme un jet.

Les deux arcs et les deux jets qui en naissent, forment
les parties qui portent fruit dans l'année, et ces fruits se
ressentent de la chaleur du soleil et de celle de la terre
échauffée ; les quatre bourgeons laissés aux deux ergots,
préparent quatre branches pour l'année suivante; ainsi
se renouvellent tous les ans les mêmes opérations, c'est-
à-dire que les deux plus belles branches se provignent
pour former des arcs avec fruits.

Vigneron.   6

A la vendange, on recueille le raisin qui croît sur l'arc et sur le jet que forme l'extrémité de la branche, et au printemps suivant, on taille cette branche près du nœud où elle tient à la souche mère; alors on arrache les branches qui ont poussé des racines en terre, soit pour en tirer parti dans le commerce, en les vendant comme du plant propre à former de nouveaux vignobles, soit en faisant des fascines pour le feu. Par cette méthode, on évite les frais des échalas et l'on a des vignes basses jouissant facilement de la faveur des rayons du soleil, particulièrement sur le penchant des collines.

M. Lehwmann, qui a fait un voyage de six ans en Europe, comme envoyé par le comte Ladislas Foresletier, possesseur de l'établissement agronomique appelé *Georgion*, en Autriche, assure que le meilleur vin d'Œdembourg provient de vignes ainsi cultivées.

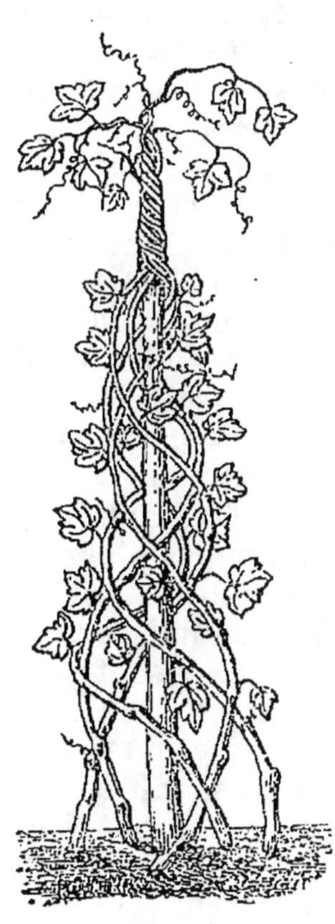

Ce qui paraît surprenant, c'est qu'on assure que les vignes qui, par ce procédé, paraîtraient devoir éprouver un prompt épuisement, durent néanmoins très-longtemps.

§ 5. VIGNES EN PYRAMIDES.

Dans la vue de rendre la culture de la vigne moins pénible et plus expéditive, moins coûteuse et plus productive, divers propriétaires français, à l'exemple de ceux de Bade, et plus particulièrement C.-B. Prost, d'Andlau, près Strasbourg, élèvent la vigne en cônes, ou pour mieux dire, en *pyramides* (fig. 1). Cette méthode, qui expose la plante à toutes les influences bénignes de l'astre solaire, mérite d'être plus connue : je vais entrer en quelques détails.

Fig. 1.

Après avoir divisé au cordeau son terrain en lignes parallèles de 26 décimètres, on place, la première année, sur ces lignes, des piquets en échiquier, à pareille distance l'un de l'autre. Au midi, ou du côté que le soleil favorise le plus longtemps de ses rayons, on ouvre la terre en parallélogrammes ou carrés longs de 65 centimètres, et larges seulement de 32 centimètres. Il faut avoir soin de mettre à part la terre de la première fouille, qui doit servir plus tard à recouvrir les racines du plant. Les tranchées doivent porter, suivant le fond du sol, de 48 à 65 centimètres de profondeur, et être bien débarrassées des pierres qui pourraient par la suite gêner l'enfoncement des échalas.

On plante cinq à sept jeunes bonnes vignes en talus, dès l'automne, sans fouler la terre; les racines étendues sans confusion, le jet placé tout près du piquet, et le premier œil du plant, à partir des racines, 108 millimètres plus bas que la superficie du terrain. On ne retranche aucune racine, on n'en raccourcit aucune, à moins qu'elles n'aient été endommagées. Le jet le plus vigoureux se conserve seul, les autres se couchent comme s'ils étaient racines. On comble alors les petites tranchées, les yeux du plant courent moins de risques pendant l'hiver.

La disposition en talus permet à la vigne de pénétrer tous les points de la profondeur du sol, d'en tirer plus de nourriture, et la chaleur du soleil parvient aux racines graduellement et plus aisément.

Au printemps, dès que le temps favorable le permet, on découvre les jeunes plants autour des piquets, et l'on taille les jets à un bon œil. Cette taille se fait en bec de flûte opposé à l'œil conservé, à 1 centimètre de sa position. On attache les pousses dès qu'elles sont assez grandes, et l'on n'en conserve que deux.

L'année suivante on taille deux jets à un œil seulement, et s'il ne s'en trouve qu'un, la taille se fait à deux yeux. Deux pousses se réservent encore, et lorsqu'elles ont à peu près 48 centimètres, il faut les arrêter à cette hauteur, et les attacher : le bois en devient plus fort.

Au printemps de la quatrième année qui voit pousser

la troisième feuille, on place les échalas au lieu qu'occu-
paient les piquets. Les deux jets se taillent alors, l'un à
cinq yeux et l'autre à six; on les tourne en spirale autour de leur tuteur, tous deux dans le même sens, laissant à peu près 81 à 108 millimètres d'intervalle entre
chaque spire. Les jets, ainsi tournés, sont assujettis chacun
par un lien. On attache aussi les deux pousses supérieures, et on les arrête quand elles sont assez grandes. On
recueille déjà quelques fruits cette année.

Quant aux échalas, il les faut ronds, forts, droits, de
16 centimètres de diamètre et hauts de 3 mètres, pris sur
un robinier pour les terrains secs et légers, sur châtaignier ou cœur de chêne pour les autres. On garnit de
goudron fondu la partie qui doit être fichée en terre et
entrer d'un demi-mètre.

Ce n'est qu'à la cinquième année que l'on forme les
pyramides; suivant son goût, on les fait triangulaires,
carrées, pentagones, hexagones. La forme ronde est préférable; comme elle n'a point d'angles saillants, elle a
moins d'inconvénients que les autres. On taille de nouveau les deux pousses supérieures, et l'on continue avec
ces deux jets la spirale toujours dans le même sens. Les
autres jets qu'on appelle *coursons divergents* sont coupés
à trois yeux et restent libres de toute attache.

Lorsque la vigne a défleuri, et dès que le raisin est
noué, on ébourgeonne, c'est-à-dire on récèpe à six yeux
les coursons divergents. On les tient plus courts pour
donner plus d'air à la vigne, et l'on ravale les deux jets
supérieurs qui s'attachent comme de coutume.

A ce moment, la vigne, qui n'a encore que le huitième
de sa hauteur et à peine un sixième de sa largeur, fournit déjà de vingt à trente raisins, c'est-à-dire qu'elle produit autant qu'une vigne tenue selon la méthode ordinaire et qui a toute sa croissance.

A leur sixième année, les pyramides sortent de terre
et la vigne prend tournure. Comme l'année précédente,
on taille les deux jets supérieurs, l'un à cinq yeux,
l'autre à six, et l'on continue la spirale, en ayant soin de
le faire avant que les bourgeons commencent à se déve-

lopper; on risquèrait de les casser et on nuirait à la régularité de sa pyramide. Les coursons divergents sont ravalés à quatre yeux. S'il se trouve des jets latéraux qui aient poussé de côté aux coursons divergents, on ne les supprime pas en entier, mais suivant leur force, on les taille à un œil ou à deux yeux tout au plus. On élève ensuite les deux pousses supérieures, et on les ravale dès qu'elles sont trop longues. L'ébourgeonnement se fait quand le raisin est noué. La jeune vigne donne cette année de trente à soixante raisins par cep.

Dans la septième année, on continue les mêmes opérations pour la taille, la formation des spirales et l'ébourgeonnement. On récolte par pied de vigne de cinquante à cent raisins.

Pendant les huitième et neuvième années, on suit toujours la même marche jusqu'à ce que les spirales aient atteint la hauteur des échalas. Il n'est plus question alors de faire monter les pyramides, de spirales à former, de jets supérieurs à élever; tout ce qui dépasse l'échalas doit être taillé court, et les coursons divergents recépés un peu plus longs que de coutume. A cette époque on donne aux pyramides une étendue de base et de sommet, une certaine circonférence ou périphérie. Les diamètres de la base et du sommet doivent être dans la proportion de deux à un, et de trois à un, dans les expositions les plus sujettes à la violence des vents; quant à la circonférence, rien ne presse. Si vous ne voulez point manquer l'opération, laissez au bois le temps de se fortifier, et allongez graduellement sa taille et son ébourgeonnement à mesure que les coursons deviennent moins grêles. En aucun cas, ne laissez jamais plus de deux yeux aux jets latéraux, supprimez-en même, ainsi que quelques-uns des coursons divergents, lorsqu'ils sont trop nombreux ou que l'un croise l'autre : sans cette précaution, ils s'étoufferaient réciproquement.

Une vigne traitée de la sorte, dépouillée, dans les années peu chaudes, de celles de ses feuilles qui se trouveraient devant les raisins et les priveraient des rayons du soleil d'automne, et composée de deux mille pyramides, rapporte 1,000 hectolitres de vin par année, tandis qu'il est constant que six mille pieds de vigne, conduits selon le mode ordinaire, ne produisent, année commune, que 30 à 50 hectolitres, et dans les années heureuses, que 100 hectolitres.

§ 6. VIGNES CULTIVÉES EN TREILLES ET EN ESPALIER.

Les vignes cultivées en treilles sont de trois sortes : les hautes, les moyennes et les basses. Les premières s'élèvent jusqu'à 3 mètres et voient, dans les grands espaces qui séparent chaque ligne, cultiver des céréales ou des légumes ; elles produisent beaucoup, mais en général, surtout vers le nord, le vin que l'on en retire est médiocre. Les secondes dépassent rarement 2 mètres et montent le plus habituellement à 1 mètre et demi ; la vigne y pousse avec vigueur, et parfois s'emporte à tel point que la taille a peine à la contenir ; mais quand les lignes sont plus rapprochées, elles donnent de bons vins. Les troisièmes, qui conviennent particulièrement aux pentes des coteaux, et que l'on peut, dans le midi, tenir assez voisines les unes des autres, c'est-à-dire à 60 et 70 centimètres en tous sens, comme on le fait dans tout le Médoc, sur la rive gauche de la Garonne et de la Gironde, et dans les Graves, qui s'étendent depuis Bordeaux jusqu'à la mer, au sud de cette ville. Vers le nord, cet espace serait trop grand, et peut être diminué de moitié.

Voyons maintenant les belles treilles de Thomery, près de Fontainebleau. C'est là seulement qu'on peut apprendre à bien conduire une treille destinée à constituer un bon revenu, un revenu de longue durée. Le mur contre lequel on les établit est haut de 22 décimètres, couvert de tuiles qui forment une saillie ou chapiteau de 24 centimètres, destiné à garantir la treille de la pluie sans l'ombrager. Le mur, bien crépi, se garnit de crochets scellés de mètre en mètre pour soutenir les perches ou montants du treillage. Le site en face du levant, sur lequel le soleil darde ses rayons jusqu'à une ou deux heures de l'après-midi, est estimé le plus favorable.

Le treillage est formé de neuf perches horizontales, de

bas en haut, qui servent d'appui aux maîtresses branches du cep. Ces branches reçoivent le nom de *cordons* ou de lignes, et sont mises en projection de droite et de gauche. Les montants perpendiculaires se placent, s'élèvent de 65 en 65 centimètres, et le tout est arrêté aux angles de chaque carré par du fil de fer passé au feu.

Les chevelées ou jeunes plants de treille préparées avec soin, pendant une année, en bonne terre mélangée de terreau (1), et revêtues de leurs premières racines, se mettent en terre, à une certaine distance du mur, au mois de novembre, et autant que faire se peut, à 40 centimètres de profondeur, et directement au pied des montants en bois de 65 en 65 centimètres. Chaque chevelée fait son cordon graduellement en ligne horizontale sur les montants et des deux côtés, excepté le premier et le dernier rang qui ne vont que de droite à gauche. On ne fume la terre du pied qu'après une année de plantation, et pour en conserver la fraîcheur nutritive, on entoure de pierres plates les pieds le long du mur, et on les laisse sans les lever pendant plusieurs années.

Communément vers la fin de février, et toujours au déclin de la lune, la taille se fait en ne laissant qu'un bouton à chaque pousse ou crosson distant de 21 centimètres du crosson de la tige voisine : toutes les bourres de l'année ou des années précédentes restent tronquées en groupe, appelé *collet*, tenant à la maîtresse branche montante, et duquel sort la seule tige nouvelle.

On ébourgeonne au mois de mars ou de mai, suivant que la saison est plus ou moins hâtive ; on ne laisse que deux bourgeons sur chaque nouveau crosson de l'année, et toujours ceux qui sont le plus près du mur, parce que

(1) Chaque chevelée est contenue dans un panier. Cette précaution avance d'une année la première récolte, qui se fait l'automne suivant.

Pour produire ces chevelées, on fait choix d'un sarment vigoureux et on le couche dans un panier rempli de terre, de manière qu'il y ait au moins deux yeux enfouis. Ces yeux développent bientôt des racines, et aussitôt qu'elles ont acquis une longueur suffisante, on coupe le sarment pour le détacher de la vigne et on le transplante dans le point où il doit rester à demeure et végéter.

les rayons solaires réfractés fécondent, fortifient mieu
les nouvelles pousses.

L'accollage ou l'acte d'attacher les nouvelles tiges au
perches horizontales avec du jonc vieux et trempé, :
fait quand ces tiges ont acquis une certaine longueur, (
crainte qu'elles ne soient rompues par le vent ou par
pluie.

La fleur, odorante comme celle du réséda, s'épanou
vers la dernière décade de juin; le grain en verjus su
de près, et pour ne pas trop épuiser la sève, pour moi
fatiguer le gros bois, on ne laisse, dans les années d':
bondance, que les deux plus belles grappes sur chaqr
tige.

Les feuilles couvrent, abritent le jeune fruit contre 1
trop vives ardeurs du soleil; elles le défendent de l'a
teinte de la pluie et de la grêle jusqu'au jour prochain
la maturité. Mais sitôt que les chaleurs deviennent pl
tempérées, on ôte une partie de ces feuilles, on ne lais
absolument que celles nécessaires pour garantir le fru
sans empêcher l'action des rayons solaires qui doit co
rer le raisin, ni celle des brouillards bienfaisants qui l'
tendrissent. La grappe voisine du mur, sans corps int(
médiaire, se dore plus facilement, et offre ce grain ferm
sucré, suave qui fait la richesse de Thomery. Pour le c(
server, on le suspend au plancher par un fil attaché, n
par le pédoncule, mais à l'extrémité de la rafle.

Quant à la vigne tenue en espalier, sa culture se ra
proche beaucoup de celle des treilles; son plus be
théâtre est à Montreuil, près Vincennes. Les murs (
l'on destine à porter l'espalier doivent être en moëllon
préférence à la pierre, surtout à celle dite *meulière*, :
laquelle les clous se cassent ou plient. Les murs en pi
ainsi que ceux en chaux et sable offrent bien de la so
dité, mais ils ne tardent pas à rendre le palissage diffic
impossible. Je conseille de donner au mur en moëllon r
couleur noire, au lieu de la teinte blanche généralem
adoptée. Le noir, en attirant sans cesse les rayons solai
fixe autour des espaliers une chaleur toujours élevée
longtemps égale.

Les ceps destinés à garnir les espaliers doivent être placés à des distances suffisantes pour prendre tout leur développement, et en même temps couvrir le mur de manière à former un rideau de verdure, et plus tard à présenter à l'œil de nombreuses grappes, dont la couleur contrastera très-agréablement avec le vert du feuillage. Les ceps trop éloignés les uns des autres font perdre de la place; trop rapprochés, leurs racines s'entre-croisent, les forts épuisent les faibles, et rendent leurs produits mesquins, sans valeur. Il faut étendre les branches sur une ligne horizontale, et faire décrire aux rameaux des courbes ou arcs, comme je le dirai plus bas, en traitant de l'incision annulaire, et lorsque l'espalier est bien dressé, qu'il ne montre aucun vide, on amène, sur le devant, les deux ailes qui naissent après, on les assujettit sur de forts tuteurs de 3 mètres de haut, et l'on parvient, de la sorte, à rompre l'uniformité de la ligne droite.

On donne, il est vrai, à son espalier, la forme de haie, qu'il avait dans son origine primitive, mais elle est formée de distance en distance par des repos, ou par des ouvertures en demi-cercle, ce qui met en rapport un tiers en sus de ceps, sans avoir recours aux clous ni aux loques.

§ 7.   REMARQUES SUR LES PRÉCÉDENTES MÉTHODES.

Il est un fait que personne ne peut contester, c'est que la vigne est mieux cultivée dans le nord de la France que dans le midi, dans nos départements de l'est, que dans ceux situés à l'ouest. En général, les pays chauds comptent trop sur la nature de leur climat, la paresse leur fait perdre la supériorité que devraient avoir constamment leurs produits, tandis que sous des zônes moins favorisées, les soins, le travail et une activité de tous les instants, forcent la vigne à répondre largement aux longues fatigues du vigneron, et à lui donner des produits excellents.

La plantation est généralement mal faite, et une grande partie des sarments mis en terre ne poussent point et se dessèchent entièrement. Il faut d'abord élever en pépi-

nière les sarments que l'on veut planter, et attendre
pour la transplantation, qu'ils aient poussé des racines.
A Leyrac et dans plusieurs autres communes du département de Lot-et-Garonne, on taille la vigne dont on
veut employer les sarments, vers la fin de février, et on
les laisse de la longueur de 12 à 16 centimètres; on les
met en paquets, cent par cent, que l'on couche dans des
fossés de 15 centimètres de profondeur, et recouverts de
terre, à la hauteur du fossé, que l'on tasse bien. Fin de
mai ou dans le courant de juin on relève et on plante.
Les sarments offrent alors des racines et des branches
petites, friables, étiolées; les premières se cassent ou
s'écrasent par la plantation; les secondes se dessèchent
au contact de l'air, peu d'heures suffisent pour cela. Les
yeux ou bourgeons, d'où elles tiraient leur origine, en
produisent bientôt d'autres, qui assureront le développement et la conservation de la plante.

Plus le raisin est élevé, moins il mûrit bien, surtout
à une certaine latitude; la grappe acquerra cependant le
point de sa maturité, si le cep est placé sur un sol sablonneux : on l'espérerait vainement d'un terrain compacte et argileux. Ici, la vigne doit être plantée en
rangées suffisamment espacées, et les ceps tenus à la hauteur de 4 décimètres au plus. Pour donner à la circulation de l'air plus de jeu, et absorber plus facilement et
plus promptement l'humidité, il faut palissader les rangées comme pour les espaliers, et ne point permettre aux
sarments de s'étendre de tous côtés.

La vigne, cultivée en festons, demande les pays chauds;
elle est plutôt objet de luxe que de rapport; et lorsqu'elle produit beaucoup, elle épuise promptement le
sol, et affame les ceps voisins. D'ailleurs, le hautain veut
une terre vigoureuse et un grand espace.

La vigne à tige basse est plus généralement convenable
à tous les terrains, à tous les climats; il faut que les ceps
soient rapprochés dans le nord; si on laissait trop d'espace entre eux, les principes nutritifs seraient répandus
avec trop de profusion, et la chaleur ne serait pas assez
forte pour les épurer. Dans le midi, au contraire, il faut

éloigner les ceps, la chaleur y est trop forte, souvent trop longtemps prolongée, la sève et les éléments qui la constituent ne seraient plus en proportion, et loin d'éprouver les heureux effets de cette température élevée qui l'élabore, la modifie, la combine en principes sucrés, la sève se dessécherait. Ainsi, la distance à donner dépend essentiellement du climat. Dans les départements de Maine-et-Loire, de la Mayenne et de la Sarthe, quand les ceps sont trop chargés de grappes, on évase la terre sous les raisins, ou bien on les soutient avec des baguettes fourchues.

La vigne cultivée en pyramides nous rappelle les avantages de la tenue bien dirigée de cette plante en perchées. Elle demande, il est vrai, une parfaite connaissance de la taille des arbres pour être dirigée sans erreur; mais la vigne est heureusement si vivace, que quelques méprises ne lui portent pas un coup mortel. Outre l'économie du temps pour la culture, l'augmentation considérable de produit, tant en quantité qu'en qualité, et la diminution notable dans les frais d'entretien, la vigne en pyramides permet au vigneron de récolter les grains nécessaires à sa subsistance, et réduit au tiers le besoin des échalas; ces deux dernières considérations sont importantes, puisqu'elles laissent aux forêts les jeunes tiges, l'espoir de leur ornement, et qu'en augmentant les ressources du propriétaire de vignes, elles ne le verront plus obligé à contracter des dettes pour acheter son pain dans les années malheureuses.

Ce mode de culture, objectera-t-on, exige beaucoup de temps; cela est vrai, surtout quand on plante à neuf; mais il épargne l'ennui de l'attente, en faisant jouir plus tôt et plus abondamment que la méthode ordinaire, longtemps même avant que la dernière main ait été mise à l'architecture des pyramides. Il s'adapte très-aisément aux vignobles tenus en perchées, et pour l'introduire dans les autres vignobles, rien de moins coûteux : on ne perd pas même une année la récolte du tiers de ses ceps.

Pour les vignes en perchées, on dispose les échalas en échiquier, sur les première, troisième, cinquième, etc., lignes; on rapproche des tuteurs les deux ceps les plus voisins à droite et à gauche, et, comme les jets d'une telle vigne prennent naissance assez près de terre, on se sert des deux inférieurs, un de chaque cep rapproché, pour commencer les spirales. On conserve intactes les perchées intermédiaires, et les débris de l'échafaudage retranché servent à soutenir les ceps encore existants dans l'alignement des échalas.

Veut-on changer le système des autres vignes, on commence au printemps à couper en bec de flûte sur la première ligne un cep entre deux, aussi bas que possible; il est même plus avantageux de le faire à quelques centimètres au-dessous de la superficie du sol, si les racines du collet ne s'y opposent. On unit les bords de la blessure, et on la couvre aussitôt d'onguent dit de saint Fiacre ou de cire de jardinier. On laisse en place les échalas pour y attacher les jets qui doivent pousser. La seconde ligne demeure intacte, et l'on passe à la troisième, que l'on prépare comme la première, et ainsi de suite de deux en deux. Lorsque les ceps recépés vous auront donné des jets, vous n'en conserverez que deux, et les arrêterez à 65 centimètres pour leur faire acquérir plus de force. Au printemps suivant, on commence les spirales; les vignes poussent vigoureusement, et en automne elles rapportent. A mesure que les pyramides s'élèvent, on taille plus court les coursons des ceps conservés jusqu'à ce que l'on soit obligé de les couper entre deux terres, assez profondément pour les empêcher de repousser.

Au bout de combien de temps une vigne, âgée de six ans, et précédemment traitée selon la méthode ordinaire, peut-elle être transformée en pyramides de plein rapport? Disons d'abord, avant de répondre, qu'on ne doit point entièrement la sacrifier au nouveau système, si l'on n'a pas envie de se priver de suite du fruit assuré jusqu'ici. N'en transformez qu'une partie : la réussite des essais dépend plus encore de la nature du sol, de sa position relativement aux montagnes, aux forêts, aux grandes masses d'eau situées dans le voisinage, plus encor de l'action directe, et le plus longtemps possible prolon gée des rayons solaires, que de la main patiente, plus ou moins expérimentée, du vigneron.

Après avoir tout disposé, comme nous l'avons vu tout à l'heure, c'est-à-dire après avoir placé un échalas en échiquier, et rapproché de ces tuteurs les quatre ceps les plus vigoureux que je trouve à droite et à gauche, je ne leur laisse que les deux jets supérieurs que je taille à un œil ou au plus à deux yeux, je retranche tous les jets serpentaux, toutes les pousses inutiles. J'arrive ainsi de suite à former une pyramide, et à la mettre en bon rapport l'année suivante, et en plein rapport la seconde année, si toutefois l'une et l'autre ont été chaudes, si l'é-bourgeonnement recommandé a été fait avec entente.

Qu'on ne croie pas que cette culture exige, comme on le pense d'ordinaire, un fumage annuel et abondant. Le fumier est le premier degré d'avilissement pour un cep quelconque; je le démontrerai plus loin, et dirai que le seul engrais pour la vigne, ce sont les plantes légumineuses retournées au moment de leur pleine floraison.

Les ceps tenus en pyramides offrent non-seulement un aspect des plus pittoresques, mais encore l'économie du fumage, celle des échalas, et la plus précieuse de toutes, celle du temps. Elle est moins pénible pour le vigneron, qui, d'une part, a moins de surface à piocher profondément, et de l'autre, n'est plus forcé de prendre une attitude courbée, ni de se voir étouffer par la chaleur atmosphérique qu'augmentent les émanations du sol. Cette culture est plus expéditive dans les soins d'entretien qu'elle réclame, et comme elle donne vite en quantité, et en qualité des produits excellents, on peut, sans appauvrir la famille, payer les contributions, améliorer sensiblement son sort, conserver plus longtemps la plénitude de ses forces, prolonger ses jours, et boire gaiement le vin que laisse libre le surplus de la vente qu'on aura faite avec avantage.

On m'a demandé si dans les hivers rigoureux, alors que les sarments sont pris par le gel, surtout quand le froid succède immédiatement à la pluie ou bien à la neige, les sarments des pyramides sont encore suscepti-

Vigneron.   7

bles de végétation. Je réponds : les pyramides fort élevées ne courent les risques de la gelée que sur les trois huitièmes de leur hauteur ; les autres cinq huitièmes restent intacts jusqu'à un certain point, à moins que, après quelques beaux jours de soleil d'une température douce, un froid vif, survenant tout à coup, trompe la sève et ne l'empêche de refluer assez promptement vers les racines, et ne fasse éclater le cep, comme il arrive aux autres plantes, même les plus robustes : la vigne en pyramides ou en lignes n'est pas plus exempte qu'elles d'un pareil accident. Ce cas est heureusement fort rare, et il est à présumer, par les exemples offerts aux journées désastreuses de 1820, de 1830 et de 1839, que les ramifications des pyramides opposeront au vent une foule de barrières et de brisants propres à rompre sa violence et en neutraliser les tristes effets. La base des pyramides étant proportionnée à la hauteur, les échalas, pris bien droits et forts autant que possible, se trouvant enfoncés à la profondeur d'un demi-mètre, et la terre n'étant jamais remuée que superficiellement auprès d'eux, tout assure que la vigne, ainsi traitée, résiste aux tempêtes, aux bourrasques, et se montre retenue sur le sol par une puissance inattaquable. Le gel aura, de même, moins de prise sur elle, les ramifications entrelacées formant autour de l'échalas une sorte de réseau qui tient les branches mères à l'abri de cette atteinte directe. En les examinant de près, le matin, vous verrez, en effet, les aiguilles de la gelée arrêtées, suspendues sur ces ramifications.

Les raisins des pyramides sont tous très-beaux, la grappe bien fournie, les grains bien colorés, parce que l'air et les rayons solaires se jouent librement autour d'eux, les frappent sur toutes leurs faces ; le bois s'aoûte aisément, et sa sève, largement nourrie, sans cesse pleine de force, ne permet point à la fleur de couler. On mange le fruit avec délices, on en retire une liqueur de haute qualité.

§. 8.   VIGNES ABANDONNÉES A ELLES-MÊMES.

Dans le tome cinquième de son Traité de la culture des terres, page 114, Duhamel du Monceau conseille des expériences sur la vigne abandonnée à elle-même, et cite un premier essai tenté en 1753, par les frères Roussel, près de Guigne, département de Seine-et-Marne.

Pour éprouver la puissance de l'arbrisseau vinifère, ces cultivateurs ont fait une plantation de boutures de peupliers, à deux mètres de distance l'une de l'autre, et au pied de chacune, ils ont placé deux brins de sarments; puis, dans les espaces libres de ce quinconce, ils ont semé du grain et des légumineuses. La vigne, ainsi abandonnée, ne fut point soumise à la taille, ni à aucun autre soin de la culture ordinaire, et cependant, en 1754, elle produisit beaucoup de raisins, dont on obtint un vin potable. Une pareille épreuve fit merveille, et pendant quelques années, l'expérience fut répétée sur divers points voisins du lieu où elle avait été entreprise. Voilà tout ce que les annales agricoles nous ont conservé : c'est très-fâcheux. Si l'expérience eût été suivie durant un certain nombre d'années, elle pourrait servir à quelque chose, au lieu que, isolée, c'est un fait perdu, du moins sans valeur pour nous et notre pays. Il est vrai qu'une des îles de l'Archipel grec, Santorin, que Tournefort vit en 1700, sortir des gouffres de la Méditerranée, poussée par le feu d'un volcan sous-marin, nous offre un exemple habituel de ce mode de culture. La vigne dure moins longtemps, mais elle donne une quantité double et même triple de raisins; de plus, on lui demande sa feuille et ses bourgeons superflus pour la nourriture du bétail. Sous ce dernier point de vue, l'espèce de vigne que l'on trouve dans les haies de divers cantons de nos départements, en-deçà de la Loire, et qui ne donne qu'un pitoyable raisin (je veux parler de la Lambrusque), peut être employée utilement; il serait même convenable de lui livrer les côteaux incultes, et d'en faire ainsi des espèces de prairies artificielles, dont la riche dépouille mettrait en valeur ces terrains, et les disposerait peu à peu à rappeler l'industrie vinicole, comme on la voit depuis 1817, prospérer sur le côteau de Wesemael, près de Bruxelles (1), et depuis 1825, sur la ligne de l'Oural, placée aux environs de Sorothci-Kowskaia, vers le cinquante-sixième degré de latitude.

CHAPITRE V.

Choix du cépage et de sa plantation.

Nous avons vu précédemment que chaque vignoble a son cépage particulier; d'autres sont formés de différentes variétés sans choix, et l'on en compte parfois jusqu'à douze et même vingt dans une seule vigne. Il y a cependant très-peu de grappes qui soient bonnes à récolter à l'époque des vendanges : les autres, contenant chacune un muqueux qui lui est propre, portent dans le vin divers degrés de verdeur, qu'on ne peut lui faire perdre qu'en ajoutant au moût le principe saccharin qui lui manque.

Le choix ne doit point se limiter à une seule variété, c'est s'exposer de gaîté de cœur à des chances trop hasardeuses ; il doit se porter sur plusieurs, et de préférence sur les plants enracinés qui donnent les meilleurs vins, et le nombre ne pas outrepasser cinq à six. Il est essentiel de rejeter la variété de raisin sujet à couler, ainsi que celui qui dépérit par excès de sécheresse, ou devient la proie de la pourriture lorsque l'automne est pluvieux. En mettant en terre ces cinq à six variétés ou sous-variétés de vignes, l'une est féconde quand la disposition atmosphérique est funeste à l'autre, et le vin que l'on obtient est toujours bon.

(1) Le sol de ce côteau, presque entièrement composé de pierres, dont la couleur d'ocre semble indiquer la présence du fer, a dû être défoncé, dans toute son étendue, à la profondeur de 1 mètre environ. On y a planté 35 hectares de vignes qui, chaque année, se couvrent de pampres verts et de raisins fort beaux. La crête même de la montagne montre des ceps d'une vigueur de végétation, et d'une grosseur remarquables.

Comme chaque variété a une époque de maturité qui varie de douze à quinze jours, le vigneron intelligent s'étudiera à leur donner une situation calculée de manière à rapprocher le plus possible ces différents termes. Il y parviendra en destinant aux ceps précoces la partie supérieure de la vigne, et le milieu aux fruits les plus tardifs, particulièrement si elle est située sur un côteau.

Beaucoup de propriétaires recherchent les cépages qui sont d'un grand rapport ; c'est à tort, car il est d'une constante expérience que plus la vigne fructifie, moins le vin est bon ; les raisins, trop pressés les uns contre les autres, ne jouissant pas du contact de l'air, sont peu frappés par le soleil, leurs sucs demeurent grossiers, et ils ne viennent pas à maturité. C'est par suite d'un aussi faux calcul que plusieurs vignerons sont tombés dans la misère, et que les vins d'Argenteuil, auprès de Paris, qui eurent au quinzième siècle une très-grande réputation, sont déchus en qualité, surtout depuis 1750.

Il faut donc apporter le plus grand soin dans le choix du fruit : la bonne ou mauvaise qualité du vin en dépend. Vainement pour l'obtenir, vous donnerez à la vigne un terrain propice et un site heureux : avec un moût qui ne contient qu'une substance âpre ou acide, vous n'obtiendrez jamais qu'un mauvais vin. Le meilleur raisin est celui qui donne le plus de muqueux, celui-là seul fournit un vin qui a du prix et de la qualité.

Quand on veut faire un choix certain et se pourvoir des variétés les plus précieuses, il faut visiter ses propres vignes et celles de tout le canton, huit jours avant la cueillette : les ceps les mieux naturalisés sont les plus féconds et ceux dont le fruit mûrit plus complétement. Il n'est pas aussi avantageux qu'on veut bien le dire et le croire, de tirer le plant des vignobles du midi, où il est plus fort que dans les contrées situées vers le nord : il est frappé de stérilité, s'il ne trouve pas un climat analogue par le site, la température et la qualité des terres ; s'il réussit momentanément, il ne tarde pas à dégénérer.

L'usage est de mêler le raisin rouge avec le raisin blanc. Le premier doit occuper les trois-quarts de la vigne, c'est lui qui fournit le plus de matière colorante, celle qui est peu susceptible de l'effervescence vineuse, et la plus propre à retarder la fermentation spiritueuse insensible ; en prolongeant ce mouvement, le vin ne se porte pas si tôt à la fermentation acide. Le raisin blanc donne au vin un goût recherché et délicat.

« Le choix d'un plant, d'après M. Hardy, est une chose d'une très-haute importance, car c'est de lui que dépend en grande partie le succès d'une plantation.

« Planter du pineau dans une terre forte et substantielle, c'est s'exposer à ne rien récolter, surtout, si à cette erreur vient se joindre un climat brumeux et une humidité constante du sol.

« Planter du gamet dans un sol crayeux qui, par sa nature produit peu mais donne souvent des vins exquis, c'est s'exposer à récolter peu et à faire un mauvais vin.

« Il faut donc faire un choix judicieux et raisonné du plant.

« Chaque localité offre des nuances dans le mérite des sujets d'un même plan, mais il est des règles générales qu'il ne faut pas oublier.

« Le plant peut se diviser en quatre classes différentes. On distingue :

« 1º Le plant sucré qui produit le plus d'alcool ;

« 2º Le plant fermentatif qui contient le plus de ferment ;

« 3º Le plant tannifère où le tannin domine ;

« 4º Le plant aqueux ou lympathique.

« Le premier, le plant à fruit sucré, est celui qui domine dans le midi ; il est productif dans les pays chauds ; mais il mûrit difficilement au-delà du 45ᵉ degré, tels sont le *piquepoule*, le *muscat*, le *picardan*, le *clairette*, le *chardenet*, pour les vins blancs ; l'*alicante*, l'*espar*, le *spiran*, le *marroquin*, les *pineaux*, la *serine*, le *sirah*, l'*aramon* pour les vins rouges.

« Le plant fermentatif est celui qui domine dans le nord ; tel est le *gamet* et une partie des gros plants.

« Le plant tannifère est celui qui donne un vin très-chargé de tannin ; tels sont ceux qu'on cultive dans la

Gironde : les plus estimés sont le *mancin*, le *carmenot*, le *petit verdot*, le *malbec*, le *grappenaux*, le *mourvèdre*, l'*enrageat noir* et l'*enfariné du Jura*.

« Le plant aqueux est celui où l'eau domine en l'absence du sucre et du tannin, tels sont le *gouais*, le *chasselas*, le *troyen*, le *melon* et le *lombard*.

« La constitution du plant se modifie sensiblement par le degré de maturité plus ou moins complète ; mais la proportion reste la même entre les diverses races ou variétés. Le vigneron doit donc en tenir compte s'il veut être à peu près certain d'obtenir tels ou tels résultats. C'est en vain qu'il chercherait à obtenir avec une variété du n° 1 ce que produit le n° 2, et *vice-versâ*. Il est aussi impossible de rendre sucré un raisin aqueux que de faire produire de la reine-claude à un prunier de mirabelle.

« La nature du sol modifie également la constitution naturelle du plant ; mais jamais assez pour le faire passer d'une classe dans une autre. Il est donc essentiel de se bien pénétrer de ces faits, si l'on veut arriver à une réussite satisfaisante. Aussi nous conseillerons de planter le plant sucré dans les terres saines, le plant fermentatif dans les sols glaiseux ou substantiels où l'on ne peut espérer faire de bons vins ; le plant tannifère dans les bonnes côtes bien exposées, dans les terres profondes et feuilletées ; quant au plant aqueux, il faut le supprimer entièrement, moins le chasselas, quand on veut avoir un raisin de table et non de cuve.»

Dans un mémoire intitulé : *Etudes sur les produits des principaux cépages de la Basse-Bourgogne*, M. Bouchardat a présenté quelques résultats qu'il a obtenus, pour apprécier immédiatement le produit des divers cépages, à l'aide d'un appareil que les physiciens appellent *appareil de polarisation*, et qui lui a servi à déterminer, sans analyse chimique immédiate, et en très-peu de temps, la quantité d'alcool que pouvait fournir, après la fermentation, un suc donné, dont on aura éliminé l'acide tartrique par l'acétate basique de plomb, et qui aura été décoloré par le charbon animal. Il a réuni dans le tableau suivant, l'examen optique de neuf cépages pour lesquels

il a aussi indiqué la production moyenne en vin, en alcool, en acides tartrique et malique, et en potasse.

NOMS des CÉPAGES.	VIN produit par un hectare.	ALCOOL contenu dans ce vin.	ACIDE tartrique et malique de ce vin.	QUANTITÉ de potasse contenue dans ce vin.
	hectol.	hectol.	kilog.	kilog.
Gouais blanc. . .	240	7.88	112.400	15.300
Gros gamai. . . .	160	8.18	67 200	9.440
Gros verreau. . .	90	6.28	36.900	5.130
Petit verreau. . .	60	4.92	20.400	3.916
Melan.	80	7.28	24.300	3.920
Servoyen vert. .	50	4.40	17.000	2.350
Servoyen rose. .	30	3.00	7.700	1.230
Pineau noir. . . .	20	2.12	4.200	0.740
Pineau blanc. . .	15	1.52	3.900	0.615

« En s'arrêtant, ajoute M. Bouchardat, sans plus ample
examen, aux résultats contenus dans ce tableau, on pourrait penser qu'on devrait substituer aux cépages peu
productifs le gouais et le gamai, mais ce serait là une dé-
plorable conclusion. En effet.

« Le gouais use rapidement la terre, il n'est productif
qu'autant qu'on le fournit abondamment de terre neuve,
d'engrais et de cendres ; il donne plutôt une liqueur propre
à faire de la limonade pour les moissonneurs que du vin.

« Le gamai fournit un vin qui, dans les mauvaises années, n'est pas potable. Ce cépage exige d'abondants engrais, et après trente années il faut l'arracher, car la
production diminue rapidement ; mais comme il est très-
productif, sa culture s'étend tous les jours davantage.

« Le petit verreau est un plant robuste qui peut durer
un siècle ; lorsqu'il est bien cultivé, la récolte est satisfaisante, et lorsqu'on le vendangera plus tard qne les pineaux et qu'on le fera fermenter en vase clos, il donnera
un vin qui aura de précieuses qualités.

« Le melan est un excellent cépage, produisant de bon

vin blanc ; en bonne terre, il peut durer plusieurs siècles, et donner un bon revenu.

« Les pineaux noir et blanc produisent peu, mais ils
fournissent les meilleurs vins ; ce sont les cépages les
moins exigeants d'engrais. Bien cultivés, la récolte manque rarement ; ils se plaisent sur les collines escarpées.
Aucune culture ne convient mieux pour préserver les
flancs des montagnes de dénudations.»

Quelques mois avant de faire sa plantation, il faut dé-
foncer le terrain de 32 à 65 centimètres, et ouvrir des
fossés dans la direction du penchant du terrain : ces fossés doivent avoir de 6 à 8 décimètres de large sur à peu
près autant de profondeur. Cette opération préliminaire,
qu'on néglige généralement, est indispensable quand on
veut voir prospérer sa vigne. La seconde opération, à laquelle on ne donne pas toute l'attention convenable, c'est
d'éviter de mettre une jeune vigne à la place d'une
vieille ; il est nécessaire de laisser à la terre le temps d'é-
laborer de nouveaux sucs, sans quoi le plant qui lui est
confié pousse peu, demeure sans vigueur et sans énergie.

Faites vos plantations en automne, vous gagnez une
année, on peut même dire deux. Des pieds de vignes sont
plantés moitié en automne et moitié au printemps suivant, dans le même terrain et à côté les uns des autres ;
les premiers mis en terre ont poussé vigoureusement et
donné des raisins trois fois au bout de cinq ans, tandis
que les seconds ont à peine, après ce terme, prouvé leur
nature. C'est d'ailleurs un fait reconnu depuis longtemps :
les arbres plantés à l'arrière-saison réussissent presque
tous ; ceux, au contraire, plantés au printemps, périssent
pour la plupart, ou végètent misérablement.

La saison, pour planter, est cependant relative au climat. Dans nos départements du midi, la plantation doit
se faire aussitôt que les feuilles sont tombées ; les racines
travaillent pendant l'hiver, elles s'étendent et vont chercher fort avant les sucs nutritifs nécessaires à la prospérité du cep, qui brave alors la sécheresse à laquelle les
terres de ces contrées sont exposées une grande partie
de l'année. Dans les départements situés au nord, l'épo-

que la plus avantageuse est lorsque le danger des pluies fréquentes et des fortes gelées est passé : c'est au vingt de février, année commune. Les ceps qu'on y mettrait en terre au mois de novembre, décembre et de janvier, souffriraient beaucoup trop dans les hivers humides. En retardant au mois d'avril, la terre est déjà échauffée par le soleil ; l'évaporation de l'humidité, des pluies et de la rosée est prompte, la végétation du cep est languissante, et il meurt lorsque le printemps est sec.

La vigne se plante de boutures et de crossettes. Les boutures (1) sont des bourgeons enracinés qu'on lève après la récolte ; les crossettes sont des sarments choisis lors de la taille et auxquels on a laissé, à la longueur de 27 millimètres, une partie du bois de la dernière pousse. On plante en lignes ou cordons lorsque le terrain n'est pas en pente trop rapide, en cercle ou forme de gradins, lorsqu'il y a trop de déclivité. Chaque pied est à trois mètres l'un de l'autre ; entre chaque ligne on laisse un intervalle d'un mètre et demi. Les ceps sont placés de manière à ne se point trouver en face de leurs voisins ; et comme les plantations par marcottes ou chevelées nuisent aux anciennes souches, dont elles détruisent les racines, il vaut mieux recourir aux brins de sarments coupés mis dans une bonne terre qui a de la fraîcheur, et lorsqu'ils ont pris racine, on les transplante alors aisément. Il est bon d'observer que l'on doit éviter l'usage trop répandu, 1º de laisser à l'extrémité inférieure de la bouture, une partie du bois de l'année précédente sur lequel elle a crû ; 2º de coucher la bouture ; 3º et de placer le jeune sujet dans le terrain le plus riche et le plus fertile à la profondeur de 5 à 6 yeux en terre et 2 à 3 yeux en dehors. Tenu de la sorte, en pépinière, il vient promptement, ses racines grossissent, s'enfoncent ; mais en le transplantant, si le sol n'est pas absolument le même, et le plus souvent il est d'une qualité médiocre, le cep languit et chagrine son propriétaire ; tandis que,

(1) La bouture se rapproche ici beaucoup de la marcotte sans cependant en être une.

confié d'abord à une plus mauvaise que celle où il doit être transplanté, il devient très-fort, et on lui assure une longue durée.

Une vigne plantée de crossettes vit longtemps et est plus féconde; celle qui vient de marcottes pousse plus vite. La première méthode sera préférée par celui qui sait sacrifier le présent à l'avenir; la seconde le sera par celui qui veut jouir promptement. Tandis que le dernier prépare la ruine de ses vignes, le premier, sans cesse occupé à mettre la fortune de ses enfants à couvert, renouvelle ses ceps tous les quarante ans au moyen d'un semis de pépins. Cette régénération conserve les qualités que les filiations par bouture ont fait perdre; elle procure d'excellentes récoltes, et donne au vin un bouquet très-agréable.

Il est à propos de planter un plus grand nombre de sarments qu'on n'en a besoin; l'abondance des chevelus permet de choisir les meilleurs et les plus forts. Avant de les mettre en terre, on ouvre des fosses isolées, ou, ce qui vaut beaucoup mieux, des tranchées, comme je l'ai déjà dit, selon l'inclinaison du sol, et d'un bout à l'autre de la vigne, on donne à ces tranchées une largeur et une profondeur calculées d'après la qualité du sol. Plus il est ingrat, et plus elles doivent être profondes et larges; les racines ont besoin de s'enfoncer et de mettre à contribution une plus grande étendue de terre : ici une fosse de 65 centimètres de profondeur sur 40 centimètres de largeur est nécessaire. Dans une bonne terre, il suffit qu'elle ait 40 centimètres de largeur sur 32 de profondeur, les racines n'ayant pas besoin d'un grand effort pour trouver leur nourriture.

Quand vous placez le nouveau sujet dans la fosse, ayez l'attention de pulvériser la terre pour en recouvrir les racines. C'est la terre végétale de la superficie que vous devez déposer au fond; la terre inférieure qui n'a pas profité des engrais météoriques n'offrirait au cep qu'une faible nourriture.

Des agronomes instruits recommandent d'orienter les ceps, afin de rendre à chacun d'eux le genre d'exposition qu'il avait dans la pépinière. L'expérience a prouvé, et démontre journellement que cette précaution minutieuse est inutile. Il n'en est pas ainsi de l'usage où l'on est dans quelques vignobles de négliger les chevelus et de supprimer le bourrelet du sarment : il y a là non-seulement maladresse, mais encore un contre-sens fâcheux. C'est du bourrelet que s'élancent les racines et qu'elles se développent ; en le retranchant, les racines prennent naissance au second ou au troisième nœud, elles sont chétives, superficielles et exposées aux coups de la charrue et de la houe.

Les ceps très-vieux ne croissent qu'avec peine, ils ne donnent plus que des sarments frêles qu'il faut négliger, et se pourvoir de rameaux vigoureux dans une vigne âgée de sept à huit ans. Celui de l'année est peu propre à la plantation, celui de deux ans lui est préférable sous tous les rapports, et pour le planter, choisissez le moment où la terre n'est pas trop humide.

Dans les roches presque nues où nous avons conseillé l'usage de la taravelle, comme les racines ne grossissent pas avec la même activité que dans une bonne terre, il faut jeter au fond du trou des cendres trempées avec de l'eau : cette fraîcheur les favorisera et empêchera le hâle et la chaleur de dessécher le peu de terre qu'ils trouvent.

Obligés d'accroître leur revenu pour payer les impôts considérables dont ils sont grevés, des propriétaires remplacent les vieilles vignes par des vignes nouvelles. Cette mesure est blâmée par quelques auteurs, tandis que d'autres l'approuvent. Les vieux ceps ne donnent, il est vrai, que des fruits petits et peu abondants, mais le vin qu'on en retire est d'une qualité très-supérieure. Les jeunes ceps, au contraire, rapportent beaucoup de raisins ; si leur vin est inférieur et médiocre, il est aussi plus utile au commerce et fournit abondamment à la distillation. Ainsi, la qualité est sacrifiée à la quantité, et la France court le risque de voir se perdre ceux de ses vins qui jouissent d'une haute réputation et qui sont avidement recherchés par les étrangers. Nous avons une preuve de ce changement dans les vins du Clos-Vougeot, département de la Côte-d'Or. Ces vins, naguère encore très-fins et très-délicats, ont diminué de valeur depuis que les ceps, plusieurs fois séculaires qui les rapportaient, ont été remplacés par des ceps nouveaux. Il est vrai que lorsqu'on pense que la production des vins communs et médiocres fournit à elle seule plus des trois-quarts du revenu des vignobles français, dont l'étendue est d'environ un vingt-septième ou un vingt-huitième de notre sol cultivé ; quand on pense que nul climat n'est plus favorable que celui de la France à la culture de la vigne, qu'aucune nation ne peut nous enlever nos avantages sous ce rapport, on doit peu craindre pour nos débouchés à l'extérieur, et laisser aux propriétaires le soin d'améliorer les vins de leurs jeunes ceps, sans nuire à leur quantité, ou du moins en y nuisant le moins possible.

Nous avons blâmé l'existence des arbres dans les vignes, en doit-il être de même de toute autre culture ? Certainement il est des cas où la présence des légumes annuels est nuisible, mais aussi il en est d'autres où ils sont utiles en fournissant des abris et en conservant de l'humidité entre les ceps. Les légumes sont nuisibles partout où la vigne est plantée en lignes serrées. Le farouch et l'esparcette se sèment habituellement dans les vignes du département du Tarn et autres environnants, et comme on les y laisse plusieurs années, ils y sont fort nuisibles, en privant la vigne des labours qu'elle réclame. La lentille et le lupin n'y font jamais de mal. Les céréales, les haricots, les pommes de terre nuisent plus ou moins à la vigne, suivant que ces végétaux effritent plus ou moins le terrain, et que ce terrain est de plus ou moins bonne qualité : elles retardent singulièrement les progrès de la vigne, surtout dans les trois premières années des nouvelles plantations. Il vaut mieux n'y rien semer, afin d'y multiplier les labours : on obtient alors des récoltes précoces qui paient avec usure les avances faites. Les pays où l'on travaille ainsi plusieurs fois la terre par année sont ceux où l'on obtient des vins en bonne quantité et de qualité supérieure, tels sont entre autres les vignobles de Gaillac, département du Tarn, de Cabars, où les vignes reçoivent communément quatre labours. C'est plus particulièrement quand les ceps sont jeunes que l'on a tort de convertir le sol qui les porte en une sorte de jardin potager. Je me suis assuré dans mes voyages agronomiques que le mal grandit à mesure que l'on approche davantage de la limite actuelle de la vigne. Dans ces situations, je n'ai rencontré que des sujets chétifs, dont la fructification lente est toujours difficile, je devrais dire inutile.

Beaucoup de plantes croissent spontanément dans les vignes; il faut éviter qu'elles n'y viennent en trop grand nombre. Les autres, renversées par les labours, en pourrissant dans la terre, améliorent un peu le sol. On accuse le souci, la mercuriale, l'aristoloche, la verveine et la ronce de communiquer au vin des vignes où ces plantes se trouvent un goût peu agréable et même de lui nuire. J'ignore jusqu'à quel point ces assertions sont vraies, mais il est à présumer qu'elles sont plus qu'exagérées.

De tous les moyens employés ou proposés pour imprimer une plus grande vigueur à la vigne, et des qualités essentielles à sa précieuse liqueur, il n'en est aucun au-dessus du mélange des terres que l'on obtient par des labours bien entendus. Le mélange des terres augmente la quantité des sels qui se trouvent déjà dans le terrain, c'est un levain qui excite une espèce de fermentation dans les sels, lesquels, en se combinant entre eux, servent de nouveau véhicule à la végétation.

CHAPITRE VI.

Des vignes à raisins précoces.

La culture des vignes à raisins précoces est une question qui a éveillé depuis quelque temps l'attention des agronomes et des vignerons du nord de la France. Cette question a même fait l'objet d'un travail intéressant que Loiseleur-Deslonchamps venait de terminer, au moment où la mort l'a frappé, et qui a paru sous le titre d'*Essai*

*sur la culture des vignes à raisins précoces et sur les avan-
tages qu'on peut en tirer ;* 1 vol. in-12, 1849. Nous allons
présenter quelques extraits de ce travail.

« La maturité plus hâtive de quinze à vingt jours dans
les vignes à raisins précoces, leur assure un avantage considérable sur les autres espèces qui ne mûrissent que plus
tard. Cependant, quels que puissent être les avantages,
il est vraiment étonnant que jusqu'à présent, aucun des
auteurs qui ont traité de la vigne, ou aucun cultivateur
n'ait paru avoir pensé à tirer parti de ces raisins précoces, sous le rapport économique ; tout au contraire,
l'espèce de raisins hâtifs la plus répandue, celle que l'on
nomme *morillon hâtif* ou *raisin de madeleine,* non-seulement n'est pas estimée autant qu'elle mérite de l'être,
mais elle est encore dépréciée, et cela, parce qu'étant la
première qui mûrisse dans notre climat, c'est-à-dire 15
à 20 jours avant toutes les autres, le petit nombre de
cultivateurs qui la plantent pour la vendre, se pressent
de la cueillir et de la porter au marché lorsqu'elle n'est
encore qu'à moitié mûre. Dans cet état, elle renferme
une saveur acide qui est bien loin de celle qu'elle peut
acquérir un peu plus tard ; si l'on a la patience d'attendre
sa parfaite maturité, alors elle prend un goût sucré vraiment délicieux, et c'est, selon moi, un des meilleurs raisins qu'on puisse manger.

« Il y a déjà longtemps que j'avais pensé qu'il serait
possible de faire du bon vin avec le morillon hâtif ; il
possède en effet les qualités les plus essentielles pour cet
objet. Il acquiert plus que tout autre, même dans les années tardives, une maturité parfaite ; et quoique j'ad-
mette, sans restriction, les observations de Garidel, sur
les vignes des environs d'Aix en Provence, qui dit que la
délicatesse et le goût des raisins ne sont pas toujours une
preuve certaine de leur bonté pour faire le vin, et que
les raisins qui sont les plus agréables au goût, ne font
pas les meilleurs vins, cependant quelques tentatives de
cuvées que j'ai faites m'ont prouvé deux choses : la première, c'est que le morillon hâtif, cultivé sous le climat
de Paris, est propre à faire un vin de bonne qualité ;

la seconde, c'est que le raisin, par sa maturité qui devance tous les autres fruits de son espèce de quinze à vingt jours, peut fournir le moyen de reculer de 1 à 2 degrés dans le nord, la culture de la vigne.

« Il est à croire que ce que je dis du morillon hâtif doit se rapporter de même aux autres variétés précoces qui mûrissent à la même époque, et qui sont plus ou moins répandues dans nos différents pays de vignobles ; et on a tout lieu d'être étonné qu'on n'ait point encore pensé à profiter de la précocité de certains raisins, pour en retirer les avantages que je viens de signaler. Le seul reproche à faire, selon moi, au morillon hâtif, c'est de n'être pas aussi productif que plusieurs autres raisins ; mais il rachète bien cet inconvénient par sa saveur sucrée et l'excellence de son goût.

« Je viens de dire que la culture du morillon hâtif et autres variétés précoces, serait un moyen de reculer plus loin dans le nord, celle des vignobles en général ; et en effet, la vendange de tous les raisins qui mûrissent constamment quinze et vingt jours plus tôt que toutes les autres variétés, offrirait toujours des grappes mûres dans plusieurs contrées où jusqu'à présent le défaut de chaleur du climat ne permet pas de mûrir aux variétés ordinaires de la vigne : et qu'on ne croie pas que ces variétés précoces sont plus sujettes que les autres aux gelées tardives du printemps, qui font la désolation des vignobles. Le morillon hâtif, par exemple, quoiqu'il devance tous les autres raisins d'une manière très-remarquable pour la maturité, n'entre pas en végétation et ne fleurit pas plus tôt que les vignes dont les raisins ne mûrissent que quinze à vingt jours plus tard ; de sorte qu'il n'est pas plus exposé qu'elles, à être frappé par les gelées.

« Non-seulement les pays plus ou moins reculés dans le nord pourraient avoir l'avantage de cultiver la vigne comme ceux plus favorisés qui sont au midi, mais encore ces derniers même devront trouver dans la culture du morillon hâtif et des variétés précoces en général, un moyen de faire des meilleurs vins, puisque dans tous les vignobles, ce qui est le plus nuisible à la bonne qualité des vins, c'est, plus que toute autre chose, le défaut de parfaite maturité des raisins, dans les années où la vendange est retardée par l'insuffisance de la chaleur atmosphérique, pendant les mois qui précèdent la récolte.

« Pour augmenter les chances d'améliorer la qualité des vins, il convient donc non-seulement de propager, plus qu'on ne l'a fait jusqu'à présent, par les boutures, les couchages et la greffe, tous les cépages qu'on possède déjà, dont la maturité des raisins est la plus hâtive; mais on doit encore chercher à multiplier les semis de ces raisins précoces, dans l'espoir d'en obtenir un plus grand nombre de variétés hâtives. En même temps que l'on favorisera, par tous les moyens possibles, la plantation des vignes hâtives, il faut s'appliquer à extirper de tous nos vignobles les différents cépages à raisins tardifs qui, dès à présent, ne contribuent que trop à la mauvaise qualité de beaucoup de nos vins, dans toutes les années où la vendange est retardée par l'intempérie des saisons. Jusqu'ici on a fait tout le contraire ; mais comme les variétés hâtives sont encore peu répandues et même assez rares, il faudra chercher à en produire de nouvelles par des pépins pris eux-mêmes sur les raisins qui se distinguent déjà des autres variétés par une maturité plus hâtive. »

CHAPITRE VII.

Des façons qui doivent être données à la Vigne.

Les labours aident les efforts de la nature et développent les principes de fécondité qu'elle a versés dans le sein de la terre. Le mode, le nombre et le temps des labours varient selon les localités. Où la terre est sèche, on ne fait que la gratter; lorsque la couche est peu profonde, il faut la fouiller très-fortement. Dans plusieurs de nos départements du midi, l'on se sert de la charrue ou bien de la houe; dans ceux du nord, de pioches de

différentes formes, quelquefois même de la bêche, de la
houe et même de la fourche.

La charrue, cet agent de la reproduction, est la machine la plus économique et la plus négligée. La charrue
divise le sol, le défonce profondément, rapproche davantage la terre de la tige, et fournit une ample nourriture
à la souche. Elle n'endommage ni les ceps, ni les coursons quand, dans un premier labour, on fait usage d'un
joug d'un mètre et demi de long. Dans le département
du Gers, le labour se fait seulement à la profondeur de
20 à 36 centimètres, à l'aide d'une paire de bœufs; celui
qui peut atteler quatre paires de bœufs arrive à 50 centimètres et est estimé très-heureux. Dans les ouillères
des départements du Var, des Basses-Alpes, des Bouches-
du-Rhône, de Vaucluse, on donne au moins trois labours,
un au printemps, au moment où le bourgeon va entrer
en évolution, un second un peu avant la floraison et le
dernier quand le verjus se dispose à tourner. Quelques
vignerons ne manquent pas, la saison le permettant,
de donner un quatrième labour, alors que les grappes
commencent à mêler.

Après la charrue, l'instrument qui expédie le plus vite
la besogne est la pioche employée aux environs de Paris.
Cette pioche porte un fer long de 52 centimètres sur 16
de large, fixé à un bâton très-court et recourbé; mais
elle a le désagrément de forcer le vigneron à se tenir
courbé et de le fatiguer extrêmement. Dans le département de l'Yonne, il y a des pioches dont le manche varie
depuis 13 décimètres de long jusqu'à 48 centimètres.

On se sert de trois sortes de houes, l'une à fer carré
pour les terres compactes et dépourvues de pierres, l'autre de forme triangulaire pour celles également compactes, mais qui ont beaucoup de pierres; la troisième, à
deux ou trois fourches, est réservée pour les terres légères et caillouteuses ou graveleuses. Ce labour exige
beaucoup de force, de profondeur, et est le plus pénible
de tous.

La bêche et la fourche ne remuent pas la terre assez
profondément, elles demandent une dépense de fers beau-

coup trop disproportionnée avec les avantages qu'on est en droit d'attendre. Le plus souvent elles n'entrent pas à plus de 50 centimètres de profondeur et même à beaucoup moins autour du cep, où le besoin se fait le plus sentir en avril, où l'absorption de l'humidité contribue à développer une végétation vigoureuse.

Quant à la distance à conserver entre un cep et l'autre, elle varie beaucoup. Dans le vignoble d'Epernay, chaque cep est planté à 4 décimètres l'un de l'autre, et on le réduit à une hauteur à peu près égale. Les ceps sont bien moins rapprochés partout ailleurs; on les trouve généralement à 1 mètre. Quelques vignerons, jaloux de tirer le plus grand profit possible de leur terrain, ont voulu associer à la vigne la culture des céréales et celle des plantes fourragères. A cet effet, ils plantent les ceps, les uns parallèlement à 1 mètre de distance et longitudinalement à 1^m.25, laissant entre ces deux rangées un intervalle de 3 mètres; les autres à 1 mètre longitudinalement et latéralement, ouvrant entre chaque double rangée 5 mètres d'intervalle. Il y a, selon eux, économie des deux tiers du travail et double production de la part des ceps, de plus deux récoltes dont la fumure profite aux racines de la vigne qui s'allongent toujours vers les terres les mieux soignées. Pour mettre un vignoble planté d'après l'ancien système à l'état proposé, il suffit de supprimer deux rangées alternativement, en les remplaçant par des provins entre les souches des rangées que l'on conserve.

Dans les vignes en pente, il faut labourer ou fouiller la terre diagonalement, de préférence à l'usage de labourer du haut en bas, qui, à la longue, dégarnit de terre toute la partie supérieure du vignoble.

Après le plantage, on donne une façon à la houe pour entamer les berges et faciliter aux racines nouvelles les moyens de s'y faire jour. Quand on laboure, on forme au pied de chaque cep un petit enfoncement pour fixer les eaux et les obliger à maintenir une humidité convenable autour des racines.

La vigne tenue en hautain sollicite quatre labours; celle

à tige basse n'a qu'un temps pour les labours; les sarments causent de la confusion, et en lui donnant une autre façon, l'on court les risques de rompre les rameaux et de perdre le fruit. On fait donc bien d'avancer le premier labour et de réserver le binage pour le plus tard possible, c'est-à-dire vers la fin d'août. Cette opération fait périr les plantes parasites, elle ouvre les pores de la terre, donne plus d'action au mouvement de l'air, à la réverbération de la chaleur, et par suite elle imprime au suc du raisin de la douceur, l'amène à son véritable point de maturité et assure son abondance.

C'est surtout dans les premières années de la plantation qu'il est bon de multiplier les labours; en entretenant la terre meuble, elle est plus disposée à se saturer des engrais météoriques, et le cep y gagne en vigueur. Il faut déchausser la terre profondément, afin de mettre à découvert les racines superficielles et les arracher facilement : cette suppression donne d'autant plus de force à celles qui restent, qu'elles pénètrent plus avant.

Les autres années, on peut se contenter d'un labour profond pendant l'hiver et de deux ou trois binages dans le cours de l'été. Ces binages se nomment aussi sarclages, puisqu'on ne fait réellement que gratter le sol pour le purger des mauvaises herbes qui le couvrent. Le premier de ces binages se donne avant la floraison, le second lorsque le grain est à la moitié de sa grosseur, le dernier lorsqu'il montre tous les signes de la maturité. Quelques vignerons suppriment ce dernier binage et retardent un peu le second, c'est à tort.

Quand j'ai dit que les labours voulaient être profonds, j'ai entendu parler des terrains glaiseux; dans ceux qui sont secs et pierreux, les binages doivent en être légers; donnés profondément, ils favoriseraient l'évaporation du peu d'humidité qui s'y trouve et prépareraient la perte de la vigne. Ce n'est aussi que durant certains froids, humides au fond, que les binages fréquents sont efficaces; en les multipliant trop sur les sols légers, on donne une puissance plus grande au hâle qui détruit l'énergie de la sève, et finit par arrêter tout à fait la végétation.

De l'inconvénient de trop labourer une vigne, des auteurs ont conclu que la labourer c'était la tourmenter inutilement, et exiger du vigneron des fatigues en pure perte. Les ceps plantés dans les jardins ne se labourent jamais, disent-ils, et cependant ils poussent bien et produisent beaucoup; sur les rives élevées du Douro, en Espagne, sur les roches de Condrieux et dans tout le Lyonnais, etc., on ne laboure jamais, et cependant les vignes y sont très-belles, d'une vigueur étonnante, et produisent abondamment de superbes raisins. Il y a ici erreur grave, et par suite, raisonnement faux. La terre des jardins étant très-meuble et souvent remuée, n'a nul besoin de labours. En Portugal, en Espagne, où, comme dans beaucoup de localités, la vigne est à la fois très-soignée et fort négligée, on laboure deux fois en hiver et deux fois au printemps; de plus, on effectue encore en mai un léger binage pour niveler le sol, former une espèce d'entonnoir autour du cep, dégager les grappes de raisin et en prévenir la pourriture. On emploie pour les labours un seul cheval, attelé à l'araire des anciens : quelquefois même on place deux charrues sur le même joug, et chacune d'elles est dirigée par un laboureur. A Condrieux, et dans tout le Lyonnais, la vigne reçoit trois labours, l'un après la taille et l'ébourgeonnement, l'autre après la floraison, le troisième à la veille du changement du raisin. Ainsi, comme on le voit, les hommes à système dénaturent les faits, citent sans connaissances positives, et trompent pour le seul plaisir de tromper.

CHAPITRE VIII.

Du fumage de la vigne.

Doit-on fumer les vignes? Cette question est plus importante qu'on ne le pense, et mérite toute notre attention. Des exemples nombreux et frappants prouvent les inconvénients qui résultent de l'emploi du fumier dans les plants de vignes; cependant il est des propriétaires

qui estiment utile de devoir plus ou moins les fumer.
La grande quantité nuit, non seulement à la qualité du
fruit, mais elle diminue considérablement la quantité, et
le vin qu'on en retire prend un goût et un parfum désagréables, outre qu'il en acquiert la triste propriété de
tourner très-aisément à la graisse.

Telle est la cause de la verdeur, du mauvais goût du
vin des environs de Paris et du peu de temps qu'il peut
se conserver. La vigne est douée d'une si grande énergie
pour aspirer et absorber, qu'on doit faire la plus grande
attention aux émanations des substances qu'on répand
sur elle ou dont on l'entoure.

D'un autre côté, la vigne dépense beaucoup ; si la terre
peut longtemps répondre à ses exigences, il vient un
temps plus ou moins rapproché, où les racines, à la suite
du provignage, éparses et enchevêtrées sous la couche inférieure végétale, en épuisent tous les sucs propres. Dès
lors, la vigne languit, ses feuilles se rétrécissent, ses
grappes se déforment et s'amoindrissent, et bientôt elle
cesse de produire. On remplace par des provins auxquels
on donne un très-bon fumier d'étable : heureux si on le
fait sans excès.

Le jeune plant peut bien y multiplier ses racines et se
montrer d'une vigueur remarquable ; mais ne vous faites
point illusion, observez avec soin et vous verrez bientôt
périr les ceps que l'on prétend conserver par ce moyen
destructeur. La première année, les feuilles de leurs vignes prennent une teinte jaunâtre ; à la seconde année
elles sont tout-à-fait jaunes, et à la troisième année elles
cessent de paraître, il faut replanter. Ces faits se remarquent sur plusieurs points en France : nous avons été
témoin de semblables en Italie, en Allemagne, et notre
correspondance nous prouve qu'on en peut citer de plus
nombreux encore dans la Hongrie.

Entre le trop fumer et le non fumer, il est un terme
moyen qui est celui de la vérité, celui qu'il est de l'intérêt de suivre. Ce n'est pas, en effet, la quantité d'engrais qui fait prospérer une vigne, c'est sa qualité et son
emploi fait avec discernement. Comme pour les autres

productions de la terre, les engrais sont favorables à la vigne; les sels dont ils sont enrichis contribuent à l'aliment du raisin; ils rendent la terre plus perméable aux pluies, aux rosées, à l'air, au soleil, et la maintiennent féconde; la vigne acquiert beaucoup de vigueur et donne de belles récoltes. Mais il faut étudier la nature des fumiers que l'on veut employer, puisqu'ils peuvent lui transmettre un goût et un parfum désagréables, nuire à la qualité en augmentant par trop de quantité. Examinons donc quelle sorte d'engrais on doit employer selon les localités.

Le fumier de litière est le moins avantageux de tous : il rend le terrain humide et communique au vin un goût de terroir. Si on le répand frais, comme certains agronomes le recommandent, les inconvénients du fumier sont plus grands encore; ses principes n'étant pas réduits à une juste combinaison et putréfaction, il sert de retraite à une foule d'insectes et de mauvaises herbes, qui s'y développent facilement, et nuisent de mille manières à la végétation de la vigne. Lorsqu'il est mûr, bien consommé, il façonne, il bonifie la terre, et ne donne que la première année une saveur désagréable au raisin : ses effets durent longtemps et ses avantages sont réellement remarquables quand il est combiné avec des terres, de la chaux, des cendres et des feuilles, en un mot, quand il est préparé en compost. Si l'on a la précaution de ne donner du fumier que pour faire pousser le bois nécessaire, la récolte suivante est superbe.

Le fumier de cheval, de mulet, d'âne, de mouton et de pourceau, convient aux terres dures, aux terres compactes; celui des bœufs, des oies, des canards, aux terres légères, à qui il donne de la cohésion et plus de consistance; cependant, les crottins de chèvre et de mouton leur sont préférables. La fiente de volaille améliore la vigne : il en est de même des poils, des ongles, des copeaux de cornes, qui ne se décomposent que lentement et pendant les chaleurs humides. La fiente de pigeon est l'engrais le plus actif et le plus propre à rendre une vigne fertile; il contient une grande quantité d'alcali; mais la main qui le répand doit en être avare. Il peut, comme le dit Olivier de Serres, être confié aux diverses natures de terres : il ne communique aucun mauvais goût au raisin.

Les curures des fossés, des rivières, des étangs, ainsi que les boues des routes, des cours, des rues, offrent un très-bon engrais : mais il faut en user très-modérément. C'est à l'abus qu'ils ont fait des boues de Paris, que les vignerons de Meudon, dont le vin était jadis si estimé, doivent la perte de sa réputation. C'est ainsi que la perdront tous ceux où les engrais seront multipliés à l'excès.

La nature offre au vigneron industrieux, dans le règne végétal, des richesses bien supérieures au fumier des écuries et les engrais qui conviennent le mieux à la vigne, je veux parler de plantes que l'on enfouit en fleurs. Elles fermentent dans le sein de la terre, s'y décomposent, se convertissent en terreau, et elles ont, outre l'économie, l'avantage de ne pas détériorer le vin. Sur les riants coteaux de Damazan, département de Lot-et-Garonne, où les vignes s'élèvent en larges rideaux et donnent un vin coloré, ayant un joli parfum et assez de délicatesse, on est dans l'usage d'y semer du lupin. Cette plante, qui fleurit à l'époque des travaux, est enfouie au pied de la vigne, et forme, sans frais de transport, un engrais dont l'utilité se prouve par l'abondance des raisins et la fertilité des terres, dont une grande partie est sablonneuse (1).

Dans le canton de Varilles, département de l'Ariège, on préfère le trèfle farouch, *trifolium incarnatum;* on le sème en juillet ou août, après une pluie. L'année suivante, comme cette plante monte de très-bonne heure au printemps, surtout sur les terres et aux expositions chaudes, on l'enterre au premier labour : les résultats sont merveilleux. Dans les cantons du Maz-d'Azil et du

____

(1) Cette méthode se trouve dans les géopones latins. Palladius (*de re rusticâ*, IX, 2) dit à ce sujet : si votre vigne est maigre et plantée en une terre légère, semez-y du lupin, que vous couvrirez à l'aide d'un râteau. Lorsque cette plante sera fleurie, vous l'enterrerez et ce sera un excellent engrais pour la vigne.

Fossat, on recherche le sainfoin que l'on emploie une ou deux années de suite; mais ce n'est réellement qu'à l'époque où l'on procède au défrichement, que la vigne manifeste, dans la même année, une vigueur remarquable; ses produits sont abondants et riches; mais, il faut en convenir, ils sont loin d'approcher ceux que l'on obtient du farouch.

On recommande aussi le sarrasin, semé immédiatement après la vendange, pour être enfoui par le premier labour d'hiver. Les bruyères, les ronces, les épines, etc., fournissent également de bons amendements; mais le plus analogue est le bout du sarment. Retranché dans la saison convenable et enfoui l'instant après autour du pied, il fournit un engrais que quelques propriétaires vantent beaucoup.

Enfin, l'on conseille encore l'usage des feuilles vertes de la vigne : l'humidité dont elles sont pénétrées est un levain de fermentation qui les réduit bientôt en terreau, et donne au cep de la vigueur, sans altérer la qualité du vin. La luzerne, le trèfle, rendent également à la terre plus de principes fertilisants, qu'elle n'en a perdus pour leur végétation. Aux environs de Toulouse, pour maintenir les vignes assises sur des éminences, dont la terre est forte, argileuse et sujette à être entraînée par les eaux, et pour leur fournir des sucs nutritifs réparateurs, on est dans l'usage de semer tous les dix ans du sainfoin. Pendant son séjour, le soin que l'on apporte à leur culture se borne à la taille : elles sont d'un faible rapport; mais à la quatrième année ou même à la troisième, on défriche le sainfoin, la terre a pris de la vigueur, et les ceps fournissent beaucoup de raisins.

Les varechs ou plantes marines, dont on se sert dans les vignobles qui avoisinent les côtes de l'Océan, doivent être employés modérément et en concurrence avec d'autres engrais. Ils impriment leur odeur au raisin, et le dotent de la soude qu'ils fournissent abondamment. Ce vin n'est bon qu'à la fabrication des eaux-de-vie.

Mais de tous les engrais qui plaisent le mieux à la vigne, c'est le mélange des terres ou le *terrage*. Ce procédé consiste à transporter sur les vignes des terres prises dans les prairies, dans les bois, etc., et d'une qualité différente à celle du sol. Ainsi les terres dures, compactes, dont les molécules sont très-rapprochées, se fécondent au moyen d'une terre légère. Les terres légères qui ont peu d'adhésion, se mélangent avec des terres compactes; elles en reçoivent, avec de nouveaux principes fertilisants, plus de solidité, plus de consistance. Je l'ai déjà dit plus haut, page 90, ce mélange produit les meilleurs effets.

Il y a plusieurs manières de terrer une vigne; la hotte est très-commode lorsque la vigne est plantée sur un coteau. La brouette et le tombereau sont d'un usage plus économique; mais il faut pour la brouette que la terre soit voisine du cep. Quant au tombereau, il exige la présence de deux bœufs et celle de deux journaliers; et son emploi dans les lignes de la vigne, peut nuire aux ceps et aux coursons, mais il devient nécessaire si la nouvelle terre est à une grande distance : alors on doit s'en servir pour amener la terre auprès de la vigne, l'y amonceler et fournir à la brouette les moyens de parfaire le terrage.

On est dans l'usage de terrer les vignes depuis la fin d'avril jusqu'au commencement de juin, il vaudrait beaucoup mieux le faire en automne ou au commencement de l'hiver. Dans les pays froids, il faut attendre l'époque où la vigne est taillée.

D'après les observations de Rozier, la vigne peut être abandonnée à elle-même lorsqu'elle conserve la couleur d'un brun foncé; mais sa faiblesse est certaine quand elle commence à jaunir. Il faut alors lui donner une nouvelle terre tous les cinq à six ans pour reprendre de la vigueur. La durée de cet engrais dépend de la nature de la nouvelle terre. Est-elle d'une excellente qualité, la vigne produira pendant dix ans, avec une égale activité, avec une égale abondance. Si la terre provient de celle enlevée à la vigne par les eaux, ses effets sont de courte durée. La terre apportée est-elle répandue avec profusion, et à une certaine épaisseur, le cep ne demande aucun autre amendement pendant dix, et même douze et quinze ans. Si l'on n'a donné qu'une faible quantité de terre, les besoins de la vigne se feront sentir au bout d'un terme fort rapproché.

Enfin, on a conseillé, lorsque la vigne donnait tous les signes de l'impuissance, d'arracher les ceps, de les remplacer par du sainfoin, et de tenir la terre trois années de suite en prairies artificielles. Ce moyen est bon, mais il faut alors enterrer la dernière récolte, lorsque les plantes sont en pleine floraison.

Depuis quelques années, M. Persoz, professeur à la Faculté des Sciences de Strasbourg, s'est livré avec succès à des expériences chimiques concernant les engrais et particulièrement ceux qui peuvent être appliqués avec avantage à la culture de la vigne. Le mémoire qu'il a publié à ce sujet est un travail fort intéressant dans lequel les horticulteurs, et surtout les viniculteurs, trouveront des principes utiles appropriés à la culture de cette plante.

Les premières expériences de M. Persoz ont été faites en 1846 sur deux pieds de vigne, dont un fut traité par des phosphates et des silicates de potasse, et l'autre cultivé à la manière ordinaire.

Le premier développa des sarments vigoureux et se chargea de raisins dès la première année, tandis que l'autre ne montra qu'une végétation ordinaire et ne donna aucun fruit. Depuis lors, le pied soumis à l'influence des phosphates n'a pas cessé de se couvrir chaque année de raisins.

Au printemps de 1847, pour compléter cette première expérience, M. Persoz a procédé sur un pied normal qui n'avait point encore reçu d'engrais artificiels, et n'avait présenté jusqu'à ce jour que quelques grappes de raisin; il lui fit subir le même traitement qu'à celui auquel il servait de terme de comparaison, et à l'automne de la même année, il était couvert de fruits.

Voici le principe sur lequel M. Persoz s'est fondé : il n'existe aucun vin qui ne renferme du tartre; la plante étant organisée de manière à former de l'acide tartrique, il est indispensable de lui fournir la potasse nécessaire;

il faut choisir alors le sel potassique dans un état où les racines puissent se l'assimiler et déterminer l'époque à laquelle il convient de le lui offrir.

M. Persoz a cherché aussi quelle part pouvaient avoir les sels ammoniacaux et les nitrates dans le développement des végétaux. D'après ces expériences, il a remarqué que les agents les plus indispensables à la végétation sont les phosphates, le carbonate calcique et le silicate potassique.

M. Persoz applique ses principes à la culture de la vigne de la manière suivante. Il réunit tous les pieds de vigne d'une certaine superficie de terrain dans une fosse longitudinale d'une longueur proportionnée aux sarments qu'il doit provigner; il donne à cette fosse une profondeur de 40 à 50 centimètres; l'opération consiste alors à déchausser les vieux ceps, à les coucher ensuite dans toute leur longueur dans la fosse, en redressant sur une seule ligne les jeunes bois de l'année que l'on relève par leur extrémité et que l'on taille à deux ou trois yeux au-dessus du sol.

Pour obtenir, dès la première année, tout le développement possible du jeune bois, on répand, pour chaque mètre carré de surface de la fosse, une composition formée de 3 kilog. d'os grossièrement pulvérisés, ou de farine d'os du commerce, 1 kil.500 de débris de cuirs de tanneurs, cordonniers, rognures de cornes, sang, etc., et 500 grammes de plâtre. Quand les sarments sont suffisamment développés, on fournit aux racines les sels potassiques qui doivent contribuer au développement des grappes. On découvre alors les anciennes souches, en y laissant, toutefois, 7 à 8 centimètres de terre; on répand par mètre carré de surface 2 kilog. d'un mélange formé de 4 kilog. de silicate de potasse et de 1 kilog. de phosphate potassique et calcique, on comble ensuite la fosse. M. Persoz engage à déposer chaque année au pied des ceps une certaine quantité de marcs de raisin, attendu qu'il fournit par sa décomposition 2 à 5 pour 100 de carbonate potassique.

On arrive, par ces nouveaux procédés d'engrais, à obtenir de la vigne une culture tout à fait artificielle, comparativement à celle qui n'a pas été préparée par l'emploi de ces substances ; il n'est pas rare alors d'obtenir dans l'année des sarments de 4 à 6 mètres de long.

M. Persoz, dans son article *Culture*, conseille de donner plus de profondeur à la fosse lorsqu'elle est pratiquée dans un terrain sec et sablonneux, ou que le climat est chaud ; si, au contraire, la terre est forte et le climat humide et froid, elle le sera moins, afin que les rayons solaires puissent exercer plus d'action. Dans ces sortes de terre, M. Persoz pense qu'il serait bon d'ajouter à cet engrais, soit du sable, de la marne ou de la poussière de charbon, et d'utiliser les résidus des cendres de lessives et certaines plantes riches en sels potassiques. La direction qu'il donne à ses vignes est celle en cônes et en lignes, et il les taille suivant la méthode de Thomery. C'est surtout après la seconde année que l'effet des sels potassiques se fait sentir sur la vigne et que la pousse en bois se ralentit.

La nouvelle méthode de culture de la vigne, expérimentée par M. Persoz, consiste donc en définitive :

1º A faire développer, la première année, un bois vigoureux par le concours des engrais, ayant pour base le phosphate calcique des matières animales, etc. ;

2º A répandre dans la fosse le sel potassique, afin de ralentir le pousse du bois et de provoquer celle des fruits par les engrais.

Les expériences et les données scientifiques contenues dans le mémoire de M. Persoz sont d'un grand intérêt, et on ne saurait trop engager les viniculteurs à expérimenter ses nouveaux procédés sur plusieurs points et dans les différents sols de la France, mais il y a quelques observations à présenter sur la méthode de M. Persoz.

D'abord on sait que les vignes à grand vin se passent d'engrais ; un terrage fait de temps à autre, un provignage bien entendu suffisent dans les bons sols, non-seulement pour assurer une production modérée, mais pour maintenir les vignes dans un état de jeunesse, de vigueur et de rapport convenable pendant plusieurs siècles. Les engrais qui augmenteraient la production le feraient au détriment de la durée et surtout de la qualité. Les grappes composées de grains plus gros et par conséquent plus serrés n'atteindraient pas cette maturité parfaite qui est indispensable aux pineaux des vignobles du centre pour que les vins prennent une haute qualité. Le mode de culture de M. Persoz ne s'appliquerait donc, d'une manière générale, que dans les localités où l'on ne réunit pas toutes les conditions agricoles difficiles à rencontrer pour que le vin ait un bouquet, et où il faut chercher à compenser par la quantité ce qui peut manquer à la qualité. Ainsi, pour les vins supérieurs, il faut s'en tenir aux anciens procédés, ou limiter les expériences à de très-petites surfaces.

D'un autre côté, il est des variétés de vignes qui n'ont pas besoin qu'on les pousse à bois, et d'autres, au contraire, où il conviendrait d'augmenter cette production du bois pour accroître celle du fruit; la méthode n'est donc pas générale, et a besoin, avant d'être appliquée, qu'on examine attentivement toutes les conditions de son application. Nous citerons, à cet égard, une excellente sous-variété de franc pineau noir que M. Bouchardat a fait connaître dans sa monographie des pineaux, et qui est remarquable parce qu'elle donne en abondance de magnifiques et d'excellentes grappes. Cette sous-variété est au moins deux fois plus fertile que la variété type si remarquable à tant de titres, mais son bois est si exigu, si frêle, si peu abondant, qu'on l'a multipliée avec la plus grande peine par le provignage. On conçoit qu'un engrais abondant et peu cher qui développerait à bois, ce plant privilégié, serait très-précieux.

Le bon tresseau que cite aussi M. Bouchardat, qui se charge de fruits si nombreux et si beaux qu'il ne peut les porter, a également un bois tellement faible, tellement misérable qu'il fait le désespoir du vigneron. Quel avantage ne retirerait-on pas, si on donnait plus de force et de vigueur à son bois?

D'un autre côté, il y a des sous-variétés résultant de dégénérescences qui se multiplient telles qu'elles sont, et

par bouture et par provignage, qui ont un bois magnifique, mais donnent de très-mauvaises récoltes. On peut
citer à cet égard le *Pineau demoisellat* qui donne autant
de grappes que le franc pineau, mais dont les grains ne
sont pas plus gros que ceux de chenevis; le *Pineau à
bouton d'argent* qui ne donne que de rares grappes, le
mauvais Tresseau qu'on distingue en tout temps à son
bois plein de vigueur, et à l'époque des vendanges, à sa
remarquable stérilité, quand on le compare au bon tresseau.

Si nous pouvions, dit à ce sujet M. Bouchardat, faire
porter de belles et abondantes récoltes à ces mauvais
plants par un engrais approprié, on aurait résolu un beau
problème, car ces plants, riches en bois, se multiplient
sans difficulté.

Un fait qui paraît parfaitement établi aujourd'hui, c'est
la puissante efficacité, pour la vigne, des engrais riches
en matières organiques et en phosphates terreux. Ces
agents paraissent tout aussi bien favoriser le développement du bois que celui du fruit, quoique M. Persoz ait
semblé croire qu'ils ne tendaient guère qu'à faire pousser la vigne à bois.

A cet égard, M. Bouchardat a cité quelques faits qu'on
pourra méditer.

« Un tanneur, dit ce savant chimiste, possédait une
vigne enclavée dans celle de ma mère; il y fit porter en
abondance des rognures de peau et de cornes; après
quelques années, elle prit un développement admirable,
on la reconnaissait de loin à sa vigueur et à sa force. A
l'époque des vendanges, il fallait deux fois plus de tonneaux qu'à nous pour renfermer la récolte d'une même
surface.»

Nous avons été témoin aussi du succès obtenu dans
quelques vignes par l'application des résidus d'une fabrique de colle-forte au pied de chaque cep ; la récolte
avait presque doublé, mais il est juste d'ajouter que la
qualité n'en était pas devenue meilleure. La même chose
se remarque aussi aux environs de Paris et dans l'Or-

léanais où l'on fume les vignes avec les gadoues des villes.

M. Boussingault a vanté l'efficacité du phosphate ammoniaco-magnésien, comme engrais, et M. Bouchardat annonce qu'il l'a employé avec avantage pour les vignes : « Non-seulement, dit-il, le bois a été plus beau, mais aussi la récolte évidemment plus abondante.»

Le silicate de potasse a été considéré par M. Persoz comme un agent très-efficace pour augmenter la quantité des fruits dans les terrains pauvres en potasse, mais il n'est pas encore démontré, comme le prétend ce chimiste, que ce sel arrête presque à volonté le développement du bois et pousse immédiatement l'arbuste à fruit.

Les sels de soude ne paraissent pas devoir être moins favorables à la production du fruit de la vigne, mais on n'a pas encore fait d'expériences décisives à cet égard, seulement on s'appuie, à cet égard, sur la fécondité de quelques vignobles placés dans le voisinage des côtes maritimes et entre autres, les produits énormes que donnent les vignes de l'île de Ré qu'on fertilise par des engrains marins.

On devrait, en général, étudier avec soin la nature du sol où l'on veut planter une vigne, ou celui où il existe déjà des plants, et ajouter principalement à ce sol, les matériaux qui lui manquent pour compléter l'évolution entière de la végétation et de la production de la vigne. Ainsi, dans les terrains calcaires, on pourra dans les composts, diminuer la dose de la chaux dans les oolithes où il existe des phosphates, supprimer les sels, et dans les terrains granitiques, euritiques ou autres, où l'on rencontre presque constamment de la potasse ou de la soude, être plus sobre dans l'emploi des sels de ces alcalis. Enfin, les matières organiques, d'origine animale surtout, ne seront administrées que pour maintenir la production du bois dans un juste équilibre avec celle plus profitable du fruit.

CHAPITRE IX.

Influence de la lune et des saisons sur la vigne, ainsi que sur ses produits.

Nous avons montré l'influence qu'exercent sur la vigne et ses produits, la nature du sol, le mode de culture, l'emploi des labours et des amendements : il convient d'indiquer ici quelle part peut avoir sur la vigne et sur le raisin l'influence des saisons et celle de la lune.

Une croyance depuis longtemps traditionnelle, dans nos départements du midi surtout, c'est que le cuvage fait dans deux lunes rend le vin de qualité médiocre et lui ôte la faculté de se clarifier parfaitement; on va plus loin encore, l'on déclare qu'il ne faut transvaser, soit en janvier, soit en mars, que durant le décours de la lune, si l'on ne veut voir son vin se gâter. L'une et l'autre de ces singulières assertions sont fausses ; l'influence lunaire est tellement minime qu'elle n'excède pas un vingt-millième de degré.

Les gelées du printemps frappent plus particulièrement les vignes basses, celles occupant un sol bas, non abrité, parce que l'air congelant tombe sur elles plus dense que sur les vignobles à côteaux, il y stationne, et comme, au moment où l'évaporation reprend sa puissance, il ne trouve pas une chaleur ambiante propre à maintenir sa fluidité, la gelée s'opère.

Une saison froide et pluvieuse nuit essentiellement à la vigne, qu'elle soit plantée dans un pays chaud et sec, ou qu'elle le soit dans un canton situé au nord. La plante vinifère aime la chaleur, et le raisin, pour acquérir son degré de perfection, demande un soleil ardent. Lorsque l'atmosphère est humide et froide, la vigne souffre, le raisin n'acquiert ni sucre, ni parfum, le vin est insipide, facile à s'aigrir, ou bien à tourner à la graisse. Les pluies d'hiver, surtout dans les localités dont la terre est marneuse et susceptible de se délayer par l'eau, s'opposent aux labours, à la taille et à toutes les opérations que la vigne demande. Au printemps, lors de la pousse, elles déterminent le développement intempestif des bourgeons et des feuilles, et nuisent à la production du fruit. Lorsque la grappe est en fleurs, elles causent la coulure, surtout si elles sont froides ; surviennent-elles quand le grain est à moitié de sa grosseur, elles l'empêchent de s'accroître, ou, quand il est un peu plus avancé, elles s'opposent à ce qu'il prenne la saveur sucrée qui lui est propre, et qu'il mûrisse à l'époque ordinaire ; ou bien à l'approche de la vendange, elles le font pourrir et fournir à la fermentation un fluide aqueux, d'une saveur aigrelette.

Les vents sont constamment préjudiciables à la vigne ; ils dessèchent et durcissent la terre ; ils brûlent les jeunes pousses, s'opposent à la fécondation des fleurs, privent les grains de l'humidité qui leur est inhérente.

Les gelées du printemps et la grêle sont deux cruels fléaux pour la vigne, en un instant elles diminuent ou détruisent entièrement l'espérance de toute une année de labeurs. Souvent ces funestes événements réduisent le malheureux vigneron à arracher ses ceps, et à attendre quatre et huit ans sans obtenir une récolte passable.

Les gelées blanches des mois d'avril et de mai sont d'autant plus désastreuses, que les sucs séveux subissent dans le jour l'action brusque et vive du soleil, et que les vaisseaux qui les enserrent se déchirent aisément. Les brouillards de mars sont les précurseurs de ces gelées ; elles se manifestent par un vent du nord. Pour les prévenir, on a recommandé d'enfumer les vignes au moyen de tas de paille humide auxquels on met le feu. S'il n'y a pas de vent, on dirige la fumée du côté du levant pour combattre les rayons du soleil.

Les brouillards nuisent également au cep, à la fleur, au raisin. Outre qu'ils les rendent plus sensibles à la gelée, au printemps et en automne, les miasmes putrides qu'ils déposent sur toutes les parties de la vigne, l'humectent beaucoup plus que la terre et l'exposent, les rayons solaires évaporant en un instant cette humidité superficielle, à une chaleur d'autant plus fâcheuse que le passage a été plus brusque.

La température des mois de mai et de juin exerce sur l'avenir du raisin une influence décisive ! L'humidité, d'ordinaire extrême du premier de ces deux mois, lui est fort préjudiciable ; elle dispose les grappes à la coulure, elle retarde leur développement, et par suite nécessaire, leur maturité ; — ses effets nuisent également à la qualité du vin.

Un printemps qui prolonge la fraîcheur de l'hiver, et un automne qui l'avance, diminuent la longueur de l'été, portent préjudice à la vigne. Les pluies continues de juin ont fait, en 1797, couler la grappe qui, jusque-là, donnait les plus brillantes espérances ; il en a été de même en 1823.

Les trop grandes chaleurs peuvent aussi préjudicier à la vigne, témoin l'année 1826, où la vendange a été détruite par excès de sécheresse. Sans doute, la chaleur est nécessaire pour mûrir, sucrer et parfumer le raisin, mais son excès, trop longtemps prolongé, surtout sur une terre déjà desséchée, brûle et ne vivifie pas. En tout, il faut une juste proportion, et cette maxime s'applique à chaque instant à la culture de la vigne. Les effets des grandes chaleurs sur cette plante sont analogues à ceux des gelées d'automne et des vents impétueux. Ils sont encore plus sensibles dans nos départements du nord que dans ceux situés au midi, parce que les racines de la vigne y sont beaucoup plus faibles.

L'année la plus favorable est celle où la floraison a lieu par un temps sec, chaud et tranquille, où des pluies douces viennent nourrir le raisin quand il commence à grossir, humecter le sol et le cep. Elle est favorable quand une chaleur constante, sans alternatives de brouillards et d'humidité, aide au développement de la grappe, à la maturité du raisin, à la formation de la liqueur qu'on en obtient, et qu'elle préside à la joyeuse époque des vendanges.

Telles furent les années 1811, 1815, 1819, 1822, 1825, 1834, 1846, 1864, etc.

CHAPITRE X.
Moyens de régénérer une vigne.

Une vigne régulièrement plantée, et dans les circonstances les plus favorables à sa végétation, avance le moment de la jouissance. De la neuvième année à la quinzième, la vigne est dans son plus grand rapport; le produit baisse ensuite jusqu'à la trentième année, sans pourtant cesser d'être encore bon; mais après cette époque, la vigne donne peu et finit par ne plus répondre à l'attente du propriétaire; c'est à la quarantième année qu'il faut songer à la renouveler. Je sais bien qu'il y a des ceps qui passent le siècle, et qui arrivent même au second siècle, sans donner aucun signe de décrépitude, mais ces exemples sont rares et ne peuvent faire loi. J'en ai vu sur les propriétés de ma famille qui donnaient encore un revenu passable, et qui comptaient plus de deux siècles et demi.

« La vigne, a dit M. Bouchardat, se prête mieux que toutes les autres plantes à l'étude des modifications que l'individu divisé subit, soit par suite d'influences diverses auxquelles il est soumis, soit par suite des conditions variées dans lesquelles il est placé. Il n'est pas, en effet, parmi nos végétaux multipliés par division de l'individu, un seul qui soit plus répandu, plus riche en variétés, plus tourmenté incessamment par des procédés de culture différents, suivant les pays, suivant la variété.

« La limite de la dégénérescence des cépages abandonnés sans culture, est différente pour chaque variété en particulier.

« Le premier effet de l'abandon, est de modifier la saveur des grappes, leur époque de maturité, leur volume.

« Le deuxième effet, c'est de diminuer la grosseur des grains qui composent la grappe.

« Le troisième effet, c'est de baisser le chiffre de la production utile. Quand des vignes, ainsi modifiées, sont rendues à une bonne culture, les modifications premières s'effacent rapidement ; la dernière est assez persistante pour que je l'aie regardée comme suffisante pour constituer des sous-variétés.

« La troisième modification, qui porte sur la quantité, est encore très-sensible après vingt-cinq ans de bonne culture, quand la vigne a été, à plusieurs reprises, complétement rajeunie.

« Les cépages les plus productifs sont les plus affectés par l'abandon ; ou ils périssent, ou le chiffre de la récolte s'abaisse au niveau des cépages les moins productifs.

« Les pineaux fromentés qui forment des sous-variétés parfaitement distinctes, se multipliant par la division des individus, dérivent des francs pineaux qui leur correspondent, et ces remarquables modifications du type peuvent se reproduire spontanément dans les vignes dont la culture a été longtemps négligée.

« Le moyen le plus sûr et le plus rapide de perfectionner nos vignes, c'est d'observer avec le plus grand soin nos variétés éprouvées par une longue culture ; d'être toujours vigilant, pour ne pas laisser passer sans les utiliser les modifications individuelles qui se montrent de temps à autre sur quelques branches de nos ceps, et qui, propagées à propos, donneraient naissance à des sous-variétés remarquables, soit par leur fécondité, soit par leur précocité, soit par leur moindre exigence, soit par leur résistance au froid et à l'humidité, soit par une durée plus longue, soit par un meilleur produit, soit enfin par quelque qualité essentielle. »

Les moyens propres à régénérer la vigne, sont le provignage, le couchage, l'enlèvement des vieilles écorces, les semis et la taille. Je vais m'occuper des quatre premiers dans ce chapitre, réservant le cinquième pour le chapitre suivant.

§ 1er. DU PROVIGNAGE.

Le provignage renouvelle les ceps, mais il ne doit pas être trop répété sur les mêmes sujets ; ils deviendraient improductifs quand même le cep serait pour ainsi dire l'enfant chéri de la famille dont il orne la demeure, qu'il récompense de tous les soins reçus par des fruits excellents.

Les vignerons savent que provigner c'est abattre les ceps vieux, les coucher dans une fosse ronde de 30 centimètres, et ne laisser sortir que cinq ou six de leurs sarments, s'ils sont faibles ; et, s'ils sont vigoureux, de n'en laisser que deux. On peut enlever le provin quand il est garni de racines, c'est-à-dire au bout d'un an, pour le transplanter, mais il vaut mieux le laisser en place. Le provignage se fait depuis la chute des feuilles jusqu'au moment où le bouton entre en végétation. Il a non-seulement pour but la restauration de la vigne, mais encore la propagation du bon plant, celui dont les grappes sont longues, les grains serrés à deux rangs, et aplatis par leur pression. L'époque du provignage se calcule d'après la hauteur du climat. Dans les pays chauds, c'est en automne ; plus tard, il ne réussirait pas bien, les mois d'avril et de mai s'y trouvant presque toujours privés de pluies douces qui conviennent si bien aux racines du jeune sujet. Dans les pays froids, il faut attendre au 15 de février. Si on provignait en automne, les pluies abondantes de l'hiver surchargeraient le sujet d'humidité, l'appauvriraient et l'exposeraient à toutes les rigueurs de la saison ; en retardant l'opération au printemps, comme le conseillent quelques auteurs, c'est troubler le grand mouvement de la sève, c'est la forcer à se jeter sur tous les boutons, tandis qu'elle ne doit profiter qu'à un petit nombre ; c'est par conséquent nuire essentiellement à la prospérité du cep : au lieu qu'à la mi-février, il ne fait aucune déperdition de sève ; ses canaux ne sont pas encore ouverts, mais bientôt ils s'enfleront, ils porteront la vie dans toutes les parties de la plante, et feront affluer la sève avec abondance vers le bouton conservé.

On taille le provin en bec de flûte, de manière à ce que la partie inférieure soit opposée à l'œil qui doit pousser. Placé dans la fosse, le provin offrira seulement trois ou quatre nœuds ; on lui donne un tuteur, sans lequel la tige pousserait tortueuse, menue, et serait infailliblement victime de la charrue au temps des labours, surtout durant la première année ; on aura grand soin de ne pas faire tomber de terre dans la fosse du provin, les racines s'y élanceraient, deviendraient superficielles, et mettraient le cep en butte à toutes les façons nécessaires à la vigne et aux nombreuses vicissitudes de l'atmosphère.

Le provignage a des inconvénients quand il est confié à des mains avides et paresseuses qui sacrifient les bonnes façons et l'attention convenable à la prompte expédition et à l'appât de gagner leur salaire vite et avec le moins de travail possible. L'inconvénient est très-grave quand on provigne sur des jeunes ceps, ainsi que cela se fait dans tant de vignobles.

Mais, lorsque le provignage est pratiqué avec soin, outre les avantages que nous avons déjà signalés, il en offre encore d'autres non moins importants. On peut les réduire à trois, savoir : 1º le sarment donne beaucoup de raisins et d'excellent vin ; 2º il permet de tenir la grappe à une petite distance de terre dans les climats où cette situation est convenable pour le parfait développement et la maturité du grain ; 3º le cep provenant d'un provin dure longtemps ; on en voit dans les vignobles de l'Yonne, de la Côte-d'Or et de Saône-et-Loire, qui comptent deux siècles et qui donnent, comme aux clos de Chainette et de Migrenne, près d'Auxerre, des vins généreux, fins et délicats, et comme dans les vignobles de Mares-d'Or, territoire de Dijon, qui fournissent des vins corsés, moelleux et d'un fort bon goût.

Il y a des cantons où l'on ne provigne que dans la jeunesse de la plantation ; d'autres où on ne le fait que de loin en loin pour remplacer des ceps morts, et d'autres, où l'on provigne tous les ans un quart, un sixième, un huitième des ceps, ou moins encore. La première méthode est vicieuse, quand elle a pour but d'augmenter le nombre des ceps, parce qu'elle les oblige à ne plus donner que des vins inférieurs ; elle n'a rien que d'utile quand il s'agit de regarnir les places où le plant n'a point réussi. La seconde méthode est blâmable en ce qu'il ne faut pas attendre que le cep soit totalement privé de la vie pour le renouveler : le moment propice est celui où la vigne n'a plus sa vigueur primitive, et que ses produits diminuent en quantité et surtout en qualité. La troisième méthode est la plus mauvaise de toutes, puisqu'elle tend à rendre d'une durée indéfinie le vignoble actuel : la plante qui porte le raisin veut être soumise, comme tous les autres végétaux, à la loi de l'assolement. Après un certain laps de temps, elle doit céder le sol à d'autres cultures, afin que la terre retrouve dans cet alternat le principe d'une nouvelle vie.

Je n'ai vu nulle part provigner d'une manière plus fatigante que dans le département de l'Aisne ; hommes et femmes provignent, en cultivant de bas en haut ; les enfants eux-mêmes sont appelés à cette pénible opération dès l'âge de huit ans. La fatigue est triple aux temps pluvieux.

§ 2. DU COUCHAGE.

Quand une vigne, soit par vieillesse, soit par la médiocrité du sol, cesse de prospérer, le vigneron croit éloigner le terme fatal de sa chute en la couchant en terre. Il espère la ranimer, et même il compte encore en obtenir d'abondantes récoltes pendant cinq, dix ou quinze ans. On couche depuis le mois de décembre jusqu'à celui de mars, et tant que les boutons ne sont point sortis.

Ce procédé, s'il se fait sur un sarment, est très-mauvais. Le jeune sujet attire à lui tous les sucs nourriciers, et le vieux cep décline de plus en plus, il rapporte fort peu, et ses feuilles tombent de très-bonne heure. Dans ce cas, on se contente de gratter la terre ; les racines superficielles sont souvent endommagées lorsqu'on donne les façons à la charrue, à la houe, à la pioche. L'opération est encore plus nuisible quand on préfère le rameau rampant au rameau élevé. Le premier, il est vrai, obéit plus aisément à la main du vigneron ; mais l'autre est plus avantageux ; il exige moins pour son entretien, et la sève n'y afflue pas avec la même abondance ni avec la même facilité.

Le couchage le meilleur, celui dont la réussite est certaine, se fait sur un jeune cep malade. Je connais plusieurs vignes attaquées de la jaunisse qui ont été soumises à cette opération, et qui prospèrent merveilleusement depuis que leurs racines, obligées de tracer horizontalement, ne vont plus se noyer dans l'eau que retient la couche inférieure et glaiseuse du sol.

On repeuple son vignoble, on redonne de la vie aux vieux ceps, en les couchant tout entiers dans une tranchée ouverte parallèlement à chaque rang de ceps ; on enterre le plus possible de longueur du sarment, afin que les bourgeons enfouis se convertissent en racines. Dans cette position, le vieux cep existe pour lui, il s'approprie les sucs nécessaires à ses besoins, et prépare de la sorte aux trois, quatre ou cinq souches qui doivent le remplacer, une vigueur remarquable et une longue végétation. La fosse qui doit être ouverte sera creusée de manière à enlever avec soin et ménagement la terre qui enveloppe le pied du cep ; on sépare alors les racines, on défonce la base de la fosse, puis on couche le cep horizontalement au milieu de la fosse ou sur les bords coupés le plus perpendiculairement possible, suivant l'urgence du moment, et l'on disposera les sarments dans les angles de la fosse. Ce premier travail terminé, l'on jette un peu de fumier bien consommé, et mieux encore du terreau par-dessus la petite quantité de terre qui recouvre le cep et les sarments. Lorsque les racines ont acquis assez de force pour suffire à la nourriture du plant, il se fait naturellement une solution de continuité entre la nouvelle souche et l'ancienne : celle-ci, en se décomposant, contribue d'autant à l'amendement. Si cependant à la troisième année, la rupture n'avait pas eu lieu, on opèrera la séparation en déchaussant le vieux cep avec la pioche.

Le recouchage présente de grands avantages. Dès la première année, la vigne a toute la vigueur et l'aspect d'un plant de quatre ans, à sa première taille. Au développement de la cinquième feuille, les vignerons les plus habiles sont trompés, volontiers ils lui donnent huit ans. Il n'y a pas d'interruption dans les produits, et l'on épargne trois années de repos nécessaire au sol après l'arrachement des vieux ceps, trois ans pour la croissance non productive, un an au moins pour les chances de non-reprise, et enfin l'achat même du plant, dont on est dispensé par cette utile opération.

Nous ferons ici connaître un procédé nouveau que M. Esquot, docteur-médecin à Bressuire, a indiqué dans l'*Agriculteur praticien*, 5ᵉ année, p. 234, pour multiplier la vigne.

« Ce procédé, aussi simple que facile dans son exécution, m'a, dit-il, parfaitement réussi il y a deux ans. Un sarment, pourvu de vingt-huit yeux, m'a donné vingt-sept provins parfaitement développés et très-bien enracinés. Le vingt-huitième avait péri par suite d'accident. Le moindre avait atteint la hauteur d'un mètre à la fin de l'été ; et quatre ont donné chacun une très-belle grappe de raisin. Replantés au printemps suivant, pas un seul n'a manqué. Ce procédé me paraît donc avoir un avantage incontestable sur tous ceux employés jusqu'à ce jour. En effet, les boutures et les crossettes, faites sur place, ou en pépinière, n'offrent que des chances fort incertaines, surtout dans les années de sécheresse. Le marcotage lui-même, par le procédé ordinaire, ne donne qu'un mince résultat (deux ou trois provins au plus par chaque sarment), pour les grands propriétaires de vignobles qui ont besoin, chaque année, soit pour les nouvelles plantations, soit pour les remplacements, d'une très-grande quantité de plants, et dont la reprise soit assurée. Par le procédé que j'indique, au contraire, on peut obtenir chaque année, dans un terrain de peu d'étendue, et au moyen de quelques ceps seulement, spécialement affectés à la multiplication, une immense quantité de provins bien enracinés, dont la reprise ne peut pas être douteuse pour le printemps suivant.

«Le travail à faire pour arriver au but que je propose, se pratique en deux temps bien distincts. Le premier consiste à étendre sur la surface du sol, et à y fixer, au moyen de quelques crochets en bois fichés en terre, des sarments de quelque longueur qu'ils soient. Ce soin devra être pris vers la fin d'avril, plus tôt ou plus tard, suivant les localités, mais toujours avant le développement des bourgeons. Bientôt ceux-ci partent, et prennent un accroissement qui ordinairement a atteint, vers la fin de mai, une hauteur de 15 à 20 centimètres. On conçoit que tous les bourgeons qui prennent naissance en dessous et sur les parties latérales des sarments fixés, comme je l'ai recommandé, à la surface du sol, se retournent promptement et prennent, comme ceux situés en-dessus, une direction verticale. C'est alors le moment de procéder au deuxième temps de l'opération, qui consiste à creuser, dans la direction des sarments, de petites rigoles de 10 à 15 centimètres de profondeur, à y coucher les sarments, à les y maintenir au moyen des mêmes petits crochets de bois, et à les recouvrir de terre. Bientôt, et à mesure que chaque bourgeon, maintenu ainsi dans sa direction verticale, continue à prendre de l'accroissement, il se développe du côté opposé à son insertion sur le sarment, des radicules en assez grande quantité pour pourvoir à sa nourriture. Alors, la mère commune, qui jusque-là avait été chargée du soin de pourvoir au besoin de chacun de ses enfants, quelquefois au nombre de cent cinquante à deux cents, répartis sur les quatre à cinq sarments qu'on lui avait laissés, en reçoit à son tour, par le retour de la sève descendante, une nouvelle vigueur qui la met à même de développer les nouveaux bourgeons qui doivent avoir la même destination l'année suivante. Là se termine l'opération. On conçoit toutefois, que les soins de l'ébourgeonnement qui consiste à retrancher tous les bourgeons superflus, et à en conserver quatre à cinq seulement pour l'année suivante, ne doivent pas être négligés. Un ou deux sarclages et autant de binages ne peuvent de même que favoriser le succès de l'opération. A la fin de l'automne, tous les bourgeons enterrés formeront autant de nouveaux individus qu'on divise au moyen du sécateur, en coupant le sarment, après l'avoir sorti de terre, au milieu de l'espace qui sépare les bourgeons. Ce plant sera surtout d'une rare beauté, s'il a été fait dans une terre un peu humide et légèrement sableuse.

« Ce nouveau mode de multiplication que je conseille aux grands propriétaires de vignobles, comme ayant un immense avantage en résultats sur les autres procédés connus jusqu'à présent, ne se recommande pas moins aux jardiniers-pépiniéristes qui ont toujours hâte de multiplier les nouvelles bonnes espèces, pour satisfaire aux nombreuses demandes qui leur sont faites. En conseillant aux personnes qui veulent opérer en grand, d'avoir, dans un terrain approprié à cet effet, une certaine quantité de mères spécialement affectées à la multiplication, je ne prétends pas exclure l'avantage qu'on peut retirer d'un sarment prenant naissance à la base d'une treille adossée à un mur, ou d'un sarment provenant d'un cep au milieu d'une vigne. Ceux-ci peuvent être marcottés, suivant mon procédé, avec le même avantage.

« Tel est, en résumé, le nouveau mode de multiplication que j'ai imaginé, il y a deux ans, et que je désire mettre à la connaissance des propriétaires de vignobles, au moment où l'on va procéder à la taille de la vigne. En vous adressant cette note pour la livrer à la publicité, j'entends, monsieur, la soumettre à votre appréciation, c'est vous dire que je vous saurai gré de vouloir bien l'accompagner des réflexions que vous croirez nécessaires. »

§ 3. ENLÈVEMENT DES VIEILLES ÉCORCES.

Différents propriétaires du Beaujolais et du Lyonnais ont adopté, depuis quelques années, l'usage de racler et enlever toutes les vieilles écorces de leurs vignes. Ils ravivent ainsi les souches, détruisent un grand nombre d'insectes qui trouvent dans les longues déchirures des ceps, des retraites assurées; ils augmentent la quantité du raisin sans en altérer la qualité, et lui donnent une saveur plus marquée. L'enlèvement des vieilles écorces prévient aussi plusieurs maladies graves, et en guérit un grand nombre.

§ 4. DU SEMIS.

Un des moyens les plus propres de renouveler une vigne, d'en améliorer les produits, d'en obtenir une foule de résultats utiles, est de recourir au semis. Le cep venu du semis de pépins est toujours le meilleur du vignoble, il a des qualités élevées qu'il conserve longtemps, et que la filiation par boutures ne peut transmettre. Mais il ne faut point croire, comme Bosc l'affirme dans l'article *Vigne*, du *Cours d'Agriculture* (1), publié sous le nom de membres de l'Institut, que les grains de raisin que vous fournira le nouveau cep, seront de la grosseur d'une forte prune, dite de reine-claude, qu'ils seront précoces et acquerront toujours une maturité parfaite. Rozier, témoin des progrès d'une vigne née du semis, dit qu'elle vient très-bien, vigoureusement, que ses raisins sont beaux, et ce qui lui paraît plus intéressant encore, c'est que le vin qui en provient n'est point sujet à pousser (2). Le semis procure de belles et bonnes variétés; elles donnent d'excellents fruits, mais elles les font attendre plus ou moins. Le chasselas venu de semis rapporte à la troisième année.

Quand on a recours aux semis, la plus sérieuse attention doit être donnée au choix des pépins. Prenez ceux de la meilleure espèce, qu'ils soient mûrs, conservez-les dans un lieu sec, jusqu'au printemps, confiez-les à une terre convenablement préparée et dans un lieu abrité, défendu contre l'avidité des souris et des mulots, qui en sont très-friands; le plant se montrera bientôt dans l'état le plus prospère; vous pourrez le lever à sa seconde année, ou s'il doit demeurer en place, le traiter comme les autres ceps. Ne vous rebutez pas des premiers soins que vous lui donnerez, une ample récolte vous indemnisera, et vous aurez des ceps superbes.

C'est pour avoir négligé de semblables précautions que beaucoup d'horticulteurs et de vignerons-amateurs n'ont pu réussir. Quelques auteurs détournent de cette opéra-

(1) *Nouveau Cours complet d'Agriculture* du XIXe siècle, contenant la grande et la petite culture, l'économie rurale domestique, la médecine vétérinaire, etc., par les Membres de la section d'Agriculture de l'Institut national de France, etc. Nouvelle édition revue, corrigée et augmentée. Paris, Deterville. 16 vol. in-8°, de près de 600 pages chacun, ornés de planches en taille-douce. Prix : 56 fr.

(2) Maladie que nous examinerons plus tard, Livre III.

.tion lente, en citant à faux, l'autorité de Duhamel du Monceau, ils lui font dire, «qu'un pied de vigne élevé de « pépins, n'avait encore produit chez lui aucun fruit après « douze années de culture; » tandis que l'illustre praticien loue la vigueur extrême, la maturité brillante des ceps venus de pépins, et assure que le raisin en est excellent. Chacun lit les ouvrages qu'il consulte d'après les idées qui le travaillent ; quand c'est de bonne foi, il faut le plaindre, il est fasciné ; quand c'est de mauvaise foi, et malheureusement ce cas est très-fréquent aujourd'hui, le mépris doit lui être dévolu.

§ 5. DES MOYENS D'OBTENIR DE NOUVELLES VARIÉTÉS DE VIGNES PAR LE SEMIS.

A l'époque où vivait Rozier, les semis de vignes étaient si peu en usage que cet auteur n'en cite qu'un seul exemple. Bosc, en 1825, dans le *Nouveau Cours d'Agriculture*, à l'article *Vigne*, a oublié de parler de la multiplication par la voie du semis, quoique M. Herpin ait déjà, en 1818, publié un mémoire intéressant sur la régénération et la multiplication de la vigne par la voie des pépins. Il y a quelques années, Leclerc-Thouin, au nom de la commission d'œnologie formée au sein de la société centrale d'agriculture, lui a soumis deux rapports dans lesquels il exposait les avantages que les vignerons pourraient trouver, en employant la voie des semis, et où il leur soumettait plusieurs questions d'un haut intérêt sur l'art de fabriquer le vin.

On devait donc espérer qu'un sujet d'une si grande importance attirerait l'attention des hommes de l'art ; mais l'un d'eux, M. le comte Odart, qui a réuni, en Touraine, une belle et nombreuse collection de toutes les vignes qu'il a pu se procurer, tant en France que dans les pays étrangers, s'est prononcé dans son *Ampelographie* (1), d'une manière absolue contre la possibilité d'obtenir

---

(1) *Ampelographie universelle*, traité des cépages les plus estimés dans tous les vignobles de quelque renom, par M. le comte Odart, deuxième édition, 1 vol. in-8º, 1847.

de bons résultats en reproduisant la vigne par le semis de ses pépins. Heureusement que cette opinion n'a pas prévalu, et que quelques praticiens éclairés se sont livrés avec un zèle bien louable, au travail patient de la multiplication des vignes, par voie de semis, et ont déjà obtenu des succès qui doivent beaucoup nous encourager.

Un de nos plus habiles pépiniéristes, M. Vibert, d'Angers, est certainement un de ceux qui se sont appliqués avec le plus de soin à cette multiplication, et afin de donner une idée des résultats pleins d'intérêt qu'il a obtenus dans ce genre, nous emprunterons plusieurs passages à une notice qu'il a présentée en 1850, à la Société centrale d'horticulture, et qu'on trouve consignée dans le numéro de janvier, p. 31, des annales de cette société.

« Dès 1829, dit M. Vibert, présumant que la vigne pouvait être semée avec autant de succès que nos autres arbres à fruit, j'ai voulu combattre par expérience une erreur et un préjugé qui la plaçant hors des lois générales de la nature, lui refusait un des plus grands avantages accordés à tous les végétaux, savoir l'amélioration de leurs espèces et l'augmentation de leurs variétés, sous l'influence du travail intelligent de l'homme. A cette époque, il y avait déjà quelque mérite à tenter une expérience qui, pour le semis d'une même année, pouvait se prolonger au-delà de dix ans, surtout si l'on considère que plusieurs auteurs justement recommandables, avaient regardé, comme infructueux, ce mode de multiplication.

« Telle était l'opinion générale au commencement de ce siècle, et même encore longtemps après, bien que déjà, avant cette époque, on se fût occupé avec succès de la multiplication, par le semis, des autres arbres à fruit, dans le but d'en obtenir de nouvelles et meilleures variétés. Sous le rapport de la production des raisins de table, par semis, nos archives horticoles ne mentionnent encore jusqu'à ces dernières années que quelques essais presque toujours tentés avec le chasselas commun, et pour lesquels, il faut bien le dire, la persévérance a manqué.

« En 1829, nous ne possédions encore en raisins mûrissant avant le chasselas commun, que la Madeleine noire et le Jouanen seulement, ce qui était déjà connu du temps de Duhamel, et c'est avec ces deux variétés et quelques-unes de chasselas, que j'ai pu commencer mes semis de vignes hâtives. S'il m'était donné de recommencer les vingt dernières années de ma vie, je débuterais avec plus de quinze variétés de toutes couleurs, muscats et autres, égalant ou précédant la maturité du chasselas commun ; je ferais mieux et plus vite.

« J'ai semé, de 1829 à 1845, environ vingt-cinq sortes de vignes, mais comme quelques-unes l'ont été sous différents noms, chose que j'ignorais alors, le nombre peut se réduire à 20 ; je ne comprends pas quelques variétés semées par petites parties dont je ne parlerai qu'autant qu'elles m'auraient donné quelques résultats avantageux. Je ferai observer que les pépins d'une même variété, semés plusieurs fois, n'ont jamais été pris sur le même pied, afin d'augmenter les chances de variation en raison des diverses variétés qui en étaient proches. J'ai amené à fruit plus de deux mille plants de semis, mais j'en ai élevé de quatre à sept ans un bien plus grand nombre. La nécessité d'éclaircir, le manque de terrain, trois déménagements en dix ans, la dépense même, m'ont souvent forcé à de pénibles sacrifices, j'ai même rarement trouvé à faire accepter ces plants tout élevés à des personnes auxquelles je ne demandais que de les garder jusqu'à la fructification.

« Quelques plants élevés le long des murs, à bonne exposition, ont fructifié à cinq ans; loin des murs, un dixième environ à six ou sept ans, la grande majorité de huit à dix, et un vingtième à peu près de onze à treize ans. J'en ai quelquefois détruit de cet âge qui n'avaient pas encore donné de fruit. En général, les vignes hâtives fructifient plus tôt que les autres ; les chasselas et variétés à grains moyens les suivent à deux ou trois ans près, et celles à gros grains, presque toujours plus vigoureuses, sont les dernières à produire.

« Mon jardin, de plus de 1 hectare, est entouré de

murs de 2ᵐ.70 de hauteur et ouvert de trois côtés. Aucun arbre élevé n'y gêne la libre circulation de l'air, seulement ceux d'une promenade publique l'abritent vers le nord. La terre est une argile assez forte, modifiée toutefois par une longue culture en jardin. Le sous-sol est une argile jaune plus compacte. Les murs les mieux exposés le sont du levant au midi et du midi au couchant, ils n'ont pas plus de dix à onze heures de soleil dans les plus longs jours ; on voit que je ne suis pas dans la position la plus favorable, n'ayant aucun mur en plein midi. Angers est sous le 47ᵉ degré 20' de latitude nord. » ...

M. Vibert a d'abord semé, en 1829 et 1830, le gros Coulard, le Frankenthal, la Madeleine noire, le Jouanen, la grosse Perle blanche et le Chasselas rouge, et dans les années suivantes, il y a ajouté : Muscat-Jésus, Caillaba, Frontignan blanc musqué, De-Candolle, Ischia, Pondichéry, Isabelle, Morillon panaché, gros Maroc, Madeleine blanche, Muscat de la mi-août, Schiras et quelques semis hâtifs. La plupart de ces variétés ont été semées plusieurs fois, le gros Coulard seul, à plus ou moins d'intervalle, l'a été dix fois. Nous n'entrerons pas dans des détails sur les gains plus ou moins méritants que M. Vibert a obtenus, et nous renverrons, pour cet objet, à l'intéressante notice de l'auteur ; mais nous ne pouvons nous empêcher de faire remarquer que plusieurs des variétés ainsi obtenues méritent déjà toute l'attention des producteurs, et qu'on ne saurait trop encourager ces précieuses expériences.

Un autre horticulteur très-intelligent, mort depuis peu, M. Malingre père, s'est occupé aussi, depuis 1836, de la reproduction par semis de vignes fécondées artificiellement, et dont le nombre s'élevait, en 1850, époque de sa mort, à cent trente-deux pieds. On lit à cet égard, dans un rapport présenté par M. Pépin, à la Société centrale d'horticulture, des détails qui intéresseront les viticulteurs.

« C'est en 1836, dit M. le rapporteur, que M. Malingre a commencé ses semis de graines récoltées sur des pieds de chasselas, dont les fruits avaient été fécondés artificiellement par le pollen du chasselas blanc ordinaire sur

<table><tr><td>Vigneron.</td><td align="right">11</td></tr></table>

le chasselas Napoléon, afin d'obtenir des variétés plus méritantes pour raisins de table ; ce sont les graines de cette dernière variété qu'il sema à cause de la grosseur et de la qualité de ses fruits.

« En 1839, il obtint de ce premier sujet dix-sept sujets ; en 1846, quatre d'entre eux ont donné des fruits. L'un est à fruits blancs, plus hâtifs de quatre à six jours que le raisin noir de la Madeleine, puis un second pied un peu moins précoce, mais bien supérieur. Un troisième, à grains plus gros que ceux du chasselas, et qui mûrissent en même temps ; enfin, le quatrième à grains très-gros, mais plus tardif. En 1847, M. Malingre a vu un cinquième pied montrer du fruit de la grosseur du chasselas, et mûrissant à la même époque, mais de couleur différente. Un sixième pied a produit un grappillon en 1848 ; il paraissait prévaloir sur le chasselas.

« Sur les soixante-douze pieds que nous avons observés en 1849, six ont produit des fruits depuis deux ans, et onze autres ont eu des fruits en 1849. Toutes ces vignes de semis ont conservé le caractère et l'aspect du chasselas ; quelques-unes ont des feuilles plus profondément lobées et laciniées ; elles sont globées, leurs nervures et l'épiderme du jeune bois sont de couleur plus ou moins pourpre violacé.

« En résumé, la collection se compose de dix-sept variétés en cent trente-deux pieds très-forts, dont seize ont eu du fruit ou sont en fleur en 1849, et deux mille deux cent vingt marcottes et boutures ; enfin huit terrines de semis faits à l'automne de 1848. »

Les semis de pépins ne présentent aucune difficulté : on peut, si on veut, procéder à ces semis en terrines, comme le font tous les horticulteurs, pour les plantes qu'ils désirent multiplier, ou bien, si on veut opérer sur une plus grande échelle, avoir recours aux moyens que Loiseleur-Deslonchamps a indiqués dans le chapitre II, page 28, de son ouvrage intitulé : *Essai sur la culture des vignes à raisins précoces, et sur les avantages qu'on peut en tirer*, moyens qui sont peu compliqués et paraissent propres à conduire au but, ainsi, du reste, qu'il l'a démontré par expérience.

CHAPITRE XI.
De la taille de la vigne.

La vigne livrée à elle-même, s'élève trop; elle porte des raisins pendant deux ou trois ans; mais bientôt après elle dégénère, devient languissante, et ne donne plus que de minces grappillons. De cette observation, le vigneron attentif a été amené à la taille. Cette opération réserve la sève à un petit nombre de coursons; elle assure une récolte riche, elle donne de la beauté au raisin, dont le suc plus doux, plus mielleux, reçoit d'elle les moyens de mûrir complétement. La taille, traitée sous ce point de vue, est l'opération la plus essentielle d'une culture bien entendue : son but étant de retirer de la vigne plus d'utilité, plus d'agrément, elle exige de celui qui s'y livre beaucoup d'intelligence, de l'usage, des connaissances théoriques et pratiques suffisantes pour se rendre compte de ses causes et de ses effets, car elle influe non-seulement sur le produit de la prochaine récolte, mais aussi sur la santé de la vigne, et par conséquent sur ses productions à venir.

Comme la vigne ne donne du fruit que sur le nouveau bois, il faut, pour la rendre féconde, asseoir la taille sur les jets les plus bas et les plus vigoureux, et la calculer d'après la force du cep, son âge, la qualité du plant, la bonté du sol et le genre de culture. L'horticulteur, le vigneron, l'amateur qui ne s'arrête point à ces considérations importantes, met ses ceps à fruits de trop bonne heure, les épuise et les tient dans l'impossibilité de se survivre, c'est-à-dire d'être ramenés par une main habile.

La première taille est la plus facile; on coupe en entier le jet produit par le plus élevé des deux yeux mis à découvert, et en rognant l'autre près de terre, immédiatement au-dessus de l'œil qui reste.

A la seconde taille, si le plant est tenu en vigne naine, c'est sur le sarment le plus bas qu'il faut la former; s'il s'agit d'une vigne basse, on ne laisse subsister que deux flèches ou coursons. Le plant est-il destiné à devenir une vigne moyenne, on taille sur trois sarments, et on coupe les autres aussi près que possible de la souche. Dans toutes les circonstances, on ne laisse à chaque flèche que l'œil le plus voisin du tronc.

Pour la troisième taille, donnez un bourgeon de plus à chaque tête ou mère branche. Le nombre des têtes doit être ménagé de manière que la vigne moyenne en ait trois et rarement quatre; le hautin en veut autant. A la vigne basse, deux seules suffisent. Quant à la vigne naine, comme ce n'est que du tronc ou de la souche que doivent partir immédiatement les sarments à fruit, on les tient bas, mais de façon que les raisins ne touchent pas à la terre.

Il n'est point rare qu'il naisse, durant cette troisième année, rez-terre, un sujet très-vigoureux. Son existence nuit à la végétation de la souche; il ne faut point le couper, mais bien le conserver et couper la tête.

A quatre ans, la vigne commence à donner du fruit; on peut tailler à deux yeux sur les deux ou trois sarments les plus vigoureux.

La cinquième taille donne encore quelques ménagements, et veut être faite à deux yeux seulement sur le bois le plus fort. On borne à un seul bourgeon le produit du sarment inférieur, et on ne laisse pas au-delà de cinq coursons.

Du moment qu'elle atteint sa sixième année, la vigne est faite; son gouvernement se règle dès lors à raison du climat, de la tenue des ceps, de leur nombre, de la distance existant entre eux et de la qualité du terrain. La taille est désormais courte ou longue, on laisse plus ou moins de coursons. On n'épargne que le cep languissant.

La vigne en hautin peut entretenir quatre coursons à neuf yeux chacun; mais pour empêcher la sève de monter avec véhémence, on tord la broche rez-tronc; elle se conserve alors pour le raisin et rend le cep plus fécond.

Dans une vigne moyenne, où les ceps sont garnis de trois ou quatre mères-branches, on laisse cinq ou six

coursons sur chacune de ces branches, et chaque courson peut, sans inconvénient, avoir de quatre à six, et
même douze yeux. Il y a des vignobles où on laisse un
plus grand nombre de coursons ; mais ce nombre est en
raison de l'âge, de la force, de la qualité du cep et surtout de la bonté du sol.

Une vigne basse, qui n'a que deux mères-branches,
ne veut qu'un pareil nombre de brins sur chacune d'elles,
afin qu'il y ait égalité dans le mouvement de la sève, et
l'empêcher de se porter plus d'un côté que de l'autre, et
par suite de rendre la droite d'un rapport trop faible en
proportion de l'abondance de la gauche. On taille fort
long pendant deux ou trois années ; quand cette vigne,
d'une prospérité luxuriante, ne fructifie pas, il faut donner un peu d'engrais du côté qu'elle se montre moins
active, plutôt que de supprimer quelques-unes des racines les plus vigoureuses de l'autre côté, comme le recommandent certains praticiens.

Trois ou quatre coursons, taillés à un ou deux yeux
seulement, sont une charge proportionnée aux forces
d'une vigne naine.

Si la vigne est vieille, on doit la tailler fort court et la
ravaler souvent. Le besoin de la rajeunir donne du prix
aux jets qui s'élancent du bas de la souche ; il faut les
conserver soigneusement, puisqu'ils sont l'espoir du vigneron.

Quand la vigne a été maltraitée par la grêle, on coupe
l'ancien et le nouveau bois jusque sur la souche. Une gelée tardive a-t-elle fatigué ou détruit les bourgeons, on
ravale ceux demeurés sains, et l'année d'après on rabat
sur le seul bon bois qui ait poussé des sous-yeux. Ne vous
hâtez pas de retrancher le bois gelé ni même les boutons
en bourre frappés en partie ; il n'est point rare de voir
les arrière-bourgeons donner encore une bonne récolte.
Dans le cas de coulure, on allonge la taille et on charge
amplement, sauf à ménager l'année suivante. Sur une
terre profonde, on peut sans crainte multiplier les coursons ; il n'en est pas de même sur un sol médiocre : c'est
accabler le cep que de lui laisser plus de quatre coursons

à trois yeux chacun. La vigne plantée dans un terrain pauvre ne peut supporter que deux broches à trois boutons chacun; sur un sol humide, on doit s'interdire la taille. Dans les années sèches, la vigne fait peu de bois; alors il faut tailler court et peu charger, surtout si l'hiver a été rigoureux.

Il y a des plants qui demandent une taille allongée, d'autres une taille fort courte, tous que l'opération soit faite avec des outils en bon état, et que les anciens bois secs qui gênent la circulation de la sève, soient enlevés très proprement, sans réserve aucune, et coupés très-près des tiges en vigueur.

Le vigneron qui veut tailler ses ceps doit avoir avec lui une pioche pour ôter la terre qui est autour du pied, afin de couper aussi profondément que possible tous les gourmands. Quand on se contente de le faire à fleur de terre, l'opération est manquée, les gourmands repoussent plus nombreux, attirent une partie de la sève et causent aux bourgeons à fruit un préjudice notable.

Chacun a un motif particulier dans sa manière d'opérer la taille; celui-ci la fait pour la récolte présente, celui-là pour la propreté, un troisième pour la récolte à venir dans deux ans, un quatrième qui vise au certain, taille sur les plus gros sarments, peu lui importe que son cep soit mal fait ou trop élevé, il ne considère point la forme, il ne voit que le produit, et, comme le dit le proverbe, *il aime mieux un cep bien chargé que bien dressé*. Le point principal, c'est de savoir bien connaître et saisir la véritable époque de la taille. Le faire trop tôt, c'est avancer la végétation et exposer les jeunes boutons à la rigueur du froid, à l'action des gelées printanières; trop tard, c'est ajourner le développement, c'est vouloir détruire les nœuds à fruit s'ils sont mouillés par la sève pendant la nuit, c'est exposer sa récolte à être entièrement dévorée par une gelée tardive.

L'époque la plus avantageuse est après la chute des feuilles, dans les pays chauds, la vigne y gagne une précocité qui s'étend à toutes les phases de sa végétation, le raisin a plus de temps pour mûrir, et il acquiert par conséquent plus de principe sucré.

Tailler en automne ou au commencement de l'hiver, dans les pays froids, c'est manquer de prudence. Il faut attendre que les fortes gelées soient passées pour ne point perdre le premier nœud, pour ne point refouler la sève vers le collet du cep, et pour la voir y donner naissance à beaucoup de surgeons inutiles, lesquels épuisent le cep et nuisent à la qualité du raisin. La première quinzaine de mars est le véritable moment pour les vignobles du centre et du nord de la France. Il faut faire choix d'un temps sec, beau, sans apparence de pluie.

Cette règle est excellente partout où la terre est forte, substantielle, argileuse et humide; elle est trop tardive pour les vignes situées dans un terrain léger, rocailleux. Si cependant on ne voulait point rompre avec la routine, il faudrait tailler les branches fructifères plus longues d'un ou deux nœuds, sauf, dans le courant de février, à les rabattre ou bien enlever les deux nœuds supérieurs à l'aide de l'ongle. Cette amputation facilite l'écoulement de l'eau résineuse qui précède la fermentation séreuse, et n'expose plus le cep à dépérir.

Lorsqu'une fois la sève a pris son mouvement, on ne doit tailler que les vignes qui, poussant avec véhémence, ont besoin d'être énervées ; sur toute autre, on la verrait s'épuiser promptement et ne donner que des fruits médiocres.

En taillant, il importe de faire bien attention à ce que la coupe soit parfaitement nette, de biais, à 10 millimètres de distance de l'œil le plus voisin et du côté qui lui est opposé ; de la sorte, on empêchera la pluie de pénétrer dans la plaie, on évitera l'effet de la gelée qui pourrait s'étendre jusqu'à la bourre pendant les mois d'avril et de mai.

Dans beaucoup de cantons, on taille en rond ; cette méthode ne vaut rien, elle met le bouton à découvert, elle l'expose à toutes les vicissitudes de l'atmosphère; si le brin est fendu ou mutilé, la perte du fruit est certaine. C'est pour s'être servi de cette taille que tous les vignerons voient si souvent se perdre ce qu'ils devaient attendre de leurs sueurs.

Lorsqu'on taille seulement sur un œil, on court le risque, si cet œil périt, de voir mourir le cep, surtout s'il est faible et languissant. Pour éviter cet inconvénient, le vigneron soigneux et prudent conserve toujours deux yeux, sauf à faire ensuite un ébourgeonnement plus rigoureux.

On taille à vin quand on laisse de nombreux coursons, mais aussi l'on épuise sa vigne et l'on accélère le moment où il faut la remplacer. Cette marche est celle des vignerons qui sont à moitié profit ou qui tiennent des vignes à ferme ; c'est aussi celle des propriétaires qui ont adopté pour règle de conduite ce dicton ancien : *Il faut faire crever les vignes à force de produire.* Mais ce qu'ils négligent les uns et les autres, c'est de courber sans retard les sauterelles, pleyons, ou sarments laissés fort longs, c'est-à-dire qu'avec l'intention d'avoir beaucoup de fruit, ils en ont ordinairement peu ; la sève, montant avec rapidité, développe les boutons à bois qui se trouvent les plus élevés, et effleure à peine les boutons à fruit qui sont au bas et qui se perdent lorsque le cep est très-vigoureux, ou l'année humide et chaude.

En un mot, la longueur de la taille doit être modifiée selon les différentes variétés de vigne, et en raison des localités ; elle doit être fort courte, mais appliquée à plusieurs branches pour celles dont le bois a beaucoup de moelle, longue et appliquée à un petit nombre de branches pour celles dont le bois est sec. On en avance ou l'on en recule la première époque, selon que le terrain est plus ou moins neuf. Il y a des contrées, telles que l'île de Santorin dans l'Archipel grec, où on la retarde jusqu'à la dixième année.

Depuis une vingtaine d'années environ, on suit, dans le département de la Marne, un procédé bien simple et très-expéditif pour tailler les vignes. Par son moyen, un enfant de huit à dix ans fait, sans se fatiguer, autant d'ouvrage qu'un fort ouvrier. A cet effet, on l'arme d'une serpette qui ne ferme point, et qui est garnie d'un manche de bois rond d'à peu près 10 centimètres de long sur 27 millimètres de diamètre. Le pouce de la main qui tient la serpette est muni d'une chemise de bois de la forme d'un dé à coudre : c'est une espèce d'étui, ou, pour mieux dire, de petit bouton de bois blanc, percé de manière que le pouce y pénètre en entier, et s'y maintient, comme nos ménagères le font de leur dé au bout du doigt.

L'ouvrier prend de la main gauche le brin qu'il veut couper, il le place entre le tranchant de la serpette et le pouce garni de son dé de bois ou *poucier*, comme on le nomme dans le pays ; il serre la main et coupe le sarment net, sans éclat et même sans mouvement du bras ou du poignet.

Le brin de vigne se coupe à environ 81 millimètres de l'œil, et cette sorte de taille est reconnue très-bonne.

Ce procédé diminue singulièrement la fatigue, simplifie et accélère utilement l'opération, qui, dans bien des circonstances, a besoin d'être faite avec promptitude. L'enfant ne peut jamais se blesser, ni blesser ses voisins ; avec sa serpette, il coupe le brin de sarment très-hardiment, et avec beaucoup de célérité.

Les ciseaux nouvellement inventés, et dont je donne la figure plus loin, offrent les mêmes avantages, et assurent, dans les mains même les plus inhabiles, une taille prompte et régulière.

On a proposé de remplacer la taille par l'arqûre, que l'on sait être pratiquée avec beaucoup de succès, et de mémoire d'homme, dans les vignobles du Douro, en Portugal ; cette méthode, que nous avons vu blâmer et préconiser avec chaleur, mérite d'être examinée de sang-froid.

CHAPITRE XII.
De l'Arqure.

Quand Cadet de Vaux, avec lequel je m'honore d'avoir eu des relations intimes et partagé les travaux, imagina de substituer l'arqûre à la taille, il ne prétendait point offrir une invention nouvelle, mais seulement, comme il le disait lui-même, de rappeler à l'observation de la nature, à la direction que prennent les branches des arbres et celles de la vigne lorsqu'elles se mettent à fruit. La tige s'élève verticalement, ses branches, au contraire, montent angulairement, pour finir par s'abaisser et former une voûte : il y a peu d'exceptions à cette loi, et elles ne se rencontrent que chez les arbres qui filent en pyramide ; pour obéir à cette indication, le but de l'arqûre doit donc être d'abaisser horizontalement les branches latérales, et lorsqu'elles ont pris de l'étendue, à les arquer légèrement par leur extrémité. On obtient ainsi les plus heureux résultats, c'est-à-dire de bons fruits et en abondance, les arbres acquièrent plus de vigueur et une forme plus agréable ; les récoltes commencent plusieurs années avant qu'on n'aurait pu en obtenir en recourant à la taille, et les plants ne sont plus déshonorés par les mousses, les lichens, etc.

Ce fut à la suite de ces premiers résultats, soutenus plusieurs années de suite, que Cadet de Vaux écrivit, pour conseiller aux horticulteurs et aux vignerons de mettre de côté la serpette, et de se contenter d'arquer. Suivant la vigueur des sujets, les arcs seront plus ou moins ouverts ; sur les plus vigoureux, ils ne doivent former que les deux tiers de la circonférence du cercle. Quant à la serpette, son rôle se réduisait à débarrasser les tiges des nodosités, des chicots et autres défauts de ce genre, qu'il fallait détruire pour les préparer à l'arqûre, et à supprimer les branches qui pouvaient nuire à la beauté de l'arbre, à l'action de l'air et de la lumière, à la production ainsi qu'à la bonté des fruits.

Tant que la sève répond aux besoins de sa tige et de ses rameaux, ou, selon l'expression de Du-Petit-Thouars, tant qu'il n'en coûte pas plus à la plante de produire un fruit qu'une simple feuille (1), on ne retranche aucun fruit; mais lorsqu'il y a indice d'épuisement, on surarque les branches qui poussent à la partie supérieure des arcs, et qui viennent remplir les vides laissés par la suppression des branches épuisées.

Pour convaincre les esprits, Cadet de Vaux établit un parallèle entre la taille et l'arqûre; c'est le seul moyen, comme disait Montaigne, de nous apprendre à voir les choses que nous n'apercevons pas.

Le raccourcissement des rameaux nécessaires est la taille dans son expression la plus rigoureuse; la suppression des rameaux superflus est l'ébourgeonnement proprement dit; le cassement et le pincement que l'on ajoute à ces deux opérations, admis par La Quintinie, rejetés par Roger Schabol, les complètent selon le langage des routiniers, les épuisent totalement selon l'expérience éclairée; enfin, le palissage est le complément indispensable de la taille. Toutes ces opérations, dit Cadet de Vaux, sont à l'enfance des arbres et arbrisseaux, ce qu'est à l'enfance de l'homme l'absence d'une bonne nourriture, des soins qu'elle réclame, du régime salutaire qu'elle exige : ce sont, en un mot, les moyens violents d'un art meurtrier. L'arqûre, au contraire, sage et prévoyante, arrête la marche trop rapide de la sève ascendante; elle ralentit également celle de la sève des-

(1) Il y a ici confusion. Les feuilles coûtent bien moins à la plante que le fruit ; elles rendent en partie la sève qu'elles reçoivent par le gaz qu'elles empruntent à l'atmosphère, tandis que le fruit consomme beaucoup, ne rend rien, et exige une quantité considérable de sève pour arriver à la maturité parfaite. En effet, si l'on détruit les fruits d'un arbre à mesure qu'ils paraissent, on augmente sa vigueur; on la diminue singulièrement si on l'effeuille. Dans mes *Éléments de botanique* (1 vol. in-8°, avec trente-quatre planches dessinées, gravées et coloriées sur la nature vivante), je suis entré dans des détails qui ne peuvent trouver place ici ; le lecteur me permettra donc de le renvoyer à cet ouvrage, s'il veut approfondir cette partie de l'étude physiologique des plantes.

cendante, qui, plus exposée à l'action de la chaleur et de l'air, s'épaissit et devient plus propre à remplir la première de ses fonctions, qui est la fructification; elle en a deux autres tout aussi importantes : celle d'augmenter la vigueur des feuilles, du bois, des racines, et celle d'assurer la fécondation de la fleur.

Si l'arqûre offre quelques avantages, disent ses antagonistes, elle les doit à la taille uniquement; seule, elle n'amènera jamais dans nos climats à l'état de domesticité, les arbres sauvages ou indigènes qui ne fournissent, abandonnés à eux-mêmes, que des fruits petits, âpres, sans valeur; elle ne fera jamais que les produits d'un arbre non taillé soient gros, bien colorés, et d'une saveur délicate; jamais elle ne tournera au profit du propriétaire le temps dont elle détermine la perte, comme elle ne diminuera jamais les chances provenant des matières qui nuisent à la production des fruits. A ces graves accusations, les ennemis de l'arqûre ajoutent que l'exprérience prouvant qu'un arbre très-chargé de fruits une année se repose et n'en fournit pas l'année suivante, il est indispensable de détruire les fruits à mesure qu'ils paraissent, si l'on veut soutenir et même augmenter la vigueur de l'arbre, tandis qu'en l'effeuillant on la diminue sensiblement.

Je veux bien croire que l'enthousiasme a fait exagérer les avantages de l'arqûre, mais il y aurait de la mauvaise foi à les nier tous. On ne saurait douter qu'elle remédie de la manière la plus heureuse aux désordres d'une taille exagérée et irrégulière, telle que la font la plupart des jardiniers et horticulteurs routiniers. Elle triomphe de tous les obstacles accumulés par leurs mains inhabiles. En effet, en arquant les branches, on retarde le mouvement de la sève, qui, au lieu de se précipiter aux extrémités des rameaux, circule lentement dans toutes les parties de la tige, se dépose dans tous les yeux qui allaient périr faute d'aliments, et détermine la formation de fleurs en plein bois, ainsi que la sortie d'un grand nombre de branches fructifères. En couchant, d'après les lois de l'arqûre, on prévient les maux qui menacent l'arbre, bien plus sûrement que par les moyens en usage, c'est-à-dire la destruction de quelques racines, les trous ouverts dans la tige, etc.

Ceux-là seuls qui redoutent de sortir de l'ornière de la routine, repoussent impitoyablement les améliorations ; ceux-là seuls ne voient point que l'arqûre est une ressource importante mise aux mains habiles ; dirigée avec intelligence, elle est, dans toute l'étendue du mot, le véritable complément, le complément nécessaire de la taille ; elle achève de perfectionner cette opération, et la rapproche de la marche ordinaire de la nature. Comme elle, il ne faut point arquer quand la plante est jeune ; laissez aux branches la direction verticale qu'elles prennent, c'est la plus favorable aux mouvements de la sève, et conséquemment à la végétation ; avec l'âge, les angles plus ou moins aigus formés par les branches devenues plus fortes, s'élargissent, c'est le moment d'arquer, c'est celui de suspendre la taille.

CHAPITRE XIII.

De l'Ebourgeonnement.

Veut-on concentrer toutes les puissances de la végétation sur quelques branches chargées de bourgeons à fruits, on a recours à une opération appelée ébourgeonnement, ou châtrer la vigne. Son but est de débarrasser la vigne des sarments superflus, des jets inutiles et dépouillés de fruits, et de ne lui laisser que les brins utiles, les plus vigoureux et les plus voisins de terre. C'est un moyen de conserver toute la sève pour la nourriture des sarments conservés, de faire prospérer sa vigne, et de lui voir donner des raisins bien nourris, longs, colorés, parfaitement mûrs, pleins de muqueux doux, propres en un mot à fournir un vin de qualité supérieure.

Bien ébourgeonner n'est pas chose facile, et cependant partout cette opération, qui influe sur les récoltes des années suivantes, et même sur la durée des ceps, est généralement abandonnée aux femmes, disons plus, à des enfants. Si l'on était bien persuadé qu'elle tient à une combinaison d'idées égales à celles que demande la taille, elle devrait seulement être confiée à des vignerons intelligents.

En effet, un cep bien ébourgeonné, un cep à qui l'on a retranché les sarments superflus le plus près possible de le tige, est plus facile à tailler l'année suivante. Comment une femme de journée, un enfant, jugeront-ils les bourgeons qu'il faut supprimer et ceux qu'il importe de garder, surtout si la vigne montre peu de grappes? Que feront-ils quand un cep leur présentera deux ou trois faibles tiges, portant chacune une grappe et deux vigoureux bourgeons, partant du pied, mais sans fruits, comme il arrive dans les années où les vignes gèlent au printemps; ils supprimeront ces deux beaux bourgeons, et ne s'apercevront pas qu'ils priveront le vigneron d'une ressource pour le provignage de l'année suivante. Quand il y aura surabondance de raisins, sauront-ils qu'il faut supprimer tous les petits bourgeons du pied, encore qu'ils montrent chacun une grappe, pour concentrer la sève sur les tiges fructueuses à conserver? S'ils trouvent sur les nouveaux bois taillés de trop gros bourgeons pour être ôtés facilement avec la main, auront-ils la précaution de ne point les arracher, dans la crainte de faire une trop grande plaie aux coursons, mais de se servir d'une serpette bien tranchante, et de les couper tout près de l'endroit où ils ont pris naissance? Si le printemps n'a pas été favorable, et qu'il se trouve un assez grand nombre de ceps sans raisins, laisseront-ils sur les sarments nouvellement taillés, trois, quatre, cinq bourgeons les plus vigoureux, selon la force respective de chaque souche, pour que la sève y soit attirée, et que la prochaine récolte ne souffre pas entièrement de cette stérilité, etc.? Non, cent fois non. Que dirai-je des soins que demande l'ébourgeonnement fait avec les doigts, comme je l'ai vu pratiquer dans les vignobles de la Moselle? On y saisit le bourgeon entre l'index et le pouce, puis l'on presse l'ongle de ce dernier contre le nœud tendre du cep, et l'on abaisse vivement en même temps. S'il est rare que l'opération ne soit pas bien tranchée, c'est qu'elle est confiée à des vignerons habiles ; en d'autres mains elle serait incomplète et même inutile.

La manière d'opérer, comme on le voit, tient à des considérations graves ; elle dépend des localités, de la nature plus ou moins riche du sol, de l'état présent et antérieur de l'atmosphère. Il en est de même de l'époque à laquelle on peut s'y livrer. Un ébourgeonnement intempestif peut avoir des suites très-graves et bien plus immédiates que celles d'une taille mal entendue.

Règle générale : Pour ébourgeonner, il faut attendre que le raisin soit formé : il faut le faire par un beau temps, lorsque le soleil aura suffisamment desséché la terre, afin qu'elle soit moins foulée par les pieds. Si l'on attendait que la vigne fût en fleurs, on l'exposerait à couler. En laissant trop de bourgeons stériles, on priverait les bons des sucs nécessaires ; et en en laissant un trop grand nombre de bons, on épuise le cep et on se prépare plusieurs mauvaises années. Il faut ébourgeonner à l'aide d'une serpette ; en abattant de gros bourgeons déjà ligneux, on ferait des plaies au cep par déchirement, qui se cicatrisent difficilement, et amènent tôt ou tard la décrépitude. Une précaution importante, c'est de respecter les feuilles opposées à chaque raisin ; il faut se souvenir qu'elles leur servent non-seulement d'abri protecteur, mais encore de nourrice.

Dans quelques localités, après avoir ébourgeonné plusieurs jours avant l'épanouissement de la fleur, on brise l'extrémité des bourgeons sur les gros plants, dans le mois de juillet ; le but est, dit-on, de diriger des sucs plus nourriciers et plus abondants sur les fruits, comme aussi de favoriser leur accroissement ; puis, en septembre, on ébourgeonne une troisième fois pour favoriser la circulation de l'air et de la chaleur, avancer la maturité du raisin, et rendre la récolte plus facile. On coupe alors l'extrémité des bourgeons aux ceps trop touffus, ainsi que ceux qui se sont attachés aux ceps voisins, on relève en même temps les coursons qui se trouvent déliés, ainsi que les échalas renversés par les vents. Si cette dernière opération, que l'on nomme *détrancher*, a son utilité réelle, celle qui la précède me semble inconvenante, et même nuisible.

Il est des cantons, surtout dans le sud-ouest, où l'on ne doit point ébourgeonner ; ce sont ceux où les ouragans qui précèdent le solstice d'été, dépouillent quelquefois les souches de la plus grande partie des pousses. Quand on est obligé de différer cette opération jusqu'à la fin de juin, il faut se servir alors de la serpette : c'est une seconde taille qui exige des vignerons trop prudents, pour que l'on puisse s'en remettre entièrement à eux.

Dans l'ouvrage que je citais tout-à-l'heure, dans mes *Eléments de Botanique*, page 89, j'ai émis une opinion nouvelle contre l'ébourgeonnement : elle est le fruit de l'expérience, et a pour but de le supprimer, les arbres non ébourgeonnés donnant autant, d'aussi beaux et d'aussi bons fruits que ceux soumis à cette opération. Sans aucun doute, on ne manquera pas de m'objecter l'autorité de Rozier, que j'appelle le restaurateur de notre agriculture nationale (1), ainsi que celles de Roger Schabol, de Jean Mozard, et particulièrement de Pierre Pepin, le cultivateur le plus distingué de Montreuil ; mais j'estime au-dessus d'elles l'expérience, le grand juge de toutes les opérations humaines. Je désire fixer l'attention des praticiens à ce sujet; qu'ils n'adoptent rien sans l'avoir soumis à de rigoureuses épreuves, comme aussi, qu'ils ne rejettent pas aveuglément un moyen que je sais être bon, et que je leur recommande.

CHAPITRE XIV.

Du Fichage ou Echalassement.

L'usage des échalas n'est point général. Dans quelques vignobles, on se borne à lier ensemble les branches vers le sommet, sans leur donner aucun autre appui que celui

(1) Voyez l'*Eloge de Rozier*, que j'ai publié en 1833, brochure in-8º de 92 pages.

qu'elles se prêtent mutuellement : cette pratique est celle des anciens Grecs, elle est préconisée par divers auteurs : ce qui peut la justifier, c'est l'aridité du sol et la crainte des orages, que l'on m'a alléguées. En effet, plus près du sol, le cep exige moins de la terre, et présente moins de prise au souffle impétueux des vents. Dans le plus grand nombre des vignobles, surtout ceux de nos départements du nord, on regarde l'échalassement comme un moyen des plus profitables pour la culture de la vigne ; on fiche en conséquence un long bâton ou échalas à chaque cep, fort près de lui on y attache les bourgeons avec des liens de paille, de jonc ou d'osier.

Il y a une diversité d'opinion très-grande à ce sujet parmi nos agronomes les plus célèbres. Les uns assurent que la vigne échalassée donne du vin de qualité supérieure ; qu'elle brave la fureur des vents ; qu'elle jouit de la faculté de recevoir plusieurs labours et à longs intervalles ; qu'elle n'est point sujette à être étouffée par les mauvaises herbes ; que son raisin est toujours propre, moins sujet à la pourriture, et reçoit facilement les bénignes influences du soleil.

Selon les autres, les inconvénients de l'échalas sont bien plus graves que n'est avantageux l'emploi que l'on en fait. Ils disent : 1º que le bois étant très-cher et très-rare, l'échalassement augmente sans profit les soins et les avances que la culture de la vigne exige ; 2º que le raisin y est tenu trop loin de terre pour acquérir sa parfaite maturité ; 3º que la sève, arrêtée dans son mouvement ascendant par les chaleurs vives et longtemps soutenues, rend le cep peu productif ; 4º que les grappes, pressées les unes contre les autres, se nuisent par leur ombre, se privent réciproquement de l'air et des rayons du soleil ; 5º que l'échalas comprime, blesse, déchire ou brise les racines, ouvre un passage aux pluies qui les frappent bientôt de moisissure, et ensuite les forcent nécessairement à pourrir.

Je ne discuterai ni ce qu'affirment les uns, ni ce qu'avancent les autres. Il y a vérité et exagération dans ce qu'ils disent, l'usage fait loi. Que l'échalas soit fiché au

pied de chaque cep, ou bien posé au milieu des quatre
ceps gouvernés en dômes ou ruches, comme quelques-uns
les appellent, je ne m'arrête point à la quantité, mais
seulement je dirai que l'échalas est nécessaire dans les
vignes hautes, beaucoup moins dans les vignes basses, et
qu'on les adoptera partout où l'on voudra ne point voir
le raisin imprégné de saletés. L'échalas ne doit pas être
aussi élevé qu'il l'est sur les coteaux, dans les palus et
les graves du département de la Gironde (il a près de
2^m.50), ni aussi bas que dans le Médoc, où il a au plus
70 centimètres. Placé à une distance raisonnable, le raisin
profite du bénéfice d'une réverbération active de la chaleur sur le sol, il en acquiert un goût plus agréable, un
suc plus épuré, une maturité plus régulière et plus complète.

Examinons maintenant quelles qualités doit offrir l'é-
chalas pour remplir le but proposé.

Le bois le plus propre pour faire des échalas est sans
contredit le tronc du chêne ; viennent ensuite l'échalas du
châtaignier, de l'acacia et celui du mûrier. On peut encore
employer l'orme, le frêne, l'érable, mais il faut proscrire
le saule, le peuplier, surtout l'aune, dont le bois poreux,
humide, dure à peine une année. Le sapin est peu convenable, quoiqu'il soit d'un grand usage dans quelques
vignobles, surtout dans ceux de Salins et de Poligny
(Jura). L'échalas fourni par les taillis est médiocre, lors
même que le bois aurait de sept à neuf ans. Un bon
échalas est formé de quartiers de bois de quinze à vingt
ans, il est droit, haut de 1^m.65, sur 15 centimètres de
diamètre ; ses angles sont bien abattus, sa pointe affilée
est charbonnée, et son écorce enlevée exactement. Il faut
le planter droit, solidement et de manière à espacer
régulièrement les lignes qui doivent faciliter les labours,
le jeu de l'air et l'égale répartition des rayons solaires.

L'époque où l'on place les échalas doit être celle qui
suit immédiatement après le binage du printemps, avant
le commencement de la pousse des bourgeons. On les enfonce assez pour résister, non-seulement aux vents, mais
encore aux effets de la sécheresse, et de manière à ne point
nuire aux racines.

D'après la statistique de la France, la totalité des vignes cultivées couvre un espace de deux millions deux cent mille hectares; sur cette immense étendue, il y a au moins un cinquième où les vignes sont soutenues par des échalas ou paisseaux, des carassonnes ou des lattes (Médoc), mode de soutien qui, d'après une estimation rigoureuse, donne lieu pour première acquisition, ainsi que pour entretien, remplacement, fichage et enlèvement, à une des dépenses les plus onéreuses qui puissent surcharger l'industrie vinicole.

Frappé de cet inconvénient, un savant botaniste, André Michaud, après une étude approfondie du sujet, a proposé de substituer à l'échalassement ordinaire du centre et du nord de la France, des lignes de fil-de-fer soutenues de distance en distance par de forts échalas. C'est à ces lignes de fer qu'on attache les pampres et les bourgeons. Chaque printemps, ces lignes sont placées, puis enlevées à l'automne, au moyen d'un moulinet assez semblable à un dévidoir ordinaire, d'une construction simple et d'un prix modique, comme 4 à 5 francs, et du poids de 4 à 5 kilogrammes. Ce travail, suivant Michaud, s'exécute facilement, sans efforts et avec une promptitude remarquable; et d'après les calculs qu'il a établis dans son livre, il reviendrait à moitié meilleur marché que l'aiguisage, le fichage et défichage des échalas.

Cette manière de soutenir les vignes à l'époque de la végétation et de la maturité du raisin n'est pas nouvelle; et déjà elle a été appliquée avec plus ou moins de succès dans diverses localités, ou dans les jardins; mais ce qui la caractérise particulièrement, c'est que dans les autres systèmes, les lignes de fil-de-fer *demeurent toute l'année,* tandis que dans celui de Michaud, on les *enlève à l'automne, pour ne les remplacer qu'au printemps suivant,* au moyen d'une main-d'œuvre très-simple et qui ne donne lieu qu'à bien peu de frais.

Nous ne savons pas si depuis la publication du livre de Michaud, on a fait en grand l'application de son mode de soutenir la précieuse plante sarmenteuse; mais nous pensons, dans tous les cas, que dans une question d'une importance aussi réelle et d'une aussi grande généralité, il serait peut-être bon de procéder dans différentes régions à une application raisonnée de ce système, pour en connaître, soit le mérite, soit les inconvénients.

L'idée, du reste, de faire servir le fil-de-fer à former les appuis des vignes, s'est déjà présentée à la pensée de bien des cultivateurs. Ainsi M. T. Collignon, d'Ancy, près Metz, avait employé cette matière trois à quatre ans avant Michaud ; seulement il laissait ses fils-de-fer sans jamais les déranger, en se servant d'une préparation bitumineuse, pour les préserver de la rouille. On sait encore que M. Macheo, propriétaire, près Brioude (Haute-Loire), employait déjà, en 1838, un moyen d'échalassement analogue.

M. Robert, membre de la Société centrale d'agriculture, dans les voyages qu'il a faits pour observer la culture des mûriers et les éducations des vers à soie, a vu en 1842, le clos de la vigne de M. Poton, propriétaire aux environs de Lyon, disposé suivant le procédé des fils-de-fer placés à demeure. Chez plusieurs horticulteurs de Paris et de nos départements, les treilles sont palissées sur de gros fils-de-fer qui courent dans toute la longueur des jardins, ou le long des murs d'espaliers ; ce fil dure très-longtemps, et si on a eu soin d'établir quelques dispositions pour diminuer ou atténuer l'effet des dilatations et des contractions trop étendues, il est rare qu'on le voie casser. On cite aussi dans les départements de l'Ariège et de la Haute-Garonne, des vignes palissées à plus de 2^m.60 du sol, sur de gros fils-de-fer soutenus de distance en distance, et sous lesquels on cultive des champs de maïs, labourés par des bœufs.

Enfin, M. Bailly, à Château-Renard (Loiret), a annoncé dernièrement à la Société centrale d'agriculture, qu'il a substitué le fil-de-fer aux traverses en bois qu'il avait employées jusque là pour palisser ses vignes, suivant un mode particulier, et que cette substitution lui avait réussi.

CHAPITRE XV.

De l'Accolage.

On appelle *accolage* l'opération d'attacher la vigne aux échalas, et *accolures* les liens dont on se sert pour accoler, ce qui se fait de deux manières. La première, qui est propre aux vignes tenues en espalier, consiste à fixer le cep et les sarments contre le mur avec un lien d'osier : la seconde, pour les vignes échalassées, se fait sur les jeunes pousses que l'on attache à l'échalas avec de la paille ou bien aux palissades formées avec des échalas. Le lien se place au troisième ou au quatrième nœud, au-dessus du dernier raisin du bourgeon le plus élevé. Quand, sur le même cep, il y a de nouveaux bois de différentes grandeurs, et que l'on s'aperçoit qu'ils seraient forcés dans leur position en les attachant tous ensemble, on doit avoir l'attention d'en faire deux ou trois accolages, selon leur vigueur respective, afin d'éviter la pourriture qui menacerait alors le raisin.

Assez souvent il arrive que les plus petits bourgeons échappent en ébourgeonnant. Au moment de l'accolage, il faut les abattre soigneusement, ainsi que ceux qui seraient poussés entre les deux opérations.

Le moment le plus convenable pour accoler, est celui qui suit immédiatement après la floraison de la vigne. Alors la plante a poussé les nouveaux sarments ; ils sont tendres et demandent à être fixés pour ne laisser aucune prise aux vents qui les fatigueraient beaucoup, et ce qui serait pis encore, les casseraient net à l'endroit de leur union avec le cep.

Cette opération, quoique moins importante que la taille, a une grande influence sur la bonne culture de la vigne et sur la qualité du vin ; elle a pour but, ici, de garer des gelées printanières en tenant éloignés du sol les bourgeons, le pampre et la fleur ; là de placer la grappe dans de justes rapports de proximité avec le guéret du sol ; partout, elle prévient le déchirement des pousses, elle concentre la sève au profit des sarments féconds, et facilite les dispositions déterminées pour la meilleure maturité. L'accolage demande beaucoup d'adresse et d'intelligence; mal fait ou exécuté par des mains brusques ou inhabiles, il peut avoir des suites préjudiciables.

Dans une majeure partie de la France méridionale, on regarde l'accolage comme inutile; dans toute la partie septentrionale, on vante au contraire beaucoup cette opération, qui procure les bons vins de la rivière de la Marne, et offre un soutien au raisin dit *Pineau*, qui forme un cep grêle, effilé, et, comme je l'ai déjà dit, fait la richesse des vignobles de la Côte-d'Or, de l'Yonne et de Saône-et-Loire. Sans doute l'accolage est dispendieux, mais ses avantages compensent bien le temps et l'argent qu'il exige. On peut s'en passer à la rigueur dans le midi, mais dans nos départements situés au nord, il est indispensable.

CHAPITRE XVI.

Du Rognage et de l'Écourselage.

C'est à tort que dans quelques vignobles on donne le nom de *pincement* à l'opération qui a lieu sur tous les bourgeons d'abord simplement accolés aux échalas, et parvenus ensuite à la hauteur de quatre-vingt-un à quatre-vingt-dix-sept centimètres. Le terme propre est *rognage*, puisque l'on casse ces tiges dans le nœud ou qu'on les coupe avec la serpette.

Cette opération, qui a toujours lieu en même temps que l'accolage, est départie aux femmes, et c'est encore une faute grave. Elle est parfois inutile et même dangereuse jusqu'à un certain point : d'autres fois, elle est nécessaire pour amuser la sève et la porter uniquement dans les canaux qui aboutissent au fruit. Le rognage demande fort peu de temps, et il n'en coûte guère plus pour le bien faire. On rogne le bourgeon à vingt-sept millimètres environ au-dessus du nœud, et on conserve attentivement la feuille qui précède immédiatement ce nœud. Dans les vignes tenues en petits treillages, tous les bourgeons vigoureux se coupent au neuvième ou même au dixième nœud, un peu plus haut ou un peu plus bas, selon leur position ; les bourgeons qui dépassent les échalas sont taillés à leur hauteur, et les nouveaux bois peu vigoureux s'enlèvent au septième ou au huitième nœud : s'ils n'ont pas atteint cette longueur, il faut les réserver pour la seconde rognure, c'est-à-dire pour les premiers jours du mois d'août.

Cette seconde opération demande beaucoup plus de soins que la première : elle se fait au deuxième nœud de tous les surbourgeons qui ont poussé sur les nouveaux bois déjà coupés, dans la vue d'obliger la sève à rétrograder, et de coopérer plus efficacement à la grosseur du sarment, à la maturité du raisin, et à la formation des nœuds à fruit dans la partie basse des nouveaux bois. Cette opération s'appelle *écourseler* ; on la diffère quelquefois jusqu'aux approches des vendanges, surtout si le temps est au grand hâle et la terre sèche.

Il y a des ceps qui exigent d'être rognés jusqu'à trois fois dans la même année : ce troisième rognage se fait quand les raisins commencent à changer de couleur, jamais auparavant.

On donne les débris aux chevaux, aux vaches, aux moutons, qui les mangent avec beaucoup d'avidité ; mais comme ils sont très-échauffants, on en fait des bottes après les avoir mis à sécher, et on les réserve pour fourrages pendant l'hiver. Ce fourrage a une odeur suave et très-appétissante.

CHAPITRE XVII.

De l'Incision annulaire.

Un moyen pressant d'accélérer la maturité du raisin et d'en augmenter le volume et les qualités, est l'incision annulaire. Dès la plus haute antiquité, les cultivateurs ont su en apprécier les avantages, et s'en sont servi pour prévenir la coulure de la vigne, et comme moyen d'arrêter la croissance fougueuse d'arbres trop vigoureux. Depuis Théophraste, dont le génie profond embrassa la nature entière, jusqu'à Jules Hygin, qui écrivit un traité d'agriculture que le temps nous a ravi, et depuis Pline l'ancien, jusqu'aux siècles de barbarie qui suivirent la chute de l'empire romain, tous les géopones en parlent comme d'une pratique répandue chez les jardiniers et chez les vignerons de leur temps : tous en préconisent l'usage dans les termes les moins équivoques.

On la faisait alors, soit en tordant ou cassant à moitié les branches, soit en mettant de grosses chevilles dans le tronc, soit enfin, comme j'en ai retrouvé le procédé chez plusieurs propriétaires de l'Italie, en enlevant une bande d'écorce plus ou moins large à une tige, peu de temps avant l'épanouissement de la fleur.

Cependant, malgré son utilité, la méthode des plaies annulaires se perdit à l'époque désastreuse du moyen-âge, ou du moins, elle fut depuis lors limitée à quelques localités très-circonscrites.

Au commencement du XVIᵉ siècle, Olivier de Serres a fait revivre en France cet utile procédé; depuis lui, Magnol le recommanda comme une opération propre à faire produire aux oliviers de beaux fruits et en grand nombre. Buffon et son digne émule Duhamel du Monceau en firent l'essai sur d'autres arbres à fruits. Rozier a tenté de son côté plusieurs expériences dont il a rendu compte dans son *Cours complet d'agriculture* : et tandis que feu mon ami le célèbre André Thouin, de l'Institut, en démontrait les étonnants résultats, non-seulement sur tous les arbres compris dans les divisions des fruits à pépins, à noyaux et en baies, mais encore sur les végétaux ligneux de familles très-éloignées, Lambry, pépiniériste à Mandres, près Brie-Comte-Robert, département de Seine-et-Oise, soumettait ses vignes à l'entaille annulaire, et continuait, depuis quarante ans, à s'assurer des récoltes toujours abondantes et d'excellente qualité. Telle est en abrégé l'histoire de cette opération contre laquelle s'élèvent encore de temps à autre quelques voix ignorantes ou dépréciatrices. Voyons maintenant comme elle se fait, et dans quelles circonstances on peut la pratiquer sur la vigne; disons ses avantages, et renfermons-nous dans les bornes d'une saine théorie, appuyée sur de judicieuses expériences. Laissons à l'enthousiaste ses expressions exagérées, et au savant de cabinet ses sentences dédaigneuses et irréfléchies, n'écoutons que le langage du praticien éclairé.

L'influence de l'incision annulaire est la même sur tous les végétaux, elle se fait sentir sur eux d'une manière uniforme, mais elle ne peut s'appliquer dans tous les cas et également chez tous; elle est merveilleuse pour la vigne et les arbres fruitiers.

L'incision annulaire se fait lorsqu'un temps froid ou humide empêche le fruit de nouer, six à huit jours avant la floraison, rarement plus et quelquefois moins. On peut aussi la pratiquer depuis le moment où la sève commence à monter dans les branches et pendant tout le temps que dure la fleur; mais il vaut mieux que ce soit plutôt près que loin de son épanouissement. Plus tard, elle ne produirait point l'effet que l'on en attend contre la coulure, quoiqu'elle conservât son autre propriété, celle de hâter beaucoup l'époque de la maturité, de donner du fruit plus sûrement, en plus grande abondance, plus beau et réellement plus savoureux.

On la fait également sur le vieux comme sur le jeune bois, sur le tronc, les branches anciennes, et même sur les pousses de l'année. Cependant le bois de l'année précédente paraît devoir être préféré; c'est en effet celui de l'année qui porte les grappes, et il est encore trop tendre à l'époque où l'opération réussit le mieux.

Elle consiste à enlever un anneau d'écorce de l'épiderme et d'atteindre jusqu'à l'aubier; il ne faut laisser aucune parcelle de libre. La largeur de l'anneau varie, selon le sujet, le terrain, la saison, l'exigence des cas et le but qu'on se propose, de 2 à 28 millimètres. Cet anneau s'élargit insensiblement de lui-même; les feuilles prennent une faible teinte de maturité, elles deviennent d'un rouge foncé lorsque le bois a été attaqué. Quelques jours après, quinze jours au plus, le cambium sort d'entre le bois et l'écorce, sous forme mucilagineuse, qui se durcit peu à peu, s'étend sur la plaie, sans lui adhérer, en formant un bourrelet cortical légèrement saillant. Ce bourrelet croît d'abord avec rapidité, se ralentit ensuite, et gagne bientôt la partie inférieure de l'anneau à laquelle il se réunit, et finit par ressembler en tout à l'écorce, dont il ne diffère plus réellement à la deuxième année ; alors le raisin grossit, se colore, et la maturité avancée le conduit à la cuve huit ou dix jours plus tôt qu'il n'y eût été sans l'incision. Si le bourrelet ne se fait pas, la branche opérée meurt au printemps suivant, ce qui n'est d'aucune importance pour la vigne, dont on doit supprimer, pendant l'hiver, toutes les pousses de l'année précédente, à l'exception de la base de deux ou trois au plus, base de laquelle doivent sortir les nouveaux bourgeons. Si la branche soumise à l'incision annulaire n'offre pas, dans la seconde année, assez de fruits, on peut pratiquer une nouvelle plaie.

Les années favorables à la vigne ne permettent pas l'incision ; elle serait alors aussi dangereuse qu'elle est utile dans les années de pluies. Il ne faut pas non plus, règle générale, opérer tous les ans, si ce n'est sur les pieds rebelles ou qui ont contracté l'habitude de couler. Sur les vignes à souche, l'incision répétée serait mortelle.

Dans les vignes basses, l'incision se fait sur le bois de l'année précédente, au-dessous de toute pousse portant fruit. Le bois au-dessus de l'incision profite, tandis que celui inférieur et la racine souffrent ; mais comme la partie qui a profité aux dépens du reste devient, par le provignage, racine l'année suivante, et donne de plus forts chevelus au collet, en raison de sa grosseur, il y a véritablement compensation.

Dans les vignes tenues en hautains, l'incision se fait à la naissance de la ploie. Cette partie, où se trouve le fruit, a profité, moins cependant que dans les basses vignes, puisque la sève descendant par la ploie est seule arrêtée, tandis que les brins destinés à être ployés l'année d'après reçoivent et rendent la sève comme à l'ordinaire. Dans ce cas, le vieux bois souffre moins ; le nouveau est moins beau qu'il n'eût été sans l'opération, et comme la partie qui profite le plus, la ploie, se coupe en hiver, rien ne compense le profit qu'elle a fait aux dépens du reste de la plante.

Dans les vignes à souche, on incise à toutes les branches portant fruit, à moins que la souche jeune et mince ne puisse être opérée. Si l'on opérait tous les brins, le bois nouveau profiterait aux dépens du vieux, et comme, à moins qu'on ne provigne, on coupe à la fin de l'hiver tout le bois nouveau, la vigne éprouverait une forte déperdition de substance sans aucune compensation. Il est certain qu'elle ne résisterait pas longtemps à un semblable état de violence.

Comme on avait dit que le mode des incisions annulaires ne pouvait être qu'une occupation agréable pour un amateur ou un jardinier qui spécule sur des fruits de primeur, pour un physiologiste qui étudie par goût les œuvres secrètes de la nature, ou un agronome éclairé qui cherche des remèdes aux effets d'une sève désordonnée, pour tous ceux, en un mot, qui peuvent impunément sacrifier des ceps et des branches pour leur profit ou leur instruction, il a fallu des expériences en grand et comparatives; elles ont été faites dans divers vignobles. Je dois les faire connaître telles qu'elles m'ont été transmises.

Dans le département de la Côte-d'Or, des bourgeons du *Pineau* et du *Gamet*, incisés au printemps, ont donné des grappes plus fournies, à grains plus gros et d'une saveur plus sucrée, qui mûrissent vingt jours plus tôt que celles des pieds voisins des mêmes variétés non soumis à cette opération; mais on a remarqué, surtout à Beaune, que leur suc n'offrit que de faibles indices d'acide tartrique, dont la présence est présumée avantageuse à la conservation des vins. On croit se rappeler que l'incision annulaire a été autrefois usitée dans ce département, sous le nom de *contrôlage*, mais qu'on s'est vu forcé de l'abandonner, parce qu'elle affaiblissait les ceps et leur faisait porter des vins qui n'étaient point de garde.

Dans le département de l'Yonne, on a opéré sur plusieurs rangées de ceps, en laissant alternativement un même nombre de rangées intactes pour servir de terme de comparaison. La maturité a été avancée de dix jours, et il n'y a pas eu de coulure sur les ceps incisés.

Dans les vignobles d'Epernay, département de la Marne, on a pratiqué l'incision annulaire sur les nouvelles pousses d'un nombre de ceps reconnus pour couler tous les ans, quelque favorable que fût la saison : le succès a été complet, les raisins étaient pleins et forts, tandis que ceux qui n'avaient point subi l'opération n'en donnèrent point ou n'en portèrent que de très-chétifs. Les propriétaires de ces vignobles estiment cependant que l'incision annulaire ne convient point à leurs ceps. « Nos vins fins et délicats, me disent-ils, proviennent des raisins choisis avec grand soin parmi les grappes les moins grosses, dont les grains sont les moins serrés, et qui ont par conséquent éprouvé quelques effets de la coulure. En prévenant la coulure, que tant d'autres regardent comme une fatalité, il serait très-possible que l'on nuisît à la qualité de nos vins, sur laquelle sont essentiellement fondés le grand prix qu'on y attache et le commerce étendu qui s'en fait. Nous estimons donc l'incision fâcheuse chez nous. »

Dans les départements du Rhône, de l'Ain et de la Loire, où l'usage de l'incision annulaire remonte à l'année 1790, époque à laquelle Lancry, botaniste-cultivateur très-éclairé, sut la mettre en vogue, on s'est également convaincu de son importance ; mais on y craint que ses avantages ne s'acquièrent aux dépens de la branche incisée, qui se dessèche et finit par entraîner la perte du rameau, si les lèvres de la plaie ne parviennent pas à temps à se réunir.

Dans les départements de Seine-et-Marne, de la Vendée, des Deux-Sèvres, de la Gironde, des Basses-Pyrénées, et dans tous ceux situés sur les rives méridionales du Rhône, on a constaté les résultats de l'incision annulaire pour empêcher la vigne de couler. Tous les ceps opérés ont donné de beaux raisins qui parvinrent rapidement à leur grosseur naturelle, la maturité fut bien plus avancée que partout ailleurs.

A Meudon, département de la Seine, et dans quelques autres lieux, on a remarqué que le vin provenant de ceps incisés, était pâle et moins alcoolique, tandis que dans les vignobles de la Meurthe, il a été reconnu d'une plus belle couleur et meilleur que celui obtenu de ceps non incisés.

Dans le département de l'Ariège, on s'est assuré que l'incision faite au jeune bois le rend sujet à casser au premier coup de vent, mais cet inconvénient n'existe que quand on opère sur le vieux bois, dont le courson est solidement attaché à un échalas.

Il faut bien se garder de tirer une conséquence rigoureuse de ces diverses opinions, de ces faits singuliers ; malgré les connaissances générales acquises dans la physiologie des végétaux, la théorie est souvent insuffisante pour l'explication exacte de plusieurs accidents. On ne donne pas assez d'attention aux plus ou moins grandes différences qui existent dans la contexture des diverses variétés ou sous-variétés de la vigne, aux influences du sol, de l'exposition, du climat, du mode de culture, etc.; cependant, ces diverses circonstances, presque toutes obscures et fort difficiles à apprécier, influent sur les sujets, rendent leurs rapports très-différents, quoique placés dans des cas absolument semblables en apparence.

Ce que je puis affirmer, c'est que loin d'avoir remarqué que les raisins provenant des ceps incisés, fussent moins colorés, moins sucrés, plus aqueux que ceux recueillis dans les vignes non soumises à l'incision annulaire, j'ai toujours vu, chez les vignerons partisans de cette opération, des raisins très-beaux et fort abondants en sucre et en esprit. D'ailleurs ces qualités indispensables à la supériorité des vins, doivent être le résultat des effets naturels produits par l'incision elle-même, puisque personne ne lui conteste et ne peut lui contester l'avantage certain, lorsque l'opération est faite avec dextérité, en temps opportun : 1° de diminuer l'accroissement de la portion du végétal inférieure à la plaie, et d'augmenter celui des parties supérieures, principalement dans tout ce qui dépend ou appartient à l'écorce ou au système cortical ; 2° d'assurer la fécondation des fleurs, et par suite, d'empêcher la coulure ; 3° de hâter l'accomplissement de l'évolution végétale, c'est-à-dire la maturation des fruits et la perfection du bois ; 4° de ralentir un peu l'action des racines, mais avec profit, pour les organes aériens, d'où il résulte un développement plus complet de toutes les dépendances du système cortical, une croissance et une formation moins rapides de nouveaux bourgeons, une nourriture plus abondante pour ceux qui existent, une diminution de vigueur pour l'année suivante, où les rameaux, aujourd'hui plus faibles, auront les rameaux plus puissants à faire végéter, enfin un bon nombre de bourgeons à fleurs et à fruits, qu'une sève ascendante trop active ne viendra pas transformer en bourgeons à bois, ou contrarier dans leur développement. J'ai déjà prouvé plus haut que de la bonté des raisins, et de leur parfaite maturité, dépend positivement la supériorité des vins : l'incision annulaire, loin de nuire, est donc essentiellement utile, elle bonifie donc les vignes réputées médiocres.

Mais il est des cas où elle ne peut être faite, ils sont en très-petit nombre, et bons à recueillir. Je n'en citerai que deux. Il faut éviter de la pratiquer sur les branches que l'on désire conduire en spirales ou soumettre à l'arqûre, parce que le bourrelet formé occasionne presque toujours la rupture de la branche : on place alors l'anneau circulaire sur les branches latérales.

Quand on est convaincu que cette opération empêcherait totalement la coulure de la vigne, qui, comme celles de la rivière de Marne, semblent l'exiger, on doit nécessairement ne point la faire, ou du moins la réserver pour les ceps que la coulure ruine habituellement.

Nous possédons plusieurs instruments propres à inciser, mais il y a du choix à faire dans le nombre. Les uns donnent un anneau trop large, ce qui est un obstacle à la cicatrisation de la plaie ; les autres n'ont pas cet inconvénient grave, mais ils ont celui de se bourrer à chaque instant, et demandent à être vidés avec une lame mince, ce qui retarde beaucoup l'opération. Les meilleurs sont ceux qui aident à la faire promptement et sans aucun risque; de ce nombre, se distinguent la pince incisive de Bettinger, et le bagueur de Quentin Durand : j'en donne la figure plus loin. L'un et l'autre ont entre les doubles lames des arrêts calculés de manière que la peau et la pellicule sont seules enlevées quand l'opération est bien faite, et elle l'est toutes les fois que l'ouvrier ne serre pas trop de peur de meurtrir le bois, et assez pour couper jusque sur lui. Pour que l'incision soit complète, l'ouvrier opère à genoux, dans les vignes basses, il tient l'instrument, le courbe dans la main, ouvre la pince, tourne un demi-tour de droite à gauche. Le demi-tour achevé, la main, à cause de la courbure de l'outil, n'a plus de force pour serrer, mais l'incision est complète si le demi-tour a été fait exactement : moins du demi-tour, il reste de la pellicule, et la sève continue à marcher; si on l'outre-passe, l'outil opère sur le bois privé de pellicule, l'entame, fatigue extrêmement la vigne, et la fait périr pour peu que l'ouvrier ait serré fortement.

On a proposé de remplacer l'incision annulaire par une incision longitudinale, et pour faire prévaloir celle-ci, on accusait la première d'appauvrir, et même de frapper de mort presque subite la partie du cep qui se trouve au-dessous de la plaie. Il y a là exagération d'une part et absence d'observation de l'autre. En effet, nous nous sommes assuré que l'incision longitudinale ne mérite aucune préférence, et que le résultat désavantageux attribué à l'incision annulaire, provenait du choix que l'on avait fait de la partie du cep soumise à l'opération. Lorsque l'anneau est pratiqué sur les rameaux, au lieu de l'être sur la tige mère, il ne s'ensuit aucune sorte de dépérissement.

Les divers instruments que je viens de nommer sont représentés sur les pages suivantes. Les détails ont pour but de les faire connaître dans toutes leurs parties, et d'en faciliter la construction.

Figures 2 et 3. — Sécateurs.

L'idée première du sécateur ou ciseaux inciseurs appartient à de Molleville; ils ont reçu de l'habile Edme

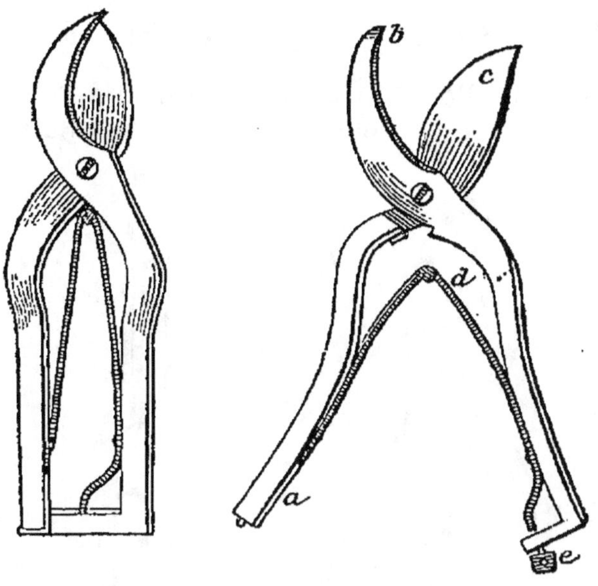

Fig. 2.   Fig. 3.

Regnier des améliorations telles que ces ciseaux remplacent très-avantageusement la serpette, dont ils n'offrent aucun des désagréments.

Comme on le voit, cet instrument est composé de deux branches *a*, dont l'une se termine dans sa partie supérieure, en biseau recourbé *b*, et de l'autre en une lame acérée et tranchante *c*. Au moyen du double ressort à pincettes *d d*, il reste ouvert et est d'un usage très-facile : on le ferme à l'aide d'une corde *e*, fixée au bas de la branche portant le biseau. Quentin Durand le ferme au moyen d'une vis.

Fig. 2. L'instrument est représenté fermé.

Fig. 3. Il est ouvert.

En serrant les deux branches *a*, la lame *c* coupe net

le bois, la branche ou la grappe, par sa rencontre avec le biseau *b*.

Cet instrument, facile à établir, se vend à bas prix et on le trouve partout.

Figures 4 et 5. — *Bagueur de Durand.*

Le bagueur que l'on doit à Quentin Durand, offre, dans sa forme, un moyen de rendre l'incision annulaire aussi

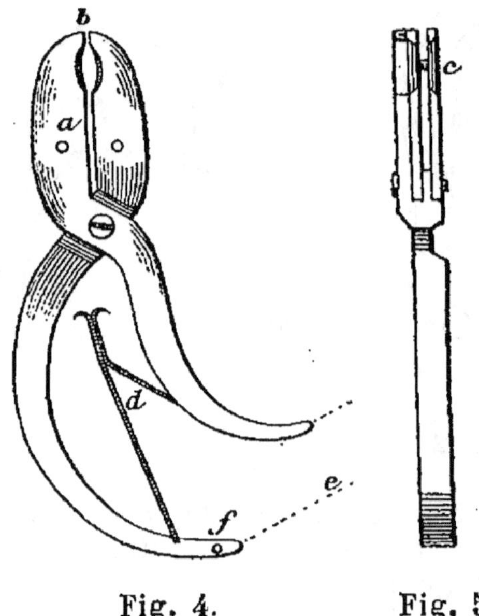

Fig. 4.   Fig. 5.

sûre que parfaite; il double la vitesse de l'opération; mais je reproche à son auteur de le gâter par des ornements inutiles.

Il est représenté de face fig. 4, et de profil fig. 5. Il est composé de lames en acier *a*; de deux croissants tranchants *b*; d'un parement pour empêcher les lames d'entrer trop en avant dans le bois *c*; de pincettes opposées l'une à l'autre pour aider au mouvement du bagueur *d*; les lignes ponctuées, indiquent le circuit de gauche à droite que l'outil fait pendant l'opération.

Figures 6, 7, 8, 9 et 10. — *Pince incisive.*

La première que j'ai connue a été fabriquée en 1816, par le mécanicien Ducrocq. Je la donne ouverte, vue de

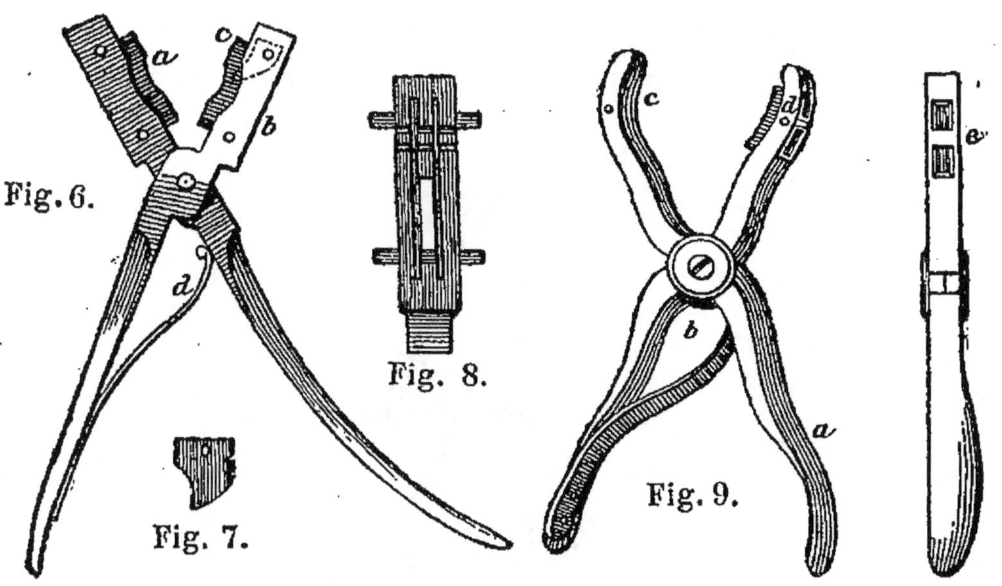

face, fig. 6, garnie de ses deux petites lames d'acier parallèles, chargées de couper l'écorce dans une excision demi-circulaire *a*, des goupilles qui les fixent *b*, et que l'on peut enlever facilement, pour renouveler les lames, de la languette *c*, qui détache l'écorce après qu'elle a été coupée, et du ressort à pincette *d*, qui tient les branches écartées. Les lames sont vues séparément fig. 7, et la languette fig. 8.

Deux ans après, Bettinger, autre mécanicien, inventa une autre pince. Je lui donne la préférence; elle m'a parfaitement réussi toutes les fois que je l'ai employée. Elle est représentée fig. 9, de face, et de profil fig. 10. Ses diverses parties sont *a*, branches de l'instrument; *b*, ressort à pincette pour les tenir ouvertes; *c*, lames incisives en acier; *d*, goupilles pour les arrêter. Le petit rabot constitué par les deux lames c, est monté à jour, et laisse par derrière une double ouverture, pour le dégagement de l'écorce. Chaque lame est enchâssée dans la monture, et ne la dépasse que de l'épaisseur nécessaire pour couper l'écorce sans entamer le bois.

Figure 11. — *Exemple d'application.*

J'ai pensé qu'il convenait de montrer, à la suite de ces

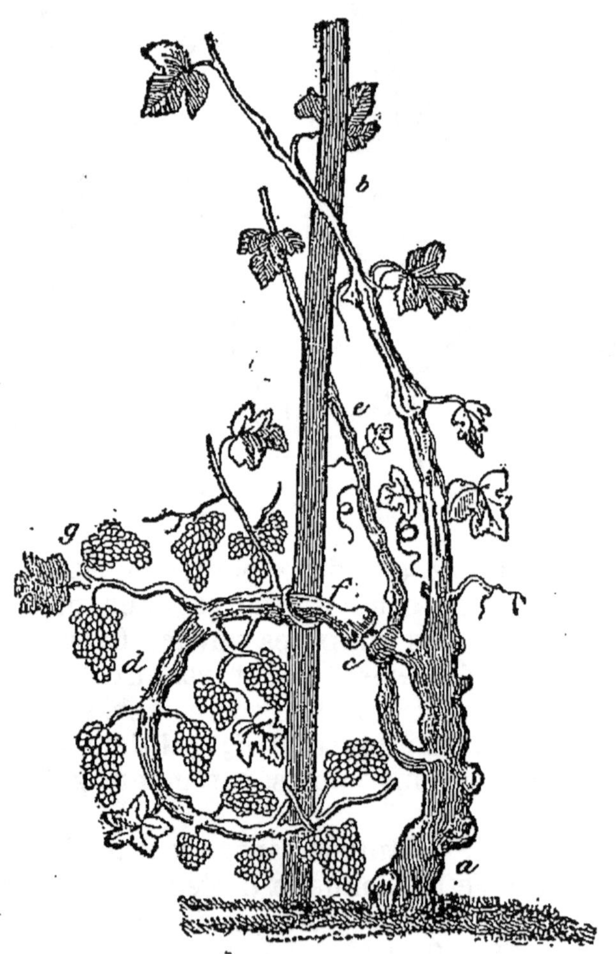

Fig. 11.

divers instruments, un exemple de leur application et des

effets de l'incision sur une vigne, comme on la conduit dans nos vignobles de la Marne et de la Côte-d'Or.

a, est le cep ; *b*, l'échalas qui en soutient les branches, et sert à fixer la branche arquée et les brins de l'année suivante ; *c*, incision opérée ; *d*, branche arquée qui sera coupée après la récolte, pour être remplacée par le brin de l'année *e*, qui monte contre l'échalas ; *f*, point d'attache de la branche arquée ; *g*, brindilles chargées de fruits sortant des boutons développés autour de l'arqûre ; quant au vieux cep, il est taillé l'hiver, on coupe la branche arquée et on la remplace par un brin droit.

L'année suivante on coupe le brin à l'incision annulaire *c*, on le remplace par le brin *e* de l'année précédente sur laquelle on pratique la même opération.

CHAPITRE XVIII.

De la Greffe de la vigne.

Une bonne vigne dure cinquante à soixante ans, souvent plus, et pendant cette période, elle reste en bon rapport si elle a été gouvernée convenablement. Mais elle n'est en plein rapport qu'à la sixième et même à la septième année. Cet inconvénient, qui faisait le désespoir des planteurs, disparaît avec la greffe : on jouit plus tôt et plus sûrement.

Par négligence ou manque d'habitude, vos ceps sont-ils languissants ? ne répondent-ils plus aux soins assidus que vous leur donnez ? recourez à la greffe : cette opération est très-utile à la vigne ; elle empêche l'arrachement des vieilles souches, elle permet de reculer l'époque du replantage, et de jouir plus longtemps et sans interruption du produit de travaux longs et pénibles. Dans certains cantons des départements des Bouches-du-Rhône, de la Gironde, de la Côte-d'Or et de l'Yonne, on adopte cet usage, et l'on s'en loue généralement : c'est aussi par ce procédé, que des Français exilés, à la suite d'événements politiques, que des Allemands et des Suisses, fuyant leur patrie, ont placé des marcottes venues d'Europe, sur les vieux ceps qui couvrent les forêts situées au-delà des monts Alléghanys, les bois de la Louisiane et du pays des Illinois, et celles qui peuplent les bords de l'Ohio, et par-là, forcé le sol des Etats-Unis de l'Amérique du Nord à donner d'assez bon vin.

Cependant, il faut le dire, la greffe n'est en usage que pour les gros plants ; on croit s'être assuré, du moins dans les vignobles de la Marne, qu'elle ne convient point aux plants fins. Ainsi, on a des exemples favorables à citer ; dans la Côte-d'Or on m'a cité des plants rouges et fins, provenant de deux ans, greffés sur de vieux plants de vigne blanche, qui ont donné un vin remarquable par son parfum et sa saveur exquise, d'une qualité très-supérieure à celle du meilleur vin blanc. Quoi qu'il en soit, comme la greffe est généralement utile, entrons en matière.

Pour greffer la vigne, il faut s'attacher aux crossettes les plus vigoureuses et les plus grosses ; en s'adressant à celles qui sont menues, c'est s'exposer à les voir desséchées par le soleil ou par le vent. La partie inférieure, garnie de deux ou trois yeux, offre le plus de certitude de succès : le bois y est mûr, la couche ligneuse épaisse, et l'humeur aqueuse s'y porte avec beaucoup d'abondance. Il importe que la crossette n'ait pas une grande longueur (40 centimètres au plus), qu'elle soit bien aoûtée, très-vigoureuse, et que les boutons soient bien prononcés et rapprochés ; il convient aussi que les crossettes soient coupées après la chute des pampres et avant les fortes gelées ; qu'elles soient à l'abri des injures de l'air, et mises en bottes pour être conservées dans un cellier, dans la cave, ou enfouies dans une terre meuble.

On connaît différentes espèces de greffes pour la vigne ; la greffe en poupée se fait avec succès sur les vieux ceps ; celle à l'œil poussant réussit également bien ; les plus ordinaires sont celles en fente et en bec de flûte ; depuis quelque temps on se sert de celle en écusson, que l'on pratique au printemps, un peu avant que la sève ne

Vigneron. 14

monte. On peut aussi greffer par approche, mais celle qui réunit le plus d'avantages est la greffe sur racines.

Le but principal de la greffe est de rajeunir le cep, de le rétablir dans la même année, lorsqu'il a été détruit par le froid ou par la sécheresse, et de substituer à un mauvais plant, un rejeton de meilleure qualité et même d'espèce différente. Chacun sait d'ailleurs que la greffe exerce une influence remarquable sur l'amélioration du fruit. Il faut éviter de greffer durant les jours où il tombe de la pluie.

L'art de greffer est un art fort ancien. Son application à la vigne est très-facile, et sa réussite certaine. La vigne n'a ni écorce vivace ni aubier, et sa sève monte indistinctement par tous les vaisseaux capillaires que la nature a placés en grand nombre dans le bois de cet arbuste : bien différent, en cela, de tous les autres arbres où les conduits de la sève sont exclusivement placés entre l'écorce et le bois. Cette contexture particulière à la vigne, la dispose à recevoir la greffe en fente dans toute l'épaisseur de son bois. Il est même indifférent que la greffe soit insérée verticalement ou de biais; le bois se réunit au bois dans quelque sens qu'il se présente; la fente se remplit en peu de temps; et l'on n'y retrouve point le vice commun à tous les autres arbres greffés.

Une méthode facile, à la portée du moindre vigneron, est la greffe en fente, faite sur les aventins ou jeunes plants couchés en forme de provins; il faut avoir soin de ne rien rompre ni endommager, comme cela se voit en provignant. On choisit, à cet effet, sur le cep, le sarment le plus vigoureux, on le coupe à deux ou trois yeux au-dessus de la tige, et entre deux boutons, à peu près au milieu, puis on le fend avec une petite serpette, et l'on insinue dans la fente le nouveau sarment, qui est taillé des deux côtés en bec de flûte. On doit veiller à ne point éclater la fente, en l'insinuant jusqu'au fond. On entoure la fente de glaise, que l'on soutient au moyen d'un linge et d'un lien fait de spart ou d'osier. On couche ensuite le provin et la greffe, de manière à être couverts de trois ou quatre doigts de terreau ou de fumier; on nivelle le terrain, puis on taille à deux yeux le bout qui sort de terre en éborgnant l'œil supérieur. Cette méthode de greffer, décrite et recommandée par feu Sinety, mon confrère à l'Académie de Marseille (dans son livre intitulé l'*Agriculteur du Midi*, chap. VI, page 177 et suiv.), se propage depuis quelques années dans nos départements méridionaux ; elle a le mérite de conserver le vieux pied sans blessure ; elle facilite à sa racine les moyens de nourrir le nouveau sujet, et ne laisse craindre aucun épanchement de sève. On peut à peine reconnaître, quelque temps après, le lieu de l'insertion : des racines le couvrent, elles ont poussé avant et après le nœud de greffe. Un autre avantage de cette méthode, c'est de faciliter les moyens de changer les vieux pieds qui laissent couler leurs fruits. L'opération doit être faite lorsque la vigne entre en sève. Seulement, il faut avoir soin que dans cette saison qui est déjà chaude, la greffe ne se dessèche pas.

Cependant il est des vignerons qui lui préfèrent la greffe sur racines. Avant de la décrire, je dois faire observer qu'il est cependant des circonstances où l'on doit greffer sur la tige ; c'est surtout lorsqu'on veut profiter d'un plan déjà venu, pour regarnir, par le provignage, des places vides.

Les branches que l'on veut employer pour greffer sur racines, doivent être coupées avant que la sève du printemps y monte. Elles peuvent être ramassées dès l'automne, avec la précaution de les enterrer de la longueur de 16 centimètres, dans un endroit à l'abri des gelées, et de tenir la terre suffisamment humide, pour qu'elles ne se dessèchent pas. La même précaution doit être prise pour les branches qui seront coupées au printemps, avant la sève.

Une fois déterminé à greffer votre vigne, soit pour la rajeunir, soit pour changer l'espèce du plant, il est prudent que vous cueilliez vos greffes à l'automne, immédiatement après la chute des feuilles, pour les soustraire aux gelées qui pourraient les détruire ou les altérer pendant l'hiver. Un vigneron prévoyant doit toujours en avoir en réserve à l'abri de la gelée, pour être assuré d'en trouver au printemps s'il en a besoin. Sa peine ne sera point perdue ; car si la vigne a résisté à l'hiver, le cultivateur peut toujours, au printemps, faire des greffes des crossettes, et les mettre en pépinière.

La greffe se compose en partie du bois de l'année, et en partie du bois de l'année précédente. Le bois de l'année doit avoir la longueur de 21 à 24 centimètres. On choisit, comme je l'ai déjà dit, les jets plus rapprochés ; le bois de l'année précédente, destiné à former le bec de la flûte à insérer dans la racine, doit avoir de 8 à 10 centimètres de longueur.

Avant d'entreprendre l'opération, il faut laisser jeter à la vigne cette fougue de sève qui s'y porte avec tant de vivacité dans les premières belles journées du printemps ; c'est plutôt une eau distillée qu'une sève, et son abondance noierait les greffes ; il est donc prudent d'attendre que la vigne ait, comme on s'exprime ordinairement, versé ses pleurs : c'est l'époque où les bourgeons sont assez développés pour laisser apercevoir les semences. Alors la sève, ayant plus de consistance et étant mieux dirigée, est plus propre à former l'union de la greffe avec le pied. Les greffes coupées avant la sève n'auront point poussé, et n'en seront que plus avides à pomper la sève que la racine leur présente pour former les fils de cette union.

Quand on veut opérer avec célérité et économie, deux hommes et un enfant de dix à douze ans sont nécessaires : l'un déchausse les ceps avec une houe, jusqu'à la profondeur de 27 centimètres, et les dégage suffisamment de la terre qui les environne, pour que le greffeur puisse opérer à l'aise. Le premier ouvrier scie les ceps à 16 ou 18 centimètres en terre ; pendant qu'il travaille sur la première rangée, le greffeur taille ses greffes et les range au fur et à mesure dans un vase où il y a assez d'eau pour que les becs de flûte y soient entièrement plongés ; ceux-ci doivent être de la longueur de 8 à 10 centimètres, et aussi effilés que possible. Les talus doivent commencer immédiatement au-dessous du nœud ou bourrelet par lequel le bois de l'année tient à celui de deux ans.

La première rangée une fois déchaussée et sciée, le greffeur, avec un couteau bien tranchant, égalise la partie sciée de la racine, fait la fente, y insère une, deux ou trois grosses greffes, selon la force de la racine, de manière à rapprocher étroitement les séparations contre les greffes. Il est plus facile et plus sûr de n'insérer la troisième greffe qu'après que la ligature est faite. Le greffeur est suivi de l'enfant, qui lui présente le couteau, les greffes et l'osier, à mesure qu'il en a besoin : cet enfant porte avec lui un petit panier rempli de terreau. La ligature faite, le greffeur met sur la greffe une bonne poignée de terreau, et comble le trou avec la terre qui en a été retirée, de manière à laisser à découvert deux yeux de chaque branche insérée.

Il ne reste plus d'autre précaution à prendre que de ne point déranger les greffes dans le cours de la végétation, par les différents labours que l'on doit donner à cette vigne. Il faut en interdire l'entrée aux femmes, à cause de leurs vêtements qui froisseraient et endommageraient les jeunes boutures. Les labours ne doivent point être profonds ; il suffit de détruire les mauvaises herbes en raclant légèrement la terre ; autrement, on risquerait de déranger les nouvelles racines sortant en grand du bourrelet qui se forme bientôt à l'endroit où se fait l'insertion de la greffe.

Un greffeur, au fait de cette opération, peut greffer deux cents pieds de vigne et plus dans un jour. On paie, dans plusieurs vignobles, dans le Bordelais surtout, 3 fr. par cent de greffes reprises.

La végétation est peu sensible jusqu'au mois de juillet, mais alors les bourgeons se développent avec une rapidité étonnante, et si les yeux qu'on a laissés à découvert sont bons, il en sortira des raisins qui parviendront encore à une parfaite maturité pour l'époque de la vendange. Les gros échalas ne doivent point être plantés la première année après les greffes. La prise qu'ils donnent aux vents occasionnerait à ces jeunes pieds des secousses nuisibles au développement de leurs racines. Il ne faut que des baguettes minces et hautes de plus d'un mètre pour attacher le jeune bois. Si celui-ci s'élève davantage, on aura soin de le couper dans le courant de l'été, à la hauteur des baguettes.

Pour réussir dans toutes les espèces de greffes, il faut opérer sur des sujets analogues, soit sous le rapport du fruit, soit sous celui de la nature du bois des deux espèces que l'on veut marier. Les espèces de nature à fournir du bois d'une forte dimension ne feront pas bien sur des tiges d'espèces à bois frêle et délié; ces dernières, au contraire, deviendront plus vigoureuses et plus productives si elles sont greffées sur les premières espèces. Il faut éviter de croiser le blanc avec le rouge, le raisin ne peut que perdre de sa qualité pour la vinification, du moins pour le vin rouge.

Beaucoup d'espèces sont susceptibles d'être améliorées par la greffe, tant sous le rapport de la fécondité que sous celui de la qualité du raisin.

Toutes les espèces qui se refusent à certains terrains peuvent y réussir lorsqu'elles sont entées sur des souches qui s'en accommodent, et ne dût-il résulter que cet avantage, les vignerons ne devraient pas négliger d'enrichir, par la greffe, leurs propriétés, des bonnes espèces qu'ils ne pourraient cultiver sans ce procédé.

Choisissez un temps calme et serein quand vous voulez greffer. S'il pleut fort après que l'opération est faite, la reprise de l'ente est peu sûre : cette surabondance d'humidité est cause que la sève afflue avec plus d'impétuosité, elle est aqueuse et dépourvue de gluten pour souder les deux sujets et les deux écorces. Cette humidité surpasse leurs besoins. Dès que le sujet a pris, enlevez attentivement les mauvaises herbes qui l'entourent, et cultivez le terrain à plusieurs reprises.

A peine la greffe a-t-elle réussi, qu'elle pousse un nouveau bois très-élevé; il importe de la rogner.

Nouvelle espèce de greffe.

Après les boutures, les marcottes et les provins, la greffe est un des meilleurs moyens pour propager toujours, avec certitude de réussir, toutes les bonnes variétés de vignes qu'on pourra désirer de voir se répandre dans la culture, mais ce n'est pas un moyen aussi rapide. Il y a longtemps que la greffe de la vigne est connue, puisque Caton l'ancien en a parlé dans son ouvrage *De re rustica*, cap. 21. Les Romains, bien probablement, avaient emprunté cette pratique aux Grecs qui, eux-mêmes, l'avaient prise de quelques-uns des peuples de l'Asie, chez lesquels la culture de la vigne était beaucoup plus ancienne. L'agronome latin indique trois manières de faire cette greffe. La première est celle en fente ordinaire, telle qu'elle est encore en usage dans plusieurs de nos cantons vignobles ; la seconde est celle en approche sur deux ceps qui peuvent se trouver voisins l'un de l'autre, et la troisième consiste à percer, avec une tarière un cep pour y introduire un sarment d'une autre vigne. Les deux dernières sortes de greffes ne sont guère ou même point du tout en usage aujourd'hui, et elles n'offrent rien d'assez avantageux pour mériter qu'on s'y arrête. La première, seule, pourrait demander quelque attention ; mais elle est suffisamment connue, puisque c'est celle qu'on met le plus généralement en usage. Nous croyons donc inutile d'entrer dans des détails à son égard.

La greffe que nous allons recommander paraît beaucoup plus sûre que toutes les précédentes et aucune autre ne donne des produits aussi rapidement, puisqu'on peut en obtenir des fruits sept mois après qu'elle a été pratiquée. Cette dernière greffe se fait sur sarments de l'année ; c'est une modification de la greffe en fente, à double encoche, dite à l'anglaise. On en doit la connaissance, suivant Loiseleur-Deslongchamps, à Filliette auquel il l'a vu pratiquer dans sa pépinière située à Rueil, à deux lieues et demie de Paris. Voici comme, selon lui, il la mettait en usage :

« Il taillait, à environ 0^m.50 du pied, tous les sarments vigoureux qu'un cep de vigne avait pu produire l'année précédente ; il coupait ensuite entre deux yeux et en bec de flûte le sarment qu'il voulait employer pour servir de sujet à la greffe, en donnant à sa coupe environ 0^m.05 de longueur ; puis il disposait par une autre coupe, faite de même en bec de flûte, la greffe pour laquelle il prenait un sarment d'un an, ayant 0^m.26 à 0^m.28 de longueur, et quatre, cinq ou même six yeux. Le tout étant ainsi préparé, il faisait, avec la serpette, une fente autant que possible perpendiculaire à la moelle, et pénétrant seulement jusqu'à moitié bois, en la commençant au milieu de la coupe des deux sarments. Lorsqu'il avait ainsi pénétré sur chaque brin jusqu'à la moelle, il faisait faire à la serpette un mouvement par lequel le tranchant se trouvait placé de manière à faire, au milieu du sarment, dans le sens de la longueur de la moelle, une incision longitudinale d'environ 0^m.02 à 0^m.03 de profondeur qui, dans le sujet, remontait vers la pointe du bec de flûte, et dans la greffe devait se trouver en sens contraire. Les choses étant ainsi disposées, il opposait l'une à l'autre les deux coupes du sujet et de la greffe, de manière que, se trouvant en sens opposé, elle pussent s'appliquer immédiatement l'une contre l'autre, et que les deux languettes, résultant de la fente pratiquée au sujet et à la greffe pussent être introduites dans les encoches qui se trouvaient naturellement vis-à-vis l'une de l'autre, et de sorte qu'après que chaque languette avait pénétré dans l'encoche qui lui était opposée, la greffe adhérât dès lors aussi bien que possible au sujet ; mais, pour l'y maintenir plus intimement, Filliette y appliquait plusieurs tours d'un mince osier ou d'un gros fil de laine qui enveloppait exactement toutes les parties mises en contact. Enfin, il terminait son opération par recouvrir de 0^m.12 à 0^m.15 de terre sa greffe couchée et fixée au sol dans un petit sillon suffisamment profond, en n'en laissant sortir qu'un ou deux yeux.

« C'était dans la dernière quinzaine de mars que Filliette avait l'habitude de faire ses greffes de vigne, ainsi

que je viens de l'expliquer, et au mois de novembre suivant chacune d'elles pouvait être séparée du pied-mère,
lequel avait fourni autant de sujets enracinés qu'il y avait
eu de sarments au cep sur lequel les greffes avaient été
placées et qui, par conséquent, avait formé autant de
marcottes greffées, desquelles avaient poussé des racines,
non-seulement du sarment placé au-dessous de la greffe,
mais de la greffe elle-même, ce qui en assurait d'autant
plus la reprise lorsqu'on était pour en faire la transplantation. Mais lorsqu'on veut encore être bien plus certain
de la reprise d'une greffe de cette espèce et de la voir
reprendre et fructifier l'année suivante, comme si elle
n'avait pas été déplacée, au lieu de la pratiquer en pleine
terre, on la fait dans un pot ou dans un panier d'osier
de grandeur suffisante, et, avec les plus simples précautions, on peut la transplanter sans que ces racines soient
aucunement dérangées.

« Par le procédé de la greffe à double encoche, dont la
manipulation n'est pas difficile et sur lequel je viens de
donner toutes les explications nécessaires pour le bien
faire comprendre, on peut changer en une seule année
toute la nature d'un vignoble qui ne serait composé que
de plants de mauvaise qualité, et les remplacer par des
vignes d'une bonne espèce ; il ne faut, pour parvenir à
faire un tel changement, que se procurer des greffes des
meilleures variétés qu'on aura reconnues, ce qui ne peut
pas présenter beaucoup de difficultés, puisqu'il ne faut
que faire ramasser, dans une bonne vigne, au moment
de la taille, les sarments retranchés par la serpette, et
les employer à faire des greffes, au lieu de les lier en
javelles pour s'en servir à brûler.

« Cette espèce de greffe présente d'ailleurs un autre
avantage qu'on ne rencontre pas dans la greffe en fente
ordinaire, telle qu'elle est employée dans quelques vignobles, c'est qu'elle peut rapporter la même année
qu'elle a été pratiquée. En effet, ayant fait venir de Provence, au mois de janvier 1834, plusieurs sarments de
huit variétés de vignes, dans l'intention de les cultiver à
ma campagne, pour en assurer d'abord la reprise, je crus

devoir les donner à Filliette, dont l'habileté en horticulture m'était connue, afin qu'il commençât à en faire des boutures ; mais encore plus assuré de les faire reprendre d'une autre manière, ce cultivateur préféra employer un moyen dont il croyait être plus certain, je veux parler de son procédé de greffe à double encoche que je viens de détailler. Il prit donc un sarment de chacune de mes variétés, et il les greffa ainsi que je l'ai expliqué plus haut. Cependant ces boutures ou ces greffes avaient d'abord été pendant six semaines séparées de leurs ceps avant que Filliette eût pu les mettre en terre, ensuite elles sont encore restées environ deux mois et demi enterrées avant qu'il les employât pour greffes, de sorte qu'on doit bien croire qu'après avoir été séparées de leurs ceps durant quatre mois, elles ne pouvaient plus avoir que bien peu de sève. Cependant, cela n'empêcha pas la plupart de ces greffes de réussir, et quoiqu'elles n'aient commencé que fort tard à entrer en végétation, l'une d'elles avait poussé, le 24 août suivant, des sarments de $2^m.60$ d'élévation. Dans les autres, ils avaient la moitié ou les deux tiers de cette hauteur, et deux d'entre elles portaient même des fruits. L'une n'avait qu'une seule grappe, mais on pouvait admirer sur la seconde quatre beaux raisins de 20 à 25 centimètres de longueur. La seule chose qu'on eût à regretter dans ces greffes, c'est que la maturité de leurs raisins fût un peu retardée, mais je crois en avoir dit la cause, en l'attribuant au temps prolongé que les greffes passèrent séparées des ceps, et l'on ne peut guère douter que si Filliette les eût coupées sur des vignes placées dans son voisinage, et qu'il eût pu les insérer tout de suite après, les raisins qu'il en aurait obtenus n'eussent été que peu ou même très-peu retardés.

« Quoi qu'il en soit, la réussite de la greffe, selon le procédé de Filliette, devant, selon toutes les probabilités, être toujours aussi satisfaisante que je viens de le dire, on peut juger des grands avantages qu'elle présente sur toutes les autres espèces de greffes, puisqu'aucune autre, que je sache, ne peut produire des pousses aussi vigoureuses et surtout qui donnent, au moins en partie, des fruits la même année. Et encore, lorsque les greffes ont été faites sur des plants vigoureux (d'un vignoble) qui ne doivent point être déplacés, les récoltes suivantes seront ce qu'elles peuvent toujours être dans le cours ordinaire des choses.

« Il y a plusieurs parties de la France, comme l'Angoumois, l'Anjou, le Bordelais, le Médoc, etc., dans lesquelles la greffe de la vigne est assez fréquemment usitée ; mais dans tous ces pays, autant que j'ai pu en juger par les mémoires sur la viticulture qui sont venus à ma connaissance, il m'a paru qu'on n'y faisait usage que de la greffe en fente pratiquée entre deux terres, sur laquelle celle de Filliette a certainement beaucoup d'avantages ; elle exige seulement un peu plus de temps pour la bien faire. Cette dernière, sans être absolument nouvelle, est cependant une modification assez remarquable de la greffe dite *anglaise*, pour mériter d'être désignée d'une manière particulière ; c'est pourquoi je propose de lui donner le nom de *greffe marcotte* (1). »

CHAPITRE XIX.

De l'Epamprement.

Il me reste à parler de l'épamprement, comme un moyen d'avoir des récoltes abondantes, de les rendre souvent de bonne qualité, et de donner toujours des sarments à fruit vigoureux. On fait l'épamprement de la manière suivante :

La veille du jour où l'on se dispose au second labour, qui se fait d'ordinaire en juin et juillet, suivant que le temps est plus ou moins favorable, on charge un ouvrier, entendu à la taille, d'enlever les pampres qui couvrent le pied et le milieu du cep. Il coupe ensuite à la tête de la tige les jets et les brindilles auxquelles le reflux de la

(1) Essai sur la culture des vignes à raisins précoces et sur les avantages qu'on peut en tirer. Paris, 1849, in-12, p. 46.

sève a donné naissance, et qui n'ont pas de fruit ; il n'y laisse que les pampres poussés par les yeux et les sous-yeux des deux ou trois coursons qu'on lui a donnés à l'époque de la taille. Pour ce faire, il n'est besoin d'aucun instrument tranchant, les doigts suffisent pour faire tomber les pampres, surtout si l'on a eu l'attention, immédiatement après le premier labour, d'enlever avec la serpe les vieux sarments restés au pied de la tige, et que l'ouvrier, en taillant, n'aurait pu atteindre.

Concentrée dans les sarments conservés, la sève leur donne plus de vigueur, et les oblige pour ainsi dire, à fournir des raisins plus gros, des vins plus spiritueux. On sait que plus la vigne occupe de surface, et plus elle absorbe d'humidité par ses trachées ; en se réunissant à la sève, que les racines absorbent dans la terre, cette masse surabondante ne peut en être chassée par la transpiration : de là, les vins aqueux et de peu de durée. Par l'épamprement, on diminue la surface de la vigne, on fait participer les raisins d'une manière plus active aux rayons du soleil qui, réfléchis par le sol, provoquent l'élaboration du muqueux, et acquièrent une parfaite maturité, d'où résultent nécessairement les vins spiritueux, propres à se conserver longtemps.

Des propriétaires qui se livrent à cette opération, m'assurent que leurs vignes sont moins endommagées par les ouragans ; qu'aucune de leurs parties ne sont frappées de coulure ; qu'ils ont constamment de beaux fruits, et que la vigne doit gagner en durée par cette opération. Mais l'épamprement nécessaire dans les terres humides et substantielles, est inutile et même nuisible dans les terrains secs et aux expositions chaudes ; c'est une observation qui n'a pas échappé à Théophraste et aux agronomes qui l'ont copié sans le nommer. Dans ce cas, ainsi que l'ont écrit Parent et Duhamel, la soustraction des feuilles, à quelle époque que ce soit de la végétation, nuit constamment à la maturation des fruits. Voici un fait d'une autre nature : dans les Calabres, notamment près de Reggio et de Scylla, loin d'ôter des feuilles à l'époque des grandes chaleurs, on couvre les ceps d'un chapeau de fougères pour éviter que les rayons ardents d'un soleil embrasé ne dessèchent les raisins et ne les empêchent de mûrir. En toute autre circonstance, il faut observer que l'absence d'une lumière suffisante, le voisinage des grands arbres ombrageant beaucoup trop la vigne, de même que tous les arbrisseaux à fruits tenus en espalier ou en contre-espalier, arrêtent la production des embryons séminaux ou des fruits, sans pour cela étioler la plante; ils la privent de l'activité nécessaire pour remplir toutes les phases végétatives. Ces végétaux cessent de fleurir et s'ils donnent quelques fleurs, la fécondation ne s'opère point chez elles.

L'épamprement est presque général dans les départements du Haut-Rhin, des Basses-Pyrénées et de la Gironde. Dans d'autres, il est limité à quelques localités privilégiées; ainsi, dans l'Aube, on ne le pratique que sur les coteaux des trois bourgades des Riceys, si réputés par leurs vins rouges et blancs vifs, très-spiritueux, d'un goût agréable, et pourvus d'une haute sève, d'un joli bouquet; dans le Gard, sur la côte de Tavel, dont les vins très-fins gagnent à vieillir; dans le Tarn, au vignoble de Gaillac, que le transport par mer améliore et rend de longue garde; dans la Dordogne, à Montbasillac, à Sancé et Saint-Nessans, renommés par la qualité de leurs vins blancs; dans le Maine-et-Loire, sur les riches coteaux qui bordent l'une et l'autre rives de la Loire, de la Mayenne, de la Sarthe, du Loir, du Thouet, de la Dive et du Layon, principalement aux lieux voisins de leurs embouchures, etc., etc. L'épamprement est beaucoup plus rare, je devrais dire nul dans les vignobles de nos contrées du Nord, où il serait plus utile que dans le midi, et cependant, c'est dans ces premières parties qu'on effeuille le plus les arbres fruitiers, les vignes tenues en treilles. Il faut le faire avec intelligence, sur les vignes échalassées, à l'époque où les raisins approchent de la maturité. De la sorte, le raisin, moins exposé à la pourriture, permettrait de différer la cueillette toutes les fois que le temps est froid ou humide; le vin y gagnerait sous tous les rapports.

Vigneron.   15

CHAPITRE XX.

Systéme de culture de M. Guyot.

Depuis quelques années, un viticulteur distingué, feu Jules Guyot, a préconisé un système de culture qui est la régularisation d'une méthode déjà bien ancienne, car si nous ne nous trompons pas, elle date des premiers temps. M. Guyot a eu le mérite de la rendre continue, pratique et non épuisante.

De tout temps, on a laissé des pleyons ou sautelles, ce qui se traduit, dans le langage nouveau et rationnel, en *branches à fruit;* mais cet usage était sans ordre et abandonné au hasard ou au caprice du vigneron. Aujourd'hui, il est régularisé. Voici, au surplus, l'analyse du système de M. Jules Guyot, qui peut, selon nous, être appliqué partout avec succès aux vignes en cépées, telles qu'elles existent dans la Bourgogne, la Champagne, etc. :

1º Chaque cep doit porter au moins une branche à bois et une branche à fruit;

2º Le pincement doit être rigoureusement pratiqué sur la branche à fruit, au-dessus de la sixième feuille;

3º La branche à bois ne se pince pas;

4º La branche à bois doit être pourvue de deux ou trois bons bourgeons;

5º La branche à fruit se taille tous les ans au ras de la souche;

6º Des deux ou trois sarments produits par la branche à bois, l'un d'eux sert à faire une branche à bois nouvelle et l'autre une branche à fruit;

7º La branche à fruit se palisse horizontalement, tandis que la branche à bois se palisse verticalement le long d'un échalas;

8º La branche à bois se taille à deux yeux et la branche à fruit à dix ou douze yeux, selon la vigueur des ceps;

9º La branche à bois doit toujours être le sarment inférieur pour éviter l'élèvement de la souche;

10º La branche à fruit se palisse horizontalement;

quand il y a plusieurs sarments, elle est choisie parmi ceux dont les nœuds sont les plus saillants;

11° La taille d'été, ébourgeonnage et pinçage, se pratiquent suivant les règles ordinaires (voir *Ebourgeonnage* et *Pinçage*);

12° On peut augmenter le nombre des branches à bois et des branches à fruit, selon la force de végétation de la vigne et la fertilité du sol;

13° Le provignage devient inutile.

Pour rendre plus sensible cette nouvelle méthode, nous donnons la figure d'un cep après la taille dans la figure 12 ci-contre.

A est la branche à fruit, B la branche à bois qui produira les deux sarments figurés par les lignes ponctuées C et D. D étant plus élevé que C servira à faire la branche à fruit à la taille suivante, C sera la branche à bois, et ainsi de suite. La branche A sera coupée ras souche au fruit noir à la taille suivante.

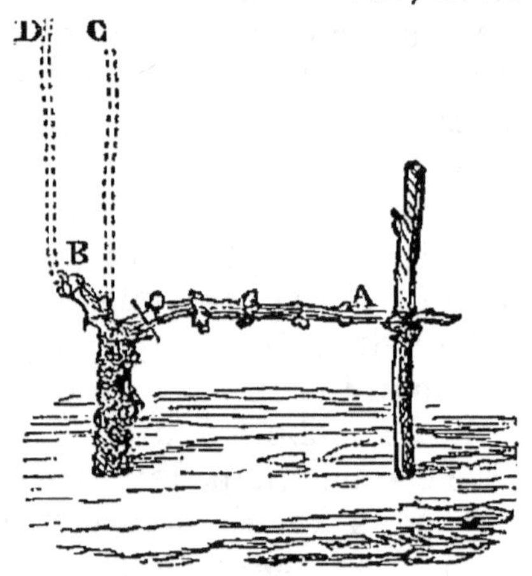

Fig. 12.

On comprend qu'il faut tenir très-basse la tête des ceps et faire convenablement le remplacement de la branche à fruit. Dans l'ancien système, on ne s'occupait ni du remplacement, ni du pincement, ce qui ne tardait pas à amener la confusion dans la végétation et la ruine des ceps.

On remarquera que le cep peut avoir un plus grand développement et porter jusqu'à dix ou douze sarments. Si on l'a représenté avec une seule branche, c'est pour rendre la démonstration plus claire.

LIVRE II

MALADIES DE LA VIGNE

LEURS CAUSES ET MOYENS DE LES PRÉVENIR ET DE LES GUÉRIR.

CHAPITRE PREMIER.

Des Maladies et de leurs Causes,

La vigne est sujette à plusieurs maladies graves, dont les causes ne sont pas bien connues des vignerons, et qui souvent conduisent la plante à une ruine certaine, faute d'avoir su à temps appliquer le remède convenable. Je consacre cette partie de mon travail à indiquer les moyens de prévenir et d'arrêter les effets de ces désordres, que l'on doit en partie aux erreurs de culture et surtout aux intempéries. Dans le chapitre suivant, je traiterai des insectes et autres animaux qui causent à la vigne des dommages non moins grands.

En général, la pathologie des plantes est encore dans l'enfance et réclame l'attention de tous les cultivateurs instruits. On ne peut faire usage des observations recueillies avant nous, à cause des noms employés qui souvent désignent des affections étrangères les unes aux autres, et des remèdes indiqués qui sont en opposition manifeste avec les connaissances acquises en physiologie végétale. Nous avons bien quelques mémoires particuliers qui méritent d'être distingués, nous possédons bien les ouvrages de Plenck et de Filippo Re, mais ils sont loin de remplir encore le but : c'est le résultat du temps et du concours de tous qui comblera cette lacune de l'économie rurale. En attendant, disons quelques mots des maladies de la vigne, et indiquons les procédés avoués par l'expérience pour les combattre.

§ 1er. DES GELÉES.

Originaire des pays chauds, la vigne est sujette, en France, à souffrir des gelées, et c'est pour elle le fléau le plus redoutable et en même temps le plus ordinaire. Les gelées anticipées de l'automne désorganisent les bourgeons non encore complétement aoûtés; elles sont d'autant plus fâcheuses que, tout en amenant la perte de la récolte des années suivantes, quelquefois elles rendent nuls les efforts faits pour remettre entièrement les ceps à fruits.

Les fortes gelées de l'hiver sont beaucoup moins désastreuses; elles n'attaquent que les vignes situées dans les bas-fonds, sur les sols frais. La nature a pourvu le bouton de la vigne d'une espèce de membrane cotonneuse qui en enveloppe les parois extérieures, et comme il contient une très-petite quantité de principe aqueux, il ne donne que fort peu de prise au froid. D'ailleurs, il est infiniment rare de voir la vigne geler entièrement; lorsqu'il n'y a que les sarments d'attaqués, on les taille quand la plante commence à entrer en sève.

Les gelées du printemps peuvent avoir des suites très-fâcheuses quand elles sont très-fortes et très-tardives; dans le plus grand nombre de cas, elles ne portent qu'un léger préjudice aux bourgeons. En nos départements du midi, cependant, surtout ceux du sud-est, la végétation de la vigne est plus ou moins retardée, quelquefois fortement endommagée par les gelées tardives; il n'est point rare, depuis 1830 surtout, d'y voir des ceps entiers périr ou perdre leurs bourgeons naissants, et, malgré la température favorable qui succède à ces tristes circonstances, éprouver de notables diminutions dans la production du raisin. La vigne cultivée en cordons, d'une grosseur et d'une élévation considérables (comme dans les départements du Rhône, de la Loire, etc.), y paraît plus sujette que celle plantée en rase campagne, selon l'usage le plus ordinaire; des pieds paraissent carbonisés jusque dans leurs racines, d'autres à partir de la sommité des branches jusqu'à une certaine hauteur de la souche.

Quand, à la suite d'un hiver doux, on redoute l'effet des gelées tardives sur la vigne dont les bourgeons annoncent une prochaine apparition, le vigneron, jaloux de conserver sa récolte, doit labourer sa vigne, coucher le sarment et le couvrir de 54 millimètres de terre, pour le redresser à l'époque où les gelées ne lui laissent plus de craintes. Ce moyen, en usage dans la partie méridionale de la Russie et en Moldavie, a été employé utilement dans le département de la Moselle; il a changé les chances d'une mauvaise année en une très-bonne vendange.

Quand on veut opérer en grand et mettre les bourgeons à venir à l'abri de la gelée, on place dans les lignes qui séparent les ceps plantés régulièrement, et le long des bords de la vigne, des tas d'herbes ou des feuilles mortes, des débris de tonture, de la lisière, du foin pourri, etc., que l'on recouvre de broussailles humides et surtout d'un peu de terre, et on y met le feu une heure avant le lever du soleil. La fumée épaisse que ces substances fournissent intercepte les rayons de l'astre, échauffe l'atmosphère et convertit la gelée en rosée. Ce moyen est employé avec succès sur les coteaux du Rhin, où le vent du nord souffle avec force et priverait les vignerons de leurs plus chères espérances si l'on ne recourait à ce procédé aussi simple que peu coûteux.

Comme les vignes ne sont point partout plantées régulièrement, et que d'ailleurs les localités peuvent manquer des matériaux indiqués, on emploie des torches de paille. D'ordinaire, on prévoit la gelée dès la veille : un signe non équivoque est la présence du vent du nord, et surtout du nord-ouest, que dans quelques localités on nomme *Galerne*. Si le vent est calme à minuit, il est certain qu'il gèlera depuis la pointe du jour jusqu'au lever du soleil, et non avant. Les rayons de cet astre, qui dardent bientôt après sur les feuilles et les jeunes pousses, les brûlent. On empêche cet effet en faisant des torches avec de la paille de seigle bien longue qu'on lie fortement à 16 centimètres du bout. La grosseur de chaque torche est à peu près de celle du bras. Hommes, femmes, enfants, armés de quatre à six de ces torches, y mettent le feu, parcourent les lignes qui séparent les plants et versent la fumée sur chaque cep. Les femmes veilleront à ce que leurs vêtements ne nuisent point à la vigne. On fait cette opération dès l'aube du jour, et on la prolonge jusqu'au moment où les rayons du soleil planent sur le coteau. La fumée résout lentement la gelée, la fait tomber en rosée. Quatre personnes suffisent pour 50 ares de vigne plantée régulièrement; il en faut six dans la vigne dont les lignes sont sans cesse interrompues. On peut évaluer à 1 fr., sans y comprendre le temps des personnes employées, la dépense nécessaire pour sauver la récolte d'un demi-hectare de vigne. Si la paille de seigle manque, employez le foin fermenté, la menue paille, la fougère; seulement il faudra fixer à vos torches plusieurs attaches.

On recommande aussi des aspersions faites, au moyen des pompes, avant le lever du soleil, et l'emploi de certains paragelées de l'invention de Bienenberg, propriétaire à Lignitz, en Silésie, dont il nous assure avoir retiré, depuis plusieurs années, les plus grands avantages. Ses paragelées sont faits avec des cordes de paille, ou de chanvre, ou d'écorce d'arbres; il en enveloppe ses arbres fruitiers, et il en place l'extrémité dans un vase rempli d'eau de source, dans lequel le bout de la corde plonge jusqu'au fond. Un seul vase suffit pour tous les arbres d'un grand espalier. Plusieurs cordes peuvent être unies ensemble, embrasser une certaine étendue; mais alors il convient que les deux bouts extrêmes soient tenus dans le vase que l'on place en conséquence, au milieu de l'espalier, à 4 ou 6 mètres de distance, afin que l'arbre en face duquel il est ne souffre pas de l'effet que la gelée produirait sur l'eau contenue dans le vase. Ce singulier préservatif est adopté sur plusieurs points de la Prusse et de la Pologne. Les vases pourraient être remplacés par des réservoirs d'eau que l'on établirait sur les lignes de séparation de chaque vignoble. C'est une expérience bonne à répéter en grand.

On a calculé que les gelées de printemps enlèvent en moyenne un tiers des récoltes des vignobles de la France, et la fumée et quelques autres précautions qu'on a proposées ne sont pas toujours efficaces. Un préservatif plus certain, dont on a constaté maintes fois le succès, est, suivant le docteur Guyot, les très-longues tailles et la conservation d'un sarment de précaution.

§ 2.   DE LA GRÊLE.

Après la gelée, c'est la grêle qui nuit le plus à la vigne : dans le printemps et aux premiers jours de l'été, un orage suffit pour anéantir l'espérance des cultivateurs. La grêle qu'il verse avec force déchire les feuilles, brise les bourgeons, hache les sarments, couvre le cep de plaies et de meurtrissures, donne en un mot à la vigne l'aspect le plus triste. Il faut, aussitôt après la disparition de l'affreux météore, tailler sa vigne pour la rétablir. La taille se fait sur le vieux bois; on coupe court le jet qui a poussé, et on laisse peu de coursons sur chaque cep, afin qu'il puisse se restaurer lentement et plus sûrement. Il est encore nécessaire de supprimer ras du tronc les sarments condamnés : bientôt après le cep repousse un bois qui attire à lui toute la sève, produit des raisins l'année suivante, et la troisième il indemnise son propriétaire par une récolte riche et fertile. Malheur à ceux qui négligeraient d'agir de la sorte, ils auraient à peine une faible récolte à la troisième année. Il ne lui faut ménager aucun sarment, aucun jet rompu ou seulement contus, surtout si les contusions sont graves et nombreuses; l'action du soleil agrandirait les plaies, et l'humidité pénétrerait le cep dans toutes ses parties internes. Les contusions sont-elles sensibles au pied même du cep, il ne faut pas hésiter à couper et donner de suite un bon labour.

Cependant, si la grêle frappe une vigne après la mi-juillet, il y aurait de l'inconvénient à tailler. Le bois pourrait bien, dans la plus grande partie des localités, ne pas être aoûté, et alors il serait infailliblement victime des premiers froids de l'hiver. Si l'époque de la vendange était voisine au moment de la grêle tombée, il faudrait enlever de suite les raisins dont la maturité est certaine, retrancher aux autres les grains entamés ou fortement contus, afin d'éviter qu'en pourrissant ils ne gâtent les raisins sains auxquels ils sont contigus, et puis soumettre les ceps à une taille régulière, aux divers labours; les vignes reprennent vigueur au printemps, et leur végétation, forte et abondante, se soutient et s'accomplit à la satisfaction de celui qui les cultive.

On peut, jusqu'à un certain point, prévenir les effets de la grêle en employant les paragrêles de Lapostolle, d'Amiens, perfectionnés par le professeur Thollard, de Tarbes. La paille de froment ou de seigle, coupée dans une parfaite maturité (1), bien sèche, tressée en cordes de 34 millimètres au moins de diamètre, et ayant plus de 8 mètres de long, renfermant dans son centre un cordon de lin écru de douze à quinze fils environ, sera fixée à une perche comme soutien, de la même longueur que la corde, et terminée par une pointe métallique en laiton et non en fer. Cette corde offre en même temps un moyen certain de détourner la grêle, de la résoudre en pluie, et de se garantir de la foudre. On place ces appareils sur les points les plus élevés, tels que le sommet des arbres, des maisons et des collines. La perche peut être d'un bois quelconque, mais il faut qu'elle soit d'une grosseur propre à la rendre solide, et entièrement dépouillée de son écorce qui l'exposerait à pourrir. On place la corde dessus, on la fixe d'abord aux deux extrémités, au moyen d'un fil de laiton, ou mieux encore de cuivre rouge, afin qu'elle soit mieux tendue, puis on l'attache par des liens de même métal, de 48 en 48 centimètres. La verge de laiton, couronnant la partie supérieure, doit avoir 5 millimètres de diamètre, être terminée en pointe, longue au moins de 27 centimètres, et en contact direct avec le cordon de lin. Les paragrêles

___

(1) Avant de l'employer on l'humecte, on tresse ensuite sa corde au moyen de quatre cordons, composés chacun de trois petits cordons. Plus elle sera serrée et plus elle durera.

s'établissent à 200 mètres les uns des autres. Ils coûtent au plus un franc chacun, et peuvent durer au moins 15 ans.

On peut aussi se servir des paragrêles en fil-de-fer du professeur Orioli, de Bologne ; ils sont adoptés dans plusieurs grandes localités de l'Italie, de la Suisse, de la Savoie, de l'Allemagne, etc.

Quelles qu'aient été les espérances qu'on a fondées sur l'invention de ces paragrêles et sur les secours qu'on en attendait, ces inventions sont restées à peu près stériles, et il ne faut pas être bien habile physicien pour concevoir qu'il devait en être ainsi. La grêle se forme dans les hautes régions de l'atmosphère et ce ne sont pas quelques poignées de paille ou un fil de fer qui pourront jamais entraver cette formation.

§ 3.   DES BROUILLARDS ET DES VENTS, DE LA PLUIE
ET DE LA SÉCHERESSE.

Les brouillards sont moins nuisibles aux vignes qu'on le pense communément ; ils fertilisent au temps des labours ; en automne ils hâtent la maturité du raisin : mais lorsqu'ils sont de trop longue durée, ils font pourrir le grain : et lorsqu'ils sont froids, ils rendent la vigne plus sensible à la gelée, et la disposent au printemps à la coulure. L'industrie humaine n'a pu jusqu'ici rien opposer à l'influence de ce météore.

Les vents sont dangereux pour les vignes qui n'ont point d'échalas ou avant qu'on les ait attachées à ces supports. Lorsque ces précautions n'ont point été négligées, il arrive rarement de graves accidents causés par les vents, surtout dans les vignes abritées.

La pluie nuit aussi beaucoup à la vigne, quand elle est persistante, mais surtout quant elle arrive pendant les premiers jours qui suivent l'épanouissement des fleurs ; car alors elle fait couler le raisin ; elle est utile, au contraire, quand elle survient après la formation du grain, et l'on dit, dans ce cas, que la fleur a été lavée, et l'on regarde cette circonstance comme très-heureuse.

La pluie peut quelquefois empêcher la maturité, comme

nous l'avons vu en 1817 ; en Bourgogne le raisin n'a point mûri, et on l'a transporté dans des sacs pour en faire une boisson économique.

La sécheresse, quand elle est poussée bien loin, est presque aussi dangereuse que l'humidité continue, elle brûle les feuilles et les raisins ; fait tomber les premières et durcit tellement la peau des seconds, qu'ils ne peuvent mûrir, et d'ailleurs la peau des raisins renferme ordinairement des principes d'amertume, qui, en plus grande quantité dans une peau épaisse, nuisent beaucoup à la qualité du vin. Les vignes exposées au midi, et situées dans des terres légères, reposant sur une sous-couche de pierres ou de tufs, sont celles qui craignent le plus la sécheresse.

§ 4. DE LA CARNIURE.

La maladie à laquelle on donne le nom de *carniure*, provient de la surabondance des sucs nourriciers que la vigne puise dans la terre ; elle ne se manifeste, en effet, que dans les sols excellents et substantiels dont le fond est plus riche que la superficie. Alors la vigne jette des pousses par tous les nœuds, aux dépens du fruit qu'elle abandonne, son bois est rougeâtre, plein de boutons, gros et cassants : elle fournit d'abord des grains d'une grosseur extraordinaire, mêlés à d'autres moins gros, et finit par n'en plus produire que de la grosseur des petits pois. Le Gamet et le Mélier sont les cépages les plus sujets à cette affection, que l'on fait cesser en arrachant le pied vicié ; en défonçant le terrain pour éventer le fond ; en ouvrant des tranchées pour couper toute communication ; en remplaçant la terre qu'on enlève par du terreau usé, du sable, du gazon de bruyère, et en plantant un nouveau pied à 16 centimètres seulement de profondeur.

§ 5. DE LA GOUPILLURE.

Cette maladie, que l'on nomme aussi *Goupillonnure*, est due à un sol trop pauvre, mais dont la superficie perfide semble indiquer un bon terrain, tandis que le sable pur en forme seul le fond. Elle ne se manifeste guère que dix ans après la plantation, et à la suite d'une végétation vigoureuse, mais alors elle est incurable. La vigne ne recevant plus rien de ses racines, qui vont perçant le fond sableux, et n'y trouvant point une nourriture nécessaire, aucun de leurs principes alimentaires, tombe dans la langueur, ne donne que des fruits maigres, et au lieu de pousser ses feuilles dans une direction oblique, elles viennent horizontalement. Il n'y a point de remède, il faut arracher les ceps.

On prévient cette maladie en acquérant une parfaite connaissance de son terrain. Dans un sol tel que celui que nous indiquons, la vigne ne doit être plantée qu'à 16 centimètres de profondeur, et lorsqu'elle est arrivée à sa cinquième ou sixième année, on la couche ; les racines ne parcourent alors que la zône de terre superficielle capable de les nourrir, et ne descendent jamais au-dessous.

§ 6.   DE LA NIELLE OU GUEULE.

Le nom de cette maladie, qui n'a aucun rapport avec celle des blés, devrait être changé en celui de *Paralysie*, qu'on lui donne en quelques endroits. Elle est l'effet d'une surabondance d'humidité, et se manifeste par une végétation excessive ; la sève, délayée dans trop d'eau, n'est point féconde, elle se porte tout à bois, les sarments sont noirâtres et sans sucs jusqu'à la moelle.

C'est encore par une erreur grave que cette maladie afflige la vigne au moment de la plantation ; mettez-la dans le sol qui lui convient, donnez-lui les soins qu'elle réclame, n'exigez d'elle que ce qu'elle doit raisonnablement vous fournir, et vous ne la verrez ni languir, ni se perdre dans les excès d'une vigueur toujours fâcheuse.

§ 7.   CHANCRES DU CEP.

Des chancres se voient souvent sur les ceps ; ils sont quelquefois dus à une cause interne trop mal observée jusqu'ici pour la bien caractériser, et le plus souvent elle est l'effet d'un coup de soleil, d'une contusion, du voisinage d'une masse de fumier, etc. Cette maladie parcourt. ses diverses périodes avec une rapidité vraiment inappréciable quand l'année est défavorable à la vigne, mais le plus ordinairement sa marche est lente. On l'arrête en cernant l'écorce jusqu'au vif.

§ 8. MALADIES DES FEUILLES.

Les feuilles de la vigne sont sujettes à plusieurs maladies. Les principales sont la rouille, l'ictère et la brûlure, qui est de deux sortes.

La brûlure ou brûlis qui a lieu pendant l'été, après une pluie froide, un orage qui fait baisser subitement la température, ou bien un brouillard, et auxquels succèdent des vents chauds du sud, se manifeste subitement, d'abord par des taches irrégulières plus ou moins étendues, de couleur rouge qui paraissent sur les feuilles, et deux jours après par leur chute. Cet accident a reçu des vignerons le nom de *Rougeau*, il est fatal aux grains qui se rident et se dessèchent. On le nomme *Quillé* quand les feuilles sont couvertes par places plus ou moins larges, plus ou moins nombreuses, de taches blanches, que l'on attribue aux rayons du soleil, qui traversent les gouttes de pluie dont les feuilles demeurent chargées, et y exercent l'action d'un miroir ardent. Ce mal est rarement grave. La coulure accompagne d'ordinaire cette double altération.

Il n'en est pas de même de l'ictère ou *jaunisse*. Ses causes viennent de plus loin et donnent à la plante un aspect d'autant plus fâcheux que son bois n'a aucune solidité, que ses fruits coulent et avortent, et que même les grappes tombent entières. Cette maladie influe sur la récolte de deux ans. Elle se manifeste par la pâleur de la feuille, et l'aspect triste du raisin; elle dénonce la présence de la larve du hanneton. En creusant jusqu'aux racines, il n'est point rare d'en trouver cinq à six, et même plus, rongeant les racines.

Quant à la rouille, elle est due à la présence d'un végétal parasite, l'érinée de la vigne; il forme sur la face inférieure des feuilles des taches rousses, irrégulières dans leur figure et dans leur étendue; il les désorganise et les empêche de remplir leurs utiles fonctions.

Les feuilles de vos ceps sont-elles tombées par suite du rougeau, remplacez-les par un léger chapeau de paille établi en haut de l'échalas. Sont-elles gâtées par l'ictère, réchauffez le pied de vos vignes par l'engrais le plus chaud, telles que les boues et immondices des rues, les cendres, les balayures de toutes espèces, imbibées des eaux de savon, du sang des boucheries, des urines, etc. Reconnaissez-vous la présence du cryptogame dévastateur, coupez les feuilles avant la maturité des bourgeons séminiformes de ce parasite, et les brûlez aussitôt.

§ 9. DE LA COULURE.

La coulure n'est point une maladie proprement dite, mais seulement un accident causé par les pluies continuelles qui surviennent avant, pendant et après que la vigne est en fleurs. La pluie entraîne la poussière vivifiante fournie par les étamines, et empêche la fécondation des germes placés au milieu de l'ovaire. On y remédie par l'incision annulaire sur laquelle nous avons fourni plus haut des remarques détaillées.

La coulure peut encore résulter de l'avortement des parties sexuelles frappées par une pluie froide, une gelée intense, survenue au moment où les anthères allaient obéir aux mouvements amoureux du pistil, ou bien encore de l'affaiblissement de la force végétative causé par un vent impétueux, par une sève mal dirigée ou pas assez substantielle. L'on peut prévenir ces accidents en pratiquant à temps, à la naissance de la branche florifère, un anneau circulaire : l'action qu'il produit sur l'habitude générale de la plante, détermine la sève descendante à refouler sur elle-même, à se porter avec force vers la partie supérieure de la branche, et à rendre leur énergie première aux organes de la fructification.

On peut encore rappeler les forces vitales dans une plante languissante, soit en perforant son tronc, en liant ses tiges, en tordant l'extrémité de ses rameaux, en arrosant ses racines de matières animales délayées, d'eaux légèrement salées, etc., ou bien en les couvrant de cendres végétales.

La coulure peut avoir lieu, malgré le temps le plus favorable à la floraison, lorsque la sève se précipite, pour ainsi dire, avec fougue et sans s'arrêter, au-delà des embryons qu'elle est chargée de nourrir, et change en bois inutile la substance qui leur était destinée. Cette sorte de coulure est l'effet d'une végétation trop active, sollicitée par un sol plus fertile qu'il ne convient à la vigne, ou par une température sèche sur une terre maigre, aride, ou ce qui est pire encore, par l'imprudence du vigneron qui a ébourgeonné durant la floraison. L'incision annulaire est encore là pour remédier à ce triple inconvénient.

Un viticulteur distingué, M. Martineau, a donné sur la coulure de la vigne, des notions qu'il importe de faire connaître.

La coulure de la vigne, ou l'avortement des organes fructifères, a lieu par deux causes différentes : la première est inhérente et dépend de la nature de ce végétal; la deuxième n'est produite que par l'intempérie de la saison.

« C'est avec plusieurs physiologistes modernes que nous admettons que les vrilles ne sont que des grappes avortées, et que leur nombre et la vigueur proviennent toujours de l'excès et de la surabondance de la sève. Les vrilles, par leur nombre et par la position qu'elles occupent, peuvent porter beaucoup de préjudice aux fruits, surtout quand elles y sont adjacentes. Une grande quantité de vrilles et une grande force de végétation, telle est la principale cause de la coulure, qui provient d'une trop grande abondance de sève.

« S'il est difficile de prévenir et d'empêcher l'accident funeste dont nous nous plaignons, il est très-facile de le produire et de le multiplier, car l'ignorance et la routine n'atteignent que trop souvent ce résultat.

« Beaucoup de propriétaires, voyant chaque année se renouveler cet accident, font en effet arracher impitoya-

blement des pièces entières de vigne, sous le prétexte
que la vigne est de mauvaise qualité ou qu'elle ne convient pas à leur terrain, parce qu'ils n'en retirent que du
bois. Comme ces idées erronées sont le fruit de l'ignorance et de l'irréflexion, nous croyons rendre service en
les rectifiant.

« Vous vous plaignez que la nature est trop prodigue
à votre égard, que vos vignes donnent une si nombreuse
quantité de bois, qu'il est fort rare que les espérances
du printemps se réalisent en automne, et, pour remédier
à cet état de choses, vous détruisez des vignes *toutes venues*, et desquelles vous pourriez tirer un bon parti, si
vous saviez tourner à votre profit cet excès.

« Une taille longue et nombreuse remédierait à cet inconvénient, en mettant en équilibre la force vitale et la
succion des racines avec la déperdition des organes; il
résulterait de ce procédé qu'au moment de la floraison,
où toute la fougue de la sève se porte naturellement vers
les extrémités des branches, les sucs propres qui sont
par leur nature et leur substance les éléments de la nutrition des fruits, ne seraient pas détériorés, tranformés
et altérés par l'abondance du principe séveux.

« Si une végétation trop forte et trop active est une
cause de coulure, le défaut contraire ne la produit pas
moins; mais avec la différence qu'elle a lieu bien après
la fécondation des fruits.

« Les causes étrangères ou imprévues qui déterminent
la coulure, résident dans l'intempérie de la saison.

« Les pluies momentanées et continues constituent à
elles seules la plupart de tous les accidents. — Pour faire
connaître leurs funestes effets à l'époque de la floraison,
nous croyons nécessaire de dire comment la floraison a
lieu. — Cette fleur, qui appartient à la famille des am-
pélidées de Jussieu, et à la pentandrie monogynie de
Linnée, présente un calice à peine visible, composé de
cinq petits onglets.

« La corolle se compose de cinq pétales, cohérents
entre eux par leur partie supérieure, et s'élevant tous en
forme de coiffe.

« Les étamines, en même nombre, sont libres, dressées et opposées au disque hypogyne, annulaire et lobé dans son contour; du centre s'élève le pistil qui se compose d'un style court, mais épais, composé d'un stygmate obtus. Par l'acte de sa fécondation, l'embryon devient une baie ronde dans laquelle on trouverait constamment cinq semences si plusieurs n'avortaient.

« Lorsque la floraison se fait par un beau temps, voici ce qui a lieu : la corolle se détache du calice par l'élasticité des ressorts vasculaires dont elle est munie, et dont la détente n'a régulièrement lieu que lorsque les organes sont entièrement secs, tandis qu'avec la pluie elle n'abandonne le calice qu'avec beaucoup de peine, et, au lieu d'être lancée au loin, elle demeure fixée sur les organes génitifs, et se soude à eux par le moyen des utricules visqueux dont ils sont pourvus. Cet amas d'organes et d'accessoires ainsi soudés ensemble, ne se détache que longtemps après pour tomber en poussière, et laisser à nu la grappe inutile. Selon que ce cas est plus commun ou plus rare, la coulure est plus ou moins générale.

« Les pluies instantanées et fréquemment répétées, dans les intervalles d'une journée où les rayons du soleil dardent beaucoup de chaleur, sont susceptibles de déterminer la coulure par l'effet du soleil exerçant ses réverbérations sur des corps frêles et délicats composés seulement d'un tissu cellulaire très-diaphane et très-fin. — La destruction du fruit a lieu quelquefois lors même qu'il a acquis la grosseur d'un gros plomb de chasse; enfin, rosées, brouillards ou légères pluies, tout ce qui est susceptible de produire l'humidité, est nuisible à la fructification de ce végétal.

« Quant aux moyens de prévenir la coulure, voici ceux que nous conseillons pour combattre et détruire les causes qui sont inhérentes au végétal : tailler la vigne de manière à ce que l'absorption des racines soit en équilibre avec la déperdition des autres organes, c'est-à-dire, lui laisser juste la quantité de bois qu'elle peut et doit nourrir.

« Pour remédier aux causes étrangères à la nature et à

la constitution du végétal, et qui ne dépendent que de l'intempérie de la saison, nous conseillons de lever les pousses de vigne, sitôt qu'elles sont assez longues pour que l'on puisse les attacher, en ayant soin de ne pas trop serrer les jeunes grappes, de façon à ce que les branches ne soient réunies que par les extrémités supérieures, en dérangeant le moins possible leur état naturel. — Nous ne croyons pas qu'il soit nécessaire d'interrompre et de suspendre les travaux que souvent nécessite la saison, sous le prétexte que la vigne est en fleur et qu'il ne faut pas la déranger. Ceux qui admettent ce prétexte, dénué de fondement, sont sans doute les disciples trop exclusifs d'Olivier de Serres, qui a dit dans son Théâtre d'Agriculture : *La vigne en fleur ne veut voir ni vigneron ni seigneur.* »

CHAPITRE II.

Des animaux qui dévorent la vigne.

Les animaux qui aiment la vigne et se nourrissent de ses feuilles et de ses fruits sont fort nombreux. Comme leurs goûts nuisent à nos intérêts, nous leur faisons la guerre, quoique dans l'ordre naturel des choses, ils aient autant de droit que nous de se repaître des substances qui leur conviennent le plus. Mais la force en ordonne autrement, et pour ne rien laisser, autant qu'il est en nous, à désirer dans ce Manuel, nous allons indiquer les animaux qui causent des dégâts dans les vignobles, et en même temps les moyens que l'on peut employer pour y mettre un terme.

Je diviserai ces êtres en quatre classes, les quadrupèdes, les oiseaux, les mollusques et les insectes.

§ 1. QUADRUPÈDES.

Parmi les quadrupèdes, je citerai d'abord les sangliers et surtout les renards et les blaireaux, qui mangent le fruit de la vigne lorsqu'il est arrivé à sa maturité. Comme ces animaux reviennent là où ils ont trouvé de quoi se repaître volontiers et abondamment, on les attend la nuit et on les tue à coups de fusil, ou bien on les prend à l'aide des piéges.

La plupart des autres quadrupèdes mangent aussi le raisin, mais celui qui cause le plus de dégâts, c'est le chien domestique; ce qu'il en dévore est incalculable. Dans plusieurs villages, et particulièrement à Espira de l'Agly, près de Perpignan, département des Pyrénées-Orientales, on m'a cité des propriétaires qui ont été dans la nécessité d'arracher leurs ceps, parce que les chiens leur enlevaient la totalité de leurs récoltes.

Les vignes encloses ne sont point sujettes à se voir attaquées par ces animaux; quand elles ne le sont pas, on a recours aux boulettes de noix vomique; mais ce moyen est dangereux; s'il tue le chien, le renard, il peut empoisonner des bestiaux, des enfants, et cet inconvénient majeur doit en repousser l'usage. Le meilleur est de diminuer la masse des chiens inutiles, d'obliger les propriétaires à tenir enfermés ceux qu'ils veulent garder, et de faire la chasse au fusil.

La chèvre est également un animal dangereux pour les vignes; elle en mange volontiers les feuilles et en broutant coupe souvent le bourgeon.

§ 2. OISEAUX.

Un grand nombre d'oiseaux aiment le raisin. La fauvette et le loriot en mangent de grandes quantités; où l'on vendange tard, les grives causent beaucoup de ravages aux vignes. L'étourneau, le merle et beaucoup d'autres oiseaux, surtout ceux de passage, se jettent par troupes nombreuses sur les ceps et y font en une seule matinée, disparaître le résultat des travaux pénibles d'une année tout entière. Il en est de même de tous les becsfins; mais n'oublions pas de le dire, si les oiseaux font quelques dégâts dans nos vignes, ils les rachètent bien par les services qu'ils rendent en détruisant des myriades d'insectes dangereux, et dont les ravages laissent de si longs souvenirs. Tous sont regardés comme d'avides maraudeurs qui désolent sans cesse nos cultures. Cependant, si l'on étudie leurs habitudes, on voit qu'ils rendent plus de services qu'ils ne font de mal. Il n'est pas jusqu'au moineau franc que l'on regarde comme l'ennemi le plus actif, le plus rusé, le plus opiniâtre du cultivateur, qui ne soit essentiellement utile ; il gaspille, il est vrai, nos semis, nos vergers et nos vignes, mais quand on songe qu'il dévore en une heure de temps un grand nombre de chenilles (1), on peut bien lui pardonner en faveur des fruits qu'il nous conserve par cette guerre de tous les instants. Supportons patiemment une perte légère pour en éviter une qui finirait par anéantir tous les travaux champêtres.

§ 3. MOLLUSQUES.

En général, les hélices et les limaces sont rarement à redouter, quoiqu'elles rongent les pampres de la vigne. Il faut cependant en excepter l'hélice vigneronne ou escargot, qui fait beaucoup de dégâts dans les vignobles quand l'année est pluvieuse. En automne, l'hélice vigneronne dépose dans la terre une grande quantité d'œufs qu'elle cache avec beaucoup de soin; ils sont blancs, sphériques, revêtus d'une coque molle et membraneuse, et réunis en grappe. Ces œufs éclosent au printemps, et aux approches de l'hiver l'hélice se retire, plusieurs ensemble, dans quelques trous, et se tient constamment dans sa coquille, qu'elle ferme avec un opercule calcaire, et où elle hiverne pour reparaître au printemps suivant. C'est la nuit qu'elle fait ses ravages ; elle mange les jeunes pousses jusqu'au bois; le jour surtout, quand l'atmosphère est sèche et chaude, elle se tient sous les plus grandes feuilles.

Le hérisson et la tortue dévorent beaucoup d'hélices et de limaces; l'homme fait la chasse aux premières, au moment de la rosée, pour les manger en ragoûts. Quant aux limaces, on les détruit au moyen de la chaux en

(1) On a calculé que ce nombre allait à quarante au moins, ce qui fait 480 chenilles par jour, et donne pour un couple la destruction de près de 3400 chenilles par semaine.

poudre, ou mieux encore d'un lait de chaux que l'on répand durant la nuit, et lorsque le temps est pluvieux.

§ 4. INSECTES.

Plus les êtres sont petits, plus la chaîne organique devient imperceptible à nos yeux et même aux verres qui leur servent d'auxiliaires; plus la nature a pris soin de leur conservation, plus leurs moyens de reproduction sont actifs et nombreux. Les insectes s'attachent à tous les êtres existants; il n'est pas une plante qui n'en nourrisse une ou plusieurs familles particulières. Les uns choisissent les racines, les autres le tronc; ceux-ci les feuilles, ceux-là les fleurs et les fruits; en un mot, il n'est aucune partie du végétal qui n'en soit dévorée.

La vigne, en quittant son pays natal, a non-seulement traîné avec elle les insectes particuliers qui la déshonoraient, mais elle a encore fait, à ce sujet, de nouvelles acquisitions dont elle se passerait bien, disons mieux, qui désespèrent le vigneron, habitué à regarder comme ennemis dangereux ceux qui portent atteinte à la plante qu'il affectionne, et de laquelle il attend le salaire des soins qu'il lui donne.

Les insectes ampélophages les plus connus en France sont : parmi les *Coléoptères*, le hanneton ou mélolonthe, le gribouri, les charançons dit attelabes, satin vert et gris, la chrysomèle rouge à corselet noir, et la coccinelle globuleuse; parmi les *Orthoptères*, la courtillère, la mante prie-dieu, et le criquet à ailes rouges; parmi les *Hémiptères*, le kermès; parmi les *Hyménoptères*, la guêpe, et parmi les *Lépidoptères*, la pyrale, la chenille mineuse, divers sphinx et la teigne de la grappe.

1. *Le Mélolonthe.*

Le genre de coléoptères désigné sous ce nom présente deux individus qui attaquent la vigne; l'un est le Hanneton commun, l'autre est le Hanneton dit de la vigne.

Le hanneton commun est peu dangereux pour les feuilles quand il est parvenu à l'état d'insecte parfait; sous celui de larve, que l'on nomme généralement *ver-blanc*, *ver-turc*, ou *man*, il ronge les racines de la vigne et fait périr beaucoup de pieds, surtout dans les nouvelles plantations. Cette espèce abonde partout, et plus particulièrement dans nos départements situés au nord. Elle a le corps gros comme le petit doigt, mou, épais, d'un blanc sale, à tête, et six pattes brunâtres, écailleuses, les dernières plus courtes et recourbées. Comme elle est hybernante, elle ne cause de dégâts que durant l'été ; pendant la saison des frimas, elle descend profondément en terre, et y demeure dans un état d'immobilité parfaite. Aux premiers beaux jours, elle sort de son engourdissement, remonte à 16 centimètres du niveau du sol, et s'attache aux jeunes racines qu'elle ronge et coupe en tous sens. Ce travail dure trois années, et pendant cet espace de temps, elle change autant de fois sa robe ; à la troisième année, elle subit sa métamorphose, et l'insecte parfait paraît en février ou mars, selon la précocité de l'année.

C'est dans les terrains légers et humides que cette larve se rencontre en plus grande quantité ; les vignes qui sont complantées d'arbres lui servent plus particulièrement de retraite. Elle est rare dans les hauts crus du département de la Côte-d'Or, parce qu'il n'y existe aucun arbre, mais elle abonde dans les vignobles de la plaine et de médiocre qualité du même département, parce que les arbres fruitiers s'y trouvent en grand nombre.

Le hanneton de la vigne, *Scarabæus vitis*, de moitié plus petit que le hanneton ordinaire, est beaucoup moins à redouter dans nos contrées septentrionales que dans celles du midi, où il abonde et désole la vigne en été. Cette espèce est verte en dessus, bronzée en dessous, et a souvent, sur les bords latéraux du corselet, une légère teinte de jaune. Sa larve ne diffère pas de celle du hanneton ordinaire, si ce n'est qu'elle est un peu plus petite et moins grosse.

On détruit ces deux insectes dévastateurs en secouant fortement les arbres sur lesquels ils se retirent ; l'attaque

se fait le matin, pendant que la rosée existe encore et que
les hannetons sont sans force, et le soir après le coucher
du soleil ; on pratique des trous de distance en distance,
on y rassemble l'insecte à l'aide d'un râteau ou d'une
pelle, l'on jette dessus quelques brins de paille, des petits bois, de l'herbe, et on y met le feu.

Quant à la larve, c'est au moyen des labours faits en
mai à la bêche, que l'on peut en tuer des milliers par
jour. A cette époque, la larve quitte sa retraite, remonte
vers la surface du sol, et est facile à découvrir. On la ra-
masse pour brûler, ou bien on la donne aux volailles,
aux dindons et aux poules surtout, qui en sont très-
friands.

On a indiqué contre le hanneton l'usage de la suie, les
cendres, la chaux, et le semis de laitues ou autres sala-
des que le ver-blanc recherche avidement : mais ces
moyens sont très-inférieurs à ceux que je viens d'indiquer.

2. *Le Gribouri.*

Connu sous les noms d'*Eumolpe*, de *Berdin*, de *Pique-
brocs*, de *Vendangeur*, de *Coupe-bourgeon* et même d'*E-
crivain*, à cause des traces comparées à des lettres qu'il
laisse sur les feuilles qu'il a rongées, ce coléoptère, le
fléau des vignobles, appelé par les entomologistes, *Cryp-
tocephalus vitis*, ressemble à un très-petit hanneton. Il a
8 millimètres de longueur sur 6 de largeur ; ses antennes
sont noires et jaunes à leur base ; la tête et le corselet,
le dessous du corps et les six pattes de couleur noire, légèrement velus ; les élytres, d'un rouge châtain, sont
pointillées et pubescentes.

Les feuilles de la vigne et les jeunes pousses lui servent de nourriture ; il ronge le pédicule de la grappe au
moment où il sort des boutons ; il pique le raisin lorsqu'il est mûr pour y déposer ses œufs, d'où sortent des
légions de larves, qui causent la pourriture des grappes,
et détruisent les plus belles espérances au moment
même de la vendange. Cette larve passe l'hiver dans la
terre, où elle ouvre des tranchées, pénètre jusqu'aux

racines, qu'elle ronge et fait souvent périr. Dès les premiers jours de mars, la larve devient nymphe et peu de temps après il en sort des gribouris qui s'accouplent en mai.

Ils attaquent aussitôt les bourgeons qui commencent à s'épanouir, arrêtent le bois dans sa croissance, sillonnent les feuilles de petites découpures bizarres, allongées, et qu'on croirait faites avec un emporte-pièce. Ce sont ces lignes que l'on a comparées à une sorte d'écriture. La vigne ainsi mutilée offre un aspect chétif, misérable.

On ne possède réellement rien pour s'opposer aux ravages de cet insecte; l'effet seul des météores le fait souvent disparaître pour plusieurs années. Il faut donc en détruire le plus possible en lui faisant la chasse dans l'état de larve, au moyen des labours avant l'hiver, et à l'état parfait d'insecte. Il est doué d'un instinct de conservation admirable : au moindre choc qu'éprouve le cep, il resserre précipitamment ses six pattes contre son corps et se laisse tomber à terre, où sa couleur fauve et son volume peu considérable ne permettent pas de le distinguer. D'ailleurs, aussitôt tombé, il s'enfonce sous une petite motte, et reste caché jusqu'à ce que tout bruit ait cessé : dès-lors il vole, ou remonte avec vitesse le long du cep, et va de nouveau ronger le bois, les feuilles, le pédoncule de la grappe; cette habitude indique le moyen de détruire l'eumolpe. On place autour du pied des feuilles de carton, on frappe contre le cep, l'insecte tombe, on l'écrase. C'est ainsi qu'un vigneron de Beaune, département de la Côte-d'Or, a sauvé un clos dans lequel l'eumolpe faisait des ravages considérables depuis plusieurs années.

Un viticulteur très-instruit, M. Demermétry a fait connaître il y a quelque temps dans le *Journal du Comité d'Agriculture de la Côte-d'Or* quelques faits sur l'*Ecrivin* (1), *Ecrivain* ou *Gribouri*, l'*Eumolpe de la vigne*, qu'il est du

___

(1) Anciennement on écrivait *Escripvin*, *Escrippevin*, c'est-à-dire Grippevin.

plus haut intérêt de porter à la connaissance des vignerons.

« Il y a quelques années, dit-il, j'appelai un vigneron
pour détacher d'une souche de vigne greffée sur racine
quelques rejets qui en affamaient la greffe ; au premier
coup de pioche qu'il donna, j'aperçus dans la terre
un petit corps extrêmement blanc. Comme le vigneron
continuait à creuser pour déchausser le cep et pouvoir
enlever les rejets jusqu'à leur base, j'aperçus encore de
ces petits points blancs ; j'en saisis un, je l'emportai et,
au moyen d'une loupe, je reconnus une larve en tout
semblable, pour la forme, à ce qu'on appelle un cotreau
(larve du hanneton) ; le lendemain, c'était quelques
jours avant la Saint-Jean d'été, ayant recommencé ce
même travail sur d'autres greffes, je trouvai encore une
de ces petites larves ; dans le dessein de la conserver, je
fis une petite boule de terre ; y ayant fait un petit trou,
j'y mis la larve, puis je recouvris l'ouverture avec une
petite plaque de terre, et je l'emportai ; deux jours après
j'ouvris cette boule, mais l'insecte qui y avait été mis,
non-seulement était mort, mais presque desséché ; je
pensai que cela provenait de ce que la terre qui l'enveloppait manquait d'humidité ; puis, ayant encore trouvé
une de ces petites larves, je la mis de même dans une
petite boule de terre dont je bouchai l'ouverture comme
je l'ai dit plus haut ; mais j'eus soin de mettre deux fois
par jour sur cette petite boule, qui était grosse comme
une forte noisette, une ou deux gouttes d'eau ; après cinq
à six jours, ayant ouvert la boule, il s'y trouva un écrivain à l'état d'insecte parfait.

« Dans sa transformation, cette larve ne me parut pas
avoir d'enveloppe particulière, si ce n'est l'espèce de
géode de terre dans laquelle elle se métamorphose ; elle
y est couchée sur le dos, car j'en ai vu une dans cette
position.

« Cet insecte, à son état parfait, apparaît au premier
printemps, en même temps que les hannetons ; il s'en
trouve souvent sur les bourgeons de la vigne avant
qu'ils aient acquis quelques centimètres de longueur ; je

ne l'ai jamais vu sur les feuilles à l'état de larve; je suis persuadé que si une de ces larves était exposée à l'air et à la chaleur pendant une heure seulement, semblable à la larve du hanneton, elle y périrait. La larve que M. Brullé (1er numéro du *Vigneron des deux Bourgognes*, page 27) dit attaquer au printemps les premiers bourgeons appartient certainement à un autre insecte. On dit que l'écrivain ronge les racines de la vigne; cela est possible et même probable. J'ai eu bien des ceps et des greffes rongés soit au collet, soit plus profondément en terre; mais presque toujours j'ai trouvé le dégât occasionné par la larve du hanneton ou par une espèce de chenille souterraine; mais je n'ai jamais vu de larves d'écrivains près des endroits rongés. Les larves d'écrivains que j'ai rencontrées dans la terre étaient toujours à 10 ou 12 centimètres du tronc de la vigne; ce qui me porte à croire que si elles attaquent les racines, ce ne doit être que les filiformes.

« De nombreuses erreurs se rencontrent dans les ouvrages qui traitent des mœurs et des habitudes de l'écrivain à ses divers états, parce que le nom d'écrivain donné à l'Eumolpe de la vigne (1) a été aussi donné à l'Attélabe vert (2), Urbé vert, vulgairement appelé Alber, Urber, confusion de noms qui a fait que l'on a souvent attribué à l'un de ces insectes ce qui appartient à l'autre.

« A la pousse de la vigne, ce ne sont point des larves qui attaquent ses bourgeons, mais bien des insectes parfaits. A l'attélabe et à l'eumolpe à l'état parfait se joignent le hanneton et divers charançons polyphages dont les larves transformées apparaissent au printemps (3).

« Quant aux larges monophages qui vivent sur la vi-

(1) *Eumolpus vitis*, Latr. *Bromius vitis*, Chevrolat.
(2) *Attelabus betulæ*, Oliv. *Attelabus betuleti*, Dic. sc. nat.
(3) Ce sont celles du charançon, de la Livèche (*pachygaster ligustici*, Germ.), du charançon sillonné (*otiorhynchus sulcatus*, Germ.), du charançon ophthalmique (*cleonis distincta*, Germ.); et du charançon ténébreux (*otiorhynchus elongatus*, Dejean).

gne, leurs œufs sont déposés sur le cep même et n'éclosent qu'après le développement des feuilles. Ces larves sont celles de la Pyrale, bien connue maintenant; celles de l'attélabe ou urbec, qui dépose ses œufs dans des feuilles roulées, et celles de la teigne de la vigne (1), qui vit dans la grujope du raisin et se reproduit deux fois chaque année. Il peut cependant se rencontrer sur la vigne quelques autres larves que celles que je viens de désigner; mais ce ne sont pas des larves monophages, mais bien des polyphages, et qui sont à peu près indifférentes au végétal auquel elles s'attachent.

« J'ai souvent surpris une chenille grise et sans poil rongeant sous terre, à 2 ou 3 centimètres, l'écorce des troncs de vigne; je n'ai pu conserver assez longtemps de ces chenilles pour les voir se transformer; elles atteignent quelquefois 4 à 5 centimètres de longueur; elles cheminent souvent sur terre ; mais je n'en ai jamais vu sur les feuilles de la vigne. En octobre dernier il se trouva une pomme de terre rongée qui en renfermait bien une vingtaine; elles n'avaient à cette époque que 1 1/2 centimètre de longueur. J'ai souvent apporté de ces insectes à M. le docteur Vallot, ancien professeur d'histoire naturelle; ce savant entomologiste a eu la bonté de me fournir les matériaux qui ont servi à terminer cet article.

« La chenille souterraine dont j'ai parlé plus haut s'étant trouvée polyphage, M. le docteur Vallot est parvenu à la nourrir avec de la laitue jusqu'à sa transformation : elle a produit la phalène monoglyphe décrite et représentée sous le nom de chenille de bois pourri, par Engramelle. Voyez *Papillons d'Europe*, tom. V, p. 60, pl. 188, n° 245, et encore tom. VI, p. 156-159, pl. 252, n° 380. Gronau a donné à cette phalène le nom de *scotophila*, parce qu'elle aime les ténèbres. C'est surtout pendant la nuit qu'elle fait le plus de dégâts. Rœsel, *Ins.*, tom. III, pl. 48, fig. 4, a figuré cette chenille.

« En 1848, il fit une sécheresse qui commença avant la pousse de la vigne; elle dura jusqu'au 31 mai; à cette

____

(1) *Tinea uvella*, Nob. — *Journal du Comité*, 1844. t. VII, p. 360.

époque, les pousses de la vigne étaient très-développées, puisque les raisins commençaient à fleurir; cependant mes vignerons, qui avaient ébroussé (évasivé) et commencé un coup de pioche, qu'ils avaient été obligés de suspendre (la terre étant trop sèche et trop dure), entre eux quatre et leurs femmes n'avaient fait encore qu'apercevoir quelques écrivains; je dis apercevoir, car les uns me dirent qu'ils en avaient vu deux, les autres trois, enfin des nombres insignifiants; mais le premier juin et les jours suivants, il plut, et du 4 au 7 les écrivains apparurent en assez grand nombre; jusqu'à cette époque ils avaient été impuissants à percer cette terre très-dure, qui avait obligé mes vignerons à suspendre le piocher de cette époque; alors, comme je l'ai dit, la vigne avait de longues pousses et nombre de feuilles : le dégât des écrivains fut inaperçu, et je crois que leur première ponte ne put se faire en temps utile, car on n'en vit plus au bout de quelques jours et que peu le reste de l'année, tandis qu'il en est tout autrement lorsqu'ils apparaissent avec les premiers bourgeons; alors ils découpent les feuilles à mesure qu'elles se développent, et endommagent quelquefois tellement la vigne, que le propriétaire se trouve dans la nécessité de l'arracher.

« Non-seulement la sécheresse du printemps 1848 a influé sur la sortie de terre des écrivains, mais toutes les sécheresses d'été influent plus ou moins sur l'apparition de ce petit insecte, et en retardent plus ou moins la sortie de terre.

« D'autre part, lorsqu'après des jours chauds il survient des fraîcheurs, les écrivains disparaissent, soit que l'accouplement et une ponte aient lieu, soit par toute autre cause; mais cette disparition est de courte durée; 12 à 15 jours après il reparaît une nouvelle série de ces insectes; j'ai vu cette alternative se répéter quatre fois dans la même année. Les chaleurs, les fraîcheurs, les sécheresses et les pluies éloignent, rapprochent, multiplient ou empêchent ces apparitions.

« Tout reste à apprendre sur cet insecte : a-t-il la faculté de vivre dans la terre à l'état parfait, comme le hanneton, que l'on y rencontre entièrement formé dès la fin d'octobre, et qui, cependant, ne doit en sortir que six mois après, sur la fin d'avril ou au commencement de mai, et qui, parfois, y est retenu plus longtemps par une sécheresse, ainsi que l'écrivain l'a été en 1848?

« Il est constant que, puisqu'on voit des écrivains dans tous les mois de l'année où il y a des feuilles sur la vigne, ces insectes doivent déposer des œufs dans la terre dans tout ce laps de temps. Ces œufs éclosent-ils de suite ou peuvent-ils et doivent-ils se conserver sans s'altérer pendant un long temps dans la terre, pour ensuite éclore tous ensemble à une époque déterminée? Combien de temps l'insecte peut-il ou doit-il rester à l'état de larve? Secrets curieux, qui ne seront peut-être jamais connus, car l'écrivain n'ayant que deux ou trois millimètres dans sa plus grande dimension, comment en apercevrait-on les œufs dans le sein de la terre et l'insecte naissant à sa sortie de ce point imperceptible?

« J'ai vu, il y a quelque temps, dans un journal, qu'un entomologiste disait avoir aperçu des larves d'écrivains descendre le long du tronc d'un cep, puis s'introduire dans la terre; il est très-probable que cet observateur a vu des larves; mais ce ne pouvait être des larves d'écrivains, car, d'après sa conformation, la larve de l'écrivain ne pourrait pas marcher et voyager non-seulement sur un plan incliné, tel que les feuilles, les branches et le tronc d'un cep, mais même sur la terre; il lui faut un boyau dans lequel seulement elle peut circuler, et hors duquel elle ne peut changer de lieu (1).»

(1) Après avoir signalé les faits ci-dessus relatifs à l'eumolpe de la vigne (vulg. *écrivin*, d'*escrippevin*), il est indispensable de faire connaître les moyens qui ont été employés avec succès pour combattre ce redoutable ennemi de la vigne; ils ont réussi à M. Sirdey, habitant de Flacey. Ces moyens, consignés dans le *Journal du Comité d'agriculture de la Côte-d'Or*, 1845, t. IX, p. 266, consistent : 1º soit dans l'emploi de couvées de poussins; 2º soit dans celui de fumier de moutons; 3º soit dans celui de l'engrais provenant de la fabrique de prussiate de potasse de M. Tilloy, à Marsannay-le-Bois.

3. *Les charançons.*

Le charançon satin-vert, *Rhynchites bacchus*, désigné sous les noms vulgaires de *Bec-mare*, de *Hubert*, de *Bêche*, de *Urebec* et de *Lisette*, est un petit coléoptère d'un beau vert brillant, quelquefois bleu, long de sept millimètres, à tête allongée, munie d'antennes droites, que l'on trouve assez ordinairement deux ensemble: son corselet est antérieurement et latéralement armé d'une pointe aiguë, dans les mâles seulement. La femelle pond de dix à douze œufs. Ils s'attachent au jeune pampre, piquent le pédoncule, s'emparent d'une feuille, la roulent en spirale, et y déposent, au mois de mai ou de juin, leurs œufs, qu'ils y collent au moyen d'une matière visqueuse que distillent leurs corps. Ces œufs sont de la grosseur d'une tête de petite épingle, et d'un blanc jaunâtre. La larve qui en sort au bout d'une quinzaine de jours est sans pattes, longue de quatorze millimètres, blanche, lisse, et à tête jaune. Elle se nourrit d'abord de la feuille qui lui a servi de berceau, puis l'hiver elle va se cacher dans la terre ou sous du fumier, pour y subir, au printemps suivant, sa métamorphose en insecte parfait; il paraît dès que les feuilles des arbres commencent à se développer. Les jeunes vignes sont attaquées de préférence aux vieux ceps. C'est au milieu du jour, alors qu'il se tient tapi par paires au bas du pampre ou sur le cep, ou bien encore au-dessous des plus basses feuilles, qu'il faut l'écraser, enlever toutes les feuilles roulées et les brûler. La belle couleur de l'insecte le fait distinguer très-aisément.

Il y a des années où l'Attelabe, *Rhynchites rubens*, abonde tellement dans les vignobles, qu'elle perce les raisins les plus mûrs, en pompe le suc, et qu'elle roule presque toutes les feuilles des ceps, ce qui fait un tort considérable, puisqu'elles se reproduisent aux dépens du fruit, et que la grappe privée de leur action, dépérit, se dessèche et ne produit rien. On enlève avec soin les feuilles roulées, ainsi que les toiles, bourses ou cornets dans lesquels sont déposés les œufs de l'insecte, pour les brûler loin des maisons, bois, bruyères, etc., et, vers la fin de l'hiver, on met le feu au fumier déposé aux pieds des ceps : comme cet engrais est le refuge de la larve échappée à la première chasse et de beaucoup d'autres insectes, on en tue nécessairement un grand nombre,

On a proposé aussi un autre procédé qui ne serait pas seulement applicable à l'*attelabe*, mais bien aussi à d'autres insectes ennemis de la vigne, et qui se montrent de bonne heure à l'état de larve. Lorsque vous taillez votre vigne, ayez soin de réserver sur votre souche un sarment que vous laisserez dans toute sa longueur. Autant que faire se peut, il faut le choisir perpendiculaire et placé au milieu de la souche ; de plus, il faut donner la préférence au sarment faible de constitution, et surtout ne pas le rogner, quelque long qu'il soit. Spéculons maintenant sur ce sarment. Remarquez qu'il doit offrir à lui seul un développement de bourgeons égal au moins à celui de toutes les cornes réunies ; donc vous avez déterminé les chances de moitié en doublant pour les insectes le champ d'exploitation. Vous avez dû aussi remarquer qu'un sarment qui n'est pas rogné est plus précoce, et d'autant plus précoce qu'il est plus mince, de sorte qu'il attire tout d'abord les insectes, dont on peut diminuer le nombre avant que les bourgeons qui sont destinés à nourrir votre récolte, aient commencé à pousser au mois de mai, vous coupez vos sarments lorsque votre cueillette sera terminée, et à cette époque la portion qu'ils auront absorbée des sucs nourriciers de la terre est bien minime.

On voit que ce procédé consiste à faire la part des insectes, comme dans les incendies on fait quelquefois la part du feu. Toutefois, il ne dispense pas de la cueillette des feuilles roulées qui viennent à se montrer plus tard sur la vigne. Il est d'autant plus indispensable de faire disparaître ces feuilles roulées, que la trop grande multiplication des *attelabes* a pour résultat immédiat l'appauvrissement de la végétation des ceps, en les privant de leurs organes de respiration, c'est-à-dire des feuilles. En outre, les grappes seront à découvert, et par conséquent exposées à l'ardeur d'un soleil brûlant, qui ne tardera pas à les dessécher.

Un autre charançon, connu sous le nom de *Charançon gris*, pullule dans les vignes du midi, et cause des dommages fort graves. Il attaque les bourgeons au moment même où ils commencent à sortir, et les empêche de se développer complétement : c'est donc le moment de lui faire la chasse, si l'on ne veut point perdre tout espoir de récolte. Le matin, avec la rosée, on le surprend durant son premier repas ; plus tard, quand il est repu, il se laisse tomber, se cache sous terre tout le temps que le soleil brille. Il est désigné, en langue vulgaire, sous le nom de *Plegaïre* et de *Prego dious bernado.* Dans quelques départements, ceux de l'Aude, du Gard, de la Haute-Garonne, on prescrit contre cet insecte des mesures pareilles à celles adoptées pour l'échenillage.

4. *La Chrysomèle rouge à corselet noir.*

Cet insecte, désigné par Linnée sous le nom de *Chrysomela lucida*, vit aux dépens des feuilles de la vigne, mais il est en général peu nuisible à la plante qui nous occupe. Cependant il est des années où il se trouve en grand nombre ; alors seulement ses dégâts sont très-notables, quoique de beaucoup inférieurs à ceux des insectes nommés jusqu'ici.

5. *La Coccinelle globuleuse.*

La larve de la *Coccinella globosa,* vulgairement appelée *Bête à bon Dieu,* dévore les feuilles de la vigne, elle est abondante et cause de grands dégâts. Parfois on trouve des ceps qui en sont entièrement couverts.

6. *La Courtillière.*

Cet insecte vorace, le fléau de l'agriculture, creuse des fosses près des nœuds de la vigne, et parvient, sinon à faire périr le cep, du moins à le jeter dans un état de langueur tel, qu'il finit par ne rien produire. La courtillière ou taupe grillon travaille fort vite, coupe toutes les racines qui s'opposent à sa marche, et fait une chasse active à toutes sortes d'insectes, qu'elle dévore avec avidité et même avec gloutonnerie. On a indiqué plusieurs moyens pour la détruire ; le meilleur est de maintenir le sol humide, mais alors il ne convient point à la vigne.

7. *La Mante prie-dieu.*

On accuse cet insecte de nuire plus aux ceps qu'il ne le fait ordinairement ; ce n'est guère qu'à l'état de larve qu'il mange les feuilles tendres de la vigne. Insecte parfait, il vit seulement d'insectes qu'il prend avec une dextérité vraiment remarquable, et qu'il dévore toujours en commençant par l'extrémité postérieure de l'abdomen.

8. *Le Criquet à ailes rouges.*

Plus connu sous les noms de *Cricri*, de *Sauterelle*, l'orthoptère que les entomologistes français placent dans leur genre *Acridium*, a deux ailes rouges dont les extrémités sont noires et longitudinalement pliées sous deux étuis coriaces. Le corselet porte une arête, et les pattes postérieures sont longues et sauteuses.

Cet insecte ronge les feuilles de la vigne ; il est très-vorace, et sa prodigieuse fécondité le rend quelquefois un fléau redoutable. La femelle dépose ses œufs vers la fin de l'automne, dans les crevasses des terres grasses, où ils demeurent jusqu'aux beaux jours du printemps. A la fin de mai naissent les petits criquets ; ils n'ont point d'ailes et changent plusieurs fois de peau avant d'arriver à l'état parfait d'insecte.

Les étourneaux et d'autres oiseaux leur font la guerre ; mais il y a des années où ils infestent tellement nos départements du midi, qu'on les attaque le fer et le feu à la main. Dans les départements situés au nord, leurs ravages sont généralement peu sensibles. On les y prend au filet.

9. *Le Kermès ou Cochenille de la Vigne.*

Vulgairement nommé *Gallinsecte*, ce petit hémiptère,

de couleur brunâtre, se fixe sur le tronc et les branches de la vigne, où il dépose une grande quantité d'œufs, et qu'il protège au moyen du léger duvet dont il dépouille son corps. Ces œufs sont oblongs, luisants et rougeâtres ; les petits qui en proviennent, d'un brun clair, ne passent point par l'état de larves, et sont, la majeure partie, dévorés par un très-petit insecte, que les entomologistes appellent *Ichneumon coccorum*. Les kermès qui lui échappent attaquent plus particulièrement les vignes en treilles, dont ils épuisent la sève, et qu'ils font périr lorsqu'ils sont réunis en nombreuse famille. Ils y adhèrent tellement que, pour les détacher, il faut employer la pointe d'un couteau qu'on glisse entre l'insecte et l'écorce. Cette opération est fort délicate, en ce qu'il importe de ne pas enlever l'enveloppe cellulaire.

10. *La Guêpe.*

Cet insecte, appelé *Panorpe* dans quelques vignobles, s'attache aux meilleures espèces de raisins : ainsi le chasselas à grains musqués, celui qui donne le vin de Grenache, sont plus spécialement dévorés par lui. Il perce l'épiderme, insinue sa trompe et enlève toute la partie sucrée, à tel point, qu'il ne reste souvent que la peau du grain fixée à la grappe. Mais, il faut le dire, si la guêpe se jette sur le raisin bien mûr, les grains qu'elle a piqués contiennent aussi moins de matières fermentescibles, ce qui influe sur la qualité du vin.

11. *La Pyrale.*

On donne assez généralement le nom de *Chape*, de *Ver coquin*, et celui de *Chenille vitivore*, à la pyrale qui cause de si grands ravages dans les vignes plantées de Morillon noir. Elle est longue de 14 millimètres, a seize pattes, la tête noire, moins grosse que le corps, qui est d'une couleur rousse, et composé de dix anneaux. On y remarque des petits points recouverts de quelques poils courts et fins. C'est avec les crochets en ciseaux, dont sa bouche est armée, qu'elle ronge les feuilles, coupe leur pétiole, ainsi que le pédoncule et l'épiderme de la grappe. La partie endommagée se dessèche peu à peu, la chenille y étend bientôt plusieurs fils très-déliés, blancs et soyeux. C'est ainsi qu'elle parvient à se faire un logement sur les fleurs ou sur les fruits à peine noués, et à détruire les espérances les mieux fondées. Elle ne sort de cette cellule qu'après le soleil couché, quelquefois dans le jour, quand le temps est obscur, et surtout quand il a plu ; mais elle s'écarte peu. Un mois après, la larve devient chrysalide, dont la coque blanchâtre est mêlée, sans ordre, avec les débris des fleurs et l'écorce des baies. Quinze jours après cet état, il sort de la coque une petite phalène à ailes grises, rayées de noir, dont le corps est jaune, velu et garni de deux antennes légèrement pectinées. Ce papillon nocturne dépose ses œufs dans les fibres corticales des ceps, d'où sort la chenille au premier printemps.

Ses dégâts sont très-considérables, surtout si l'année est pluvieuse. Pendant les années chaudes, la métamorphose se faisant plus promptement, la chenille vitivore a moins de temps pour exercer ses ravages.

On avait assuré qu'elle habitait de préférence les pays granitiques où elle se répandait en rayonnant, mais les vignobles d'Argenteuil, près Paris, des Thorins, près Mâcon, assis sur le gypse ou chaux sulfatée, de Montpellier qui le sont sur une autre variété de calcaire, la chaux carbonatée, d'Aï qui le sont dans l'argile plastique, ont donné sur cette assertion le démenti le plus formel. La pyrale semble limitée jusqu'ici dans le département du Rhône (le Beaujolais), dans celui de Saône-et-Loire (les communes des environs de Mâcon), dans celui des Pyrénées-Orientales (la plaine de Rivesaltes), le canton de Salces dans le département de l'Hérault (environs de Montpellier), dans la Charente-Inférieure (environs de La Rochelle), dans celui de Seine-et-Oise (Argenteuil), dans celui de la Marne (tout le vignoble d'Aï).

La pyrale attaque particulièrement les vignes basses à raisins rouges et respecte les ceps hautains.

Roberjot a détruit dans le Mâconnais toutes les pyrales

qui dévastaient les riches vignobles de ce pays, en allumant pendant une heure, aux lieux élevés autour des vignes, des feux de paille, de chaume, ou de menus fagots; et, à l'entrée de la nuit, les phalènes attirées par ces feux, viennent s'y brûler de fort loin, et l'on enlève ainsi, avec quelques centimes de dépense, des centaines de millions d'individus très-nuisibles. Les pyrales ne sont pas les seuls insectes qui périssent par ce moyen, les feux attirent aussi un grand nombre de bombyx, de noctuelles, de phalènes, etc., dont les chenilles vivent aux dépens des arbres fruitiers et forestiers. Il faut que ces feux soient disposés de manière à occasionner dans l'air des tourbillons de flamme et de fumée. C'est du premier juillet au quinze août, suivant les localités, qu'il convient d'allumer ces feux; une fois commencés, il faut les continuer dix jours au moins de suite, excepté lorsque l'atmosphère est froide, pluvieuse ou venteuse, parce qu'alors les insectes quittent difficilement leur place.

Un autre moyen, plus efficace, proposé par Audoin, mais plus compliqué, consiste dans l'échaudage qui a l'avantage de détruire la pyrale et toute sa lignée, et a déjà rendu des services importants dans nos départements vinicoles.

12. *La Chenille mineuse.*

Fréquente dans nos vignobles du midi, cette larve assez petite, loge et se nourrit entre les deux épidermes des feuilles, où elle se pratique des galeries : c'est de là qu'elle a reçu le nom de *mineuse.* Lorsque le moment de sa métamorphose approche, elle coupe deux portions d'épiderme en forme ovale, très-minces et absolument égales : elle les unit avec sa soie, et en fabrique une coque qu'elle laisse ouverte par un bout, et comme son corps n'est composé que d'anneaux rapprochés les uns des autres, elle a recours à une industrie à l'aide de laquelle elle marche dans toutes les situations, même sur les corps les plus polis; elle s'avance hors de sa coque, forme un monticule de soie, et par le moyen des fils qui y sont attachés, elle attire sa coque à elle. En réitérant sans cesse ce manège, elle voyage : on découvre le lieu de sa retraite, en suivant la soie qu'elle a déposée le long de la route tenue. Cette chenille singulière, après avoir passé par l'état de chrysalide, se change en une teigne, dont la tête, les pattes et le corps sont argentés.

La chenille mineuse fait beaucoup moins de dégâts que la pyrale ; elle sert d'ailleurs de pâture à une espèce d'ichneumon, dont le corps est rouge, avec des taches jaunes. Cet entomophage perce la peau de la chenille, dépose dans son corps plusieurs œufs qui ne tardent pas à éclore. Les larves se nourrissent de la substance de la chenille, et la font bientôt périr.

12 (Bis). *Des Phalènes.*

Je nommerai encore les Ecailles mendiantes, Martre et Pied-Glissant (*Arctia mendica, Caja* et *Lubricipeda* de Latreille) ; elles occasionnent à la vigne des ravages notables dans diverses localités de nos départements du midi.

13. *Des Sphinx.*

Plusieurs larves de sphinx, entre autres le *Celeno,* l'*Elpenor*, le *Porcellus,* consomment beaucoup de feuilles de l'arbuste vinifère pour leur nourriture ; mais comme elles sont peu nombreuses et même généralement très-rares, leurs dégâts ne sont point à craindre. Cependant, il est bon de les signaler, et lorsqu'on les aperçoit, de les détruire.

La larve du sphinx *celeno,* et non pas *celerio,* se reconnaît par sa couleur brune, sa queue, des yeux sur les côtés du cou, et deux lignes latérales blanches : c'est au mois de juillet et d'août qu'elle ronge les feuilles de la vigne ; un mois après, elle les roule, les réunit et s'y convertit en chrysalide brune et plus foncée postérieurement.

Les larves de l'*elpenor* et du *porcellus* diffèrent peu l'une de l'autre.

Vigneron. 18

14. *La Teigne de la grappe.*

Cette larve rase, de couleur verte ou livide, quelquefois rougeâtre, longue de 14 millimètres, est connue des
vignerons sous le nom de *Ver de la vigne* ou *Ver coquin*.
Elle a seize pattes, se montre au moment de la floraison,
se niche autour des corolles et dans l'intérieur du pédoncule de la grappe, où elle se forme un abri ou faux-four-
reau, d'un lâche tissu soyeux, garni des débris de sa
nourriture; elle vit des pédoncules particuliers de chaque grain, qu'elle coupe çà et là, qu'elle lie ensuite de
liens de soie; elle ne sort jamais entièrement du berceau
qu'elle se fait, seulement le matin et le soir, elle s'avance
un peu pour manger et agrandir ainsi son habitation. A
l'époque de la maturation des raisins, elle cause de nouveaux ravages, elle ronge le grain, pénètre dans son intérieur et dénonce elle-même sa présence par le tissu
soyeux au moyen duquel elle réunit plusieurs grains ensemble. Les grains attaqués par cette larve sont perdus
pour le produit, et portent même dans le vin des principes de détérioration, étant sans parties sucrées, ce qui
demande une sérieuse attention de la part du vigneron,
d'autant plus qu'il est difficile de détruire cet insecte.
Ses dégâts sont tellement considérables qu'on peut,
sans crainte d'erreur, avancer qu'ils privent un vignoble du tiers de son produit. Ils avaient été notés par les
anciens, par Ctésias chez les Grecs, par Pline chez les
Latins.

L'insecte parfait est petit, d'un blanc jaunâtre argenté;
il s'accouple en avril pour donner les larves qui attaquent le raisin en fleur, puis une seconde fois en août,
et, bientôt après, la femelle pond des œufs d'où sortent
des larves qui rongent le raisin en automne.

15. *Pucerons.*

On donne, dans quelques localités, le nom de *Collis* à
une maladie de la vigne qui est une sorte d'étisie entraî-
nant la mort des ceps en un ou deux ans, et qui s'étend

de proche en proche aux ceps voisins de ceux qui sont atteints. Cette maladie paraît surtout s'attaquer à certains cépages rouges, dont les racines sont dévorées par des pucerons, n'atteint pas les vignes à grande arborescence et à longues tailles ; et elle a semblé jusqu'à présent céder aux arrosements d'une solution de 5 kilogrammes de sulfate de fer dans 100 litres d'eau, et de 5 kilogrammes de foie de soufre dans la même quantité de liquide ; arrosements qu'on donne au mois de mars et qu'on répète au mois de juin, à la dose de 4 à 5 litres par cep.

Depuis 1863, une nouvelle maladie est venue fondre sur les vignobles du midi de la France. Cette maladie, appelée *pourriture des racines*, s'est étendue peu à peu sur plusieurs de nos départements, et ce n'est qu'en 1868 qu'on a reconnu qu'elle était due à un petit insecte qu'on a d'abord appelé *pucerons des racines*, et qu'on a reconnu depuis être de l'ordre des hémiptères, sous-ordre des homoptères, et appartenir au genre Phylloxera, et, en conséquence, M. Planchon l'a désigné sous le nom de *Phylloxera vastatrix*. A l'état jeune il ressemble à un pou, il est ovale et jaune ; à l'état de nymphe, il est plus gros et plus jaune à l'extrémité ; à l'état d'insecte parfait, il est ailé et n'a pas plus de 1 millimètre de longueur. Il a deux existences, l'une souterraine et l'autre aérienne, et les vents paraissent être les agents qui, sous ce dernier état, le transportent au loin. Il a la fécondité et toute la rapidité de multiplication des autres pucerons. Quand il attaque la vigne la première fois, on ne distingue aucune altération sensible dans sa végétation, mais peu à peu il se forme des nodosités sur le chevelu des racines, celles-ci deviennent noires, pourrissent et à la troisième ou quatrième année la vigne périt. Les sécheresses, les grandes chaleurs, les froids extrêmes, les pluies continues semblent avoir peu d'effet sur ce parasite redoutable. On a employé sans succès contre lui les engrais salins, les produits arsenicaux, l'huile lourde de gaz, le coaltar, l'ammoniaque liquide, la chaux, le soufre en poudre, la naphtaline, le savon noir, des décoctions de plantes, etc., et les seules matières qui ont donné des résultats un peu meilleurs ont été le bisulfure de calcium dissous dans l'eau, et l'acide phénique impur très-étendu. L'arrachage des sujets malades dans une vigne a été aussi un moyen inefficace, à moins qu'il ne soit opéré dès le début de l'infection et qu'il soit pratiqué par tous les propriétaires d'une même localité vitifère formant un comité de défense. M. Faucon, des Bouches-du-Rhône, assure avoir délivré ses vignes du Philloxera par une submersion de 40 à 50 jours; ce moyen n'est pas praticable partout, mais il peut être remplacé par des arrosages fréquents qui paraissent également aussi avoir quelqu'effet. Le mal s'étend chaque jour et de nouveaux foyers d'infection sont signalés à chaque instant. Il est donc urgent d'attaquer partout et avec énergie ce terrible fléau qui attaque une des principales richesses agricoles de notre pays.

CHAPITRE III.

Des parasites végétaux.

Les quadrupèdes, les oiseaux, les insectes, les mollusques et en général bon nombre d'animaux ne sont pas les seuls à attaquer la vigne et à lui occasionner plus ou moins de dommages; il y aussi des êtres organiques qui se rattachent au règne végétal et qui sont de véritables fléaux pour cet arbrisseau.

« Le plus redoutable de tous est l'*oïdium*, parasite de l'ordre des cryptogames, qui, suivant M. le docteur J. Guyot, apparaît généralement sur les ceps lorsque la température ambiante, secondée par une certaine humidité atmosphérique, se maintient pendant 3 jours et 3 nuits de suite au-dessous de 15 degrés centigrades, et lorsque la vigne offre à ses semences des pousses jeunes et tendres, savoir : en avril et mai à la première végétation ; en juin et juillet, à la floraison et à la formation du grain de raisin ; et en août et septembre, lorsque le raisin s'attendrit pour mûrir. Le voisinage des eaux, des lacs et des mers est très-favorable à son développement, les expositions sud, les abris des toits, des arbres, et l'abondance des pampres, recouvrant le sol et maintenant la chaleur de la nuit, prédisposent la vigne à être atteinte. En somme, la vigne est d'autant plus sujette à l'oïdium qu'elle est moins sujette à la gelée et réciproquement. Dans l'extrême midi, l'oïdium se montre au printemps, pendant l'été et l'automne. Dans le centre, en été et dans l'automne seulement, et dans le nord, à la fin d'août et au commencement de septembre, les chaleurs sèches au-dessus de 25 degrés arrêtent souvent le développement de la maladie. L'oïdium attaque certains cépages, les plus fins ordinairement, de préférence à d'autres.

« Le seul remède efficace contre l'oïdium est le soufre à l'état de fleur ou de poussière impalpable et à l'état de sulfures alcalins (tri et pentasulfures de potasse, de soude ou de chaux, dissous dans mille fois leur poids d'eau). La fleur de soufre doit être projetée sur les pampres, les feuilles, les raisins, en-dessus et en-dessous et dans tous les sens, par un temps sec et chaud à 18 ou 20 dégrés, soit à l'aide de soufflets spéciaux, surtout celui de M. de La Vergne, soit à l'aide de boîtes à tamis et à houpes, soit avec la main puisant le soufre dans un tablier à semeur. La dose est de 20 à 25 kilog. par hectare, par chaque soufrage, et les soufrages doivent se répéter autant de fois qu'il y a invasion d'oïdium, au printemps, en juin, en juillet, et en août et septembre. Le soufre en poudre doit être employé sec et chaud et par la chaleur du jour, car par le froid, le soufre n'agit pas. Il semble que son action destructive de l'oïdium réside dans ses émanations odorantes, et par le froid il n'a pas d'odeur. Aussi l'emploi des eaux sulfureuses lancées avec force et dans tous les sens des parties vertes, au moyen de bonnes pompes de jardin, est-il souvent beaucoup plus efficace que celui de la fleur de soufre, surtout dans le nord, parce que leur faculté odorante se manifeste toujours, même par le froid. Dix kilog. de sulfure de potasse dissous dans 100 hectolitres d'eau suffisent à préserver un hectare ; l'emploi des sulfures est beaucoup plus économique que celui de la fleur de soufre.

« Parmi les viticulteurs les plus compétents, les uns

pensent qu'il faut pratiquer les soufrages avant toute apparition de l'oïdium ; on appelle cette méthode préventive ; les autres soutiennent qu'il ne faut soufrer que lorsque l'oïdium se manifeste sur quelques ceps. Je partage cette dernière opinion, car l'oïdium disparaît parfaitement lorsqu'il est combattu à ce moment, tandis qu'on n'est jamais sûr d'opérer à temps si l'on agit préventivement. L'oïdium est tellement bizarre et irrégulier dans ses invasions des mêmes vignes, aux mêmes lieux, aux mêmes saisons, que rien ne peut prouver qu'il apparaîtra ou n'apparaîtra pas. En agissant préventivement, on se livre donc au hasard de dépenses inutiles. Il est vrai que des soufrages sont des stimulants de la végétation, et que tout n'est pas perdu pour avoir soufré sans nécessité, mais il semble qu'il vaut mieux savoir toujours ce que l'on fait.»

Nous avons mentionné ci-dessus le soufflet de M. de La Vergne comme le meilleur appareil pour soufrer les vignes, et il est juste que nous en donnions ici la description, d'après son inventeur.

Fig. 14.

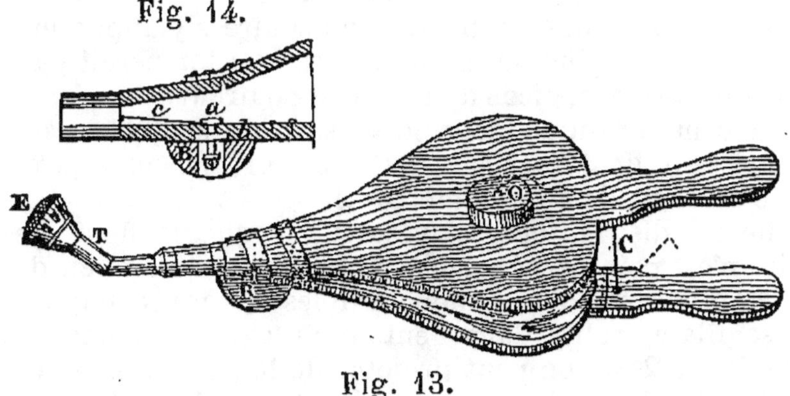

Fig. 13.

« Les dimensions de notre soufflet, dit M. de La Vergne, sont celles des soufflets communs appelés *cadets* (fig. 13). Ses planches, d'un centimètre d'épaisseur, sont en bois de peuplier très-sec ; il n'a pas d'autres ferrements que la tuyère de fer blanc et les petits clous nécessaires pour fixer la peau dont il est garni. A dimensions égales, il pèse beaucoup moins qu'aucun autre soufflet connu :

avantage considérable dans un travail aussi pénible que le soufrage.

« Le trou rond pratiqué dans le milieu de la planche supérieure a 4 centimètres de diamètre. On le ferme au moyen d'un bouchon O, qu'un petit cordon retient à un piton vissé dans le bois du soufflet.

« Ce sont les dispositions de la tuyère T qui donnent en partie à cet instrument sa véritable supériorité. Elle est en une seule pièce courbée régulièrement, ou en deux et simplement coudée, son diamètre augmentant faiblement vers l'orifice antérieur. Sur cet orifice, entouré d'un pavillon d'entonnoir E, est fixée, avec ou sans soudure, une toile en fil de cuivre ou de fer étamé dont les mailles ont deux millimètres de côté.

« Une bonne courbure s'obtient facilement en formant les tuyères de trois morceaux soudés bout à bout sous des angles déterminés suivant la taille des vignes qu'on veut soufrer.

« Le pavillon, destiné particulièrement à protéger la grille contre l'humidité du feuillage de la vigne, est percé à jour dans le sens de sa hauteur. Si ses parois étaient pleines et continues, la poudre de soufre s'y appliquerait en couches plus ou moins épaisses et tomberait par petites masses aux pieds de l'ouvrier soufreur.

« Le canal pratiqué dans le museau du soufflet va en s'élargissant de l'intérieur à l'extérieur, son plus petit diamètre étant de 15 millimètres (1).

« De ces dispositions, il résulte : 1° que la fleur de soufre n'est point gênée dans son cours, et qu'au lieu de sortir en faisant balle, comme par les tuyères coniques, elle se dilate, roule dans l'entonnoir et se disperse en tourbillon ; 2° qu'on peut projeter de la poudre à l'intérieur du feuillage d'un cep, de manière qu'elle atteigne, de bas en haut, par dessous et à revers, les sarments, les grappes et les feuilles ; 3° qu'on peut lancer le soufre dans toutes les directions et lui faire suivre toujours celle du vent, sans trop se baisser, ni changer de place.

(1) Ce diamètre doit être réglé d'après la pulvérulence du soufre. Il doit être plus petit ou plus grand, suivant que la poudre est plus ou moins fine et sèche.

« Ce premier instrument a dû être complété par l'adaptation au museau du soufflet d'un petit appareil qui permet d'agrandir ou de diminuer le canal d'émission. Cet appareil consiste en une lame de métal *c* (fig. 14), disposée longitudinalement dans le conduit du soufflet, et dont une extrémité mobile, en s'élevant ou en s'abaissant, intercepte l'entrée de la buse à différentes hauteurs. Cette lame est légèrement recourbée pour empêcher le soufre de s'engager au-dessous d'elle, circonstance qui nuirait à sa manœuvre ; elle se meut à l'aide de la vis *a*, maintenue par l'écrou *b*. La tête de la vis est noyée tout entière dans le massif en bois B, fixé au-dessous du museau ; ce massif la protège contre les chocs, et dans l'opération du soufrage, empêche qu'elle ne déchire les sarments ou les feuilles. Cet appareil, qui modifie à volonté le volume du canal d'émission, a pour but de régler le débit des poudres suivant qu'elles sont plus ou moins fines et sèches, et qu'elles se dispersent plus ou moins facilement.

« Lorsqu'on verse le soufre en poudre dans le soufflet, il est impossible de se rendre compte de la quantité exacte de matière qu'on y introduit, et il arrive parfois que cette matière mise en excès rend très-difficile le jeu du soufflet dans le premier moment. M. de la Vergne, pour obvier à cet inconvénient, a établi entre les manches un crochet C, fig. 13, qui maintient les deux planches immobiles pendant le chargement, et fait ainsi servir de mesure le soufflet lui-même.

« Enfin, le cuir ou le tissu dont la poche est formée, a été rendu inattaquable au soufre et à toute substance corrosive, par l'application à l'intérieur, d'une pellicule de zinc ou d'étain.

« Avec toutes ces modifications le soufflet de M. de La Vergne est devenu un instrument tout à fait perfectionné, à l'aide duquel on exécute facilement toutes les opérations du soufrage les plus minutieuses, et qui, outre l'économie considérable qu'il procure dans l'emploi du soufre, offre encore cet avantage, de n'avoir que rarement besoin de réparations.»

LIVRE III

ART DE FAIRE LE VIN.

L'art de faire le vin comprend une série d'opérations plus ou moins délicates, et toutes également importantes, desquelles dépendent la bonté des produits de la vigne, et la fortune de celui qui se livre à ce genre de culture. Je vais entrer sur chacune de ces opérations dans les détails nécessaires, afin de détruire les mauvaises habitudes contractées, et montrer ce qui est plus profitable, ce qu'avoue la science œnologique.

CHAPITRE PREMIER.

De la vendange.

De toutes les opérations qu'exigent la culture de la vigne et la qualité des vins, celle de la récolte est, sans contredit, la plus importante, et malheureusement c'est celle qui presque toujours, et presque partout, est la plus mal faite. L'époque, pour la faire, dépend d'un concours de circonstances et d'opinions reçues si différentes, qu'il est difficile de la bien déterminer. L'intérêt particulier prévaut généralement sur l'intérêt général, et l'ouverture du ban de vendanges est rarement fixée d'une manière juste, d'une manière convenable. Ici, la crainte de voir diminuer la récolte par des mains rapaces, par la contrariété de la saison, fait couper prématurément le raisin, et par conséquent, perdre l'abondance et la bonté du vin, payer des vendangeurs fort cher. Là, par une faute non moins grande, on retarde trop l'ouverture de la vendange; le raisin est pourri, les vins qu'on en obtient sont faibles, difficiles à éclaircir, sujets à la graisse, et causent la ruine de celui qui les possède.

Le ban de vendange qui subsiste encore dans quelques localités a été introduit à l'origine pour faciliter aux décimateurs et aux seigneurs la perception des droits. Par un abus, consacré par l'usage et même par la loi, l'ouverture du ban de vendange était laissé à l'arbitraire des maires, et l'on sait que trop souvent ils s'y abandonnent quand ils ne sont pas guidés par les intéressés. Chacun doit être libre de vendanger quand il lui plaît. Le vigneron sait mieux que personne quand il convient de le faire : il est des vignes qui, par la nature du sol, de l'exposition et du plant, mûrissent longtemps avant les autres; attendre est pour elles exposer le raisin à devenir la proie des insectes, ou bien à se dessécher. Ne vaut-il pas mieux, comme dans les meilleurs vignobles de la Marne, faire plusieurs vendanges, c'est-à-dire choisir d'abord les grappes les plus mûres, et attendre les autres au moment où elles seront bonnes à cueillir? On est alors à même d'enlever plus aisément tous les grains pourris, desséchés ou restés verts.

Sur les côtes réputées de Beaune, de Nuits et de Dijon, on était déjà dans l'usage de laisser aux intéressés à fixer l'époque de la vendange; on mettait une sorte d'appareil pour que la décision se prenne avec loyauté, le plus utilement pour tous. Des commissaires, nommés autrefois *Prud'hommes*, étaient choisis, au nombre de trois par commune, l'un parmi les propriétaires forains, c'est-à-dire, non habitant le village, l'autre, parmi les propriétaires résidants, et le troisième parmi les vignerons. Leur nomination était attribuée aux maires, réunis au conseil municipal. Les commissaires faisaient une première visite, parcouraient toutes les vignes et déterminaient le jour où devait se faire une seconde visite. Dans cette dernière, ils fixaient le moment où la vendange devait s'ouvrir dans leur arrondissement respectif. La délibération était prise à la pluralité des voix, par commune, et envoyée à l'autorité supérieure qui la convertissait en arrêté, la publiait et l'affichait dans tous les lieux. Cette mesure était la meilleure pour les cantons où les vignes sont morcelées à l'infini. — « Aux jours « indiqués, comme l'écrit le savant Morflot, on voit des- « cendre par troupes nombreuses, des montagnes du « Morvan et de l'Auxois, pour la côte depuis Santenay « jusqu'à Aloxe, des vendangeurs de tout âge et de tout « sexe, qui arrivent de cinq à dix myriamètres, pour « jouir du plaisir de manger des raisins en abondance, « et sous l'appât de gagner quelque argent. Du côté de « Nuits et de Dijon, les vendangeurs arrivent de la « plaine, où, en général, on ne cultive que peu de vi- « gnes, et des villages des arrière-côtes : ceux-ci sont « tous vignerons, et viennent en vendange pour atten- « dre le moment où elle peut se faire en leur pays. Ces « derniers sont préférés, on les paie même davantage, « parce qu'ils connaissent la vigne, soignent les échalas, « travaillent avec plus d'assiduité, et mangent moins de « raisins. »

Il est une marque certaine et à portée de tous, pour connaître quand le raisin est arrivé au point complet de sa maturité. C'est lorsque la pellicule est mince, plus transparente, non cassante sous la dent, quand sa couleur prend une teinte plus foncée, quand, de blanche qu'elle était, elle devient grise, quand du rouge-violet elle passe au noir très-chargé, quand le pédoncule de la grappe, jusqu'alors vert, prend une couleur brune et qu'il devient bois, quand la grappe est absolument pendante; c'est surtout lorsque le grain se détache avec facilité de la rafle, à laquelle il abandonne le petit pédoncule brun ou cordon de vaisseaux par lequel il recevait ses principes nourriciers, que ce grain est sucré, que le suc qu'il donne est gluant, transparent, de couleur vineuse, et que le pépin, de vert clair qu'il était, prend un vert très-foncé, presque brun. La chute des feuilles comme la pourriture des grains ne sont point un signe certain de maturité; mais lorsque les feuilles tombent par suite de gelée, il faut vendanger, le raisin n'a plus rien à acquérir, il restera vert.

On attend assez ordinairement ce moment dans les parties méridionales de la France, et dans celles qui ne sont nullement exposées aux faibles gelées de la fin de septembre et des premiers jours d'octobre. Mais dans les contrées plus au nord, on est souvent obligé de devancer l'époque de la parfaite maturité, dans la crainte d'être surpris par le froid. Les raisins noirs, bien mûrs, peuvent, à la rigueur, supporter de faibles gelées, sans en éprouver aucun préjudice. Il est même certain que le froid ajoute à la qualité du raisin, en lui enlevant l'eau de végétation et en concentrant le mucoso-sucré.

Il n'en est pas de même des raisins qui ne seraient qu'imparfaitement mûrs : s'ils subissaient une gelée un peu forte, il en résulterait au moins un cinquième de perte sur la quantité du vin, et ce vin serait faible en couleur et en force, facile à filer ou à s'aigrir, etc. C'est donc une étude toute particulière à faire, et une grande attention à apporter, pour bien saisir le moment où les vendanges doivent être faites dans les contrées exposées aux tristes effets des premières gelées de l'automne (1).

La vendange doit se faire par un beau jour, jamais par un temps de pluie ou de brouillards, ni de trop grand matin, dans les vignobles du midi ; les raisins contenant toujours en excès la matière sucrée, le peu d'eau que la rosée dépose sur eux contribue à augmenter la fluidité du moût, et par conséquent à accélérer la fermentation, sans la rendre trop tumultueuse. Dans nos contrées plus au nord, il est essentiel d'attendre que les rayons solaires aient dissipé la rosée et échauffé le raisin (2). Cette

(1) Le cépage qui produit le vin d'Arbois ne veut être vendangé qu'après les premières gelées. Cette propriété singulière, il la conserve même hors de son pays. Le raisin est encore pendant au cep, que celui-ci se trouve entièrement dépouillé de ses pampres verdoyants.

(2) Il faut excepter de cette loi les vignobles du département de la Marne, et plus particulièrement de la côte de Reims. Les vendanges doivent s'y faire dès le grand matin, après l'évaporation de la rosée, si l'on veut que le raisin noir, qui y pullule, donne un vin limpide, incolore et mousseux.

précaution devient de rigueur, s'il a plu la veille de la vendange : les raisins gonflés par l'eau qu'ils ont bu outre mesure, en apportent une trop grande quantité dans la cuve, et le vin qui en résulte n'a pas de force, et n'est pas susceptible de garde.

Il faut mettre la plus grande activité à vendanger, afin de prévenir les vicissitudes de l'atmosphère, extrêmement variable à cette époque tardive de l'année. Si le temps est pluvieux, on suspend la cueillette du fruit; il vaut mieux retarder d'un jour, et même de deux, plutôt que de s'exposer à avoir du mauvais vin, du vin qui ne se conserverait pas. Le raisin, récolté par un temps sec et chaud, ou par une moyenne température, fermente bien plus promptement et avec beaucoup plus de force.

Si l'année est pluvieuse et froide, la température humide et soutenue fait contracter des mauvaises qualités au raisin ; comme il n'a pu acquérir la maturité requise, faute de cette chaleur qui fait les vins généreux, ceux de la vendange actuelle seront faibles, aqueux et acides; la partie muqueuse n'est pas assez élaborée, et sa première acidité y est encore, avec le caractère plus ou moins développé du verjus. Pour corriger cet état fâcheux, dans certains endroits on soumet la vendange à l'action du soleil après que le raisin est coupé ; dans d'autres on l'étale durant quelques jours dans les greniers, ou bien l'on absorbe le trop d'humidité, à l'aide d'un peu de plâtre pulvérisé qu'on introduit dans le suc lorsqu'il est exprimé.

Pour la cueillette du raisin, les uns se servent de la serpette ou d'un couteau, les autres de leurs doigts, et le plus grand nombre de ciseaux. La serpette ne vaut rien, l'instrument est lourd, en coupant la queue de la grappe, le sarment éprouve nécessairement une forte secousse qui fait tomber le grain le meilleur et la feuille qui, mêlée avec le raisin, s'imbibe de moût, en diminue la quantité, et communique au vin un goût acerbe. Il en est de même du couteau, qui donne au cep une plus forte secousse. L'abus est plus grand encore quand on permet, aux vendangeurs de se servir de leurs doigts : le pédoncule cède rarement à un premier effort, et si on le redouble, l'ébranlement causé au sarment est tel que le grain et la feuille jonchent la terre. La seule manière avantageuse est d'employer les ciseaux dont le tranchant est bien effilé ; on coupe facilement le pédoncule et l'on n'éprouve point de perte.

Dans quelques-uns de nos vignobles, on vendange avec le sécateur et les avis sont encore partagés sur les avantages ou les inconvénients de cet instrument, comparé à la serpette et aux ciseaux.

Le panier du vendangeur doit être petit, et il doit y déposer la grappe le plus légèrement possible, afin de ne pas meurtrir le raisin. Dans les paniers d'une grande capacité, le raisin se tasse, s'écrase, et une partie du jus du grain le plus mûr s'écoule.

En coupant le raisin, le vendangeur doit avoir la précaution de rejeter les grains secs, ceux qui sont pourris et ceux qui sont verts. Le grain sec boit une partie du jus de celui qui est mûr, et communique au vin une saveur acide ; le grain pourri dégrade le vin ; et le grain vert lui donne non-seulement un goût âpre, austère, mais il le dispose encore à aigrir. De l'union de ces différents grains, résulte de nombreux inconvénients ; je n'en citerai que deux : l'inégalité dans la fermentation des matières sucrées, acides, aqueuses, et la détérioration notable de son produit.

On transporte le raisin de la vigne au manoir, au moyen des voitures, à dos d'hommes ou d'animal. On réunit la portion de chaque vendangeur, dans des paniers d'osier ou dans des espèces de hottes, que l'on nomme *tandelins*.

L'usage des paniers d'osier, pour être très-ancien, n'en est pas meilleur : le fruit y est pressé, la pellicule s'y brise et perd une partie du jus qu'elle contient. La voiture donne des secousses trop fortes. La hotte en bois est préférable ; le pas de l'homme, le mouvement du cheval ou de l'âne, sont plus doux, plus réguliers que la marche de la voiture, ils ne fatiguent pas sensiblement la vendange. Les raisins de la Marne sont déposés dans de grands paniers, et transportés à dos de cheval : on a soin de couvrir le panier d'une longue toile pour amortir l'action du soleil, et prévenir une fermentation intempestive.

Ainsi, le vigneron intelligent fera la cueillette de son raisin par un beau jour ; il refusera tout vendangeur maladroit ; il en prendra un nombre suffisant pour terminer la cuvée dans un seul jour ; il surveillera tous les travaux, et s'adjoindra un homme expérimenté et sévère ; il fera couper très-court les pédoncules des raisins, et employer des ciseaux pour cette opération ; il obligera ses vendangeurs à rejeter tous les grains pourris, et à laisser sur la souche les raisins encore verts ; il ne leur distribuera que des petits paniers, et fera porter à dos d'homme ou d'animal le produit de sa récolte, en ayant soin que le raisin n'y soit point foulé.

M. Cavoleau, œnologue distingué, fait une observation qui paraît juste que voici :

« Les raisins de la même espèce, dit-il, mûrissent rarement en même temps, et à plus forte raison ceux d'espèces différentes ; il serait donc très-convenable de ne vendanger d'abord que les plus mûrs et d'attendre quelques jours pour les autres. Ce serait l'unique moyen d'obtenir les meilleurs vins que puissent produire le climat et les espèces de vignes que l'on a plantées. Cependant c'est une attention que l'on n'a pas, même dans les vignobles les plus distingués, excepté dans celui des Riceys, département de l'Aube. On en trouve aussi quelques exemples, mais très-rares, dans les vignobles d'une classe inférieure, dans les départements de l'Aisne, de la Vienne et surtout d'Indre-et-Loire, où, dans l'arrondissement de Tours, on vendange le *rouge noble* à plusieurs reprises. Dans les vignobles les plus distingués, sur la Côte-d'Or, par exemple, on a seulement l'attention de ne commencer à vendanger qu'après que le soleil a dissipé la rosée, et d'extraire des raisins les grains pourris ou trop verts.»

Le conseil de M. Cavoleau est très-bon pour tous les vins fins et particulièrement dans les vignes encloses et non soumises au ban. Celles placées dans les circonstances opposées ne pourraient admettre ce système qui, sous un autre rapport, ne saurait être appliqué aux vignobles communs, parce qu'alors l'augmentation de frais ne serait pas couverte par un bénéfice plus grand.

« La quantité d'ouvriers nécessaires pour vendanger un hectare de vigne, dit M. Pastellot de Serres, est très-variable, suivant que le raisin est plus ou moins abondant, que les ceps sont plantés en lignes ou confusément, que la vigne est disposée en cordons ou en hautains, palissée sur fils de fer ou échalassée, etc. Le nombre des journées nécessaires pour la vendange varie donc depuis 4 jusqu'à 30 et même davantage. Si la récolte est moyenne, il faut un porteur ou hotteur pour 6 à 7 vendangeuses ; ce chiffre pourtant varie encore suivant que le terrain est plat ou en pente, que cette pente est plus ou moins rapide, qu'on porte au cellier ou à une voiture, et que cette voiture a pu accéder plus ou moins près de la vigne; on a aussi, en général, un surveillant pour 15 ou 20 vendangeuses, qui ne fait autre chose que surveiller leur travail et cueillir derrière elles les grappes oubliées. A un endroit, sur un chemin, le plus près possible du clos, se trouve une voiture chargée de cuves, cuveaux, tonneaux défoncés par en haut, ou de tines spéciales, et dans lesquels le porteur vient vider sa hotte ; un cheval et un homme suffisent pour deux voitures dont l'une, dételée, attend son chargement, tandis que l'autre est en route.

« Si la vigne est plantée en lignes, on place une vendangeuse sur chaque ; si elle est plantée en foule, on donne à chaque cueilleuse une bande d'un mètre de largeur à parcourir ; elles doivent être munies d'un sécateur ou mieux encore d'une paire de ciseaux ordinaires et d'un seau en fer-blanc, à double fond en bois (voyez *Vendangeoir*), dans lequel elles déposent les grappes au fur et à mesure qu'elles les coupent. Les ciseaux et le sécateur sont préférables à l'ongle et à la serpette, parce qu'ils opèrent plus vite et sont moins nuisibles. Les porteurs passent dans les rangs ou entre les lignes, de temps en temps, et à des intervalles aussi réguliers que possible, et les vendangeuses vident leurs paniers dans leurs hottes. Les hottes, à leur tour, sont déchargées dans les tines, puis conduites au pressoir. Le raisin subit ensuite l'égrappage, le foulage, le cuvage et le pressage. »

CHAPITRE II.

De l'Egrappage.

Une question divise les vignerons : il s'agit de savoir s'il est de leur intérêt de séparer le grain du raisin avant de le soumettre au foulage en totalité ou seulement en partie. Pour la résoudre, il faut bien connaître les localités où l'usage se pratique, et celles où on le rejette. Rozier recommande l'égrappage, et c'est à lui qu'on en doit l'adoption aux environs de Lyon, et particulièrement dans les vignobles renommés d'Ampuis et de Saint-Cyr. Aux environs de Bordeaux, dans les Gaves et le Médoc, on égrappe avec soin tous les raisins rouges dont on veut avoir du bon vin, et c'est généralement ce que l'on fait partout où l'on a des vins fins, des vins d'une qualité supérieure.

À Narbonne, à Limoux, département de l'Aude, on égrappe les meilleurs crus; à Bergerac, département de la Dordogne, on égrappe très-exactement, ainsi que sur la côte du Rhône, département du Gard; dans le canton de Tain, département de la Drôme; à Auxerre, Avallon, Tonnerre, département de l'Yonne, et dans celui de la Marne, pour le vin de choix. Cette pratique est très-répandue dans les départements des Vosges, du Haut-Rhin, du Doubs, du Jura, de Vaucluse, des Basses-Pyrénées, de la Sarthe et d'Indre-et-Loire, quand on veut faire sortir certains vins de la classe ordinaire. Il y a beaucoup de localités où l'on devrait l'adopter, et chez lesquelles l'autorité de Rozier, et celle des vignobles que je viens de citer, sont de nature à décider une heureuse révolution dans les produits de la vigne ; mais il en est d'autres où, comme dans l'Orléanais, l'on n'a que des ceps de pauvre qualité, ne donnant qu'un raisin peu sucré : toute tentative de ce genre serait en pure perte. L'expérience a prononcé, et comme l'a dit notre immortel Bernard Palissy, l'expérience passe science.

Ainsi, nous savons maintenant que l'égrappage convient dans le midi, où le vin est naturellement généreux (1), tandis que pour les vins faibles et insipides du nord, dans les années où le raisin est liquoreux et mûr, il vaut mieux ne pas égrapper ; et si on le fait, il importe de ne jamais égrapper la totalité d'une cuvée. L'égrappage absolu aurait de graves inconvénients pour la conservation de la liqueur.

La grappe contient jusqu'à cinquante pour cent d'eau de végétation, plus du tannin, ou si l'on aime mieux un principe acerbe, astringent, qui rend le vin âpre durant les deux premières années ; mais il contribue à lui donner de la durée. Ce principe, que la chimie nous apprend être de l'acide tannique, est propre à corriger la faiblesse du moût et à faciliter la fermentation, selon que la température de l'année a été plus ou moins favorable ; il oblige la liqueur à prendre une qualité agréable, une saveur plus vive, une force plus durable. On pourrait dans la même vue, au lieu de grappes, mêler avec le vin une forte décoction de thé noir. Cette liqueur astringente a la propriété de ralentir le mouvement fermentatif.

Différents procédés sont employés pour égrapper le raisin ; ils varient selon les localités ; mais le plus commode et le plus expéditif est, de l'avis d'habiles praticiens, celui adopté dans quelques communes de l'arrondissement de Besançon. On se sert d'une espèce de cu-

(1) On égrappe dans les vignobles aux environs de Marseille ; mais on ne le fait point dans le cantons d'Auriol, de Roquevair, et de la côte maritime du département du Var.

vier de 3 à 4 mètres de circonférence, ou 11 décimètres et demi de diamètre sur 97 centimètres de hauteur. Dans l'intérieur, à 27 centimètres du bord des douves, et à des distances égales, sont assujettis trois petits mentonnets destinés à recevoir un faux-fond. Ce faux-fond est composé de deux ou trois planches coupées en rond, percées d'une infinité de petits trous, de manière à ce que deux ou trois grains de raisin puissent passer à la fois dans chacun d'eux. Ces planches sont jointes ensemble, et clouées sur deux petites traverses en bois, qui ont 27 millimètres d'épaisseur et 54 de largeur. Le faux-fond se met et s'ôte de dessus les mentonnets, avec le seul secours des mains ; mais il faut alors qu'il soit construit de façon à être placé dans le cuvier par une simple pression. L'égrappeur agite par dessus avec les mains, et dans tous les sens, les raisins qui y sont déposés, et jusqu'à ce que la grappe soit totalement à nu. Les raisins n'y sont jamais mis en grande quantité, afin que les grains puissent passer plus commodément par les trous. Un bon ouvrier peut égrapper jusqu'à sept ou huit muids de vendange par jour, c'est-à-dire, environ 1960 à 2240 litres par jour.

L'*égrappage à grillage* se compose d'un cadre horizontal en bois, porté par 4 pieds, entouré d'un rebord en planches et garni d'un grillage en tringles de bois espacées entre elles, en laissant des intervalles ou trous de 2 centimètres carrés. Le cadre est mobile pour faciliter les nettoyages. Au-dessous est un plan incliné à rebord, avec une large goulette, par laquelle les grains et le jus s'écoulent dans un baquet. Trois hommes, les bras nus, placés sur les 3 côtés libres de la table, s'emparent des grappes qu'on jette dessus, les frottent sur le châssis, en détachent les rafles et les rejettent. Les grains tombent par les trous sur le plan incliné et se rendent dans le baquet. Un hectolitre de raisin est ainsi égrappé en 1 minute et demie, et un atelier de 4 hommes égrappe 240 hectolitres de raisin par jour.

Ailleurs, on se sert, pour cette opération, d'une fourche à trois becs, que l'ouvrier tourne et agite circulairement dans la cuve où sont déposés les raisins; par ce mouvement rapide, il détache les grains de la grappe, et ramène celle-ci à la surface, d'où il l'enlève avec la main. C'est ce qu'on nomme l'*égrappage au trident et au baquet*.

On égrappe encore avec un crible ordinaire, formé de brins d'osiers, séparés l'un de l'autre de 9 à 14 millimètres, et surmonté d'un bourrelet d'osier serré.

Dans ces derniers temps on a imaginé des modes d'égrappage qu'on appelle égrappage à la trémie, qui est peu fatigant et très-expéditif. Sous une trémie, dont la longueur peut varier et au moins de 1 mètre, est placé un cylindre composé de barres disposées à la distance de 1 à 2 centimètres les unes des autres, de manière à former un cylindre à jour. Sur l'axe de ce cylindre sont établis des bras reliés entre eux par leur extrémité à des traverses, le tout formant volant. Les raisins versés dans la trémie, sont saisis par les bras du volant et frottés tout à la fois entre eux et sur les barres arrondies du cylindre. Le mouvement et le frottement détachent les grains des rafles qui s'accrochent et s'amassent sur les barres, tandis que les grains s'échappent entre les vides et tombent au-dehors. Dès que la marche de l'appareil commence à devenir embarrassée par l'accumulation des rafles, on retire celles-ci par une petite porte pratiquée sur une des bases pleines du cylindre à l'opposé de la manivelle.

Nous signalerons enfin un mode d'égrappage bien simple qui se compose d'un filet en petites cordes placé sur un châssis en bois. On jette la vendange sur ce filet et à l'aide d'un râteau à double traverse, armé de dents plus grosses que les mailles du filet et qu'on promène vivement sur celui-ci, on parvient à détacher promptement les grains qui tombent à travers celui-ci.

Les raisins blancs ne doivent pas être égrappés; on a remarqué que le vin qu'ils fournissaient sans la grappe était moins spiritueux, plus facile à se graisser et à tourner à l'acide: la raison est que les vins provenant de raisins égrappés fermentent dans les tonneaux beaucoup plus vite que les autres. Le vin obtenu du vrai Pineau, file aussi très-aisément : il ne faut donc point l'égrapper. Le Teinturier et tout raisin de grosse race étant peu disposés à se graisser, et ayant par eux-mêmes assez d'âpreté, peuvent être plus aisément dépouillés de la grappe, leur vin en devient plus doux et plus moelleux.

Chaptal recommande de ne pas égrapper lorsqu'on destine le vin à être brûlé : « On ne doit, dit-il, s'occuper « que des moyens d'y développer beaucoup d'alcool ; « peu importe que la liqueur soit âpre ou non : dans ce « cas, ce serait peine perdue que d'égrapper le raisin. Il « est même plus avantageux de ne pas égrapper, puisque « la fermentation en devient plus parfaite. » Quelques praticiens distingués ont cru cependant observer depuis, que la grappe ne produisait aucun effet à cet égard, et qu'il n'y avait ni plus ni moins d'alcool.

Il est plus rationnel de ne pas égrapper quand la végétation de la vigne a été plus ou moins interrompue au moment de la floraison. Les raisins qu'elle donne alors sont petits, presque tous sans pépins, et très-mielleux ; la grappe diminue cette surabondance de mucoso-sucré.

CHAPITRE III.

Du Foulage.

Avant de mettre le raisin au foulage, les anciens Grecs étaient dans l'usage de le déposer sur une aire, où il restait dix jours exposé au soleil, puis on le conservait cinq autres jours dans un lieu aéré, mais à l'ombre, afin, disent leurs écrivains, de compléter la maturité et achever le développement de la partie sucrée : c'est encore ce qui se pratique dans plusieurs îles de l'Archipel. On retrouve cet usage en Espagne, surtout aux environs de Saint-Lucar, dans une partie de l'Italie, particulièrement en Calabre, et dans quelques-uns de nos départements du nord-est.

Le foulage facilitant la fermentation, il faut qu'il soit

aussi complet que possible, sans trop froisser la grappe, et sans écraser les pépins. Qnand il est mal fait, il augmente le volume du chapeau et diminue la masse du vin ; la fermentation est trop rapide lorsque l'année est chaude, trop lente et par conséquent prolongée sans profit par un temps froid.

Quand la vendange est faite trop tard et que le moût est infiniment sucré, ce qu'on reconnaît lorsqu'il marque 13 à 14 degrés au gleucomètre, on ne doit pas hésiter à ajouter de l'eau, afin de remplacer, dans le midi, celle qu'une saison convenablement pluvieuse aurait amené dans le raisin ; elle favorise l'entière conversion du sucre en alcool. Mais cette addition veut être faite avec réserve, par petites portions, et mêlée au moût à l'aide d'une perche. Il faut cesser de la faire du moment que le gleucomètre indique 12 degrés. La fermentation arrive ensuite, et au bout de six jours le vin est achevé.

Généralement on foule à mesure que la vendange arrive de la vigne. On se sert encore, à cet effet, de caisses carrées, ouvertes par le haut et percées de trous au fond, dans lesquelles se place un ouvrier, dont les pieds sont armés de gros sabots ou de forts souliers. Il piétine avec rapidité. Le suc qu'il exprime coule dans la cuve, et lorsqu'il reconnaît que tous les grains sont foulés, il jette le marc dans la cuve ou hors la cuve, selon qu'on a besoin de faire fermenter ou non le marc avec le moût, et il recommence l'opération jusqu'à ce que la cuve soit pleine ou que la vendange soit terminée.

Ailleurs, on foule le raisin dans des baquets, ce qui est plus convenable, on bien on attend que la cuve soit assez pleine pour y faire descendre deux ou trois hommes nus, qui foulent les grains avec les pieds, et expriment avec la main le jus de ceux qui surnagent. Ces méthodes sont non-seulement dangereuses pour les personnes qui foulent, mais encore imparfaites, un grand nombre de grains restent entiers ; il faut que la fermentation fasse crever la peau de ces grains, ce qui retarde la fermentation générale, et est contraire au principe qu'elle doit marcher d'une manière uniforme. D'ailleurs, cette ma-

nière de procéder, outre sa grossièreté, est excessivement
malpropre et répugnante, on devrait l'abandonner partout.

Pour remédier à ces inconvénients, Parmentier con-
seillait de suivre la méthode adoptée dans les vignobles
de la Marne, celle de choisir les grappes dont les raisins
sont tous parvenus à maturité sans l'avoir dépassée; de
les porter et de les arranger, sans les froisser, sur la maie
du pressoir; d'abaisser l'arbre ou le mouton. Mais ce
moyen est long, et lorsque le raisin a la peau dure, il
oppose à la pression une trop grande résistance.

On a proposé plusieurs machines pour opérer convenablement et à peu de frais le foulage du raisin, toutes
en général offrent des résultats prompts, mais elles écrasent avec le raisin mûr, la grappe, le pépin et les grains
non mûrs ou en verjus, ce qui nuit à la qualité du vin.
Les machines de Bournissac et de Gay, de Montpellier,
que l'on a beaucoup vantées, sont trop dispendieuses
pour devenir jamais d'un emploi général. Une, qui me
paraît préférable, est celle inventée par un menuisier de
Toulouse, nommé Guérin; elle est beaucoup plus simple,
fort expéditive; elle foule parfaitement la vendange, et
réunit le suffrage des agriculteurs les plus éclairés. Voici
ce qu'en dit Louis de Villeneuve : « Cette machine con-
« siste en deux cylindres en bois, tournant en sens oppo-
« sés par le moyen de deux roues d'engrenage. Je me
« sers de cette machine depuis quinze ans avec le plus
« grand succès et une grande économie ; aussi ne pour-
« rai-je trop en recommander l'usage aux propriétaires
« des vignobles.»

Je crois, à mon tour, devoir recommander une autre
machine non moins importante, dont l'idée première
appartient à J.-J. S. Acher, de Chartres, et que j'ai perfectionnée. J'en donne la figure (fig. 15), et je puis assurer qu'elle est aussi peu coûteuse qu'elle offre d'avantages réels. L'opération du foulage demande à être parfaite pour que la fermentation marche d'une manière
uniforme : cette opération est loin d'être complète avec
les procédés grossiers en usage jusqu'ici. Les œnologues

les plus instruits ont toujours conseillé aux vignerons
qui cherchaient à donner à leurs vins le dernier degré de
perfectionnement convenable, de soumettre à l'action du

Fig. 15.

pressoir tous les raisins d'une cuvée. Dans la machine
que je recommande, tous les grains sont également écrasés ; aucun ne peut échapper à l'action du cylindre ; le
suc reçu dans la cuve peut être abandonné aussitôt à la

fermentation spontanée ; tous ses éléments, en rapport les uns avec les autres, permettent au mouvement de décomposition de s'exercer également et simultanément sur toute la masse, comme sur chacune de ses parties.

La machine se compose (fig. 15) d'un bâti en bois, dont la partie supérieure offre une trémie *a*, dans laquelle on jette des grains de raisins égrappés ; de là, ils passent sous un cylindre *b*, que l'on tourne à l'aide d'une manivelle en fer *c*. Le cylindre est garni de têtes de clous *d*, qui s'engrènent entre les dents d'un peigne également en fer *e*, et fixé à la trémie *a*, par deux attaches à vis *f*. Au-dessous du cylindre, et faisant suite à la trémie, est une table à coulisse *g*, sur laquelle coule le liquide, la peau du raisin et les pépins, pour tomber dans une cuve ou baquet *h*, d'une dimension suffisante, et que l'on vide toutes les fois qu'il est plein.

Le cylindre *b* doit avoir un mètre de circonférence sur soixante-cinq centimètres de long. Il est armé de petits clous *d*, à tête large et plate, disposés sur des lignes courbes, et éloignés de cinq millimètres les uns des autres. Il est placé au-dessous de la trémie, et écrase exactement, tels petits qu'ils soient, tous les grains de raisins qui arrivent jusqu'à lui. La baguette de fer qui le traverse de part en part se termine en pointe arrondie à un bout *i*, et de l'autre en une manivelle *c*, que l'on garnit d'un manchon *k*. La baguette en fer se place dans un gousset garni de tôle *l*, ouvert sur le corps de la machine qui se termine en coulisse.

Le peigne *e*, et ses attaches *f*. Les pointes dont il est armé sont perpendiculaires à l'axe, et disposées de manière à se promener entre les dents du cylindre, et à les nettoyer de tout ce qui pourrait les engorger.

On donne au bâti entier une hauteur et un écartement suffisants pour répondre à la force de la trémie, et rendre le service facile.

J'impose à cette machine le nom de *Acherine perfectionnée*. On peut la construire à très-peu de frais, sa simplicité la met à la portée des plus minces intelligences.

Chaptal donne le conseil de mettre la vendange sur le

pressoir, pour ensuite faire cuver le moût à part : c'est méconnaître entièrement et l'expérience et la cause première de la fermentation vineuse, ainsi que nous allons le voir en traitant de cette grande opération physique.

§ 1. FOULOIR-ÉGRAPPOIR.

Nous croyons devoir ici, quelqu'opinion qu'on adopte sur la nécessité d'égrapper, donner quelques détails sur un *fouloir-égrappoir* inventé en 1845, par M. Villesègue père, et sur lequel la société agricole et scientifique des Pyrénées-Orientales s'est prononcée favorablement. Voici un extrait du rapport de la commission :

« Quatre pieds-droits liés entre eux et formant la cage, supportent à la partie supérieure une trémie d'environ 1ᵐ.20 de longueur, sur une largeur moyenne de 0ᵐ.40 ; une ouverture de 0ᵐ.20 de diamètre, pratiquée à l'extrémité gauche du plafond de la trémie, établit une communication à l'aide d'un entonnoir en fer-blanc, avec un cylindre placé horizontalement au-dessous.

« Ce cylindre creux, fixé aux pieds-droits de la cage, est fermé du côté de la communication avec la trémie et ouvert à l'autre bout. Sa partie supérieure est en bois ; sa partie inférieure en tôle percée, c'est-à-dire qu'elle forme une sorte de tamis, dont les trous ronds et très-rapprochés ont tous un centimètre et demi de diamètre.

« L'intérieur du cylindre est traversé dans sa longueur par un axe en bois à plusieurs faces, de 0ᵐ.05 de diamètre. De petites baguettes nombreuses, aussi en bois, sont fixées perpendiculairement sur chaque face, et présentent la forme d'une hélice ; la longueur de ces baguettes est à peu près le diamètre du cylindre, qui constitue à lui seul l'égrappoir.

« Immédiatement au-dessous, à une distance de 4 à 5 centimètres, deux cylindres en bois plein d'un diamètre moindre que le premier, parallèles, et rapprochés de manière à ne laisser entre eux qu'un espace vide de 3 à 4 millimètres, espace que d'ailleurs on peut augmenter ou diminuer à volonté, à l'aide d'un régulateur placé extérieurement, sont portés sur leurs tourillons par le cadre formé par les traverses qui lient entre eux les quatre pieds-droits. Leur mouvement de rotation en sens inverse, leur fait remplir le rôle de fouloir.

« L'espace occupé par les trois cylindres est hermétiquement fermé par des cloisons en planches, fixées à la charpente de la cage ; une porte renversée de 0^m.25 de largeur, sur une longueur de 1 mètre, est pratiquée sur cette cloison, parallèlement en face des deux cylindres foulants et du cylindre égrappeur. Elle est destinée à les nettoyer ou à les dégorger, s'il en est besoin.

« Extérieurement et sur le côté gauche de la cage, est l'appareil qui doit donner le mouvement à la machine et la faire fonctionner. Il consiste en une grande roue maîtresse, placée verticalement contre la charpente et armée d'une manivelle. Elle est en fonte et dentée par son engrenage ; elle communique le mouvement à trois autres roues aussi verticales et d'une dimension bien inférieure. La première, adaptée au tourillon de l'axe égrappeur enfermé dans le premier cylindre, lui imprime le mouvement de rotation. Les deux autres font rouler les deux cylindres inférieurs destinés au foulage. Leur jeu diffère de celui du fouloir Guérin en ce que l'un ne décrit qu'une révolution dans le même temps que l'autre en décrit deux.

« Les dimensions des roues et de leurs engrenages sont calculées de telle sorte que le mouvement de rotation imprimé à l'axe égrappeur est dix fois plus rapide que celui des cylindres foulants ; que l'égrappoir enfin décrit dix révolutions dans son cylindre, quand les cylindres foulants en opèrent une seule.

« Le raisin est déposé, au sortir de la vigne, dans la trémie supérieure ; il passe de là, par l'ouverture qui lui est ménagée dans le premier cylindre, où il est battu, saisi, roulé, par les baguettes qui tournent avec une prodigieuse rapidité.

« Le grain séparé de sa grappe trouve une issue à travers les trous ronds, pratiqués à la partie inférieure du cylindre, qui est en tôle. Le frottement des baguettes accélère, presse sa sortie, et il tombe déjà, à demi écrasé, entre les deux cylindres foulants qui le rendent à l'état liquide dans un baquet placé à cet effet au-dessous de la machine, ou, mieux encore, dans la cuve où doit s'opérer la fermentation si elle est munie d'un plancher supérieur.

« La grappe privée de son grain, vivement chassée par le mouvement de l'hélice, arrive à l'extrémité du cylindre qui se trouve ouvert et retombe extérieurement.

« Trois personnes sont nécessaires pour le service de cette machine ; la première fournit sans cesse du raisin à la trémie ; la seconde, à l'aide de la main, le fait passer dans l'égrappeur ; la troisième, attachée à la manivelle de la grande roue, imprime le mouvement qu'on accélère ou ralentit à volonté. »

La commission a constaté que quelques minutes suffisent pour rendre à l'état liquide 200 kilog. de raisin parfaitement foulé et égrappé, et elle a comparé l'économie de temps produite par la machine nouvelle sur la méthode du pays, avec des résultats à peu près les mêmes de foulage et d'égrappage.

« Trois ouvriers ont égrappé sous nos yeux, dit-elle, avec le plus grand soin et la plus minutieuse attention, une quantité donnée de raisin, en se servant selon leur habitude, de petites fourches à trois branches : les rafles extraites, mises de côté, ont été comparées à celles que l'instrument devait rejeter ; le foulage s'est fait par piétinement, et l'opération a duré 25 minutes.

« Une quantité égale de raisin, livrée ensuite à la machine, est foulée et égrappée en 5 minutes. Le volume des rafles produites était à peu près égal à celui que les ouvriers avaient mis à part, mais elles avaient l'avantage très-remarquable d'être desséchées, et de ne pas être chargées comme les autres, d'une précieuse quantité de moût. Ce dernier résultat est dû à la ventilation qui s'opère dans le cylindre égrappeur.

« L'essai continua environ pendant une heure sans que la machine éprouvât le moindre dérangement.

« Le foulage a paru avoir atteint un haut degré de perfection. Les deux cylindres n'ayant à fouler que des grains sans rafles, déjà brisés par l'égrappoir, et se succédant sans encombre, peuvent n'être distants l'un de l'autre que de 2 à 3 millimètres, espace tout juste nécessaire pour que le pépin ne soit pas écrasé. De plus, le double mouvement de l'un d'eux a pour effet d'établir un frottement très-prononcé contre leur surface, légèrement raboteuse, qui déchire la pellicule, et ne lui laisse ainsi rien perdre des parties colorantes qu'elle possède.»

La commission parfaitement instruite du jeu de la machine et de ses résultats, a voulu savoir quelle différence existerait après la cuvaison, entre les vins ainsi fabriqués et celui fait par la méthode ordinaire.

« Un tonneau de 500 litres fut rempli de vendange foulée et égrappée par l'instrument, et, 20 jours après, les échantillons du vin qui en a été le produit, ont été dégustés avec soin, et la commission a pu se convaincre de la finesse, du parfum et de la liqueur qu'il possède à un très-haut degré. En même temps des échantillons du vin provenant de la même vigne, mais qui n'a pas été égrappé, auquel on a de plus mêlé une certaine quantité de plâtre, nous a été remis. Comparé avec le premier, l'infériorité est très-évidente. Les vins obtenus après un égrappage complet par l'instrument ont une finesse et une liqueur particulières.

« Le fouloir-égrappoir, dit en terminant le rapporteur, est un instrument acquis désormais aux pays vinicoles; il sera indispensable à la fabrication des vins fins destinés à la boisson, parce qu'il les débarrassera, avec une immense économie de main-d'œuvre, de la rafle qui leur est nuisible; parce que la rapidité de son travail permettra de mettre de l'ensemble dans la fermention des masses de vendange; parce que sa simplicité garantit sa solidité et sa durée, tout en le mettant à la portée des ouvriers les plus ordinaires; parce qu'enfin, la rafle comptant pour un cinquième dans le volume du raisin, son extraction complète permettra au propriétaire de réduire d'autant les instruments vinaires.»

Dans ces derniers temps on a imaginé plusieurs modèles de fouloirs, dont on se formera une idée par ces quelques mots qui nous serviront à les décrire.

Nous avons signalé ci-dessus le fouloir de Guérin qui est le plus ancien de ce genre. Dans ce fouloir les cylindres sont unis et ont une vitesse différente. Dans le fouloir Lenoir, les cylindres sont aussi unis, mais ils ont même vitesse, seulement leurs extrémités ou bases sont dentées et forment engrenages.

M. Lomeni est le premier qui ait proposé des cylindres cannelés ayant même vitesse et se commandent par des engrenages de même diamètre.

M. Bezaunay a employé des cylindres à cannelures hélicoïdales et en même temps qu'il y a foulage, il se produit un cisaillement qui rend le travail plus complet et, dit-on, plus régulier et moins fatigant.

Le fouloir de M. Mirouet est à cylindre en fonte, à cannelures concavo-convexes d'une forme calculée pour opérer une bonne alimentation et un foulage énergique.

Enfin, dans le fouloir de M. du Sudre, les cylindres sont en bois dans lequel sont implantés des espèces de clous rangés suivant une disposition hélicoïdale en saillie de 4 millimètres, et écartés de 40 l'un de l'autre dans un rang, succédant à un rang de clous longs de 11 millimètres, larges de 4 et distants dans ce rang de 40 millimètres.

Tous ces fouloirs sont ingénieux et énergiques, mais il faut les ajuster et les manœuvrer de façon à ce qu'on n'y écrase ni le pépin, ni la rafle.

CHAPITRE IV.

De la fermentation vineuse.

Tout propriétaire soigneux tiendra ses cuves nettoyées avec la plus grande attention la veille de l'ouverture du ban de vendanges. Il y en a qui les frottent avec des coings de Portugal bien mûrs ; d'autres passent sur les parois intérieures de leurs cuves en pierre, quelques couches de chaux vive, afin de saturer l'acide malique, l'acide acétique ou lactique qui existent dans le moût; ceux-ci les lavent avec de l'eau tiède et passent un peu d'eau-de-vie sur les parois, quand les cuves sont en bois ; ceux-là les frottent avec des décoctions de plantes aromatiques, d'eau salée, de moût bouillant, etc. Toutes ces méthodes sont bonnes quand, en résultat, on obtient la propreté; mais l'usage de la chaux vive, a-t-on dit, n'est peut-être pas sans inconvénient : n'est-il pas à craindre que les sels calcaires que l'on forme par cette application, venant à se détacher dans le vin, ne lui communiquent un mauvais goût et des propriétés nuisibles à la santé, mais cette crainte nous paraît chimérique.

La fermentation la plus prompte possible est la meilleure; pour l'obtenir, il importe de remplir chaque cuve dans la même journée, et de n'y porter le raisin que vers dix heures du matin et même à midi, afin que la chaleur du soleil puisse réchauffer le moût. Si l'on prévoyait ne pouvoir pas remplir la cuve en douze heures au plus de temps, il vaudrait mieux laisser la vendange déposée et non foulée dans des poinçons, pour attendre l'autre. Il faut d'ailleurs ne pas employer de trop grandes cuves : elles sont difficiles à échauffer dans les années froides, et plus longues à remplir, et le vin y perd davantage son bouquet. Le propriétaire qui prévient ces inconvénients préférera toujours des cuves où la fermentation soit bien active et régulière.

Nous allons emprunter à *la Maison Rustique* ce que cet excellent ouvrage dit de la composition du moût ou suc de raisin avant la fermentation. « Pour bien comprendre les phénomènes de la conversion du moût en vin, il est indispensable de connaître sa composition élémentaire, afin de pouvoir assigner à chacun des éléments le rôle qu'il joue dans la réaction qui a lieu pendant la vinification. Il résulte d'une analyse faite par M. Sébille Auger, de Saumur, à laquelle on peut ajouter pleine confiance, qu'on y rencontre les principes suivants :

« 1° *Sucre de raisin*, anciennement connu sous le nom

de *mucoso-sucré*; 2° *fécule* ou principe amylacé; 3° *mucilage* ou gomme; 4° *albumine* végétale; 5° *gluten*; 6° *extractif*, mélange peu connu; 7° *tannin* ou principe astringent; 8° *matière colorante* bleue, d'une nature particulière et qui rougit par les acides; 9° *tartrate*, bitartrate de potasse des chimistes; 10° *acide malique* ou *sorbique* en moindre proportion dans les raisins bien mûrs; 11° *eau* en plus ou moins grande quantité, avec quelques traces d'*acide citrique* et *acétique*. M. Berzelius et autres chimistes admettent encore dans le vin du *bitartrate de chaux*, d'*alumine* et de *potasse*, du *sulfate de potasse* et du *chlorure de soude*.

« De tous ces principes immédiats qui se trouvent en solution ou suspendus dans le moût, le plus important est le sucre ou mucoso-sucré, puisque c'est lui qui se convertit en alcool et constitue la vinosité et la force du vin; les autres substances ne sont pour ainsi dire qu'accessoires et ne font que modifier la saveur. C'est de la manière et des diverses proportions dans lesquelles toutes ces matières se trouvent mélangées, que proviennent les nombreuses variétés de vins qui sont fabriqués dans les différentes contrées où l'on cultive la vigne. »

Sans sucre, il n'y a donc pas de fermentation vineuse; mais le sucre ne suffit pas, il faut encore un autre agent, l'eau dans des proportions convenables, et pour que le mouvement de fermentation s'établisse, la température doit être élevée au moins à 15° C., ou 12° du thermomètre de Réaumur. Pour obtenir cette action, et en prévenir la lenteur, on excite le mouvement de fermentation en versant dans la cuve quelques chaudières de moût très-chaud (1). Quand l'été peu chaud n'a pas permis au raisin d'acquérir toute sa partie sucrée, on ajoute au moût, 24 décagrammes du sucre le plus commun par chaque dix tandelins de vendange; on peut aussi aroma-

(1) Il faut avoir le plus grand soin de retirer le moût du feu aussitôt qu'il sera parvenu à son plus haut degré de chaleur : en le laissant trop bouillir, il acquerrait une trop grande douceur qui nuirait à la conservation du vin, et peut-être lui ferait acquérir une saveur de caramel qui ne plaît pas à tout le monde.

tiser le moût avec des jeunes pousses de pêchers ou d'a-
mandiers, et quelques petites poignées de fleurs de sureau sèches. A l'instant même que le moût est jeté dans la
cuve, on en agite vivement toute la masse, et l'on couvre la cuve au moyen d'un couvercle fait exprès, ou de
planches ajustées à cet effet. Si le raisin a été récolté par
un temps chaud ou par une moyenne température, la
vendange renfermera suffisamment de chaleur naturelle,
sans que l'on soit obligé d'exciter la fermentation par un
procédé quelconque. On peut encore accélérer la fermentation par plusieurs moyens, soit en augmentant la chaleur du cellier, soit en ajoutant au moût de la levure de
bière qu'on aurait dissoute, soit enfin en faisant fermenter d'avance ou du miel ou de la mélasse ou du jus de
raisins, que l'on verse ensuite lentement dans la cuve.
En concentrant ce jus, il aura plus de disposition à fermenter, mais ces moyens sont loin de profiter à la délicatesse du vin.

Celui qui a dit et publié qu'une fermentation commen-
cée pouvait être apaisée et même retardée par l'addition
du tiers ou de la moitié d'une vendange froide, a fait
preuve d'ignorance, et fourni l'idée la plus contraire à la
confection d'un vin potable. Du moment que la fermentation s'est manifestée, il y a déjà de l'alcool formé, et
par conséquent du vin fait, auquel il ne manque qu'une
entière coloration; la matière sucrée est déjà décomposée;
en interrompant son travail, on nuit à ses effets, et la liqueur s'en ressent d'une manière toujours sensible. On
n'aura qu'un vin faible, mal coloré, et qui tournera à la
première circonstance.

C'est encore un triste moyen que celui mis en usage par
quelques vignerons, d'ajouter du vin des années précédentes ou du moût bouillant à la masse en fermentation,
ils la troublent, s'opposent à la formation régulière des
combinaisons qui s'opéraient. Laissez le travail se faire;
en le précipitant ou en le retardant, vous lui portez nécessairement préjudice. Souvenez-vous qu'il ne faut pas
plus de 8 degrés de température pour que la fermentation se développe d'une manière sensible. Lorsque l'at-

mosphère est au-dessous, ne vendangez qu'au plein soleil, le raisin cueilli durant une matinée froide ne doit pas être jeté le premier dans la cuve, mais mis à part pour l'y déposer quand elle sera pleine.

La fermentation s'annonce parfois au bout de quelques heures, souvent elle retarde de plusieurs jours faute d'une libre communication entre la masse fermentante et l'air atmosphérique, condition nécessaire et même la plus indispensable, puisqu'elle imprime à la masse fermentante des mouvements de dilatation et d'affaissement. Au moment de la fermentation, toutes les parties de cette matière s'agitent, se déplacent, se troublent, cherchent à se séparer. La chaleur s'élève jusqu'à 25° C., 20 de l'échelle de Réaumur; la masse augmente de volume et s'enfle; alors il se dégage une quantité considérable d'acide carbonique jusqu'à ce que le vin soit fait (1). Une fois dégagé, tout mouvement s'apaise, le volume de la masse diminue, elle se refroidit, les matières étrangères se précipitent, le vin devient limpide, on peut le décuver.

Mais il existe, parmi les œnologues, une double doctrine relativement à la fermentation : il est bon de l'examiner succinctement ici, et de se servir des expressions mêmes employées par ceux qui la prêchent.

Tous les faits connus d'une pratique éclairée prouvent que l'air est le véhicule le plus favorable à la fermentation, et que sans lui, sans son contact, le moût se conserve longtemps sans changement, sans altération. Cependant les expériences de quelques chimistes prouvent que, quoique le moût, enfermé dans des vases bien clos, y subisse très-lentement ses phénomènes de fermentation, elle ne se termine pas moins à la longue, et que le vin qui en est le produit n'en est que plus généreux. Ainsi, d'une part, on assure que l'air atmosphérique aide à la fermentation, et que sa présence facilite les moyens de s'échapper aux substances gazeuses qui se forment

(1) Le vin mousseux ne renferme beaucoup d'acide carbonique, que parce qu'on le soutire avant la fermentation complète. (*Voyez* au Livre V. Chap. V.

pendant ce mouvement spontané, et qui doivent nécessairement se dégager du vin pendant qu'il se fait, sans quoi ses qualités ne seraient point complètes : tandis que de l'autre part, on déclare que le vin fermenté à l'abri du contact de l'air est meilleur, qu'il conserve son bouquet et les principes alcooliques que l'acide carbonique entraîne avec lui dans un état de dissolution absolue par la fermentation trop libre et trop tumultueuse.

De quel côté se trouve la vérité? On joue sur les mots et l'on ne veut pas s'entendre : chacun se renferme dans une circonstance particulière, et l'on est partisan de la *fermentation prompte*, ou partisan de la *fermentation lente*. Les principes des uns et des autres sont justes, sont vrais, mais les applique-t-on comme la nature les établit? c'est là la grande question, c'est là le nœud gordien. On peut le dénouer sans le rompre.

Pour obtenir du bon vin, il y a une fermentation tumultueuse nécessaire, qui, pour être aussi parfaite que possible, doit se faire promptement, et non pas simultanément comme l'écrivent certains œnologues, car la fermentation n'est jamais spontanée, elle a besoin du contact de l'air pour avoir lieu, pour parcourir régulièrement toutes ses périodes. Quoique rapides dans leur marche, ces périodes ont toujours une progression sensible, leur terme est l'abaissement du chapeau. Une nouvelle fermentation s'établit alors; elle est lente et dure longtemps. C'est le véritable moment de couvrir le moût le plus exactement possible, en laissant néanmoins des issues suffisantes pour le dégagement de l'acide carbonique (1), car il serait plus que jamais susceptible d'entraîner les parties balsamiques et alcooliques de la liqueur.

Les méthodes de vinification diffèrent entre elles selon la qualité des raisins, l'espèce des plants, la nature des sols, la température habituelle des vignobles, peut-être même selon l'idée du propriétaire, et selon la coutume adoptée. Dans quelques cantons, le vin ne reste dans les cuves que 36 à 40 heures; aux environs de Lyon, il y

(1) Il sort en faisant entendre un léger sifflement.

reste 6 à 8 jours au plus ; presque partout ce terme est de
12 à 20 jours ; dans nos départements du sud-ouest, il y
séjourne 25, 30 et 40 jours ; à Narbonne, on en a vu jusqu'au 70ᵉ jour. On peut, en passant, se demander pourquoi, la fermentation terminée, le vin fait et arrivé à la
température de l'atmosphère, est-il obligé de demeurer
ainsi en contact avec les rafles, et de se clarifier dans les
cuves ; on répondra sans doute : *c'est l'usage*, et il n'y
aura point de réplique ; vous aurez beau craindre que
la perte ne soit grande, que le chapeau ne se dessèche,
ne s'aigrisse, on vous répondra sans cesse : *c'est l'u-
sage.*

Je sais bien, lorsque la fermentation a parcouru les dégrés nécessaires au complément de la vinification, que
tous les résidus se trouvent repoussés à la surface de la
cuve, et couvrent le fluide. Je n'ignore pas que, si la
trituration a été parfaitement faite, s'il y a dans la cuve
un degré de chaleur suffisant pour empêcher la pourriture à la partie supérieure du marc et procurer une sorte
de siccité qui fasse de cette masse une croûte compacte; si
quelques parties grasses ou résineuses peuvent se combiner de manière à rendre ce chapeau solide et adhérent
aux parois intérieures de la cuve, il n'y a pas de raison
pour que le fluide, quoique parvenu à l'état de vin, ne
puisse y rester dans sa pureté. Dès que l'air extérieur
ne peut être en contact avec la liqueur, dès que le gaz
spiritueux ne peut trouver d'issue, le vin ne s'altère pas,
et la couche épaisse des matières devenues hétérogènes
tiendra lieu des douves avec lesquelles on aurait pu faire
un couvercle à la cuve. Il y a plus : si ce chapeau pouvait prendre une telle consistance qu'il se soutînt en
place fixe au-dessus de la liqueur, à mesure que la déperdition qui résulte de la fermentation lente ou insensible la fait baisser, ou plus simplement à mesure qu'elle
fraye, on ne peut douter que cette liqueur n'acquît un
degré de bonté fort supérieur à celui des vins du même
crû, décuvés aussitôt qu'ils ont été faits. Mais, pour que
le vin puisse, sans danger, rester en cuve et sous le marc
30, 40 et 70 jours, il faut qu'il soit mauvais, et que la

cuve ait cependant de la chaleur, deux circonstances dont la réunion est assez rare. Il faut que cette chaleur ne soit pas très-forte.

Je dis que le vin est nécessairement mauvais, car il faut que le muqueux sucré, qui seul peut contribuer au parfait mélange de la partie aqueuse avec les parties onctueuses, manque. S'il est abondant, il absorbe toutes celles qui, restées dans le marc, ont contribué à les garantir de la pourriture et de la fermentation acéteuse, en même temps qu'elles auront empêché le contact de l'air libre avec la liqueur ; si le muqueux sucré est abondant, l'amalgame entraîne et absorbe tous les principes gras ou résineux, dont le chapeau a besoin pour être garanti de la moisissure. Si la chaleur est forte, ces parties onctueuses s'étendent ; leur fluidité les neutralise, et elles n'empêchent point le contact de l'air extérieur, qui rend la fermentation acéteuse.

D'un autre côté, si le muqueux sucré et le gaz spiritueux se trouvent en proportion excédante, il en résulte un autre inconvénient, la fermentation est excessivement tumultueuse, elle produit un développement de calorique qui brûle, pour ainsi dire, le marc servant de chapeau, et charge le vin d'un gaz carbonique qui le rend extrêmement acerbe, dur et capiteux : on ne fait qu'une liqueur plus dangereuse encore que désagréable.

En général, tous les phénomènes de la fermentation vineuse s'accomplissent en France au libre contact de l'air. Ici l'usage est consacré par l'expérience de tous les temps, par les plus savants œnologues de nos jours, par les cultivateurs qui raisonnent leurs pratiques, et les traditions qui les dirigent. Que signifie donc la nouvelle méthode à vase clos, que l'on a désignée sous le nom de Mlle Elisabeth Gervais, de Montpellier, qu'elle paraît avoir empruntée, soit à Fabroni qui, en 1785, se prononça en faveur de la fermentation couverte (1) ; soit à

(1) *Dell' arte di fare il vino*, in-8°, page 169 de l'édition successivement donnée à Florence, en 1785, en 1789, en 1790 ; et page 21 de la traduction française, publiée en 1801.

Vigneron.   21

dom Casbois, qui construisit à Metz, en 1782, une *Soupape hydraulique*, dont les éléments, les pratiques et jusqu'aux précautions qu'elle exige, sont absolument les mêmes que celles de l'*Appareil vinificateur* (1) ; soit à Goyon de la Plombanie qui, en 1757, décrivit un procédé tout à fait analogue (2) ; soit au savant napolitain Porta (3), ou au chimiste allemand Becker (4), qui vivaient au commencement du dix-septième siècle ; soit à d'autres plus anciens encore ? Que veulent, en un mot, les partisans du procédé Gervais. Ils veulent, sous de spécieux prétextes, s'opposer à l'action de l'air atmosphérique sur la cuve, comme si cette action n'était pas indispensable, comme si, en suspendant son effet, on ne retardait pas un résultat qui dépend absolument d'elle. Ils veulent s'opposer à l'évaporation de l'esprit et du parfum que la chaleur et le mouvement dissipent ; ils ne savent donc pas que plus la fermentation est tumultueuse et prompte, plus il est probable que l'alcool et le bouquet s'évaporent en moindre quantité, qu'ils sont obligés de céder la place à l'acide carbonique qui se dégage alors avec véhémence ; tandis que plus le dégagement est tranquille, plus il est probable qu'il entraîne de parties balsamiques et spiritueuses avec lui. Ils veulent retenir le gaz acide carbonique, quand il est prouvé que la fermentation n'est réellement complète qu'après son entier dégagement. Ils veulent enfin garantir le marc et tous les corps qui forment le chapeau de la vendange, des altérations acides et putrides qu'ils éprouvent par les effets de l'air ; mais ils ne savent donc point que le marc et le chapeau n'éprouvent de semblables inconvénients que chez les vignerons inattentifs et paresseux.

Partout où l'on n'a pas voulu recevoir la méthode proposée sur la recommandation de tel ou tel, on l'a soumise à l'expérience, ce juge impartial de tous les temps,

---

(1) *Bibliothèque physico-économique*, année 1782, page 234 et suiv.
(2) *Journal économique*, novembre 1757.
(3) *De Distillationibus*, lib. VII, cap. 8. Argentorati, 1609.
(4) *Physica subterranea*.

de toutes les opinions, de tous les projets. Partout alors on a vu, on a prouvé de la manière la plus impartiale, par des essais faits en public, avec les soins les plus minutieux, d'abord à l'égard de la *qualité des vins*, 1° que la méthode ancienne seule conserve l'arôme particulier que l'on nomme *bouquet*, et toutes les qualités inhérentes à telle ou telle espèce de vin ; 2° que le chapiteau, dit Gervais, ne donne pas même un millième de bénéfice en augmentation de produit ; 3° que la liqueur qui s'élève et se condense dans le chapiteau, n'est que de l'eau pour les trois quarts, le surplus étant une simple eau-de-vie infectée par le goût et l'odeur du fer-blanc ; 4° qu'il y a beaucoup à gagner en couvrant et fermant exactement une cuve pendant la fermentation, mais en laissant, bien entendu, au gaz une issue suffisante ; 5° que les vins les plus verts et les plus faibles ne deviennent point généreux ni même agréables, seulement ils gagnent en couleur, mais rien, absolument rien, quant au goût.

Sous le point de vue de la *vinosité*, il est évident que plus les matières vineuses fermentent, plus l'alcool se développe dans leurs produits ; et comme la vendange, traitée à cuve découverte, subit une fermentation complète, le vin et le marc y sont portés à leur plus haut degré de force alcoolique, tandis qu'incomplète dans l'appareil Gervais, les marcs en provenant marquent, par leur distillation, de deux à trois degrés au-dessous, et vont terminer d'une manière irrégulière leur fermentation dans les tonneaux.

Relativement à la *quantité du produit*, l'avantage est encore partout à l'ancienne méthode.

Quant à la *facilité de la vente*, il est évident que l'appareil Gervais donne une couleur plus foncée aux vins tendres et rosés, ce qui, dans le commerce, peut nuire à la vente, la réputation des vins de cette nature étant faite ; mais il ne leur procure pas plus d'arôme ou de vinosité. Le temps seul peut juger de la *conservation*.

De tout ce qui précède, il résulte donc que les anciennes pratiques adoptées, d'après une théorie saine et d'après une longue expérience, restent encore les meilleures. Il est sans doute avantageux, ainsi que le disait en 1770 l'abbé Rozier (1), de couvrir les cuves dans le midi, comme cela se pratique en diverses contrées et depuis des siècles, parce que le vin y est plus exposé à prendre un levain d'acidité; mais, dans le nord, les cuves doivent être découvertes pendant que la fermentation tumultueuse a lieu, et fermées aussitôt qu'elle se ralentit : les vins y sont moins généreux, cela est très-vrai, mais aussi ils n'ont pas l'inconvénient, quand ils sont traités selon les principes indiqués, de contracter le levain acide. Du reste, l'appareil Gervais a été abandonné partout.

Quelques propriétaires, dans la vue de hâter la fermentation de leurs vins, et de leur donner des qualités nouvelles, plongent des barres de fer rougies au feu dans le centre de leurs cuves. Le fer ne peut nuire, loin de là, il est même susceptible de dégager des parties propres à élever en couleur et en bonté les vins de nos contrées du nord, sujets à tourner à l'aigre dès leur troisième année. Mais ce moyen est brutal et il vaut mieux chauffer comme nous indiquerons plus loin les vins après qu'ils sont préparés.

M. V. Bonnejoy, d'Avrainville, près Toul, a fait connaître, il y a quelques années, un procédé de vinification qu'il a étudié et suivi pendant longtemps avec succès et qui a, dans ces derniers temps, attiré tout particulièrement l'attention des viticulteurs du département de la Meurthe.

La Société centrale d'Agriculture de Nancy a entendu, en 1845, un excellent rapport de M. Bataille jeune, membre du conseil municipal de Toul, rapport dans lequel ce procédé est expliqué et apprécié de la manière la plus lumineuse, et dont nous extrayons les passages suivants :

« Voici la manière de procéder :

« Lorsque le raisin arrive de la vigne, on le foule dans la cuvelle, puis on le jette sur un clayonnage posé sur

(1) *Mémoire sur la manière de faire et gouverner les vins de Provence.* Marseille, 1771. In-8°.

une autre cuve (ce clayonnage est fait en bois ou en fil de fer à mailles d'environ un centimètre) ; on l'égrappe en le promenant sur le clayonnage au moyen d'une planche emmanchée (comme serait le racloir d'un cantonnier); on met de côté les rafles ou grappes. Le liquide, qui se trouve mêlé de graines, de pulpes, de moût et de pépins, se met dans une chaudière (on peut se servir d'un alambic), qu'on fait chauffer à 60° Réaumur. Si l'on n'a pas d'instrument pour mesurer la chaleur, on chauffe jusqu'à ce qu'on ne puisse plus y tenir la main, ayant soin de ne point aller jusqu'à l'ébullition et de remuer toujours le vin avec un balai pour empêcher les parties solides de s'attacher aux parois, ce qui pourrait donner à ce liquide un goût de cuit qui, du reste, disparaîtrait en vieillissant. Le vin qui, à cet état de chaleur, est parvenu à toute sa coloration, quoique n'ayant éprouvé ni une cuisson, ni une ébullition, est mis en futaille ; mais, pour n'y mettre que le vin, on place dans l'entonnoir, qui est large et ordinairement fait en bois, une charpagne ou un panier d'osier qui retient les pulpes et les graines. On introduit par la bonde dans les futailles moitié des grappes ou rafles vertes et non cuites; puis on achève d'emplir la futaille, qu'on bouche avec des feuilles sur lesquelles on met du sable. On laisse ainsi le vin pendant deux ou trois mois ; ce temps suffit pour l'éclaircir, puis on le soutire et, si on veut le mettre plus tard en bouteilles, il est prudent de le coller, parce que, comme il est chargé en couleur, il déposerait.

« On observera que, pendant que le vin reste en fût, il s'opère un vide occasionné par la saturation des grappes, qu'il faut combler en emplissant de nouveau les tonneaux.

« Nous ferons observer aussi que nos vins qui restent naturels et sans stimulants étrangers, n'ont subi aucune espèce de fermentation avant d'être en fût, que conséquemment ils ont tout leur esprit, et qu'un grand avantage qu'ils ont sur tous les autres, c'est de se conserver sains, même lorsque la futaille est en vidange; c'est-à-dire que, si la nécessité voulait qu'on fût obligé de laisser la futaille à demi-pleine, notre vin, par son état plus alcoolisé que les autres, conserverait sa santé sans s'appauvrir, s'aigrir, ni se graisser. Cependant il faut autant que possible éviter d'en faire l'épreuve.

« Nous combattrons encore un raisonnement opposé à notre manière d'opérer, par lequel on prétendait qu'on pouvait chauffer à plus de 60° et sans agiter le liquide : l'expérience nous a prouvé qu'à ce degré de chaleur, toute la coloration était acquise au vin ; qu'à moins de ce degré, la pulpe en conservait encore; et que le vin qui avait bouilli prenait un goût de cuit et perdait celui qu'il a naturellement, ainsi que le léger bouquet de framboise dont s'enrichissent les vins faits par le procédé Bonnejoy. Ce degré de chaleur seul lui est nécessaire et indispensable ; on ne doit donc pas s'arrêter à celui de 45°.

« Une observation très-essentielle, relativement à la grappe, c'est que le vin que M. Bonnejoy a fait chauffer avec la grappe était détestable, et qu'un nouvel essai n'aurait pas d'autre résultat; qu'ensuite, depuis 1825 jusqu'en 1834, qu'il ne mettait pas de grappe dans son vin, celui-ci était deux ans sans s'éclaircir, et que, depuis qu'il l'y a introduite, son vin s'éclaircit dans l'espace de temps ordinaire. Il croit que cette grappe, qui n'offre pas de vinosité, mais bien une saveur âcre, et qu'on croirait nuisible, est nécessaire, tant pour hâter la précipitation des matières étrangères au vin, que pour donner la solidité utile à sa conservation et une amertume qui n'est point désagréable à l'ingurgitation. Pour mon compte, j'ai toujours introduit la grappe.

« L'introduction de la grappe a encore un avantage : c'est que, dans les années médiocres en qualité, elle fait l'effet d'un rapé, et que le vin peut se boire clair et brillant, âgé seulement de deux mois.

« La découverte de notre procédé, dont nul autre avant nous n'a eu l'idée (nous avons consulté Chaptal, Mandel, Mlle Gervais, et plusieurs autres auteurs), procure à notre pays un immense avantage, car nos vins froids et faibles comparativement à ceux de Bourgogne, de Champagne et de Bar, acquièrent, avec une qualité bien su—

périeure à celle qu'ils avaient, une solidité qui leur donne plus de longévité, une assimilation aux vins de Bourgogne, dont ils ont le moelleux, le corsé et la couleur, et à ceux du midi, pour la couleur, et l'alcoolisation; entraîne la perte de la saveur de vin nouveau, ce qui fait qu'on peut les boire dans leur jeunesse, et procure un rendement plus considérable à la distillation.

« Nous produisons des attestations nombreuses: d'abord de M. Génot, de Toul, grand vinificateur, qui s'applaudit du procédé Bonnejoy; de M. Henrion–Barbesan, qui fait le plus grand éloge des vins Bonnejoy, et l'a justifié en achetant à l'auteur environ 200 hectolitres de vin de 1842 à 35 fr., quand le prix du vin ordinaire n'était que de 27 fr. 50 c.; de défunt M. Crozier, qui par le même procédé a obtenu des vins excellents; enfin de moi, qui, je le déclare, n'ai d'intérêt à publier la présente notice, que pour faire jouir la société des avantages qu'il offre; qui ai encore du 1834, que je préfère et qui a été estimé égal au meilleur Bourgogne, et du 1842, qui a acquis un bouquet agréable, de la couleur, du corsé, et un moelleux bien supérieur au même vin, cru du même sol, mais fait par l'ancien procédé. Plus de trente lettres de félicitation ont été adressées pour des essais qui ont réussi à Reims et dans les environs; en Bourgogne, dans le Barrois, dans la Lorraine, etc.; notre procédé étant parvenu l'an dernier dans ces contrées par la voie des journaux.

« Quant aux frais et à la perte que peut entraîner la manutention, ils sont d'une petite importance.

« M. Bonnejoy a une chaudière de 12 hectolitres, que 4 hommes desservent 5 fois dans 24 heures; les marcs qui en résultent sont jetés sur le pressoir sitôt qu'il y en a assez pour en faire un pain. Quant à l'égrappage, un homme achève le travail de ceux qui jettent sur le clayonnage. La perte consiste dans l'évaporation de la chaudière; elle ne peut être que de 2 pour 0/0, encore n'est-ce que de l'eau, qu'on peut remplacer par le même liquide. Cette évaporation d'ailleurs serait bien plus grande si on se servait de bouges. »

§ 1. ESSAIS QUALITATIFS SUR LA COMPOSITION DU MOUT DE QUELQUES RAISINS DANS DES CIRCONSTANCES PARTICULIÈRES.

Dans le Mémoire qu'il a publié sur la *Physiologie de la Vigne* et plus spécialement sur la physiologie du Pineau cultivé dans la Côte-d'Or (*Bulletin de la Société d'encouragement*, année 1849), M. de Vergnette-Lamotte a donné le résultat intéressant de plusieurs expériences qu'il a faites sur la composition des moûts de Pineau bourguignon, dans des circonstances particulières.

« La grêle, la pluie, la pourriture, le froid, l'effeuillage des ceps, etc., ont, dit-il, une action marquée sur les qualités des vins que l'on extrait des raisins qui ont subi ces influences. J'ai cherché quelles modifications il en était résulté dans la composition du moût.

« Relativement à la densité du moût, le tableau suivant en donne le relevé dans plusieurs circonstances que l'on a spécifiées ; pour obtenir des résultats comparables, j'ai dû opérer sur des raisins de la même vigne, placés, autant que possible, dans des conditions analogues.

Densités de diverses espèces de moûts (récolte de 1845).

Nos1. Dans un raisin normal, 1.083
2. Dans un raisin dont tout le cep avait été effeuillé trois semaines à l'avance, 1.078
3. Dans un raisin dont la partie inférieure seule avait été effeuillée, 1.085
4. Dans un raisin dont le sarment avait été coupé au nœud immédiatement supérieur, 1.077
5. Dans un raisin dont le sarment avait été rogné en juillet, aux deux tiers de sa longueur, 1.085
6. Dans un raisin demi-pourri, 1.084
7. Dans un raisin entièrement pourri, 1.104
8. Dans un raisin mi-mûr, dit *recoquet*, 1.069
9. Dans un raisin qui avait subi 24 heures de pluie (le moût de raisin du même cep avait avant la pluie la densité, 1,082), 1.075

10. Dans un raisin grêlé (le moût du raisin du même cep avait auparavant une densité de 1.082),   1 086

11. Dans un raisin conservé à l'abri pendant 15 jours sur une claie (le moût du raisin du même cep avait à la cueillette une densité de 1.080),   1.095

12. Dans un raisin qui avait subi un coup de gelée d'automne (le moût du raisin du même cep, avait à la cueillette une densité de 1.083),   1 079

« Le moût n° 1 avait une teinte jaune-abricot; sa saveur acide et mucilagineuse dominait.

« Comparativement au moût n° 1, le moût n° 2 était d'un rose vif, la saveur acide était fortement prononcée et, en dernière analyse, il contenait plus de matières colorantes, moins de sucre et plus d'acides libres que le moût n° 1.

« Le moût n° 3 était d'un jaune-abricot, plus sucré et moins acide que le précédent, il était moins riche en substances colorantes.

« Le moût n° 4 était comparable, en tous points, au moût n° 2.

« Le moût n° 5 était analogue au n° 1.

« Le moût n° 6 présentait une couleur terne et avait une saveur douceâtre. Soumis aux essais analytiques dont j'ai parlé ci-dessus, il y avait dans ce raisin une destruction partielle de la matière colorante, et développement de la partie mucilagineuse de la baie.

« Dans le n° 7, il y avait une destruction complète de la matière colorante, affaissement et presque adhérence, en certains points, de l'épiderme de la pellicule sur le pépin; saveur repoussante, abondance de mucilage. Dans la même vigne, les raisins Gamays, les Pineaux gris et les fruits des jeunes ceps avaient moins longtemps résisté à la pourriture que le Noirien (au 27 octobre 1843, le Noirien était lui-même complétement désorganisé).

« Le moût n° 8, d'une couleur rouge clair très-pâle, est éminemment acide; la gélatine y détermine un précipité abondant, précipité que l'on doit probablement attribuer plutôt à l'action de l'acide sur la gélatine qu'à la présence du tannin.

« Le moût n⁰ 9 était à saveur fade et éminemment aqueuse ; l'acidité paraissait plus enveloppée que dans le n⁰ 1.

« Le moût n⁰ 10 avait une saveur particulière, le goût d'évent. Au point frappé par la grêle, le grain avait été éventré, et le parenchyme était devenu opaque ; il y avait eu épanchement des portions les plus fluides du suc ; voilà pourquoi la densité avait augmenté. Le moût du raisin grêlé est aussi riche en substances mucilagineuses.

« Le moût n⁰ 11 avait une saveur sucrée plus prononcée, la réaction acide avait diminué ; la substance colorante paraissait plus vive.

« Le moût n⁰ 12 contenait une quantité notable d'acide acétique ; il était d'un rose pâle et terne. »

CHAPITRE V.

Des vaisseaux vinaires.

Comme les cuves, les tonneaux doivent être tous disposés au moment de la vendange. S'ils sont neufs, les bois employés à la fabrication conservant une saveur astringente et une amertume qui peuvent se transmettre au vin, on préviendra cet inconvénient grave en les passant, à plusieurs reprises, d'abord à l'eau froide, puis à l'eau chaude aromatisée par quelques feuilles de pêcher, enfin à une eau de sel. On y agite successivement ces fluides, on les y laisse séjourner le temps nécessaire pour qu'ils en pénètrent le tissu et en extraient le principe nuisible. On les vide ensuite. et l'on jette dans les tonneaux un ou deux litres de moût qui fermente et qui soit bouillant. On bouche, on agite et on fait couler. Quelques vignerons substituent à ces diverses substances du vin chaud.

Si les tonneaux sont vieux et qu'ils aient servi, on les défonce, on enlève avec un instrument tranchant la gravelle ou couche de tartre qui en tapisse les parois, puis on y passe de l'eau chaude, du moût ou du vin.

Les tonneaux ont-ils contracté quelque mauvais goût, sont-ils attaqués par la moisissure ; il faut les brûler ; les lavages, le brossage intérieur et tout ce que l'on ferait pour masquer ces vices ne serait pas de longue durée, ils reparaîtraient tôt ou tard et gâteraient le vin. On prévient ces accidents en faisant bien égoutter les tonneaux dès qu'ils sont vides, et en y brûlant un morceau de mèche soufrée, d'environ 2 centimètres et demi carrés ; on bouche hermétiquement et on place le tonneau dans un lieu sec.

Avant d'employer un tonneau, assurez-vous s'il a contracté le goût d'aigre : vous en acquerrez la certitude en introduisant une mèche soufrée allumée, ou, à son défaut, un morceau de papier enflammé : si le feu s'éteint dans la pièce, il faut la purifier. On la renverse la bonde ouverte, sur une eau courante, ou seulement sur le sol de la cave ; et, après vingt-quatre heures, on la rince à la chaîne, et on brûle une nouvelle mèche. Il faut examiner si les cercles sont en bon état et bien serrés ; on verse ensuite de l'eau dans l'intérieur pour reconnaître si la sécheresse n'a point disjoint les douves. Dans ce cas, on laisse séjourner l'eau en mettant le tonneau tantôt sur l'un, tantôt sur l'autre fond ; on rince après, et on l'égoutte.

Les tonneaux sont, pour l'ordinaire, construits avec du bois de chêne ou de châtaignier ; la contexture du premier étant moins perméable par l'air atmosphérique, vaut mieux que le second. Il y a quelques cantons où l'on préfère le bois de hêtre, parce que, dit-on, le vin s'y perfectionne et y prend un goût gracieux. Leur capacité varie beaucoup, mais le plus généralement ils ont près de 14 décimètres de long. Leur forme est cylindrique, renflée par le milieu, et semblable à un double cône tronqué. Les douves doivent être assez épaisses ; plus elles le sont, plus le vin est susceptible de se bien conserver. Les douves épaisses demandent à être lavées et soufrées deux fois par an ; celles qui le sont peu, se lavent quatre fois en dedans et en dehors, puis on les soufre.

On attribue l'invention du tonneau aux habitants des Alpes, qui en enduisaient l'intérieur de cire et l'extérieur de poix ou de résine (1). Ils ont l'inconvénient de présenter au vin des substances qui y sont solubles, de se tourmenter par les variations de l'atmosphère, et de prêter des issues faciles, tant à l'air qui veut s'échapper, qu'à celui qui veut pénétrer. On a proposé depuis quelque temps l'emploi des tonneaux en tôle, mais l'expérience ne s'est pas encore prononcée sur les avantages de ces nouveaux vaisseaux vinaires.

Les vaisseaux vinaires ont reçu différents noms : dans la plupart des localités on leur donne le nom générique de *tonneaux*. Dans le département de la Marne et autres environnants, on les appelle *queues*; dans ceux de la Côte-d'Or, Saône-et-Loire, Yonne, etc., *feuillette* ; dans celui d'Indre-et-Loire, *poinçon* ; dans ceux du Cher, de l'Indre, etc., *tonneau*; dans la Vendée, le Maine-et-Loire, la Nièvre, etc., *pipe*; à Lyon, *botte*; à Bordeaux, *barrique*, etc. Quand les fûts sont plus grands, ils prennent le nom de *muid*; et, quand ils sont d'une énorme grandeur, on les appelle *foudres*. Ces derniers sont surtout fort bons pour les vins dont on désire hâter la vétusté ; le vin tenu en grande masse mûrit très-promptement.

Dans certains cantons, surtout dans ceux du sud-est, on a l'habitude de laisser non-seulement le tartre dans les tonneaux, mais encore une certaine quantité de vin pour leur servir de ce que la routine appelle la nourriture. Rien n'est plus pernicieux. Le tartre, isolé de la lie, contracte un mauvais goût et acquiert des propriétés nuisibles ; la présence d'un reste de vin, qui ne tarde pas à se convertir en vinaigre, imprègne les douves et amène l'altération du vin que l'on met ensuite dans ces futailles corrompues.

Plusieurs auteurs ont, à diverses reprises, conseillé de se servir, en place de tonneau, de vases en terre vernis-

____

(1) Pline, *Hist. nat.*, lib. XIV, cap. 21.

sée, à l'instar des plus anciens peuples connus. Sans doute, ces sortes de vaisseaux ont l'avantage de conserver longtemps une température plus égale, mais ils sont plus ou moins poreux, et à la longue, le vin peut s'y altérer. On peut, il est vrai, comme les premiers Romains, remédier à cette porosité, en passant de la cire en dedans et de la poix en dehors, ou bien du ciment préparé à la chaux, etc.; mais la cire fait aigrir le vin; la chaux, ainsi que je l'ai déjà dit, n'est pas sans inconvénient. Le pire de tout, c'est que ces vases sont difficiles à manier, très-casuels, et par conséquent ne permettent pas les nombreuses manœuvres auxquelles le tonneau résiste.

Depuis quelques années, on parle de tonneaux en marbre, employés par un propriétaire de Pesth, en Hongrie; et, selon l'usage, on les place déjà au-dessus de nos tonneaux en bois. Je ne partage point cet engouement, et j'estime le marbre bien moins propre encore à conserver le vin que les vases en terre. D'ailleurs, la chaux qu'il dégage dans son contact avec la liqueur, ne peut qu'être préjudiciable à celle-ci. Un autre inconvénient est de ne pouvoir donner aux tonneaux le mouvement nécessaire. Cette remarque que je publiai en 1827, époque où parut la troisième édition de mon *Manuel du Vigneron français*, a été justifiée par l'abandon des tonneaux de marbre. L'idée n'était point neuve; dans une fouille, on a reconnu que les anciens en avaient essayé. Le moyen ne leur a pas paru convenable, puisque aucun de leurs écrivains œnologues n'en a fait mention ni pour les louer, ni pour les critiquer. Les vaisseaux en verre qu'on a proposés vaudraient mieux, mais leur prix élevé et leur fragilité seront toujours un obstacle à leur emploi général.

En parlant de la cave, je dirai comment on doit y placer les tonneaux, et comment ils veulent être assujettis.

Dans une séance de l'académie de Mâcon, dont on trouve le compte-rendu dans le *Courrier de la Côte-d'Or* de 1848, on s'est occupé du rapport d'une commission qui avait été chargée d'étudier la question des citernes propres à contenir les vins.

La Commission s'est transportée chez M. Mathieu, de

Varennes (Rhône), qui lui a fourni les renseignements, résultats de ses expériences.

M. Mathieu avait fait construire, dans l'un des recoins d'une cave voûtée, une petite chambre quadrilatère, à parois fort résistantes, et d'une capacité d'environ 40 hectolitres. Le plafond de cette chambre était une voûte peu cintrée, au sommet de laquelle on avait ménagé une ouverture carrée, formée par une embrasure en pierre de taille. Cette embrasure fut close avec une épaisse planche de chêne, taillée avec justesse, et dont on luta les interstices avec du suif; le milieu de la planche fut percé d'un trou rond fermé par une bonde ordinaire.

M. Mathieu, après plusieurs tentatives infructueuses qu'il est inutile de rappeler, fit recrépir cette citerne d'une couche uniforme de 1 centimètre d'épaisseur à l'intérieur, de *ciment de Pouilly*, dit *ciment romain*. Deux ou trois jours après la citerne fut remplie d'eau. Cette eau diminua d'abord, mais l'eau qui manquait fut remplacée jusqu'au moment où l'on n'eut plus à constater de déperdition. La citerne fut vidée, et on laissa sécher l'enduit interne.

Au mois de février 1848, M. Mathieu fit envaser dans ce vaisseau 40 hectolitres de vin rouge, récolte de 1847, et l'y laissa jusqu'au moment de la cuvaison complète.

A la comparaison avec du vin de même année, de même cru et de même cuvée, conservé dans des vases de bois, la Commission ne put découvrir entre les deux liquides aucune différence, même par l'analyse chimique. Traités par l'acide oxalique, les deux échantillons ont laissé précipiter de l'oxalate de chaux en quantité identique, si bien qu'il est permis de déclarer que l'enduit dont la citerne était revêtue est demeuré, malgré un contact consécutif de plus de six mois, sans action appréciable sur le vin.

M. Mathieu a fait, en outre, appliquer à ses citernes, sur le côté et au niveau du sol, une embrasure en pierre de taille à rainures, dans laquelle s'emboîte exactement une porte épaisse en chêne, assujettie avec des écrous à vis et lutée. Cette disposition a pour but de faciliter le nettoyage des vaisseaux après le soutirage.

Le rapport met en garde MM. les vignerons contre la matière qui forme la surface interne de ces sortes de vaisseaux : le mortier de chaux, la pierre de taille, la brique gâtent promptement le vin.

La Commission s'est encore transportée chez M. le docteur Chimard, propriétaire à Régnié (Rhône), où elle a trouvé des réservoirs à peu près identiques. Ces réservoirs sont percés antérieurement et au niveau du sol d'une ouverture quadrilatère, bordée d'une embrasure en pierre de taille, et dans laquelle on a pratiqué une rainure au ciseau, polie au grès, de manière à ce qu'elle soit parfaitement plane. Une petite porte en chêne vient s'appliquer exactement ; elle est maintenue par des écrous, et afin qu'aucun interstice ne puisse donner passage au vin, on y a placé, entre la porte et la pierre, du bitord, c'est-à-dire de la filasse imprégnée d'un mélange d'huile, de céruse et de minium.

Des expériences faites par la Commission, il résulte que l'enduit intérieur du ciment de Pouilly doit être hydraté ou soumis à l'action de l'eau, attendu qu'à l'état anhydre il décompose le vin.

Je n'ai nul besoin de rappeler ici cette fameuse tonne monstre qu'on allait si souvent visiter dans le château de Heidelberg.

Elle contenait 2,192 hectolitres de vin, et pour arriver au-dessus, il fallait gravir vingt-cinq marches d'un escalier en bois. La plate-forme sur laquelle on se trouvait avait 7 mètres de long. La tonne, ceinte d'un grand nombre de cercles en cuivre, était surchargée de sculptures (ceps, grappes, flacons, coupes, thyrses et autres attributs bachiques). Au temps de la prospérité du château, ce foudre colossal était sans cesse rempli du meilleur vin du Rhin ; depuis un siècle et demi il est vide. Une seule fois, en 1815, il en est sorti quelques bouteilles de vin.

CHAPITRE VI.
Du Décuvage.

Il n'y a pas encore de règle fixe et positive pour déterminer quel doit être raisonnablement le moment du décuvage : la coutume fait loi. Chez les uns, l'instant convenable est celui de l'affaissement de la vendange ; chez les autres, il est marqué lorsque le vin qu'on retire de la cuve n'offre ni mousse à la surface, ni bulles aux parois. Ici, on regarde si la liqueur obtenue, après avoir plongé un gros bâton dans la masse, fait un cercle d'écume ou, comme on le dit vulgairement, s'il fait la roue ; ailleurs, c'est la couleur parfaitement foncée ; là, on s'assure si le vin n'est plus chaud ; plus loin, si sa saveur est douce et sucrée.

La théorie du décuvage se réduit à trois principes généraux.

PREMIER PRINCIPE : 1º obtenir un vin franc de goût et d'une saveur agréable ; 2º lui conserver son arôme et particulièrement son alcool, base conservatrice de toute espèce de vin.

SECOND PRINCIPE : 1º le moût doit cuver fort peu de temps, si la masse est volumineuse et la température de l'année très-élevée ; 2º si la matière sucrée est abondante, le moût épais, la température peu élevée, la fermentation doit être longue ; 3º on peut toujours suppléer en quelque sorte au défaut de perfection de la fermentation à la cuve, en la facilitant dans le tonneau, par le soin de le boucher plus tôt ; 4º mais il n'y a pas de moyen de restituer à un vin poussé en besaigre, ou atteint de moisissure, ou gâté par l'excès du gaz carbonique, la qualité qu'il aurait eue nécessairement étant bien fait.

TROISIÈME PRINCIPE : 1º les vins de table et de transport doivent cuver le moins possible avec le marc, et seulement le temps nécessaire pour que la liqueur prenne un degré suffisant de coloration ; 2º les vins blancs et les vins destinés à la distillation ne doivent jamais fermenter avec le marc ; 3° les vins qui sont appelés à colorer les autres doivent, au contraire, subir une fermentation prolongée avec le marc : la couleur ne s'obtenant qu'au détriment de l'alcool.

Les vins de Saint-Basle, de Verzy, Verzenay et Mailly, département de la Marne, connus par leur belle couleur, une grande finesse, beaucoup de sève et de bouquet, ne restent que six heures dans la cuve ; ceux dits de *primeur*, dans les départements de Saône-et-Loire, de la Côte-d'Or et de l'Yonne, et que l'on tire particulièrement des vignobles de Pouilly, de Meursault, de Tonnerre et de Chablis, ne peuvent supporter la cuve que six à dix heures. Le vin de Volney qui est le plus léger, le plus fin et le plus agréable de tous les vins de la côte de Beaune, et même de toute la France, cuve à peine six heures, tandis qu'il en est d'autres qui ne sont pas encore assez faits après neuf jours de fermentation.

La durée du cuvage n'est souvent importante que pour la couleur, le Pomard en est la preuve. Mais si le foulage brisait assez le raisin dans toutes ses parties, pour que les principes colorants n'eussent pas besoin du frottement qui résulte de la fermentation tumultueuse, il serait peut-être, malgré ses avantages dans quelques circonstances, prouvé que la fermentation avec la grappe et le pépin est plus souvent nuisible qu'utile. Je ne hasarde cette idée que comme une présomption résultant de plusieurs expériences ; mais je suis loin de désirer qu'on en tire une conséquence contre le cuvage en masse : je ne veux pas mériter le reproche que je fais aux autres. Cependant, il serait peut-être à souhaiter que cette idée servît à provoquer, de la part des propriétaires instruits, des essais utiles.

En attendant, examinons rapidement les opinions émises jusqu'ici pour nous procurer enfin la connaissance du véritable instant du décuvage. L'affaissement du chapeau montre bien que le fort de la fermentation est passé, mais elle a encore quelques périodes à parcourir pour être parfaite. Le mouvement dans le vin, ou sa

tranquillité au moment où l'on en retire un verre, sont
des signes peu et même point certains. Celui de la couleur et celui de la dégustation seraient préférables, mais
il y a tant de nuances dans les teintes, et la dégustation
demande une habitude tellement rare, que ces moyens
me paraissent insuffisants; je devrais peut-être dire que
les sens de la vue, du goût et de l'odorat étant, selon les
individus, plus ou moins parfaits, plus ou moins irrita-
bles ou délicats, et qu'ils vieillissent avec nous, c'est de
toutes les bases la plus fragile. Montaigne a dit avec raison : *Les sens sont le commencement et la fin de l'humaine connaissance, mais leur incertitude rend incertain
tout ce qu'ils produisent* (1). D'ailleurs, la finesse, la susceptibilité des sens, dépendent de la situation où l'on se
trouve, soit relativement à la santé, soit aux circonstances présentes de la digestion.

Quant à la chaleur développée par la fermentation,
comme elle dépend toujours de la quantité de muqueux
sucré et de spiritueux qui entre en combinaison, il est
encore impossible d'en rien attendre pour la solution du
problème. En effet, il n'est pas rare de voir des cuves
atteindre à leur maximum de chaleur au bout de vingt-
et-une heures, et même de dix, mais le vin ne s'achève
que vingt et vingt-six heures après. Le thermomètre ne
peut être ici considéré comme un guide infaillible,
comme le véritable régulateur de la vinification.

Le point essentiel était donc de trouver un moyen fixe,
invariable, indépendant de la différence des circonstances qui concourent à la formation du vin, et en même
temps qui fût à la portée de l'intelligence la plus gros-
sière. C'est ce qu'a fait Beffroy de Beauvoir, auquel je
dois de nombreuses observations. Voici la note qu'il m'a
fournie à ce sujet :

« Depuis longtemps je m'occupe du décuvage; j'ai
pensé que, si l'on parvenait à déterminer, par un moyen
purement mécanique, l'instant du complément de la vinification, alors la faculté de parfaire son vin en raison

______

(1) *Essai*, liv. II, chap. 12.

du climat, du sol et de la qualité du raisin, serait commune à tous, principalement si ce moyen mécanique était aussi simple et aussi peu dispendieux que possible.

« J'ai pensé que les mêmes causes devant produire les mêmes effets, et que la fermentation qui n'est qu'une opération chimique de la nature, ayant ses règles, il devrait y avoir un rapport possible à déterminer entre le temps qui s'écoule depuis le premier mouvement de la fermentation sensible, jusqu'à l'achèvement de la vinification, le temps qu'elle met à parcourir ses différents degrés, et celui où elle rétrograde ; et, comme le premier mouvement de la fermentation sensible s'annonce par la répulsion des solides hors du fluide, et son décroissement par la réaction, j'ai cru pouvoir d'abord en induire purement et simplement que le décuvage devait avoir lieu au premier mouvement du marc, pour retomber vers le fluide ; alors, j'ai marqué des degrés sur une espèce de tringle placée verticalement au milieu de la cuve, et j'ai observé les mouvements ascendants et rétrogrades : mon vin s'est trouvé fait à l'époque prévue.

« Mais dans les années sèches et chaudes, où le raisin atteint une maturité parfaite, et contient plus de principes spiritueux que de sucrés, le vin, attendu jusqu'au moment de sa décuvaison, se trouve dur, et devient tout à la fois rêche et capiteux ; il prend en outre ce qu'on nomme ordinairement le *coup de feu*. Dans les années pluvieuses, où le raisin contient trop de principe aqueux, le vin n'est pas assez fait ; dans les années sèches sans être trop chaudes, années presque toujours marquées par une grande abondance de principe sucré, le point précis de rétrogradation du marc est justement la mesure du décuvage.

« A l'aide de ces faits, j'ai imaginé que le temps qu'il fallait en plus ou en moins entre la stagnation du marc à son *maximum* d'ascension, et sa rétrogradation pourrait bien être en correspondance avec celui qu'il avait fallu pour établir la fermentation sensible, puisque le résultat m'apprenait que les mêmes principes d'influence agissaient sur la durée de l'un et l'autre; alors j'ai essayé si laissant autant d'intervalle entre la stagnation de la cuve à son *maximum* de décuvage, qu'il s'en était écoulé entre le foulage et le premier degré d'ascension sensible du marc à la surface des fluides, le vin serait fait. La première année le succès a été complet.

« La seconde année, les saisons ayant été différentes, j'ai encore beaucoup approché du complément de la vinification, et la troisième, je l'ai dépassé de quelque chose. Comme mon régulateur n'était que de 27 millimètres carrés d'épaisseur, et qu'il était tout simplement implanté dans la cuve, sans que rien l'y fixât, j'ai attribué ces différences à quelque accident qui avait pu le déplacer un peu, ou même à l'inexactitude de mon observation; j'ai cherché le perfectionnement. J'ai pris une planchette large de 13 centimètres, épaisse de 5 millimètres, presque de la longueur du plus grand diamètre de la cuve. Je l'ai traversée dans son juste milieu par le régulateur, de manière à ce qu'elle pût glisser horizontalement sans aucune gêne, et même avec aisance, depuis le haut jusqu'en bas, par la seule pulsation du marc; j'ai appelé cette addition l'*Indicateur*, et je l'ai établi dans ma cuve, de manière que la planchette, faite de peuplier pyramidal, improprement dit d'Italie, pour la rendre plus légère, posât à plat et dans toute sa longueur, sur le fluide qui la soutient, et pût suivre avec la plus grande facilité le mouvement d'ascension du marc qui la pousse vers le haut. Ce procédé m'a servi avec plus de précision et beaucoup de succès, pendant trois ans. Il me reste à le perfectionner encore, et mon plan est de faire entrer dans mes combinaisons la chaleur de la cuve, et la connaissance de la force de la liqueur, ainsi que le rapport de la progression de l'une avec le degré de l'autre, au moyen du thermomètre et du pèse-liqueur; je veux l'améliorer tellement, que l'homme de la campagne le moins instruit puisse saisir au premier coup-d'œil l'instant précis du décuvage, quelles que soient les circonstances qui précèdent ou accompagnent la fermentation. »

J'ai tenté de perfectionner ce régulateur. Je lui donne

2 mètres de haut, fig. 16, l'extrémité inférieure est terminée par quelques pas de vis, afin de la fixer au
centre de la cuve contre son fond, tandis qu'en
haut il est muni d'un anneau ou poignée. Je le
divise en trois parties égales, et la supérieure
se trouve subdivisée, de 81 millimètres en 81
millimètres, en sept degrés, à partir du zéro
jusques et compris six. Ce dernier degré indique la plus grande élévation du chapeau ; le
cinquième degré, le premier mouvement de
la fermentation ; le quatrième degré le niveau
de la vendange après le foulage ; le troisième,
l'affaissement du chapeau dans les années sèches et chaudes ; un demi-degré plus bas, il y
a coup de feu. Le deuxième degré donne l'affaissement du chapeau durant une année sèche, mais qui n'est point trop chaude ; un demi-
degré au-dessous la liqueur prend un goût
empyreumatique ; le premier degré marque
l'affaissement du chapeau dans une année pluvieuse, et le demi-degré plus bas le coup de
feu, le zéro est le dernier degré de valeur du

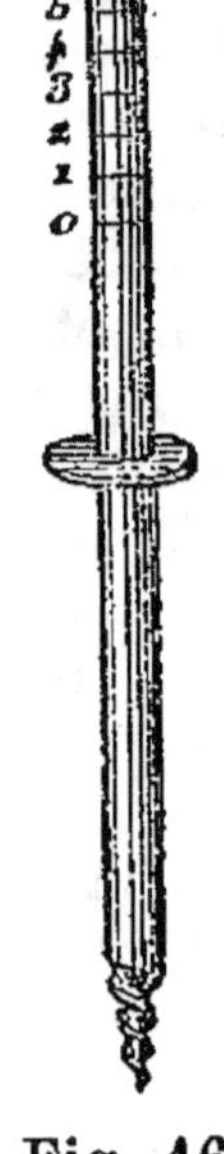

Fig. 16.

vin, avec lui s'éteint tout espoir d'une boisson potable.
La planchette mobile, dans le niveau qu'elle prend, fixe
positivement le point de démarcation. Je donne la figure
de cet instrument.

Charlot, propriétaire de vignes à Saint-Aignan, département de Loir-et-Cher, adopte un tube recourbé, plongeant dans l'eau à la manière des tubes de sûreté employés par les chimistes ; du moins, son moyen a pour
base les mêmes principes que les tubes de sûreté. Il y a
deux appareils, un petit et un grand. Voici comme il les
décrit :

« Le petit, destiné à la petite propriété, se compose
d'un tube recourbé à angle droit, fixé d'un bout à la
bonde, et de l'autre bout plongeant dans un gobelet en
fer-blanc plein d'eau, et attenant au tube au moyen d'une
soudure. On peut aussi se servir d'un petit vase en terre
appuyé sur le tonneau. La bonde doit être percée dans

son milieu d'un trou, et par l'extrémité qui entre dans le tonneau, creusée en forme d'entonnoir. Quand on veut faire usage de cet appareil, le tonneau doit présenter un vide de 16 à 18 centimètres, de manière à ce que le liquide qui, en fermentant, augmente de volume, trouve de l'espace pour se dilater. Ce vide a deux buts, celui, comme nous venons de le dire, de donner à la masse fermentescible de quoi se soulever, et celui de contenir de l'air propre à favoriser le commencement de la fermentation. Une autre attention importante, c'est de remplir le vase d'eau. Quand la fermentation tumultueuse est terminée, l'on retire l'appareil, on remplit et on bondonne le tonneau.

« Le grand appareil n'est qu'une amplification du petit; le but est de réunir une très-grande quantité de gaz dans un même tuyau, pour l'employer ensuite utilement. Cet appareil se compose de trois pièces principales, d'un tuyau commun destiné à recevoir les petits tuyaux partiels, et d'un récipient. Le tuyau commun a quatre courbures, une ouverture en forme d'entonnoir, une chantepleure et des ouvertures pour recevoir les petits tuyaux, correspondant au nombre des tonneaux. Ce tuyau commun contient de l'eau dans laquelle on plonge l'extrémité des petits tuyaux partiels. Autour des ouvertures on applique un lut ou mastic simple (1). On bouche et lute celle-ci en forme d'entonnoir dès qu'elle a servi à introduire l'eau; le récipient contient les dissolutions que l'on veut transformer en carbonate ou en bicarbonate, ou bien un gazomètre, lorsqu'on veut faire des eaux gazeuses et des vins mousseux. On lute également la bonde et tous les points de communication, afin que le gaz n'ait pour tout passage que l'ouverture du tuyau. »

(1) Le lut de blancs d'œufs et de chaux est très-bon, cependant on lui préfère celui, non moins simple, que l'on obtient par le mélange de six parties de terre argileuse humide, une partie de feuilles d'ormeau fraîches, et deux autres de feuilles de saule, le tout pilé et pétri ensemble. On applique ce mastic en couches plus ou moins épaisses sur la réunion des tubes, et s'il se fait quelques gerçures, on les remplit avec du lut frais.

Comme je n'ai point répété cette expérience ni vu les deux appareils Charlot, j'ai dû laisser parler l'auteur, qui nous assure avoir obtenu, par l eur moyen, un vin plus généreux, plus blanc, conservant longtemps sa douceur, et s'être de la sorte garanti des pertes qu'il éprouvait alors qu'il suivait la méthode à l'air libre. Son petit appareil coûte quarante centimes, et dure, dit-il, au moins dix ans.

Le gleuco-œnomètre de Cadet de Vaux, dont le double but était de fournir la pesanteur spécifique du moût dûment exprimé du raisin, et de régler avec la plus grande précision le moment du décuvage (1), après avoir obtenu de grands succès, a été critiqué et remplacé par un pèse-moût, ou *Mustimètre*, représenté fig. 17, qui n'est qu'une nouvelle application de l'aéromètre à densité ; il est dû au chimiste Masson-Four, de Dijon. Gradué avec soin, cet instrument donne, pour chaque degré, la densité ou pesanteur spécifique du moût dans lequel il est plongé. Le zéro y correspond à la densité de l'eau pure ou distillée ; les autres divisions inférieures, de 5 en 5 jusqu'à 20, indiquent la pesanteur spécifique d'un liquide plus lourd que l'eau : les degrés au-dessus de zéro sont l'indice des liquides plus légers.

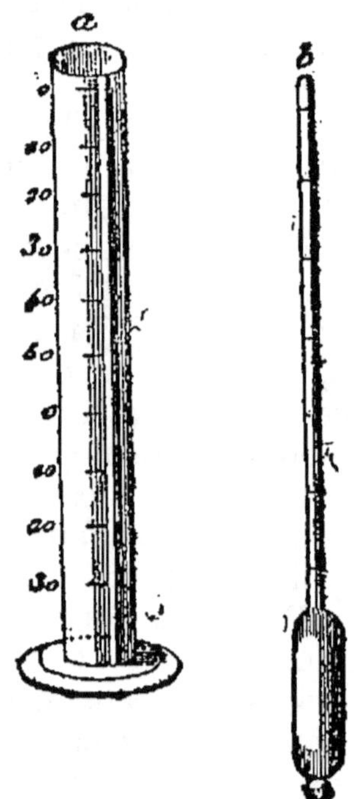

Fig. 17.

Pour essayer un moût de raisins à l'aide du Mustimètre, on le passe à travers un linge, une chausse de laine, ou tout simplement on le filtre à travers du papier sans colle, après l'avoir laissé reposer, pour le séparer, autant que pos-

(1) Ce point est celui où le principe sucré est presque entièrement décomposé. C'était aussi le moment que l'œnologue Le Gentil indiquait pour opérer le décuvage.

sible, des corps étrangers qui ne sont que suspendus. On le verse ainsi dépuré dans une éprouvette *a*, et l'on plonge dedans le mustimètre *b*. Le degré auquel il s'arrête indique sa densité.

Pour décuver, on ouvre la cannelle de la cuve, et on fait couler le vin dans un vaisseau que l'on adapte dessous ; puis on le porte au tonneau ; mais avant de décuver, il faut avoir le soin d'enlever avec précaution, et au moyen de pelles en bois que l'on enfonce légèrement, la partie du chapeau de la vendange qui a contracté de l'acidité par le contact de l'air. Cette opération est d'autant plus nécessaire, que si le chapeau venait à s'enfoncer pendant le décuvage, tout le vin de la cuve serait gâté.

En décuvant seulement le vin à zéro, cette liqueur encore chaude donne un degré au mustimètre, tandis que en la décuvant à un degré de l'œnomètre en verre, elle reste à zéro lorsqu'elle est froide et qu'elle est moins dilatée ; une fois mise en tonneaux et après sa fermentation insensible, elle marque deux degrés à l'œnomètre : ce terme est le maximum du degré de spirituosité du vin (1).

CHAPITRE VII.

Du pressurage.

Sitôt que le vin est enlevé de la cuve, il faut faire passer à plusieurs reprises au pressoir le marc qui reste, afin d'en extraire le *Vin* dit *de presse*, dont la bonté égale presque celui sorti librement de la cuve. On distingue ce vin en première, seconde et troisième taille, relativement à la coupe qui l'a produite.

Le vin de la première taille est le plus spiritueux : ce-

(1) Si l'on se servait de l'œnomètre en argent de Cartier, au lieu de deux degrés, on en aurait huit au mois de novembre ; dix dans l'espace d'une année ; et douze beaucoup plus tard, alors que le vin est vieux. L'on doit préférer l'œnomètre en verre, le premier étant infidèle lorsque le vin recèle encore du sucre de raisin non décomposé.

lui de la troisième est plus vert, plus dur, plus âpre, plus
coloré. Celui de la seconde tient le milieu entre les deux.
Le résidu se conserve, aux environs de Montpellier, pour
la fabrication de l'oxyde de cuivre ou vert-de-gris ; ailleurs, il est employé à la nourriture des bestiaux, à
l'engrais des vignes, ou pour les pigeons, qui les mangent avec une sorte de sensualité, ou on l'envoie aux
distillateurs d'eaux-de-vie de marc. Quelques personnes
passent de l'eau sur le marc, et se procurent ainsi des
piquettes plus ou moins agréables.

On est souvent dans l'usage de mêler les vins de pressoir avec ceux du décuvage au moment de leur confection : c'est une faute, il convient de les garder séparément, afin de combiner à temps opportun les uns avec
les autres, selon que l'on veut donner aux vins du décuvage, de la couleur et de la force. En opérant de suite le
mélange, on court le risque, non-seulement d'ôter aux
vins du décuvage le délicat et l'agréable qui les carac-
térisent, mais encore de les rendre durs, couverts, épais,
et par conséquent indigestes, les vins du pressurage
étant toujours durs, verts, âpres et très-colorés.

Quand on veut employer le marc à la fermentation
acéteuse, on se borne à une seule pressée.

Avant d'aller plus loin, établissons, d'après M. D. A.
Rérolle, dans l'*Encyclopédie pratique de l'Agriculture*,
quelles sont les conditions auxquelles doit satisfaire un
bon pressoir.

« 1° *Etre peu coûteux.* — En effet, un pressoir est un
instrument dont on ne se sert que rarement pendant quelques jours à peine chaque année ; il serait donc insensé
de consacrer à son acquisition de fortes sommes dont l'a-
mortissement et l'intérêt grèveraient sans nécessité le prix
de la fabrication du vin.

« 2° *Etre solide.* — La solidité est essentielle dans un
pressoir, parce que cette machine est soumise à des efforts considérables et même à des chocs, et ensuite parce
qu'un accident peut apporter des retards dans le travail
de la fabrication et aussi occasionner des pertes sé-
rieuses.

Vigneron. 23

« 3° *Etre d'une manœuvre simple, prompte et exigeant peu d'hommes.* — *Simple*, parce que au moment des vendanges, le nombre des pressoirs qui fonctionnent en même temps est considérable, et s'il fallait des hommes spéciaux pour les manœuvrer et les conduire, il serait impossible d'en trouver en quantité suffisante. *Prompte.* En effet, le temps est souvent très-précieux au moment des vendanges, et il n'est pas indifférent d'obtenir un pressurage complet dans quelques heures ou dans un temps double. *Exigeant peu d'hommes.* A l'époque où on fait le vin, les bras sont très-rares, il faut donc en employer fort peu au pressoir.

« 4° *Occuper peu de place.* — Un pressoir exige pour son installation non-seulement son prix d'acquisition, mais aussi le prix de construction du bâtiment ou de la partie du bâtiment où il est établi. L'intérêt et l'amortissement de l'argent employé ainsi viennent donc s'ajouter aux frais d'extraction du jus pour augmenter ceux de production du vin et il est important que cette dépense soit la plus faible possible.

« 5° *Donner la plus grande quantité de vin contenue dans le marc.* — Cette condition peut être considérée comme évidemment nécessaire ; toutefois il faut obtenir le vin sans exercer un excès de pression qui, en écrasant les pépins, donnerait un mauvais goût au jus.

« 6° *Etre dans certains cas facile à transporter.* — Lorsqu'un propriétaire a plusieurs vignobles, plusieurs caves séparées, lorsqu'un industriel veut entreprendre de presser la vendange de plusieurs vignerons, il est très-important d'avoir un pressoir facile à transporter, et avec la division de la propriété qui augmente chaque jour, il est présumable qu'on recherchera de plus en plus les pressoirs locomobiles.»

On connaît un assez grand nombre de pressoirs dont les uns sont adoptés de préférence dans quelques localités et d'autres, au contraire, paraissent être plus généralement répandus. Nous ne pouvons pas dans un manuel décrire tous les appareils de ce genre qui sont en usage, mais nous allons chercher à passer rapidement en revue ceux qu'on rencontre le plus communément ou qui se recommandent par leur bon service.

Un des pressoirs les plus anciens était le *pressoir à coins*, qui a servi longtemps en France à faire le vin. Il est formé de 2 jumelles fixées en terre et reliées dans le haut par une traverse ou chapeau. Entre ces jumelles est placée une auge ou maie et une traverse horizontale qui pénètre de part et d'autre dans des rainures pratiquées dans ces jumelles, est abaissée au moyen de coins qu'on chasse avec force au moyen de gros maillets en bois sur la vendange qu'on a jetée dans la maie et recouvert d'une planche percée de trous. Ce pressoir est assez énergique, mais sa manœuvre est lente et exige beaucoup de bras.

Le *pressoir à levier et à vis* se compose d'une maie dans laquelle on place la vendange, sur laquelle on dépose deux ou trois lits de solives carrées qu'on croise entre elles; on abat sur ces solives le levier qui agit comme levier du second genre et presse au moyen d'une vis qui passe dans un trou taraudé à son extrémité et qu'on fait fonctionner par une barre passée dans sa tête. Ce pressoir, dont nous ne décrirons pas la manœuvre, donne des marcs assez bien épuisés, mais est d'un prix assez élevé, occupe beaucoup de place, et, en définitive, est un appareil peu satisfaisant.

Le *pressoir à vis et à cabestan, dit pressoir à étiquet*, mis en mouvement par une vis contenue dans un bâti, vis qui sur la tête porte une roue qu'embrasse une corde, laquelle corde s'enroule sur un cabestan vertical, est un appareil encore répandu, mais qui a les mêmes défauts que le précédent.

Dans ces derniers temps, où la mécanique a fait des progrès assez importants, on a cherché à perfectionner les pressoirs, et parmi les nombreux modèles qui ont été proposés, quelques-uns ont paru bien adaptés au service du pressurage des vendanges, et adoptés dans un assez grand nombre d'établissements. Nous citerons entre autres le pressoir de Desaunay, le pressoir Lemonier-Jully, le pressoir locomobile de Bossu, le pressoir troyen ou de Benoît, le pressoir Saumain et le pressoir Revillon.

Dans le pressoir simple de Desaunay, une cage ronde à claire-voie cerclée en fer, est posée sur une maie rectangulaire. Au centre de cette maie s'élève une vis fixe en fer, et sur cette vis descend un écrou mobile aussi en fer, qu'on manœuvre par un levier, écrou qui vient presser sur des blocs de solives ou des planches de pression posés sur la vendange. On établit également des pressoirs de ce modèle, sans cage, aussi à vis fixe, écrou mobile et levier, avec lesquels on fait beaucoup de travail en peu de temps, car pendant que le jus coule dans l'un des pressoirs, on monte la vendange sur l'autre, et réciproquement. «Ce pressoir double est, suivant M. Rérolle, énergique, puissant, d'une manœuvre facile, prompte et exigeant peu d'hommes, il n'occupe pas une place exagérée relativement au travail qu'il produit, mais il est coûteux, difficile à transporter et sujet à des chocs redoutables.»

Le pressoir Lemonier-Jully est caractérisé par une vis mobile qui ne peut ni monter, ni descendre, et qui, en tournant sur elle-même, fait monter et descendre son écrou. Pour manœuvrer à toute pression, on fait agir des manivelles avec des roues d'engrenage qui commandent une grande roue dentée servant de tête à la vis. Quelques dispositions particulières servent à hâter la manœuvre au commencement de l'opération. Ce pressoir agit, assure-t-on, avec une force considérable.

Cet appareil est assez répandu ; mais, d'abord, il occupe beaucoup de place et ensuite il est d'un prix élevé, ce qui doit encore en limiter les applications. Peut-être aussi, par les nombreuses roues d'engrenage qu'on y remarque, il n'a pas toute la solidité nécessaire, en un mot, malgré sa vogue, il ne nous paraît pas remplir les conditions auxquelles doit satisfaire un pressoir usuel.

Pressoir locomobile de Bossu. — Ce pressoir, mobile sur des roues, dont le poids ne dépasse pas 500 kilogrammes et occupe peu de place, qui est devenu très-précieux, surtout dans les pays vinicoles où la propriété est très-divisée et où il peut successivement presser la vendange à domicile chez les petits vignerons. Nous l'avons en conséquence représenté par la figure 18, de préférence à tout autre système.

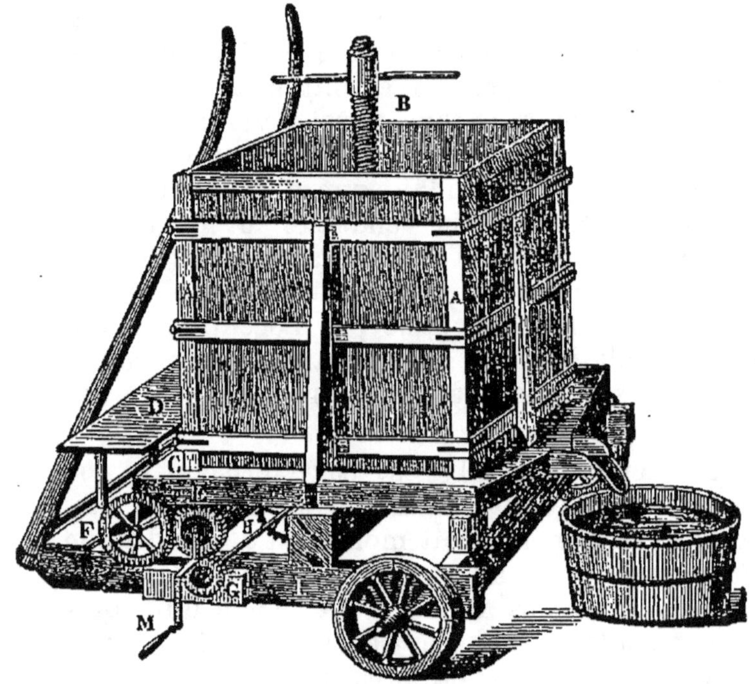

Fig. 18.

Le pressoir Bossu se compose d'une caisse carrée A, contenant un bâti à claire-voie recouvert à l'intérieur de planches percées d'un grand nombre de trous. Dans cette cage fonctionne un piston destiné à fouler la vendange qui monte et descend sur une vis centrale B, dont la tête est pourvue d'un levier. Cette cage A repose sur une maie C, qui reçoit le jus qui s'écoule par les trous des planches percées et le déverse par une goulette dans un baquet ou un tonneau destiné à le recevoir. La maie elle-même est portée par un train I à deux roues, pourvu de deux brancards pour y atteler le cheval qui doit transporter le pressoir. Sur ce train est une planchette D, sur laquelle montent les ouvriers qui chargent et déchargent le pressoir et un système d'engrenage E, F, G, H, avec manivelle M au moyen duquel on met le pressoir en action.

Fig. 19.

Le *pressoir troyen ou de Benoît* qui est répandu en Bourgogne, sera facile à comprendre d'après la figure 19. La maie A supporte un coffre rectangulaire à claire-voie, dont un des côtés est enlevé pour donner passage à un grand piston rectangulaire D. Ce coffre est pourvu d'un couvercle formé de plateaux jointifs, renforcés par des potelets ; pour tenir le coffre fermé, on a disposé des brides mobiles F sur les potelets latéraux, et lorsque le couvercle est abattu, on fait entrer ces brides dans les bouts des potelets E du couvercle. Le piston est mis en mouvement par deux solides crémaillères G en fonte et même en fer ; ces crémaillères sont commandées par les petits pignons placés sur les arbres des roues M, et ces dernières roues reçoivent le mouvement du pignon I placé sur l'arbre de la roue à vis sans fin K ; cette roue K est mue par une manivelle N lorsqu'on veut une grande vitesse, ou par la vis sans fin J lorsqu'on est obligé d'aller lentement pour obtenir une forte pression.

Pour extraire le jus, on place le raisin dans le coffre, de manière à le remplir, on ferme et on agit d'abord sur la manivelle N ; puis, quand la résistance devient trop grande, par les manivelles H, H. Le piston s'avance lentement, mais avec une force énorme et produit la pression voulue. Le jus coule par la goulotte O dans un baquet placé au-dessous. Deux crochets empêchent la vis sans fin de se desserrer sous la réaction du marc. Lorsque la serre est donnée, on éloigne la vis J de la roue K, en faisant glisser un des coussinets de l'arbre de la vis, puis on agit sur la manivelle N. Le pressoir est énergique, mais le piston qui n'est pas guidé suffisamment de tous les côtés est exposé à dévier et à venir frotter sur les parois de la cage. Celle-ci, d'ailleurs, qui est carrée, est entachée de tous les défauts qui résultent de cette forme, bien inférieure pour la régularité du service à la forme ronde de plusieurs modèles de bons pressoirs.

Nous pourrions encore décrire bien d'autres modèles de pressoirs qui offrent des combinaisons mécaniques plus ou moins heureuses et qui tous, comme les précédents, fonctionnent par une pression lente et graduée, mais nous préférons terminer cette revue sommaire des appareils de pression par la description d'un pressoir qui fonctionne par force vive et qu'on connaît sous le nom de pressoir Revillon.

Dans le riche vignoble de Mâcon on remplace le pressoir à bascule par un pressoir à caisse carrée (1) dans lequel la vendange est pressée sous l'action d'une ou deux vis placées à l'une ou bien aux deux extrémités. Chaque vis est mise en mouvement par un volant qui lui imprime une force vive, susceptible d'être augmentée à volonté, d'où résulte une combinaison puissante du levier et de la force de percussion. Le moyen très-simple auquel on doit cet effet, consiste en ce qu'à l'extrémité

____

(1) Depuis, on a adopté la forme ronde ; la vis, au lieu d'agir verticalement, exerce son action horizontalement.

de la vis on en forme une d'un moindre diamètre, qui
reçoit comme un écrou l'œil percé au centre du volant.
Un ou plusieurs hommes sont employés à une manivelle
implantée dans le volant, à une distance convenable du
centre, et lui donnent une chasse plus ou moins rapide,
suivant l'énergie de leurs efforts et le nombre de tours
qu'ils lui font faire. Au terme de sa course, le volant se
met en presse, à l'aide de deux chevilles qui frappent
latéralement un bras dont la vis est armée. Ainsi arrêté,
il communique à celle-ci son mouvement acquis; mais, attendu que si les chevilles étaient placées à même distance
du centre du volant, et si les deux branches de l'arbre
étaient égales, ces dernières seraient frappées avant que
les chevilles se fussent rapprochées d'elles pour les couvrir latéralement, l'inégalité de la distance des chevilles
au centre, la longueur des bras de l'arbre, ont été com-
binées de telle sorte, que la cheville la plus éloignée du
centre dépasse l'extrémité du bras le plus court, et qu'en
même temps l'autre cheville traverse le bras opposé sans
le toucher, au moyen d'une entaille pratiquée dans ce
dernier : de là, comme on le voit, la mise en presse ne
s'opère qu'après un nouveau rapprochement, correspondant à un demi-tour du volant. Ainsi, l'on imprime à ce
dernier un mouvement rétrograde, sans que la vis y participe; mais, lorsqu'il s'agit de faire reporter la vis en
arrière, le volant est percé d'un trou dans lequel on introduit une branche de fer qui le retient contre le bras
de l'arbre, dans le sens opposé aux chevilles. La vis
exerce sa pression sur une pièce de bois, à laquelle est
fixée par un collet, de manière à la ramener quand elle
retourne en arrière. Tel est l'ensemble du principe d'action de cette machine : voyons maintenant ses dispositions particulières comme pressoir.

Le corps du pressoir est une caisse de forme parallé-
lipède allongée; les côtés sont composés de pièces join-
tives en chêne, et l'extrémité des traverses de même bois,
solidement assemblées dans les côtés. L'une d'elles porte
l'écrou de la vis, afin que la pression s'exerce dans le sens
de la longueur. Le fond de la caisse est entretoisé par

quelques traverses, et le dessus garni d'un couvercle qui
se loge dans les feuillures pratiquées aux arêtes supérieures des parois latérales; les côtés et le fond sont revêtus intérieurement de planches étroites, laissant entre
elles des fentes de quelques millimètres de largeur, pour
le passage du liquide extrait; sur les côtés, son écoulement se fait au moyen de cannelures creusées verticalement dans les parois. Des fourrures en segments circu-
laires, appliquées extérieurement sur les quatre côtés,
forment des zônes qu'embrassent des cercles de fer ; ces
cercles se démontent et se serrent à clavettes; ils ont le
double effet de résister à l'effort qui tend à écarter les
parois, et de fixer le couvercle lorsqu'on a rempli le
pressoir. Sous lui, l'on suspend, au moyen de crochets,
un récipient ou plancher garni de rebords, pour recevoir
le vin qui s'échappe de toutes parts.

Le pressoir Révillon a des avantages qu'il convient de
noter, tels sont ceux d'occuper peu de place, de pouvoir être posé partout, même dans la vigne, sans frais et
sans construction particulière, et de supporter une pression sans crainte de rupture ou seulement de le voir
fléchir ; mais il a, d'une autre part, l'inconvénient d'exiger
une masse de vendange toujours égale; de ne permettre
la coupe ou le remuage du marc que très-imparfaitement
quand il est compact, et pour y arriver d'une manière
satisfaisante, d'exposer une partie du marc à être plus
ou moins de temps séparée de la masse et exposée à l'air ;
de ne pouvoir être nettoyé avec tout le soin nécessaire, et
par conséquent à s'imprégner de moisissure, etc. Le prix,
d'ailleurs, en est trop élevé.

CHAPITRE VIII.

Des Caves (1).

Rien ne contribue davantage à la conservation des vins que la bonté des caves ; aussi Rozier s'étonne-t-il, avec raison, du peu d'attention que les propriétaires et les architectes donnent à leur construction et à leur distribution. Ils ignorent le proverbe : *C'est la cave qui fait le vin.* En effet, les meilleures caves sont celles établies sous des corps de bâtiment non habités, comme on en voit dans les cantons les plus réputés pour la culture de la vigne ; exposées au nord, profondes de seize à vingt mètres, selon la sécheresse ou l'humidité du sol. L'humidité doit y être constante sans excès : trop humide, une cave fait pourrir les tonneaux et contribue à faire prendre au vin un goût de moisi ; trop sèche, elle force les futailles à se tourmenter et à faire transsuder le vin. La lumière doit y pénétrer modérément par des soupiraux pratiqués à des distances convenables, et couverts de très-petits auvents, que l'on ferme quand il fait trop chaud ou trop froid. La voûte des caves veut être solidement construite et la plus épaisse possible, afin que les secousses et les pressions qui pourraient avoir lieu sur elle ne puissent être communiquées aux futailles. En été comme en hiver, on fera très-bien de la couvrir de fourrage ou de toute autre matière, afin d'absorber la plus grande partie des effets du froid ou de la chaleur. Il faut que le sol en soit bien uni et parfaitement battu ; la cave, ou la partie de la cave destinée à recevoir les vins en bouteilles, sera sablée.

Une cave doit être tenue proprement ; si elle est trop humide, on augmente le nombre et la largeur des soupiraux ; est-elle trop sèche, on en supprime une partie et

(1) Ce que l'on dit ici des caves, s'applique, sans aucune réserve, aux celliers. Consulter pour plus de renseignements le *Manuel du Sommelier*, publié par Jullien, dans l'*Encyclopédie-Roret.*

on rétrécit ceux qui restent. Quand elle est mal située, on la garantit des rayons solaires, en élevant en avant des soupiraux, des petits murs en talus, ou seulement en les bouchant avec une planche couverte de terre, ou mieux encore avec du gazon.

On place les tonneaux bien horizontalement, sur des chantiers élevés de seize à dix-huit centimètres, faits en madriers équarris, et soutenus par des traverses ou morceaux de bois de dix centimètres de long, sur huit d'épaisseur, et taillés en forme de coin. Ces coins sont chassés à petits coups, à l'aide d'un marteau, entre les futailles et les madriers. Ni les uns, ni les autres ne doivent toucher le mur en aucune de leurs parties : de la sorte, ils ne sont point sujets à pourrir, ni même à vaciller.

Les tonneaux qui penchent en avant, forcent la lie à se porter sur le fond antérieur, et à obstruer le passage de la cannelle ; quand ils penchent en arrière, l'inconvénient, moins sensible d'abord, le devient excessivement lorsqu'on soulève le tonneau pour faire couler le surplus du liquide. Placés bien horizontalement, la lie se fixe au milieu de la cavité inférieure, et tout le vin clair s'écoule sans qu'elle puisse s'y mêler.

Le jardinage, le bois vert, les fleurs, les fruits, etc., ne doivent point entrer dans les caves destinées à recevoir du vin. Les gaz qui se dégagent de ces diverses substances, provoquent tôt ou tard l'acescence du vin. Il en est de même du développement de l'électricité dans les grands coups de tonnerre.

Dans les caves, sur les tonneaux et sur les pièces de bois qui les supportent, on remarque souvent des tapis d'un duvet très-mou, épais, étendu, fort léger. Ils sont dus à la présence d'une oscillaire connue sous les noms botaniques de *Bissus cryptarum*, L. et de *Racodium cellare* de Persoon. En son jeune âge, ce cryptogame est blanchâtre, en vieillissant sa couleur devient brune ou noire ; il ressemble alors à de l'amadou. Comme il se décompose facilement et passe vite à une putréfaction très-fétide, l'on doit l'enlever aussitôt qu'on l'observe, afin de préserver les vins de l'ascescence ou d'une fermentation irrégulière.

CHAPITRE IX.

Manière de gouverner les vins dans les tonneaux, et particulièrement du ouillage.

Quand le vin est déposé dans un tonneau, et placé dans une bonne cave, il demande encore une foule de soins au propriétaire. Ils ne sont pas moins importants, ces soins nombreux, que ceux exigés jusqu'ici pour les amener au point de devenir une branche de commerce du plus haut intérêt.

Le vin travaille dans le tonneau dès les premiers jours de son transvasement ; comme il n'est pas entièrement élaboré, il s'établit chez lui un mouvement peu sensible, si la liqueur est avancée par suite d'une fermentation régulière, soutenue, dans la cuve ; ce mouvement sera très-vif, si le contraire a eu lieu. C'est le gaz acide carbonique (1) qui détermine cette agitation, il tend incessamment à s'échapper, il augmente le volume du liquide, le pousse à la surface, et le force à sortir par le trou du bondon sous forme d'écume. Une pareille circonstance demande que l'on ait d'abord l'attention de ne pas remplir entièrement le tonneau (cinquante-quatre millimètres de vide suffisent), et d'enfoncer le bondon assez fortement pour que l'air ne puisse pénétrer en trop grande masse. On établit ensuite auprès du bondon un petit trou qu'on ferme avec une cheville de bois nommée *fausset,*

(1) Les chimistes ne sont point d'accord sur la quantité d'acide carbonique produit par la fermentation vineuse. D'après les calculs de Lavoisier, cent parties sucre donnent 34.3 d'acide carbonique. Il n'y en aurait que 32 seulement, selon Hermbstaedt, tandis que suivant Doebereiner et Thénard, cette quantité s'élèverait à 48.8 et 49.38 d'alcool. Il y a dissemblance égale dans les opinions, pour la fermentation en tonneaux : ce qu'il y a de certain, c'est que la quantité d'alcool augmente, du moment que le dépôt du ferment et du bitartrate tombe au fond du tonneau avec le tartrate de chaux et la matière extractive, pour constituer ce que l'on appelle la lie.

on l'ôte de temps en temps pour donner issue au gaz
acide carbonique, mais il ne faut pas en abuser, de
crainte de déterminer l'acétification. Au lieu de fermer
avec le bondon et d'ouvrir avec le *fausset*, il y a des propriétaires qui bouchent le trou de la bonde avec un linge
couvert de sable, ou bien tout simplement avec des feuilles de vigne assujetties par une tuile. Mais ce qui est préférable à ces moyens est la bonde hydraulique, qui tout
en permettant le dégagement de l'acide carbonique, met
le vin à l'abri d'un contact trop étendu et trop brusque
de l'air.

Quand cette fermentation a cessé, et que la masse du
liquide s'affaisse, il faut remplir le tonneau et bondonner hermétiquement. Le bondon doit être entouré de filasse ou d'étoupes, ou enveloppé d'un petit linge qu'on
entretiendra très-propre : s'il s'y forme une pellicule,
elle peut devenir nuisible au vin; et si l'on veut que le
vin n'éprouve aucune altération, on a conseillé de verser
une bouteille d'huile d'olive très-fine dans le tonneau :
non-seulement la liqueur conserve, dit-on, toutes ses
qualités, mais le tonneau lui-même est garanti de l'acidité et de la moisissure. Nous sommes loin de conseiller
néanmoins l'emploi de ce moyen, car il n'arrive que trop
souvent que l'huile rancit et donne un goût détestable au
vin, et de plus, les dernières bouteilles qu'on tire sont
tellement chargées d'huile, qu'elles sont inbuvables. Pour
suivre de l'œil les mouvements du déchet qui s'opère
chaque jour, on place à la bonde un vase transparent au
moyen duquel on voit ce qui se passe.

L'opération qui s'occupe du remplissage, se nomme
ouiller.

Il y a des cantons où l'on ouille tous les jours pendant
le premier mois, tous les quatre jours pendant le deuxième, et tous les huit jours jusqu'au soutirage. C'est ainsi
qu'on en agit pour les vins de l'Ermitage. Dans les environs de Bordeaux, on ouille dès le huitième jour, un
mois après, on bondonne légèrement les tonneaux, et on
ouille tous les huit jours; plus cette opération a de date,
plus on assujettit la bonde. Ailleurs, on remplit exac-

tement tous les dix jours pendant les premiers mois, puis une seule fois par mois jusqu'au soutirage. Dans d'autres lieux, ces époques sont ordinairement fixées de deux mois en deux mois, si les caves sont passablement sèches, et tous les trois mois, si elles sont humides.

Le ouillage doit se faire par un temps frais et sec, et le vin employé n'être jamais d'une qualité inférieure à celui des tonneaux à remplir. La moindre négligence à cette époque épineuse de la vie du vin, surtout s'il est faible, l'expose à des altérations auxquelles il n'est point possible de remédier. Il y a moins de risques à courir avec un vin très-alcoolique, fortement chargé de matière extractive ; elle le pousse, il est vrai, à précipiter le moment de son âge mûr ou de sa maturité, ce qui, dans certains cas, peut être un avantage, mais en général, c'est un vice, parce qu'il est certain que cette disposition à devenir trop promptement potable, se perdra bientôt.

Pour conserver la qualité du vin sans altération, tout dans l'opération doit être pondéré, et ouiller avec un vin de la même espèce, et au plus de l'année qui vient de s'écouler, et ne point laisser en vidange le tonneau d'où ce vin est tiré ; son contact avec une grande masse d'air déterminerait un mouvement fâcheux.

Il faut visiter au moins une fois le jour les vins que l'on conserve en tonneaux, afin de remédier de suite aux accidents qui peuvent survenir par la piqûre d'un ver, par la commotion éprouvée en descendant les vins à la cave, par la mousse qui attaque les cercles ou les futailles dans les caves trop humides, par l'écartement des douves dans celles qui sont trop sèches. On place à cet effet, comme je viens de le dire, un vase transparent à la bonde; l'œil aperçoit aisément le déchet qui s'opère.

On doit aussi goûter de temps en temps les vins en tonneau, afin de s'assurer de leur état, et porter promptement remède aux altérations qu'ils peuvent contracter.

Quand on a négligé de remplir, il se forme dans le tonneau une végétation blanche, qu'on nomme *fleur*, et qui couvre la surface du liquide. Il est urgent de remédier à cet accident, qui précède constamment la dégénérescence du vin. On commence par forcer l'air qui remplit le vide, à sortir : pour cet effet, on introduit la douille d'un soufflet ordinaire par la bonde, et on l'agite de chaque côté : on introduit ensuite une mèche soufrée, qu'on laisse brûler en fermant la bonde ; puis on remplit le tonneau et on frappe dessus, tant pour exciter la sortie des bulles d'air qui s'arrêtent dans les cavités, que pour amener le plus possible de fleurs vers la bonde ; après quelques minutes de repos, on presse des deux genoux le fond du tonneau, ce qui fait déborder le liquide, on souffle dessus, les fleurs tombent, on remplit et on continue l'opération jusqu'à ce que l'on n'aperçoive plus aucun vestige de cette végétation.

Le vin travaille encore d'une manière très-remarquable lorsque la vigne commence à pousser, lorsqu'elle fleurit, et lorsque le raisin se colore. Buffon attribue ces mouvements, et en général, tous les changements qui arrivent au jus de la vigne, depuis son état de moût jusqu'à celui du vinaigre, à l'action des molécules organiques. Selon Fabroni et les observations confirmatives de Astier, de Mont-Dauphin, ces phénomènes de la matière végéto-animale se remarquent seulement lorsque les molécules organiques n'ont pas été séparées du vin par une suffisante quantité d'alcool. « Alors, dit Astier, comme ces « éléments d'organisation, originaires du raisin, ne peu- « vent rester oisifs pendant que la vigne est en travail, « et ne pouvant, dans la cuve ou le tonneau, produire « comme elle, des feuilles, des fleurs ou des graines, ils « produiront pour faire quelque chose d'animé, des mou- « cherons de la vendange, des moisissures du vin, ou des « anguilles microscopiques du vinaigre. Ces phénomènes, « ajoutait mon savant confrère, prouvent que, pour ne « plus être apparente dans le tout, la vie n'en subsiste « pas moins encore dans toutes les parties, même déta- « chées les unes des autres, et qu'elle conserve, malgré « la mort, une certaine relation avec la vie générale de « l'espèce à qui appartenait l'individu.»

On peut prévenir ces phénomènes de la vitalité en faisant usage de substances anti-fermentescibles. Ces substances sont l'acide sulfureux, le sulfate de chaux, les oxydes mercuriels, l'alcool, l'ail, le camphre, le froid de la glace, la chaleur portée à un certain terme, etc. Je parlerai plus bas de leur emploi.

Lorsqu'il ne se fait plus de mouvement sensible, que la liqueur parait être dans un état de repos, le vin, quoique encore trouble, doit être considéré comme fait. Ce sont les substances hétérogènes qu'il tient en suspension qui causent ce trouble; elles se précipitent avec le temps et par le repos. Leur précipitation lente produit au fond du tonneau un dépôt qu'on nomme *lie*, lequel est un mélange confus des débris de la pulpe, de la matière colorante et de tartre; ce dernier se sépare en partie, et cristallise sur les parois des tonneaux.

Dans plusieurs départements de l'Est, surtout ceux de la Marne et de la Meurthe, on est persuadé que le ouillage est inutile, et même peu convenable, parce qu'on estime que la lie est un principe conservateur des vins faibles, et que lorsqu'on les en prive, ils deviennent encore plus faibles. Une longue pratique et des expériences récentes semblent confirmer cette opinion, et cependant elle est controversable. L'analyse chimique nous apprend que la lie « est composée de fibres végétales très-divisées, d'une « assez grande quantité de tartrate de potasse, de fer- « ment décomposé durant la fermentation, de ferment « non encore décomposé, toujours très-abondant dans les « premières lies des vins faibles, enfin de matières colo- « rantes et extractives.» Or, aucune de ces substances n'est nullement conservatrice du vin; loin de là, l'une d'entre elles, le ferment non décomposé, est un levain toujours prêt à l'altérer. Mais, le tout ensemble exerce peut-être une action chimique susceptible de contribuer à la conservation des vins par des réactions encore peu connues et appréciées.

Une autre considération, à l'appui de l'opinion que nous examinons, c'est la difficulté d'empêcher l'aération durant le soutirage, et rien ne nuit plus à toute sorte de

vin, particulièrement à celui qui n'a pas de force, que
le contact de l'air. Cette dernière considération paraît
décisive, mais est-il possible de nier que le vin qui demeure trop sur la lie, ne perde beaucoup de ses qualités?
Il est un point milieu qu'il faut saisir, c'est vers lui que
doivent tendre les études du praticien. La théorie est
muette là où l'observation seule peut élever la voix.

CHAPITRE X.

Du Soutirage.

La lie est le résultat de la combinaison des matières extractives, d'une portion de tartre et de la matière colorante du raisin. Quoique précipitées d'elles-mêmes, ces
substances peuvent se mêler de nouveau, troubler le vin
clarifié, lui imprimer un mouvement de fermentation
nuisible, et déterminer son altération. L'on obvie à cet
inconvénient en transvasant le vin dans un tonneau bien
conditionné et bien net, et en séparant la liqueur de sa
lie. Cette opération se nomme *soutirage*. Elle se fait à
diverses époques. Selon les localités, on soutire les vins
à la fin de décembre, lorsqu'ils sont bien éclaircis et qu'on
veut les transporter; ou bien, on le fait une seule fois par
année, aux mois de février et de mars. Dans telles contrées, les vins demandent à être soutirés deux fois pendant la première année, les uns au commencement du
printemps et à la fin de septembre, les autres vers la fin
de décembre, par une belle gelée, et vers la mi-mai. Il y
a des vins qui exigent de devancer l'époque du soutirage,
ce sont ceux qui sont faibles; d'autres qu'on la retarde,
ce sont ceux qui sont verts et durs. Les vins généreux
peuvent sans inconvénient rester sur lie de trois et quatre ans, et n'être soumis au décuvage que tous les deux
ans. Tels sont les vins rouges de la rivière de Marne, et
surtout ceux du clos Saint-Thierry, près de Reims. Les
vins blancs se soutirent une première fois aux dernières
journées de décembre; un mois après on soutire de nou-

veau, puis on colle; un troisième soutirage a lieu, ainsi qu'un second collage, avant de mettre en bouteilles.

Au département de la Meuse, on soutire pour la première fois à la fin de février, et au plus tard, à la fin de mars. Le second soutirage se fait dès que la vigne fleurit ou très-peu de jours après. Dans le Bas-Rhin, le vin rouge subit cette opération deux fois dans la première année, en mars et en octobre; le blanc trois fois, et seulement deux aux années suivantes. Dans la Côte-d'Or et l'Yonne, c'est en mars, puis en septembre, et ainsi de suite, de six mois en six mois. Dans le Jura, le vin rouge n'est soutiré qu'une seule fois en mars, durant la première et la seconde année, tandis que les vins blancs le sont jusqu'à clarification complète. Sur les bords du Rhône, on soutire deux fois; dans le département de l'Hérault, une seule ; il en est de même dans le Gard, pour les vins rouges, mais les blancs le sont trois fois dans les six premiers mois. Ici, aucun vin médiocre ne subit le soutirage.

Dans le département de la Gironde, en mars et en septembre, tous les vins sont soumis à l'opération, puis on les colle. Dans l'Indre-et-Loire, une fois par an pour les vins rouges; quant aux blancs, ils sont condamnés à demeurer sur lie jusqu'au moment de la vente, aussi sont-ils peu corsés, peu spiritueux et d'une petite valeur. Il faut en excepter les vins de Vouvray, qui méritent d'être distingués. Ils sont très-doux et liquoreux à la première année ; en vieillissant, ils deviennent moelleux, d'un goût fort agréable et même capiteux.

En général, comme je le disais tout-à-l'heure, les vins doivent être séparés de leur grosse lie avant l'équinoxe du printemps. On peut reculer le soutirage de septembre jusqu'en octobre, mais il ne faut pas attendre plus tard que les premiers jours de mars. Cependant il est des cas où l'on s'est bien trouvé, au lieu de soutirer aux époques que je viens d'indiquer, de recombiner les vins avec la lie, afin de rétablir un mouvement de fermentation qui les améliore et leur fait acquérir de la maturité. On réussit surtout avec les vins qui renferment encore un peu de matière sucrée. Dans ce cas, il faut suivre l'opération avec le plus grand soin, car on peut aisément, par la plus petite inadvertance, déterminer l'acétification ; il faut, au moment même où le vin témoigne une tendance à passer au second degré de la fermentation, qui est acétique, soutirer sans délai, et transporter le vin dans un lieu plus froid que celui dont on l'enlève, et, s'il est trouble, on le colle avant de pratiquer le soutirage.

Le temps le plus propre à cette opération est un temps sec et beau, surtout quand il s'agit du premier soutirage. Avant d'y procéder, assurez-vous si les raisins sont en fleurs : dans ce moment, comme je l'ai dit plus haut, les vins sont troubles, agités par un mouvement intérieur accéléré ; en les fatiguant, vous les altéreriez.

Pour soutirer, on perce le tonneau à trois doigts environ au-dessus de la partie saillante des douves, que l'on nomme *jable*. A cet effet, on se sert d'un vilebrequin armé d'une mèche plate, coupant horizontalement et latéralement, de manière que l'orifice très-peu conique se forme de suite de la largeur nécessaire pour recevoir la cannelle. L'instrument est dirigé droit, sans secousses et sans reprises : dès que l'on aperçoit quelques gouttes de liquide, on cesse de percer et on place la cannelle. On entr'ouvre le robinet pour que le liquide qui s'y introduit chasse au dehors l'air que la cannelle contient ; sans cette précaution, l'air serait refoulé à la surface du liquide, qu'il troublerait nécessairement en le transvasant. La cannelle une fois posée, on enlève la bonde, toujours le plus doucement possible, pour donner entrée à l'air extérieur avant que le vin coule. Quand il cesse de couler, on soulève le tonneau à l'aide d'un cric, et l'on observe attentivement si la liqueur se trouble, pour ne point la mélanger avec celle qui est claire. Voilà la méthode du soutirage la plus généralement suivie et la plus expéditive. Elle n'est pas exempte d'inconvénients, surtout pour les vins dont le bouquet est précieux à conserver, puisque l'air frappe la liqueur d'abord en tombant de la cannelle dans le vase destiné à la recevoir, et ensuite lorsqu'on la verse dans l'entonnoir placé sur le tonneau à remplir.

A Beaune, département de la Côte-d'Or, dont les vins ont la juste réputation d'être les plus francs de goût de l'ancienne Bourgogne, on soutire au moyen d'une cannelle en cuivre portant un bec droit, et auquel on fixe un tuyau de cuir terminé par un tube en bois de forme légèrement conique, que l'on introduit dans la pièce destinée à être remplie. Cette pièce est placée sur le côté, ouverte sur la douve la plus élevée de quelques petits trous de foret, et lorsqu'elle est pleine, on ferme les trous, on la met sur la bonde et on la cale parfaitement.

A Condrieu, département du Rhône, on soutire le vin d'abord huit jours après qu'il est confectionné, et avant la fin du mois on le colle pour le dépouiller des parties muqueuses dont il est surchargé; on le soutire de nouveau jusqu'à deux et même trois fois, en laissant toujours écouler quinze à vingt jours entre chaque opération : c'est ainsi qu'on parvient à le clarifier et à lui procurer cette limpidité qui en fait un des agréments. A chaque soutirage on mute le tonneau beaucoup plus fortement que pour le vin rouge; ce procédé lui donne du corps. Ce vin blanc dure quinze à vingt ans; en vieillissant, il acquiert la couleur et le goût du Malaga: sa réputation se soutient depuis plusieurs siècles. On croit que son plant fut apporté de la Dalmatie: il est connu sous le nom de *Vionnier*. C'est au vignoble de Condrieu que celui de l'Ermitage doit son origine (1).

Si l'on est obligé de déplacer les vins trois ou quatre mois après le soutirage, on fera très-bien de les soutirer de nouveau ; le nouveau dépôt qu'ils peuvent avoir fait pourrait dans ce cas se mêler à la liqueur, en troubler la limpidité et en altérer le goût.

Pour aider aux diverses opérations que nous venons

(1) On rapporte à ce sujet qu'un habitant de la petite ville de Condrieu se fit ermite. Il établit sa cellule sur une montagne inculte dans les environs de Tain et il employa ses loisirs à boiser les rochers qui entouraient sa demeure; il y planta des ceps tirés de Condrieu qui réussirent parfaitement. Son exemple excita l'émulation; et on vit le précieux vignoble s'étendre sur les flancs d'une montagne jusqu'alors absolument stérile.

de décrire, des instruments ont été inventés par Herpin de Metz, et par Jullien, l'auteur du *Manuel du Sommelier* et de la *Topographie des Vignobles*; je crois devoir les donner ici.

On doit l'invention du premier instrument à Herpin de Metz; il est calculé de manière à ne point refouler dans le liquide le vin gâté qui se trouve à la surface. Cette espèce d'entonnoir à long tube plonge de quelques centimètres dans le tonneau; il sert à le remplir sans secousse, et à amener le vin gâté à l'ouverture de la bonde.

L'instrument (fig. 20) est composé d'un tube vertical ou entonnoir *a*, par lequel on verse le liquide destiné à remplir le tonneau, et d'un tube coudé *b*, destiné à la sortie de la couche de vin gâté. Ces deux pièces traversent un bouchon conique en fer-blanc *c*, que l'on entoure de linge, et que l'on place dans la bonde du tonneau. Une tringle de fer *d*, portant un bouchon *e*, est destinée à fermer l'orifice inférieur de l'entonnoir.

L'appareil peut être construit en fer-blanc. La longueur du tube *a*, doit être de quarante à quarante-huit centimè-

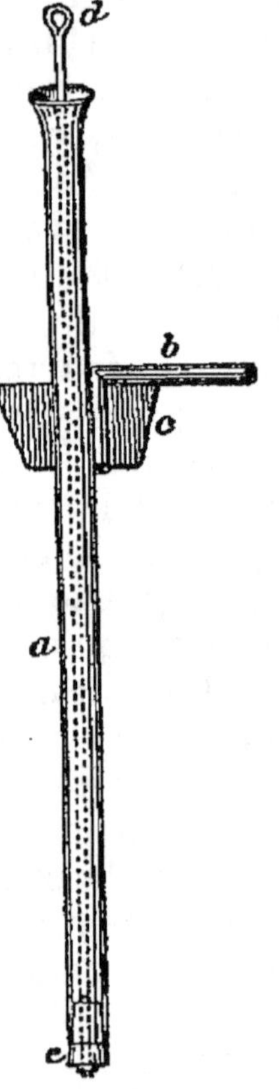

Fig. 20.

tres; son diamètre à la partie supérieure, de dix centimètres; le corps du tube, de dix-huit millimètres; et, enfin, l'ouverture inférieure, de cinq millimètres.

Le tube *b* doit avoir de diamètre neuf millimètres, et de longueur huit à dix centimètres. Le cône *c* doit avoir de diamètre, à sa partie supérieure ou la plus large, quarante-huit millimètres; à sa partie inférieure, trente et un millimètres; et en hauteur, trente-trois millimètres; il est fermé de toutes parts.

La tringle *d* doit traverser le bouchon *c* et le maintenir en dessus et en dessous au moyen de deux petites rondelles en métal. On pourrait remplacer et la tringle et le bouchon par une simple valvule ou soupape en taffetas gommé, qui s'ouvrirait de dessus en dessous.

Fig. 21.

La cannelle aérifère, fig. 21 et 22, de Jullien, est composée d'un tube aérifère D, que l'on introduit dans la bouteille destinée à être transvasée : on l'entre jusqu'au bouchon conique *g*, qui doit la fermer hermétiquement, et de manière à ce que la pointe *h* du tube aérifère touche la paroi supérieure du ventre de cette bouteille. Le tube aérifère se termine extérieurement en bec *i*; on l'ouvre et on le ferme à volonté, au moyen d'un robinet *m*. La cannelle plonge par le tube *i* dans la bouteille que l'on veut remplir, et c'est par ce tube que coule la liqueur. Le vin s'introduit dans la cannelle au moyen de petits orifices ménagés en *o*, auprès du bouchon conique *g*. Au bec de la cannelle, on a soudé une petite corne *s*, pour recevoir le fil de fer *u*,

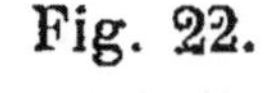

Fig. 22.

du petit entonnoir E. Le robinet de la cannelle *n* doit être ouvert avant de la placer dans la bouteille.

Le petit entonnoir, fig. 22, reçoit le bec *i* de la cannelle dans l'orifice *t*, et s'y accroche par l'agrafe en fil de fer *u*, à la petite corne *s* de la cannelle; à son extrémité *v*, la douille de l'entonnoir est recourbée pour verser le vin contre la paroi de la bouteille. Cet instrument s'accroche à la cannelle avant de commencer l'opération, et ne doit en être séparé que lorsqu'on cesse de transvaser.

CHAPITRE XI.

Du Collage et de la Clarification.

Les vins qui ne sont pas clairs après le soutirage, et tiennent par conséquent en suspension de la lie infiniment divisée, doivent être clarifiés au moyen du collage, et soutirés de nouveau dès qu'ils sont éclaircis. C'est surtout en mai et septembre que le fluide vineux en tonneau ou bien en bouteilles est troublé par les légers filaments d'une lie volante ; comme elle est susceptible de préjudicier aux qualités de la liqueur, il faut recourir de suite à la clarification pour entraîner ce corps étranger. Disons d'abord un mot du collage, nous indiquerons ensuite les procédés pour clarifier.

Collage. — Les vins communs et nouveaux perdent de leur âpreté par suite du collage ; les bons vins en acquièrent plus de finesse. Pour faire l'opération du collage, il y a divers procédés ; les moyens les plus ordinaires sont l'emploi de la colle de poisson et des blancs d'œufs.

La colle de poisson, avant d'être employée, est déroulée avec soin, coupée par petits morceaux, et mise à tremper dans un peu de vin. Bientôt elle se gonfle, se ramollit, devient visqueuse et forme une masse gluante qu'on verse dans le tonneau. L'on agite fortement avec un bâton fendu, puis on laisse reposer. La dose de colle est de deux décagrammes ou cinq gros par chaque cinq ou six cents litres de vin.

Les blancs ou glaires d'œufs, que l'on préfère dans le midi à la colle de poisson, se fouettent avec un peu de vin, et quand ils sont bien montés, on verse dans le tonneau, puis l'on fouette le vin, soit avec le bâton fendu, soit avec une verge de fer armée de brosses en crin. On laisse reposer pendant dix à quinze jours, et l'on soutire par un vent du nord. Il faut de six à dix œufs frais par chaque hectolitre de vin, selon que la liqueur est plus ou moins foncée en couleur.

Des propriétaires se servent de gomme arabique réduite en poudre; d'autres, d'eau salée, de cornes de cerf, de cailloux calcinés et broyés, d'amidon, de riz, de lait, de copeaux de hêtre bouillis dans l'eau et desséchés au soleil ou au four, etc. Mais, à part la gomme arabique, aucune de ces substances ne produit aussi bien, aussi promptement l'effet que l'on obtient de la colle de poisson et des blancs d'œufs, et d'ailleurs peuvent altérer la délicatesse du vin.

On vend, dans le commerce, et fort cher relativement à sa valeur, une poudre d'un rouge-brun, pour la clarification des vins : ce n'est rien autre chose que du sang desséché. Elle n'agit que par l'albumine que le sang contient, et deux œufs peuvent produire le même résultat, sans crainte de voir altérer le bouquet des vins fins par la mauvaise odeur de colle qu'offre la dissolution du sang desséché. La gélatine d'os vaut encore moins que le sang.

Le lait de vache frais, versé dans la proportion d'un litre sur un hectolitre, est employé par divers propriétaires pour clarifier promptement et sûrement les vins blancs. On recommande d'agiter ensuite la masse de la liqueur avec un bâton, et de remplir le tonneau, de bondonner et de laisser un petit accès à l'air, au moyen du foret, puis de soutirer après plusieurs jours de repos. Une expérience toute récente prouve cependant que le lait ne clarifie point les vins blancs, qu'il est sans effet sur les vins clairs, et qu'il n'est utile que pour les vins ambrés que l'on cherche à débarrasser de cette couleur, et à leur donner la diaphanéité connue dans le commerce sous le nom de *clair-fin*.

La colle de poisson lui est de beaucoup préférable. Quelles doivent être ses qualités? « Celles : 1º de donner, comme « on l'a dit, à la liqueur, une limpidité parfaite, sans « altérer sa qualité; 2º de précipiter complétement la lie « au fond du tonneau; 3º de se combiner assez forte- « ment avec toutes les parties de la lie, pour qu'elles ne « puissent pas se séparer d'elle; 4º d'être assez pesante « pour maintenir cette lie au fond du tonneau; 5º de dé- « naturer assez complétement le principe fermentatif

« qu'elle a précipité, pour qu'il ne puisse plus exercer
« son action sur les autres parties de la lie et sur la li-
« queur ; 6° que, lors même qu'on l'emploie à haute
« dose, chacune de ces parties rencontre dans le vin une
« assez grande quantité des matières qui lui correspon-
« dent, pour se combiner et se précipiter avec elle, de
« manière qu'il n'en reste pas dans la liqueur.

« Les parties du vin susceptibles de se combiner avec
« la colle, sont le *tannin*, le *principe végéto-animal* ou
« levain fermentatif, le *tartre*, l'*acide malique*, l'*acide acé-
« tique*, les *parties colorantes*, et toutes les parties étran-
« gères au vin qui s'y trouvent mêlées, soit par la na-
« ture du terroir et des engrais, soit par suite d'acci-
« dents. Il est évident qu'une colle naturelle qui n'est
« composée que d'une seule substance, ne peut pas se
« combiner avec ces différentes parties du vin, et que
« par conséquent elle ne peut pas agir aussi parfaite-
« ment que le fait une colle composée de plusieurs sub-
« stances ayant de l'affinité avec chacune des matières
« qu'il convient d'extraire de la liqueur.

« Les poudres de la composition de A. Jullien, remplis-
« sent toutes les conditions énoncées ci-dessus ; les sub-
« stances qui entrent dans leur composition sont dans
« un rapport parfait avec les matières qu'il convient d'ex-
« traire des liqueurs qu'elles sont destinées à clarifier.
« Aussitôt qu'elles sont introduites dans le vin, chacune
« d'elles se combine avec celle de ces matières qui lui
« correspond ; savoir : avec le *tannin*, dont la présence
« a été reconnue dans les vins, et à l'excès duquel on
« attribue l'âpreté des vins de Bordeaux ; le *principe fer-*
« *mentatif*, qui y est presque toujours trop abondant, et
« qui occasionne souvent leur dégénération ; le *tartre*,
« les *acides* et les *parties colorantes* prêtes à se séparer de
« la liqueur, pour former un dépôt ; enfin avec les ma-
« tières étrangères qui altèrent son goût. Leur combi-
« naison avec ces substances est complète ; elles les ren-
« dent insolubles et le deviennent elles-mêmes, de ma-
« nière que la lie qu'elles forment ne peut plus exercer
« aucune action sur le vin, qui, dégagé de toutes les ma-

« tières qui pouvaient concourir à le faire dégénérer, est
« bien plus susceptible de conservation (1).

« Toutes les personnes qui ont fait usage de ces pou-
« dres, pendant un certain temps, ont reconnu qu'elles
« produisaient les effets que je vais détailler :

« 1° Elles précipitent au moins autant de matières que
« les autres colles, et cependant la lie qu'elles forment,
« étant plus épaisse et plus lourde, occupe beaucoup
« moins de place dans le tonneau, et produit bien moins
« de déchet.

« 2° Le vin qu'on retire de dessus les pièces de lie,
« provenant de ce collage, est beaucoup meilleur ; ces
« lies se conservent pendant plusieurs années sans s'al-
« térer, et se tassent au point qu'une partie de vin qui,
« collée aux œufs ou à la colle de poisson, donnerait en
« définitive six pièces de grosse lie, n'en donnera qu'une
« si l'on a collé avec les poudres.

« 3° La lie, une fois précipitée, ne remonte jamais dans
« le vin ; et l'on peut, sans inconvénient, l'y mêler après
« un long repos, en déplaçant les tonneaux à plusieurs
« reprises : le vin reprend sa limpidité en moins de qua-
« rante-huit heures, et n'a subi aucune altération ; d'a-
« près ce, lorsqu'un premier collage n'a pas opéré la cla-
« rification, il n'est jamais nécessaire de soutirer le vin
« avant d'y introduire une nouvelle dose de poudre.

« 4° Le long séjour de la poudre dans le vin ne peut
« y occasionner aucune dégénération ; de nombreuses ex-
« périences ont, au contraire, prouvé que les vins collés
« après le premier soutirage, et laissés sur colle pendant
« tout l'été et l'automne suivant, étaient moins sujets à
« fermenter et à s'altérer que ceux que l'on avait traités
« autrement.

« 5° Les vins que l'on colle avec ces poudres, au mo-
« ment de l'expédition, supportent beaucoup mieux le
« transport ; et si le mouvement ou le changement de
« température occasionne la décomposition de quelques-

(1) On trouve les poudres chez Jullien (A.), Rivet, successeur,
boulevard Poissonnière, 8.

« unes de leurs parties colorantes, tartreuses ou mucila-
« gineuses, ces substances sont absorbées et précipitées
« par la colle; les vins sont limpides et droits de goût
« quarante heures après leur arrivée, et l'on peut les
« laisser dans cet état sans les soutirer, jusqu'au mo-
« ment où l'on veut mettre en bouteilles.

« 6° Ces poudres n'attaquent aucune des parties con-
« stitutives du vin; son bouquet, sa sève, son degré de
« spiritueux, son goût et même sa couleur ne sont pas
« altérés par le collage à haute dose.

« Ces poudres sont de cinq espèces différentes. Celle
« n° 1 sert au collage des vins rouges; celle n° 2 au
« collage de vins blancs. On les emploie ordinairement
« à la dose de 10 grammes par pièce ou barrique conte-
« tenant 210 à 230 litres, et de 6 grammes et demi par
« feuillette de 139 à 140 litres. La dose de 10 grammes
« de la poudre n° 1 produit sur les vins rouges le même
« effet que quatre blancs d'œufs, et la même dose de la
« poudre n° 2 agit sur les vins blancs comme un litre de
« colle de poisson bien préparée. D'après ce, quand, par
« leur nature, les vins se clarifient difficilement ou sont
« très-chargés de lie, il faut augmenter la dose de poudre
« dans la même proportion que l'on augmenterait celle
« des blancs d'œufs ou de colle de poisson. Les vins de
« liqueur se collent à la dose de 20 grammes par pièce;
« on en met 30 quand ils sont très-épais. Lorsqu'on em-
« ploie ces poudres à double dose, le vin est limpide
« en quarante-huit heures. Celle n° 1 coûte six francs
« le demi-kilogramme, en un ou deux sacs, et celle n° 2,
« sept francs cinquante centimes. Les prix sont augmen-
« tés de un franc par kilogramme, quand la poudre est
« divisée en cinquante paquets, chacun pour une pièce,
« et de un franc cinquante centimes, divisé en soixante-
« quinze paquets, chacun pour une feuillette. Les pa-
« quets de l'une et de l'autre se vendent en détail vingt
« centimes la dose pour une pièce, et quinze centimes
« pour une feuillette. Quand la poudre est en sacs, la
« dose se fixe avec une petite mesure graduée qui coûte
« vingt-cinq centimes.

« La poudre n° 3 est employée pour diminuer la cou-
« leur des vins rouges et des vins de liqueur trop am-
« brés; pour décolorer le vin blanc et les vinaigres qui
« ont une teinte jaune ou plombée; pour ôter les goûts
« de terroir, de tuf, d'herbage, de cuve ou d'échauffé;
« elle concourt au rétablissement du vin qui tourne à
« l'aigre ou à la graisse, la dose est de 100 grammes par
« pièce; mais si le vin est très-coloré ou si l'altération
« de son goût est très-forte, cette quantité ne suffit pas
« toujours. Dans tous les cas, il faut commencer par mettre
« cette dose, et si, après quatre ou cinq jours de repos,
« le vin a éprouvé un commencement de décoloration,
« il suffit, pour le rétablir complétement, de l'agiter
« matin et soir pendant quelques jours : si au contraire,
« l'effet n'est pas sensible, on en met une nouvelle dose
« proportionnée à l'état de la liqueur, qu'il ne faut pas
« soutirer pour cela. — Pour ôter, ou au moins pour
« diminuer la force des goûts de fût, de moisi, d'œuf
« gâté et de pourri récemment contractés, la dose est de
« 150 à 200 grammes par pièce. — Pour coller cent bou-
« teilles de vin de Champagne, on délaie 30 à 40 grammes
« de poudre dans un demi-litre de vin, que l'on répartit
« sur chaque bouteille, avec la mesure de demi-cen-
« tième. Le dépôt ne s'attache pas à la bouteille, il se
« réunit et descend facilement sur le bouchon sans se
« mêler dans le vin; il ne laisse pas de dépôt léger, et
« ne fait pas de cordon autour de la bouteille quand on
« la fait vaciller pour la mettre sur pointe. Si le vin est
« taché de jaune, il faut doubler la dose pour le déco-
« lorer. — Pour ôter le goût empyreumatique du tafia,
« et pour diminuer le mauvais goût des eaux-de-vie, la
« dose varie depuis 80 jusqu'à 150 grammes par hecto-
« litre : cette poudre coûte six francs le demi-kilogramme
« en sac, soixante-quinze centimes le paquet de 50 gram-
« mes, et soixante centimes celui de 35 grammes.

« *Poudre* n° 4. — Elle n'a d'autre propriété que celle
« de précipiter la *colle de poisson*, celle de *gélatine*, et
« celle dite de *Flandre*, lorsqu'elles restent en suspen-
« sion dans le vin, et le troublent au lieu de le clarifier.

« Comme il arrive quelquefois que la non clarification pro-
« vient de ce qu'on n'a pas mis assez de colle, il faut, avant
« d'employer cette poudre, en délayer une petite pincée
« dans un verre de vin trouble. Si après un quart-d'heure
« de repos, on voit le réseau se former, on est sûr qu'en
« mettant 50 grammes dans une pièce, le vin sera lim-
« pide en moins de quarante-huit heures ; si au con-
« traire, le réseau ne se forme pas, c'est de la poudre
« n° 3 qu'il faut ajouter à la dose de 50 grammes par
« pièce. Cette poudre coûte sept francs cinquante cen-
« times le demi-kilogramme, un franc le paquet de 50
« grammes, et soixante-quinze centimes le paquet de 35
« grammes.

« La *poudre* n° 5 sert au collage du rhum et des eaux-
« de-vie : elle s'emploie à la dose de 10 grammes par
« hectolitre ; mais il y a des circonstances où l'on est
« forcé d'en mettre davantage. Les eaux-de-vie faibles
« qui contiennent des parties phlegmatiques, et celles
« dans lesquelles on a mis du caramel, exigent une plus
« grande quantité de colle que celles qui sont bien rec-
« tifiées. La plus forte dose que l'on ait mise dans les
« eaux-de-vie grasses a été de soixante grammes par
« hectolitre de liqueur. Cette poudre coûte sept francs
« cinquante centimes le demi-kilogramme en un ou deux
« sacs, huit francs cinquante centimes divisée en cin-
« quante paquets, et vingt centimes le paquet de dix
« grammes.»

M. de Vergnette-Lamotte, savant œnologue, a présenté
dans le Bulletin de la Société d'encouragement de 1849,
sur le collage des vins, des considérations qui méritent
d'être reproduites ici.

L'importante opération du collage des vins, destinée à
assurer leur conservation, qui leur donne cette transparence et cette limpidité si recherchées aujourd'hui du
consommateur, pratique si précieuse pour certains vins,
peut, quand on en abuse, affaiblir la saveur du vin, qui
devient mat; la santé du vin se trouve alors affaiblie et
sa conservation compromise : c'est ce qui arrive fréquemment aux vins de Bourgogne peu riches en tannin,

tandis que les vins de Bordeaux, si riches en matières tannantes, peuvent supporter des collages réitérés. C'est qu'en effet, le collage consiste dans la combinaison du principe gélatineux qu'on ajoute au vin avec le tannin qui y existe en proportion variable ; l'on voit, dès lors, combien est grande l'erreur des personnes qui, n'ayant pas réussi à éclaircir un vin par un premier collage, en pratiquent un deuxième et souvent un troisième. Il est bien évident que, si le premier collage a manqué son effet par l'insuffisance du tannin, un second, et, à plus forte raison, un troisième collage non-seulement ne produiront aucun résultat utile, mais pourront aggraver le mal en introduisant dans le vin un corps étranger, un principe de décomposition.

Toutefois le collage ne se borne pas à la simple production d'un composé insoluble dans le vin. Ce composé, à l'instant où il se forme, entraîne avec lui, par une action mécanique et comme pourrait le faire un réseau dont les mailles se contracteraient sur elles-mêmes, les matières en suspension dans le vin et qui troublent sa transparence. C'est là l'effet utile, l'effet qu'on cherche à produire dans le vin.

Frappé de la nécessité de satisfaire aux exigences du consommateur qui recherche, avant tout, un vin parfaitement clair et limpide, reconnaissant d'ailleurs que les vins rouges de Bourgogne renferment la quantité suffisante de tannin pour supporter, sans nuire à la qualité, l'opération du collage aussi souvent qu'il pourrait être nécessaire. M. de Vergnette-Lamotte propose d'opérer le collage, en ajoutant au vin, d'une part la quantité de tannin, de l'autre la quantité de gélatine nécessaires pour obtenir le précipité, et, par suite, la clarification désirée.

Au reste, l'addition du tannin dans les vins est pratiquée depuis longtemps sur les vins blancs d'après les indications de M. François, pharmacien. Cette addition, faite à des vins qui, en général, ne contiennent que des traces de tannin, a pour résultat de prévenir ou même de guérir la maladie connue sous le nom de *graisse*, à laquelle ils sont sujets. Cette maladie, qui les rend lourds et filants, provient d'une substance azotée qu'ils renferment naturellement et dont le tannin détermine la précipitation comme celle de la gélatine.

Quant à la source à laquelle on doit puiser le tannin nécessaire au collage du vin, M. de Vergnette en indique trois : il propose 1° d'employer le tannin pur extrait de la noix de galle par les procédés connus ; 2° le tannin du cachou qu'on pourrait extraire en traitant ce produit par l'alcool, évaporant la dissolution alcoolique et reprenant le résidu par l'eau ; 3° enfin, et c'est le procédé qu'il préfère, il conseille d'employer le tannin que renferme le pépin de raisin lui-même. Il s'exprime de la manière suivante :

« Nous avons dans le pépin de raisin des quantités de tannin très-considérables, et qu'il est facile d'utiliser pour le collage des vins. On distingue dans l'organisation du pépin une tunique membraneuse qui recouvre la boîte osseuse où est renfermée l'amande, cette boîte osseuse, enfin l'amande qu'elle contient et la peau fine qui enveloppe cette amande. J'ai trouvé, par des expériences dont je donnerai ailleurs l'exposé, que les tuniques du pépin mises en digestion dans l'eau bouillante donnaient une dissolution éminemment chargée de tannin. A la température de 15° cent., l'eau ne dissout qu'une faible quantité de tannin ; il est insoluble dans le suc du raisin qui n'a point fermenté. Il était important de savoir si le tannin appartenait seulement à la tunique du pépin ; je me suis assuré qu'il en était ainsi, en dénudant une certaine quantité de pépins au moyen de l'acide sulfurique convenablement étendu d'eau ; ces pépins, lavés ensuite et mis en digestion avec l'eau distillée, à la température de l'ébullition, ont donné une liqueur qui précipitait à peine par la gélatine. De ces essais j'ai conclu ces deux faits importants : 1° que le tannin du raisin réside spécialement dans la tunique du pépin ; 2° qu'à la température de 15 degrés l'eau et le vin ne dissolvent qu'une très-faible quantité de tannin.

« L'infusion de pépins dans l'eau distillée bouillante

donne une liqueur jaune-brun qui présente tous les caractères de l'infusion de noix de galle, et se comporte de
la même manière sous l'action des réactifs ; son emploi
dans le collage des vins ne leur communique aucune
saveur étrangère.

« Pour préparer, au moyen de pépins, une dissolution
de tannin, il suffira de verser de l'eau bouillante sur les
pépins ; vingt-quatre heures après on manipulera fortement avec la main les pépins au milieu de l'eau, afin de
broyer, autant que faire se pourra, les tuniques qui les
enveloppent. Ce résultat obtenu, on versera le tout dans
un chaudron de cuivre, et on chauffera à 100° au bain-
marie pendant une heure ou deux. A la suite de cette
ébullition prolongée, la plus grande partie du tannin est
en dissolution dans l'eau ; il suffit de passer cette infusion à travers un linge et de la mélanger avec un égal
volume d'alcool. Mise en bouteilles, cette liqueur se con-
servera indéfiniment, seulement on aura soin de coucher
les bouteilles dans la cave ; il faudra aussi agiter la bouteille avant d'employer la dissolution de tannin, car il
pourrait en rester une petite quantité dans le dépôt que
l'alcool a déterminé dans l'infusion des pépins.

« On peut employer immédiatement cette dissolution
de tannin ; dans ce cas, il est souvent inutile de couper
avec l'alcool l'infusion de pépins. Pour le collage des
vins, on commencera, comme nous l'avons dit plus haut,
par verser la dissolution de tannin dans le tonneau, et
quand le mélange sera complet, on ajoutera de la colle
comme à l'ordinaire.»

Clarification. — La clarification s'obtient plus lentement du vin blanc que du vin rouge ; elle a lieu très-
rapidement, sans altérer aucunement leur couleur naturelle, ni détruire l'arôme qui leur est propre, en recourant à plusieurs sortes de charbons, préparés avec des
substances végétales herbacées. Trois à quatre décigram-
mes de charbon léger suffisent au collage d'un litre de
vin rouge ; on double la dose pour le vin blanc. Ces
charbons se retirent des tiges rouies de la pomme de
terre, de la fécule, des tubercules desséchés de cette

plante, des tiges de colza après la récolte de la graine, de celles de l'ortie, de l'Eupatoire d'Avicenne, *Eupatorium cannabinum*, etc. Voici le procédé : remplissez au deux tiers un creuset ordinaire de fécule, attendu que cette matière se gonfle par la chaleur; ajustez un couvercle au creuset, qu'il faut luter avec de l'argile détrempée; laissez le bec du vase ouvert un certain temps, afin de donner issue aux vapeurs qui se dégagent pendant l'opération; chauffez modérément durant une heure; augmentez alors le feu de manière à ce que le creuset reste rouge une heure entière et bouchez le bec, puis laissez le tout se refroidir. Si vous avez employé 2 kilogrammes de fécule, vous trouvez au fond de votre creuset près de 500 grammes d'un beau charbon, léger, spongieux et brillant.

Quand on se sert de tiges rouies ou de pommes de terre desséchées, on remplit entièrement le creuset (ces matières ne se boursoufflent point sous l'action du calorique) et l'on agit de même que pour la fécule. Les charbons obtenus sont moins spongieux, moins brillants, mais leurs propriétés clarifiantes sont à très-peu de chose près les mêmes.

Le charbon mis en contact avec la liqueur, on voit, après l'avoir fortement agitée, les filaments des corps hétérogènes se précipiter au fond des futailles ou des bouteilles, beaucoup plus rapidement, beaucoup plus complétement que par la voie du soutirage répété; l'on sait aussi que les vins soumis au contact clarifiant des charbons indiqués, ne déposent point et conservent longtemps leurs bonnes qualités.

CHAPITRE XII.

Du Mutage ou Soufrage des Vins.

On dit qu'un vin est muté, soufré ou méché, quand le vase qui le contient est imprégné de vapeur sulfureuse obtenue par la combustion des mèches soufrées.

Ces mèches sont simples ou composées. Les simples consistent en une bande de toile ou de coton de 40 millimètres de large sur 10 à 16 centimètres de long, que l'on trempe dans du soufre fondu. Les mèches composées se préparent en ajoutant au soufre des aromates, tels que des poudres de girofle, de cannelle, de gingembre, de coriandre ou d'iris de Florence, des fleurs de thym, de lavande, de marjolaine, d'orangers, etc. Les mèches que l'on tire de Strasbourg, et qui sont couvertes de feuilles de violettes, sont estimées les meilleures.

La combustion des mèches se fait en suspendant, à l'aide d'un fil de fer, une mèche allumée dans le tonneau : l'on bouche hermétiquement et on laisse brûler. Pendant la combustion, l'air intérieur se dilate et s'échappe avec sifflement par les moindres issues, qu'il faut aussitôt boucher exactement. Le soufrage rend le vin trouble et d'une vilaine couleur, mais elle change promptement, et le vin s'éclaircit. Cette opération a pour but d'absorber l'oxygène, et de former du gaz sulfureux, en s'emparant de tout ce qui peut rester d'oxygène, dont la présence, en telle petite quantité que ce soit, développe dans le vin la fermentation acétique, et par suite la fermentation putride. Si le vin contient encore du ferment non décomposé, l'acide sulfureux est là pour lui enlever l'oxygène dont il a pu se saturer durant le soutirage, et le priver ainsi de tout moyen d'agir d'une manière fâcheuse sur la liqueur. Mais, si le soufrage a la propriété de prolonger la conservation d'un vin faible, d'un autre côté, il a le désagrément de décolorer plus ou moins la liqueur, ce qui est un inconvénient pour celle qui est

)eu colorée. L'on ne peut lui trouver de mérite que dans es vignobles où le vin est noir et surchargé de couleur, :omme sont ceux du département du Loiret.

Pour les vins légèrement colorés, je conseille de préfé-:er, au soufrage ordinaire, le procédé suivant : On jette lu fond du tonneau une petite quantité d'eau-de-vie,]u'on allume avec un cordon enflammé, et on a le soin,)endant qu'elle brûle, de tenir la main sur la bonde sans la fermer entièrement. Cet usage est général aujourd'hui dans le département de l'Hérault.

A Marseillan, et dans tous les pays qui donnent les vins dits de *Picardan*, on fait, avec du raisin blanc, un vin qu'on appelle *muet*, et que l'on emploie de préférence au soufrage. On le prépare de la sorte : on presse et foule la vendange, et on colle de suite ce vin doux pour l'empêcher de fermenter, on jette le moût dans des tonneaux qu'on remplit au quart, on brûle plusieurs mèches dessus, on bouche et l'on agite fortement la futaille jusqu'à ce qu'il ne s'échappe plus de gaz par le bondon lorsqu'on l'ouvre. On augmente alors la quantité du moût, et l'on agite comme à la première fois, puis on brûle de nouvelles mèches; l'on continue ainsi jusqu'à ce que le tonneau soit plein. Ce moût ne fermente jamais ; il a une saveur douceâtre, une forte odeur de soufre, et lorsqu'on verse dessus une certaine quantité d'alcool, dit *trois-six*, on en retire un vin liquoreux, très-spiritueux, que l'on nomme *vin de Calabre*, et que l'on emploie à donner de la force et de la douceur aux vins qui en manquent.

M. F. Leclerc, pharmacien à Dijon, a publié une instruction sommaire sur les précautions pratiques qu'on doit prendre pour le soufrage des tonneaux.

« Il est avantageux, dit-il, dans les contrées vinicoles où l'usage est de rendre les tonneaux à leur propriétaire à l'époque des vendanges, d'avoir au service de la cave des tonneaux cerclés en fer, dans lesquels on peut conserver plusieurs années le vin qui a besoin de vieillir en fût. Mais lorsqu'il arrive qu'un ou plusieurs de ces tonneaux restent vides, et qu'il faut aviser au moyen d'éviter qu'ils se détériorent par l'humidité de la cave, d'où on ne peut les sortir comme ceux cerclés en bois, il faut, à cet effet, brûler dans chaque tonneau un morceau de mèche soufrée fixé à l'extrémité d'un fil de fer fiché lui-même dans un bondon ; on bouche légèrement le vaisseau, et au bout de dix minutes environ, la combustion est achevée, et le tonneau imprégné d'acide sulfureux. Il n'y a plus alors qu'à le bondonner exactement, et le replacer sur le marcheau.

« Jusque là tout va bien lorsqu'on a affaire à des tonneaux venant d'être vidés d'un seul coup et le jour même. Mais s'il s'agit de mécher des tonneaux que l'on vide à la longue, ou bien que l'on a abandonnés une ou plusieurs semaines après une opération de soutirage, on est arrêté par une difficulté que l'on n'attendait pas : il arrive que, par la réaction, l'air extérieur entré dans le tonneau fait subir une décomposition à la lie et au vin dont il est imprégné ; l'oxygène est absorbé, et le vaisseau s'emplit de gaz carbonique.

« Ainsi ce n'est pas parce que le vin resté dans le vase est devenu aigre, ainsi qu'on l'a avancé dans des traités d'œnologie, mais bien parce que l'air qui occupe la capacité du tonneau a changé de nature, que l'on ne peut y maintenir un corps allumé : de sorte que, le gaz carbonique n'étant pas propre à entretenir la combustion, il est devenu impossible de faire brûler dans le tonneau un corps enflammé, ni même de l'y introduire sans qu'il s'éteigne aussitôt. C'est pour vaincre cet obstacle et changer l'état de l'air dans le vaisseau, que l'on a conseillé avec raison de le rincer d'abord pour emporter l'acidité, puis de le laisser égoutter pendant douze ou vingt-quatre heures, le trou de bonde ouvert et renversé sur le sol. Les vignerons et les tonneliers disent que, dans ce cas, c'est la terre qui *pompe le mauvais air.* Quant à nous, nous dirons tout aussi simplement que le gaz carbonique, *étant fort lourd,* s'écoule peu à peu comme un liquide, en cédant la place à l'air atmosphérique. Néanmoins, le délai de vingt-quatre heures indiqué pour reprendre les tonneaux et les soufrer est insuffisant : il faut quelquefois trois jours, surtout lorsque les tonneaux ont contenu du vin généreux. On est donc obligé de temporiser, ce qui, d'ailleurs, est sans inconvénients.

« Les futailles cerclées en plein avec des cercles de bois peuvent se mécher aussi bien que celles cerclées en fer, pourvu que, pour la conservation des cercles, la cave ne soit pas humide. Les uns et les autres, et ceux cerclés en bois à plus forte raison, demandent à être soufrés de nouveau au bout d'une année, surtout si l'on n'est pas disposé à les remplir.»

On a recommandé avec raison, quand on veut affranchir les tonneaux et muter les vins, de ne faire usage que de fleurs de soufre qui ne renferment pas d'arsenic. On a observé en effet dans quelques localités de l'Allemagne, que souvent le soufre qui provenait du traitement des minerais contenait un peu d'arsenic, et que la présence de ce métal avait produit des inconvénients chez les personnes qui avaient bu des vins mutés ainsi, et entre autres des maux de tête très-violents.

CHAPITRE XIII.

De la couleur des Vins.

La couleur des vins dépend de plusieurs circonstances qu'il est bon de connaître. Plus la vendange reste de temps en fermentation, plus la couleur est prononcée ; il en sera de même quand le raisin est parfaitement mûr et moins aqueux. Si vous laissez fermenter le raisin avec la pellicule qui l'enveloppe, laquelle est d'un vert jaunâtre, ou bien d'un bleu plus ou moins voisin du noir, et si le principe colorant des grappes est rougi par l'acide libre du suc exprimé, votre liqueur prendra la couleur rouge ; mais si vous n'agissez que sur des raisins appelés blancs, ou si vous avez eu la précaution d'enlever la pellicule de vos raisins noirs, vous obtiendrez une liqueur plus ou moins ambrée, d'un jaune foncé, ou même d'un jaune brunâtre, qui prendra le nom de *vin blanc*.

Vigneron. 26

On peut encore employer des raisins noirs sans les dépouiller de leur pellicule, mais il faut alors que les cépages soient de haute qualité, cueillir les grappes toutes
chargées de rosée, les porter de suite au pressoir, les y
placer en couche peu épaisse, et presser de suite, mais
légèrement, et s'arrêter du moment que le liquide change
de nuance. Versez ensuite dans les tonneaux, et laissez
parcourir toutes les périodes de la fermentation. Ouillez
tous les mois jusqu'au soutirage, lequel se fait en février
ou en mars : vous avez alors un bon vin.

On a recommandé de suivre la même marche pour les
raisins rouges qui donnent des vins portant goût de terroir, parce qu'on assure que la liqueur blanche qu'on
obtient est tout-à-fait exempte de ce vice. Si cette assertion était justifiée par une série d'expériences faites en
diverses localités, et que partout elle amenât le même
résultat, une grande question œnologique serait résolue ;
ce ne serait plus dans le moût qu'il faudrait chercher,
comme on l'a fait jusqu'ici, le principe des arômes, mais
dans les rafles, et surtout dans la pellicule des raisins.

On se demande comment il se fait que les raisins d'une
même vigne, qui absorbent tous les rayons solaires, ne
soient pas colorés de même ; ce phénomène s'explique
par la puissance des corps sur lesquels la lumière frappe
avec force, et qui l'absorbent ; plus l'absorption est
grande, plus la couleur du corps est noire : un peu moins
grande, on a des raisins gris ; beaucoup moins, on a du
blanc plus ou moins teinté de jaune. L'épaisseur de la
pellicule donne à la teinte une intensité plus forte ; les
changements de couleur sont dus aux modifications qu'é-
prouvent les matières colorantes végétales, par l'action
des acides et de l'oxygène. Les raisins que l'on récolte
dans le midi, sur les lieux les plus exposés au soleil,
donnent une liqueur toujours plus fortement colorée que
dans nos départements situés vers le nord.

Les vignerons des côteaux les plus réputés de la Marne,
se louent d'avoir arraché de leurs vignes tous les ceps
de raisins blancs ; c'est depuis ce moment, assurent-ils,

que leurs vins blancs sont meilleurs, d'une plus longue
conservation, et soutiennent mieux le transport. Les raisins noirs y sont recueillis avec toutes les précautions
que j'ai indiquées, et comme on tient que le brouillard,
aussi bien que la rosée, contribuent beaucoup à la blancheur du vin, on fait tout ce que l'on peut pour les conserver à la surface des grappes, et lorsque le soleil est
un peu trop vif, on étend des toiles mouillées sur les
paniers qui contiennent le raisin, parce que, s'il venait
à s'échauffer, la liqueur ne manquerait pas d'en recevoir
une teinte rouge. On porte au pressoir que l'on a lavé
bien soigneusement et l'on presse. Le vin que donne la
première presse est mis à part comme le plus exquis,
comme le suc vraiment digne de porter le nom de vin
blanc; les autres presses fournissent les vins rouges.

Le procédé mis en usage dans le département de la
Côte-d'Or, doit aussi trouver place ici :

Dès qu'on a cueilli les raisins des cantons les plus distingués, on les dépose en de grands paniers, dits *Ba-
longes*, on les porte avec soin au pressoir, sans trop les
secouer, et à mesure qu'ils arrivent, un homme ou deux,
ayant aux pieds de gros sabots, les broient, les écrasent
de leur mieux; quand ils ont agi de la sorte sur tous
les raisins de la récolte de choix, ils les arrangent en
sac, et les pressurent trois fois. Du moment que la petite
cuve, placée sous le pressoir, est remplie du jus écoulé,
l'on met en tonneau neufs, bien lavés à l'eau bouillante,
afin de prévenir la teinte jaune que le vin pourrait
prendre, et qui le déprécie aux yeux des acheteurs.

Les vins de France les plus riches en couleur sont ceux
que l'on récolte dans le département des Pyrénées-
Orientales. On en attribue vulgairement la cause à l'usage
où l'on est de les plâtrer, mais c'est à tort, le plâtre est
là pour prévenir la dégénérescence acide que la matière
sucrée surabondante non convertie en alcool ne manquerait pas de déterminer. La dose de cette substance est de
trois à cinq litres par sept hectolitres de liquide. Elle
lui conserve sa franchise de goût et son bouquet.

Chaptal s'est trompé quand il a dit que le plâtre absorbe l'humidité excédante que peut contenir la vendange ; il en est de même de Parmentier et de Proust quand ils ont soutenu qu'il neutralise les acides du raisin.

CHAPITRE XIV.

Des Vins doux sans fermentation et du chauffage des vins.

En Portugal on prépare des vins doux sans fermentation en mettant dans un baril le jus exprimé de raisins sucrés, blancs et rouges, séparés avec le plus grand soin de tout grain encore vert ou gâté. Dès que l'on aperçoit le premier mouvement de la fermentation, c'est-à-dire au bout de très-peu de jours, on emplit le tonneau au quart au plus avec de l'eau-de-vie très-pure. La fermentation arrêtée, on bouche et l'on transvase un mois après, en ajoutant, si besoin est, quelque peu d'esprit. Une fois clarifié, ce vin assez agréable se met en bouteilles ; il acquiert, avec le temps, de précieuses qualités.

Ce que nous appelons vulgairement *vins doux* est le suc du raisin nouvellement exprimé ou moût : c'est une liqueur douce, agréable au goût, chez qui le principe spiritueux n'est pas encore développé, mais chez qui il ne tardera pas à subir un mouvement intestin, si la température s'élève du 12ᵉ degré centigrade au 20°. Il siffle, bouillonne et fermente vite.

Des vins vieux.

Au sortir de la cuve, et dans son jeune âge, le vin peut être bon et potable, mais ce n'est que lorsqu'il a vieilli qu'il a du moelleux, de la finesse et surtout ce velouté qui plaît tant à l'estomac. Cependant, il ne faut point croire que tous acquièrent ces précieuses qualités, bien qu'ils soient tenus dans des lieux et des conditions favorables ; les uns s'acidifient, deviennent aigres ; les autres mucilagineux, gras, filants, désagréables à l'œil et au goût. Nous verrons plus loin (chap. XV), comment on prévient ces inconvénients et ce qu'il faut faire pour y

remédier; je dirai seulement ici qu'ils sont dus à ce que
la totalité de l'albumine végétale n'a pas été détruite
durant la fermentation.

Chauffage des vins.

Il est possible d'imprimer à un vin médiocre les qualités du meilleur, et lui attribuer dix à douze ans sans
que les gourmets les plus fins puissent se récrier. En
voici le moyen : on met son vin en bouteilles que l'on
emplit à un verre près ; on bouche et on range les bouteilles en un vase de cuivre bien étamé, rempli d'eau,
dont on élève la température à 75° centigrades ; après
une heure, on retire, on emplit les bouteilles, et on les
bouche hermétiquement. On peut encore remplacer l'eau,
qui peut avoir des inconvénients, en plaçant ses bouteilles en un four à pâtisserie dont la chaleur est modérée : il faut alors deux heures pour obtenir le même résultat. Mais, pour user avec avantages de l'un ou l'autre
moyen, il convient de filtrer la liqueur, ou du moins de
la décanter, pour avoir une limpidité parfaite ; n'y soumettre que les vins riches en alcool et surchargés de matière extractive ; le vin faible ne résisterait pas, à moins
que le vide de la bouteille ne fût réduit à l'espace absolument nécessaire à l'expansion du liquide, sollicitée par
la chaleur. L'un et l'autre procédé sont depuis fort longtemps mis en pratique dans les magasins de Porto et de
Madère ; là, on enferme les tonneaux, durant plusieurs
mois, dans des étuves constamment entretenues à une
température de 38 à 44° cent. : aussitôt que le vin paraît
avoir acquis la maturité convenable, on le fait refroidir,
on le colle, on le soutire, et on le livre au commerce.

Les restaurateurs de Paris profitent de ces moyens pour
vieillir leurs vins ; cette pratique du moins n'a rien de
fâcheux pour la santé.

Jusque dans ces derniers temps, le chauffage des vins
pour les vieillir a été une opération empirique que ne
guidait pas l'expérience, et dont les moyens ne repo-
saient que sur des données vagues et d'ailleurs fort peu
pratiquées. Mais depuis que M. Pasteur a démontré que l'on

pouvait prévenir les altérations auxquelles les vins sont exposés, et en même temps les mûrir et en améliorer les qualités par un chauffage, c'est-à-dire en les exposant pendant un moment à une certaine élévation de température et en prenant quelques précautions, le chauffage des vins est devenu une opération industrielle, qui a été pratiquée avec succès dans nos contrées viticoles et nos centres de production ou par de grands négociants.

Nous ne décrirons pas le chauffage des vins à l'étuve qui est pratiqué depuis longtemps, sans avoir jamais été soumis à des règles certaines; nous ne donnerons pas non plus la description ou ne ferons pas la critique des divers appareils qui ont été imaginés pour cet objet par MM. Raynal de Narbonne, Giret et Vinas de Béziers, Perrier frères de Nîmes, Rossignol d'Orléans, Terrel des Chênes, F. Fuynel de Lons-le-Saulnier, Ch. Tellier, etc., dont quelques-uns sont très-ingénieux et remplissent plus ou moins complétement les conditions du problème qu'il s'agissait de résoudre. Nous nous proposons tout simplement de faire connaître un appareil imaginé par M. F. Malepeyre (1) pour le chauffage des vins et qui nous paraît réunir toutes les conditions désirables. Avant de les décrire, résumons en peu de mots ces conditions.

1° Il faut éviter pendant le chauffage que le vin se trouve, d'une manière un peu prolongée sur une surface un peu étendue, au contact de l'air, surtout lorsqu'il a été porté à une température au-dessus de celle ambiante. Dans une pareille circonstance, le vin perd une petite portion de son alcool, ce qui en abaisse le titre; il perd aussi de son bouquet et de son arome, ce qui le dépouille d'une partie de sa saveur et de l'une de ses plus agréables qualités. De là naît donc la nécessité d'opérer en vases clos autant que la chose est possible.

2° Le vin, suivant les expériences et les instructions de M. Pasteur, ne doit pas être chauffé au-delà de 55° à 60° C., et jamais il ne faut qu'il soit mis en contact avec

---

(1) Nous empruntons cette description au *Technologiste, Archives de l'Industrie française et étrangère*, 32ᵉ année, mars 1872, p. 111.

des surfaces portées à une température plus élevée. Les difficultés pour régler ainsi rigoureusement cette température normale de 55° à 60°, si l'on chauffe à feu nu, à l'air chaud ou même à la vapeur, ont déterminé en conséquence d'avoir recours à un chauffage au bain-marie qui donne une température plus douce, moins sujette à des excès et qu'on peut régler ou conduire avec plus de facilité et de précision.

3° Il faut, après qu'il a été chauffé en vase clos, que le vin soit ramené aussi et refroidi en vase clos et hors du contact de l'air, à la température régnante, avant d'être versé dans les fûts, les tonneaux ou les foudres, ou il est expédié ou conservé. Autrement il éprouverait des altérations profondes au moment où on le verserait dans les fûts et où il serait en contact avec de l'air froid, contact qui lui serait très-nuisible.

4° L'appareil doit être susceptible d'être nettoyé facilement et rapidement pour le débarrasser des dépôts, matières diverses, ferments et impuretés qu'entraînent souvent les vins, et qui peuvent s'accumuler dans divers points de cet appareil, et nuiraient aux opérations ultérieures, si l'on n'avait pas à sa disposition des moyens simples pour visiter leur intérieur, en enlever les dépôts et en chasser les impuretés et les ferments.

5° Cet appareil doit être établi de manière à pouvoir résister dans tous ses points à une pression de 2^m.50 à 3 mètres d'eau sans en laisser échapper les liquides.

6° Il est nécessaire qu'il ne puisse être attaqué soit à froid, soit surtout à chaud, par les acides tartrique, acétique ou autres que peut renfermer le vin ou qui s'y développent au contact de l'air. Il faut donc, s'il est établi en cuivre ou en fer, que les surfaces internes et même quelques-unes externes, en soient étamées avec soin.

7° La manœuvre de l'appareil doit être fort simple, et à la portée de l'ouvrier d'une intelligence ordinaire. Elle devrait même être, s'il est possible, à peu près automatique.

8° Il doit contenir peu de pièces, être construit simplement, mais en même temps établi solidement, et pouvoir être dirigé par les employés ordinaires des chais, des distilleries agricoles, etc.

9° Aucune portion de vin chauffé ne doit échapper à l'action de la chaleur, condition qui n'est pas remplie dans quelques-uns des appareils qui ont été proposés.

Voyons maintenant comment l'auteur a cherché à satisfaire à ces conditions principales dans son appareil, et dont nous allons présenter une description en nous aidant de la figure 23, qui en est une section verticale sur la longueur.

A, A. Bâche ou caisse rectangulaire en bois ou en tôle, étanche et close, dans laquelle arrive et circule le vin froid et où se refroidit le vin chaud.

B, B. Serpentin en cuivre, étamé en dedans et en dehors, ou en étain fin, de 7 à 8 centimètres de diamètre, renfermé dans cette caisse, et dans lequel le vin chaud circule en sens contraire du vin froid, afin d'être ramené à la température régnante. La caisse et le serpentin remplissent donc le rôle de réfrigérant.

C. Tuyau d'un diamètre plus petit que le serpentin par lequel le vin froid arrive dans la caisse. Ce vin lui est fourni par un tonneau ou un réservoir supérieur qui le verse par un tube de caoutchouc dans une cuvette C', ou mieux directement dans le tuyau C, qui est armé d'un robinet D pour en régler l'écoulement.

E. Bout de tuyau avec robinet F, par lequel le vin, ramené à la température ambiante dans le serpentin, est conduit par un tube en caoutchouc jusqu'au fond du tonneau F', destiné à le recevoir presque sans le contact de l'air.

G, G. Cloisons alternatives établies dans l'intérieur du réfrigérant, destinées à dévier la marche du liquide froid affluent, à le contraindre à circuler en zigzag sur la surface convexe des branches du serpentin, à en lécher les surfaces, afin de dépouiller plus complétement le vin chaud qu'il contient de la chaleur qu'il entraîne après le chauffage, et le ramener à une basse température.

H. Autre bout de tuyau portant aussi un robinet, servant à vider la caisse du vin qu'elle contient, quand on veut mettre fin à une opération, nettoyer ou assainir son intérieur, soit avec de l'eau pure, soit au moyen de la vapeur.

Fig. 24.   Fig. 25.

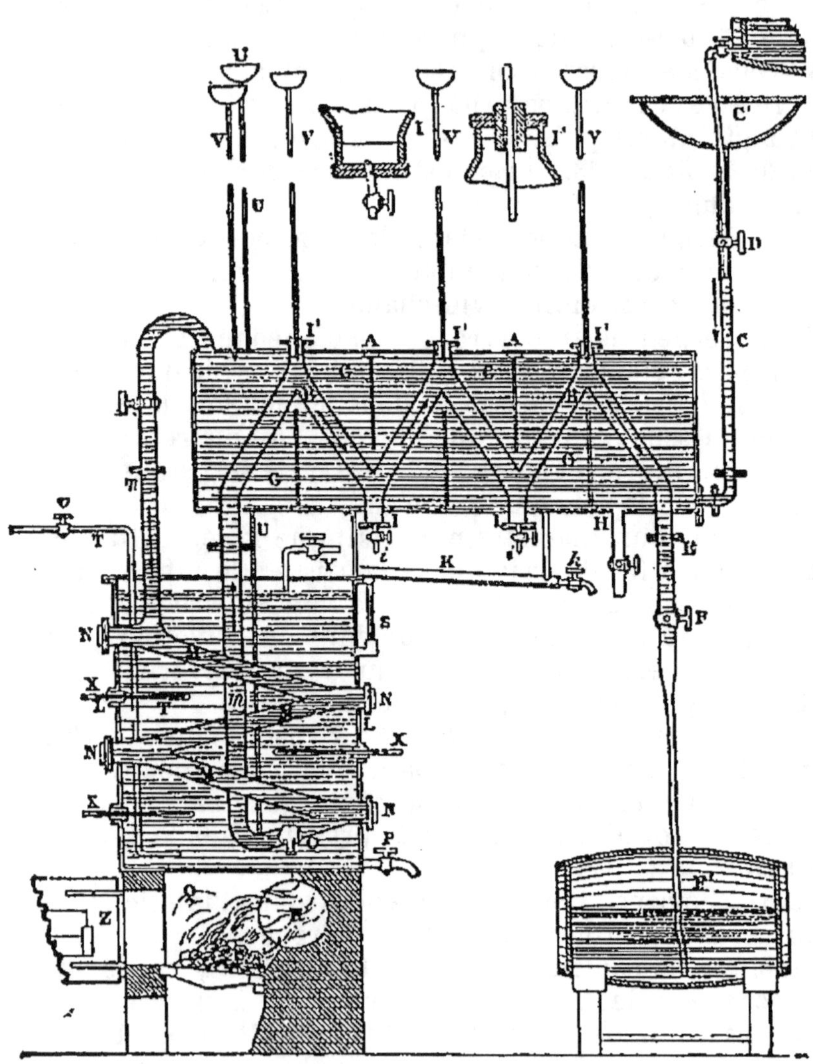

Fig. 23.

I,I. Tampons à vis ou à bride fermant les coudes inférieurs du serpentin et qu'on ouvre quand on veut vider celui-ci du vin qu'il contient et le nettoyer. Les tampons des coudes inférieurs portent de petits robinets *i, i*, qu'on ouvre d'abord avant de les dévisser, pour faire couler le vin contenu dans les branches dans une cuvette K, munie d'un robinet *k*, pour l'envoyer dans tel vase qu'on juge convenable.

I', I'. Tampons supérieurs, qui contiennent un bouchon de liège percé au milieu d'un trou, au travers duquel passe un tube de sûreté.

Les figures 24 et 25 représentent ces tampons I, I, grandis pour l'intelligence des détails.

L, L. Chauffeur du vin au bain-marie; ce chauffeur est en métal fermé à demeure dans le bas et dans le haut par un couvercle mobile, qu'on peut enlever à volonté, en desserrant les boulons ou lâchant les pinces qui s'assemblent sur le collet du chauffeur.

M, M. Serpentin du chauffeur se reliant par un tuyau *n* avec le réfrigérant et qui circule en zigzag, alternativement de droite à gauche et de gauche à droite dans son intérieur, puis, arrivé près du fond, se relève verticalement en *m* pour aller s'assembler avec la dernière branche du serpentin B, B du réfrigérant A.

N, N. Tampons à vis ou à bride qu'on ouvre pour nettoyer l'intérieur de ce serpentin.

O. Robinet qui sert à vider ce serpentin du vin qu'il contient au terme d'une opération.

P. Autre robinet pour vider l'eau du bain-marie, ou, du moins pour en faire écouler une portion afin de régler la température.

Q. Boîte à feu, en tôle et en briques, ou fourneau où l'on brûle le combustible nécessaire pour porter l'eau du bain-marie à la température convenable.

R. Conduit ou rampant par lequel s'échappent les produits de la combustion.

On aurait pu faire passer le tuyau qui entraîne ces produits à l'intérieur du chauffeur, mais l'inventeur a pensé qu'on s'exposait ainsi à des surchauffes locales, à des avaries difficiles à prévenir et à constater, qui obligent à une surveillance plus pénible, et enfin à des accidents de plus d'un genre, et il a préféré laisser la chaleur se dissiper dans une cheminée séparée, c'est-à-dire faire une dépense un peu plus élevée de combustible, mais obtenir plus de sécurité, une surveillance plus facile et moins de manœuvre dans la conduite de l'appareil.

S. Tube de niveau d'eau.

T. Tube à robinet v qui descend jusque près du fond du chauffeur, amène l'eau froide d'un réservoir supérieur, et sert, tant à remplir le bain-marie qu'à modérer au besoin la température de l'eau qu'il contient.

U, U. Petit tube de sûreté à cuvette, qui s'élève sur le fond du serpentin du chauffeur jusqu'à une hauteur un peu supérieure à celle de la charge liquide qui pèse sur son fond pour l'évacuation de l'acide carbonique, des gaz ou des vapeurs qui se dégagent toujours pendant une opération et peuvent entraver celle-ci ou causer des accidents.

V, V. Autres tubes de sûreté qui s'élèvent sur la caisse et sur les coudes du serpentin de celle-ci, aussi pour l'évacuation de ces gaz et de ces vapeurs et la sortie de l'air, qui pourrait se loger et s'accumuler dans les coudes, en arrêtant la circulation du liquide. Ces divers tubes ont également pour objet de prévenir les effets de la dilatation du liquide par la chaleur.

X, X, X. Thermomètres passant à travers des bouchons ou des boîtes à étoupes, afin de pouvoir constater à chaque instant la température des divers points du bain-marie ou du réfrigérant.

Y. Petit robinet sur le chauffeur pour la sortie de l'air lorsqu'on le remplit d'eau, et sa rentrée lorsqu'on le vide.

Z. Porte du fourneau.

Quand on veut faire une opération avec l'appareil que nous venons de décrire, on procède de la manière suivante:

On commence à remplir le chauffeur L, L avec de l'eau, en ouvrant le robinet du tuyau T du réservoir de l'eau froide, et le robinet d'air Y, et on laisse couler jusqu'à la hauteur marquée par le niveau d'eau S. En même temps, on ouvre le robinet F du tuyau E, où l'on a détaché le boyau de caoutchouc qui pend dans le tonneau F'.

Le chauffeur étant ainsi chargé d'eau, on ouvre le robinet D du tuyau d'alimentation C, et le vin qui s'écoule d'un tonneau ou d'un réservoir par une manche en caoutchouc, descend dans le tuyau et vient remplir la caisse A du refrigérant, en chassant devant lui l'air qu'elle contenait, et qui s'écoule par le tube de sûreté U, ou s'échappe dans le serpentin vide du chauffeur, pour se rendre au-dehors par le tuyau E et le robinet F.

En continuant ainsi à faire couler du vin, ce liquide atteint bientôt le plafond de la caisse A, et vient déborder par le tuyau *n* dont on avait eu soin d'ouvrir le robinet. Le vin coule donc dans le serpentin M du chauffeur, dont il remplit les diverses branches, en montant en même temps dans la branche ascendante *m*, où par suite de la charge liquide qui pèse sur lui, il s'élève dans la première branche du serpentin B, B du réfrigérant, redescend par la seconde, remonte par la troisième, et ainsi de suite, jusqu'à ce qu'enfin il arrive dans la dernière branche, de laquelle il vient couler par le tuyau E.

A ce moment, on ferme le robinet F de ce tuyau; on ajuste dessus le boyau de caoutchouc qu'on introduit jusqu'au fond du tonneau F', et on maintient pendant quelque temps la charge liquide, pour que tout l'air que le vin a entraîné soit expulsé par les tubes de sûreté, et que le vin ne forme plus qu'une veine fluide bien continue.

L'appareil étant complétement chargé avec du vin, on ferme le robinet D du tuyau d'alimentation, et on ouvre de nouveau celui F du tuyau de décharge E, et alors on allume le feu dans le fourneau Q. Cet allumage doit s'opérer avec lenteur et précaution, afin de porter peu à peu la température de l'eau du bain-marie à 55° ou 60° C., ce dont on s'assure à chaque instant en tirant en dehors les thermomètres X, X, X, qui accusent la température de ce bain, et afin que le liquide puisse se dilater sans accident pendant que sa température s'élève.

Dès qu'on a atteint cette température, et que le contenu du serpentin du chauffeur l'a partagée, on ouvre peu à peu le robinet D et on fait arriver, avec lenteur et précaution, de nouveau vin dans la caisse du réfrigérant ; ce vin, sous la charge qui pèse sous lui, chasse devant lui et tend à remplacer celui qui, remplissant l'appareil, a été chauffé au degré voulu dans le chauffeur, refroidi dans le réfrigérant, et qui s'écoule à l'état froid par le tuyau de décharge E, dont le robinet F est ouvert, par le boyau de caoutchouc dans le tonneau F'.

A partir de ce moment, la circulation du vin se trouve établie. Le liquide arrive froid dans la caisse A, s'y échauffe peu à peu à mesure qu'il avance, en dépouillant le vin qui coule en sens contraire dans le serpentin B, de la chaleur qu'il a entraînée et en se l'appropriant, puis il descend dans le serpentin chauffeur, où il reçoit le degré de température normale, remonte ensuite dans le réfrigérant, s'y dépouille à son tour de la chaleur acquise, et vient enfin se rendre à la température régnante dans le vase destiné à le conserver.

Le premier vin qui coule et qui n'a pas été suffisamment chauffé, est reçu dans un vase à part pour être reversé dans la cuvette C' et passer de nouveau par l'appareil.

Avant que la circulation soit bien établie, nous avons recommandé de n'ouvrir que peu à peu le robinet d'alimentation et celui de décharge, afin que l'équilibre puisse s'établir d'une manière correcte, et que les gaz aient le temps de s'échapper par les tubes de sûreté. Cette recommandation a beaucoup d'importance.

D'un autre côté, lorsque la circulation est établie, il faut veiller à ce que la température du bain-marie reste constante et bien uniforme, qu'elle ne s'élève ou ne s'abaisse que dans les limites les plus resserrées, et pour cela on peut disposer de plusieurs moyens.

1° Si la température tend à s'élever au-dessus de celle normale, et qu'on observe cette élévation aux thermomètres du chauffeur, on peut évacuer un peu d'eau chaude par le robinet P et la remplacer par de l'eau froide empruntée au tuyau T.

Vigneron.   27

On peut aussi augmenter la charge liquide en ouvrant plus largement le robinet D, en accélérant ainsi la circulation du vin qui, empruntant ainsi plus de chaleur au bain-marie, le dépouille promptement de celle en excès.

Enfin, et c'est le moyen le plus usuel, il faut modérer le feu dans le foyer, soit en enlevant du combustible, soit en retrécissant le passage de l'air qui sert à alimenter la combustion, soit en projetant un peu d'eau sur les charbons ardents, etc.

2° Si, au contraire, la température tend à s'abaisser, il faut augmenter le feu, rendre le tirage plus actif, ralentir la circulation du vin jusqu'à ce qu'on soit parvenu à rétablir l'équilibre.

Dans tous les cas, on doit constamment veiller à ce que le vin qui circule soit porté à la température normale et sorte ensuite à celle régnante, qu'il n'y ait aucune portion de ce liquide qui échappe à l'action de la chaleur ou éprouve un seul moment un surchauffage très-nuisible à sa qualité.

On doit avoir bien soin de ne pas établir une interruption trop prolongée quand on charge les tonneaux de vin qu'on veut chauffer, il faut même faire en sorte que l'alimentation soit parfaitement continue, parce qu'en cas d'interruption, le vin pourrait être surchauffé, ou qu'il faudrait fermer, pendant quelque temps, le robinet F, chose qu'on doit, autant que possible, éviter pendant la marche d'une opération.

Si on suppose que l'appareil, mesuré depuis le sommet du réfrigérant jusqu'au fond du chauffeur, ait 2 mètres de hauteur et qu'on donne au tuyau d'alimentation une hauteur de 1^m.50 à partir du fond du réfrigérant, on aura une pression d'environ 100 grammes par centimètre carré pour surmonter les frottements et obstacles imprévus, les changements brusques de direction, etc., et pour établir une circulation régulière. Si cette pression ne suffisait pas, il serait très-facile de l'augmenter en élevant l'appui sur lequel on pose le tonneau qui contient le vin d'alimentation et la hauteur du tuyau C. En définitive, ce n'est qu'une pression de 300 grammes, ou environ un tiers d'atmosphère qui pèsera sur le fond du serpentin chauffeur.

Lorsqu'on veut mettre fin à une opération, il faut d'abord éteindre le feu et fermer le robinet d'alimentation D ; on évacue ensuite, par le robinet O, le vin du chauffeur, qu'on reçoit à part, qui n'a pas été suffisamment chauffé, et qui a besoin d'être repassé. On ouvre aussi le robinet sur le tuyau H et on évacue le vin de la caisse du réfrigérant. Enfin, on ouvre aussi les petits robinets i, i qui laissent écouler, dans la cuvette K, le vin contenu dans les branches du serpentin B, B. Pendant cette évacuation l'air rentre dans les diverses parties de l'appareil par le robinet Y et par les tubes de sûreté U et V.

Cela fait, on enlève les tubes de sûreté V, V, V, on dévisse les tampons N, N du chauffeur et ceux I, I et I', I' du réfrigérant, on déboulonne les assemblages des tuyaux C, n et m, et on nettoie avec des brosses et de l'eau l'intérieur des diverses branches des serpentins. On peut employer aussi, pour cet objet, des jets de vapeur si on le juge nécessaire à l'assainissement complet des pièces. D'un autre côté, on enlève des obturateurs placés sur les côtés de la caisse A du réfrigérant, qui ferment hermétiquement sur rondelles de caoutchouc, et on visite et nettoie l'intérieur de cette caisse. Enfin, on tourne les boulons ou on retire les pinces qui retiennent en place le couvercle du chauffeur pour le débarrasser des dépôts qui ont pu se former sur la surface convexe du serpentin ou sur les parois internes de ce chauffeur.

Quand toutes ces opérations sont terminées, on laisse les conduits entièrement ouverts et exposés à l'action des courants d'air, et l'on ne referme l'appareil que lorsqu'il est parfaitement sec dans tous les points et à l'abri de l'oxydation et des moisissures.

Dans tous les cas, il faut toujours en faire une visite scrupuleuse, et même rincer à l'eau chaude à l'intérieur l'appareil entier avant de s'en servir de nouveau, afin d'éviter de donner au vin un mauvais goût ou des propriétés nuisibles.

L'appareil que nous venons de décrire pourrait encore recevoir quelques améliorations propres à en rendre le service plus parfait ou plus commode ; nous en signalerons ici quelques-unes de celles qu'on pourrait lui appliquer.

Afin d'éviter, ou du moins de rendre moins pénible la surveillance pour le maintien de la température, on pourrait fort bien adapter au chauffeur un des appareils connus sous le nom de régulateurs du feu ; celui de Sorel, par exemple, qui en réglant constamment la température et en ne lui permettant pas de s'éloigner sensiblement, en plus ou en moins de celle qu'on aurait fixée, rendrait en quelque sorte l'appareil automatique et d'une surveillance très-facile tout en donnant de bons résultats.

On pourrait aussi entourer le chauffeur d'une chemise en feutre pour empêcher la déperdition de la chaleur, lui conserver une température plus égale et le mettre à l'abri des changements brusques. D'ailleurs, on économiserait ainsi le combustible et l'appareil deviendrait plus facile à régler.

Au lieu de chauffer à feu nu et au moyen d'un combustible brûlé sur une grille au-dessous du chauffeur, on pourrait établir à une certaine hauteur, au-dessus de celui-ci, une petite chaudière en fonte où l'on entretiendrait à peu de frais de l'eau bouillante. Un tuyau à robinet qui partirait du fond de cette chaudière entrerait par la partie supérieure du chauffeur et pénétrerait près du fond où il déboucherait, en permettant de réchauffer à chaque instant le bain-marie. Cette chaudière serait placée à peu de distance et à la même hauteur que le réservoir d'eau froide, et par une manœuvre bien simple, on réglerait en un instant la température du bain-marie, soit par injection d'eau chaude, soit par celle de l'eau froide.

Si on préférait chauffer à l'eau chaude par circulation, rien ne serait plus facile, en transformant la chaudière dont il vient d'être question, en un thermosiphon dont le tuyau d'eau chaude et celui de retour plongeraient dans le chauffeur, en assurant à celui-ci les avantages attachés à cette combinaison.

Si on aimait mieux chauffer par circulation de vapeur, l'application du serpentin conducteur de vapeur ne présenterait aucune difficulté, et il en serait de même pour un chauffage en barbotage.

Le chauffage à feu nu par chargement de combustible sur grille, pourrait, enfin, être remplacé par un ou plusieurs becs de gaz d'éclairage, dont le débit, et par conséquent l'activité de la combustion, serait réglé, comme à l'ordinaire, par des robinets. En allumant, modérant ou éteignant un de ces becs, on arriverait très-aisément à la température normale.

Les avantages de l'une ou de l'autre de ces modifications dépendent des localités et des ressources économiques du pays en matière de chauffage.

L'appareil que nous venons de décrire conviendra particulièrement à un grand établissement industriel où l'on s'occupera spécialement du chauffage des vins, ou à un grand propriétaire qui aura des récoltes considérables à chauffer pendant presque toute l'année. Nous ferons aussi remarquer que par sa bonne construction, la précision qu'on peut donner à ses effets et son réglement facile sous tous les rapports, il sera surtout applicable pour chauffer les vins jeunes et les vins fins ; mais chez un propriétaire dont les récoltes sont moins abondantes et pour de plus petits établissemets de chauffage, nous croyons devoir proposer un appareil plus simple, fondé sur le même principe, qu'on peut monter à peu de frais, surtout dans les pays où l'on pratique la distillerie et où la manœuvre des appareils de distillation est connue de tout le monde. Une simple esquisse de cet appareil, que représente la figure 26, en donnera une idée suffisante.

Il se compose d'abord d'un petit tonneau dans lequel on introduit un serpentin ordinaire de 5 à 6 tours, qui sert de réfrigérant. Dans ce tonneau pénètre au bas, d'un côté, le tuyau d'alimentation, et, de l'autre, dans le haut, le tuyau d'écoulement du vin froid. Le serpentin se termine en avant de l'alimentation, par un tuyau de décharge du vin refroidi, et à l'autre bout il est assemblé avec la branche ascendante du serpentin chauffeur.

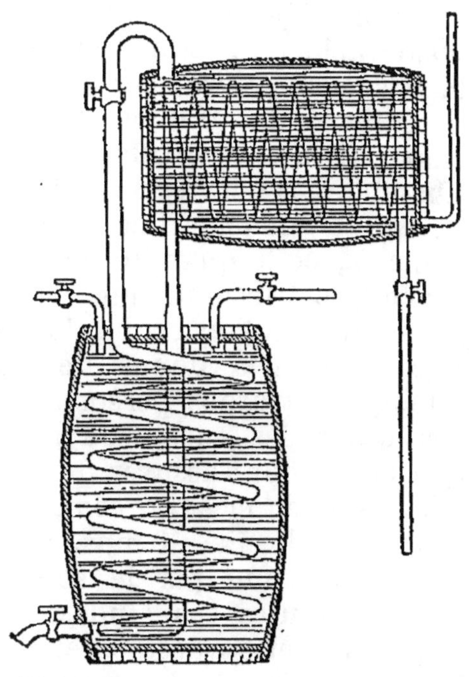

Fig. 26.

Le chauffeur se compose d'une barrique d'un diamètre plus fort que le fût du réfrigérant; il contient de même 5 à 6 tours d'un serpentin qui, arrivé dans le bas, se relève pour s'unir à celui de ce réfrigérant.

On peut disposer sur cet appareil les mêmes accessoires que sur le précédent, c'est-à-dire des tubes de sûreté, des tampons à vis, des robinets, des thermomètres, etc.

Le chauffage peut s'y opérer par circulation d'eau chaude, de vapeur ou en barbotage, suivant les localités et les circonstances.

La mise en train, la conduite et la cessation d'une opération y sont les mêmes que dans l'appareil précédent, et les règles que nous avons essayé de formuler y trouvent aussi leur application. Nous ne croyons donc pas utile d'insister sur ce sujet.

Les appareils que nous venons de décrire supposent, comme nous l'avons déjà dit, le chauffage d'une quantité assez considérable de produit, et seraient beaucoup moins avantageusement appropriés à des chauffages partiels ou intermittents. La grande quantité de vin non chauffé ou imparfaitement chauffé qui remplit le réfrigérant et le chauffeur, rendrait une petite opération assez dispendieuse, tandis que dans une opération poursuivie pendant longtemps, cette quantité de vin non chauffé, qui reste la même, est insignifiante comparativement à celle qui a été soumise à l'opération du chauffage.

Le chauffage des vins a donné lieu à des débats, la plupart du temps entre des personnes les unes étrangères à la pratique et les autres n'ayant jamais tenté la moindre expérience pour s'assurer des résultats réels de cette opération, ou, en mesurer comme il convient, les effets. Mais dans ces derniers temps, un savant et éminent chimiste, bien connu par le soin et l'intelligence qu'il apporte dans toutes ses études, M. Pasteur, a cru devoir s'occuper de cette question et, à la suite d'expériences faites avec soin et discernement, a formulé les conseils suivants qui peuvent être considérés comme le dernier mot de la science pratique :

« 1° Lorsqu'on soumet au chauffage des vins très-jeunes et très-riches en matières sucrées (exemple, vins de 1858 et de 1865), on leur donne le cachet de vins d'Espagne et de Portugal (goût de Rancio).

« 2° J'ai reconnu que dans le chauffage il fallait prendre en très-grande considération la quantité d'alcool contenu dans les vins et que leur vinosité permettait d'abaisser le degré de chaleur nécessaire à leur conservation. C'est ainsi que dans les bonnes années, les grands vins de la Côte-d'Or, dont la richesse peut s'élever à 14° centésimaux, n'exigent qu'une température de 50° C. pour être préservés de toute altération ultérieure, tandis qu'un vin moins riche en alcool demandera au chauffage une température plus élevée.

« 3º L'âge d'un vin exerce la plus grande influence sur le caractère qu'il conserve après le chauffage. Tout vin vieux soumis au chauffage devient sec, maigre au goût; enfin il *vieillarde* et laisse dans l'opération une grande partie de ses qualités et presque toute sa valeur vénale. Ce sont là les vins dont je ne conseillerais pas l'exportation. Si, au contraire, on applique le chauffage à un vin jeune, on le vieillit utilement, et on peut le livrer plus tôt à la consommation.

« Ce principe, qui est le résultat de mes longues expériences, résume, selon moi, tout ce que le chauffage des vins fins présente de plus important.

« 4º Dans le chauffage des vins, il faut tenir également compte du temps de bouteille. Ainsi, en prenant un vin à un même tonneau, à quatre époques distantes d'une année, en l'introduisant dans des bouteilles que l'on chauffe à la même température, j'ai obtenu quatre vins différents présentant entre eux des nuances très-sensibles.

« 5º Le chauffage donne d'excellents résultats avec les vins blancs; appliqué aux vins jeunes, il leur conserve cette qualité si précieuse que les œnologues désignent sous le nom de *liqueur*.

« 6º La détermination du degré de chaleur auquel les différents vins doivent être chauffés est un des points importants de mes recherches. J'ai reconnu en effet qu'une température exagérée qui conserve les vins, leur ôte toujours de la qualité; pour les vins fins, la question était donc de fixer le minimum de température pour assurer leur conservation. Depuis longtemps j'ai vu que les grands vins de Bourgogne pouvaient, sans perdre de leurs principales qualités, acquérir une tenue remarquable par un chauffage de 50 degrés seulement. J'attache une grande importance au fait que je viens de signaler, parce que j'avais déjà en 1850 indiqué ce minimum de température.

« 7º J'ai fait ressortir les avantages que présente l'emploi rapide d'une température peu élevée qui conserve mieux au liquide ses précieuses qualités. Plus tard, en 1864, ayant été conduit par un heureux hasard à étudier sur les vins l'influence de ces basses températures longtemps prolongées, j'ai reconnu le fait suivant : en chauffant au-dessous de 50 degrés pendant deux mois des vins de Bourgogne riches en alcool et en principes solubles, non-seulement leur altération a été empêchée, mais encore certains caractères appréciés des consommateurs, ont été développés, tandis que les mêmes vins avaient souffert de leur séjour dans une mauvaise cave. L'étude de ce fait a encore eu pour résultat de me fixer mieux sur le minimum de température que demandaient les grands vins de Bourgogne.

« 8° Enfin le chauffage ne réussit pas avec toutes les récoltes. Avec les vins de 1865, les résultats ont été remarquables et ils me paraissent jusqu'à présent douteux pour ceux de 1868. On peut presque conclure de ce qui précède qu'il existe pour chaque échantillon de vin des conditions particulières de chauffage, lesquelles doivent assurer à la fois sa conservation et sa qualité. On voit comme nous sommes loin des principes absolus d'Appert. Il faut remarquer que dans toutes ces expériences, les vins chauffés ont constamment donné des dépôts ; cette observation faite dès le principe, et qui d'abord n'avait pas été admise, a son importance dans l'étude des ferments.

« Enfin l'appréciation des effets du chauffage n'est souvent possible que longtemps après l'opération.»

CHAPITRE XV.

De la Dégénérescence et des Altérations du vin.

Ce serait peut-être ici le lieu de parler de la mise en bouteilles des vins, opération qui influe énormément sur la qualité et le mérite des vins, sur le choix des bouchons et leurs qualités, le goudronnage des bouteilles, le rangement de celles-ci, mais nous préférons renvoyer au *Manuel du Sommelier* qui fait partie de cette Encyclopédie, et où toutes les questions relatives à la cave sont traitées avec bien plus de détails que nous ne pourrions le faire ici. On trouvera en outre dans ce manuel beaucoup d'autres instructions qui concernent plutôt le commerce que la fabrication des vins, tels que le mélange des vins, le vinage, les vins jetés, etc., et nous préférons nous occuper ici de la dégénérescence et des altérations que peut éprouver le vin.

Bien que préparés avec le plus grand soin, les meilleurs vins sont sujets à beaucoup de maladies : c'est la loi générale imposée à tout ce qui existe. L'acquisition de l'âge dépend de la température de l'année, de la qualité du cep, de la nature du raisin, des soins donnés à la culture et à la préparation du vin, et de la bonté de la cave dans laquelle on le place. Ceux de la rivière de Marne se conservent au plus de six à douze ans ; ceux du Rhin dépassent le siècle ; ceux du Midi comptent jusqu'à vingt et trente automnes. Les vins blancs ne peuvent guère soutenir que deux années de tonneau et quatre à cinq de bouteille ; les rouges durent plus longtemps.

On ne peut pas dire, comme on l'a avancé, que les raisins provenant des terrains gras et bien nourris donnent des vins qui ne sont pas de garde, puisque ceux récoltés sur les palus de Bordeaux soutiennent les trajets les plus longs, durent plus que tous les autres, et ne sont potables qu'après neuf ou dix ans, lorsqu'on ne les a point fait voyager.

Les altérations auxquelles les vins sont le plus fréquemment sujets, sont la graisse, l'aigre, l'amertume, la perte de la couleur, le goût d'évent, de chêne, de rance, de musc et celui de moisi. Les deux premières sont les plus dangereuses ; toutes sont déterminées par cinq causes principales : 1º le défaut d'équilibre entre les principes constituants ; 2º la suspension de quelques-uns de ces principes, par suite d'une dissolution imparfaite, ou d'un commencement de décomposition ; 3º les secousses et commotions violentes qu'ils éprouvent ; 4º l'augmentation sensible de chaleur dans le local où ils séjournent ; 5º enfin le contact avec l'air atmosphérique.

Quand on n'a pas su prévenir ces accidents, voyons comment on peut y remédier.

§ 1er. DE LA GRAISSE.

La graisse est une altération laiteuse que contractent les vins recueillis dans une saison pluvieuse, et qui ont peu fermenté; ils perdent leur fluidité naturelle et filent comme de l'huile. Les vins blancs y sont peu sujets en cercle, à moins qu'ils ne soient de très-faible qualité; ceux qui sont peu spiritueux tournent au gras, même dans les bouteilles bien bouchées; mais au bout d'un certain temps, ils se rétablissent ordinairement d'eux-mêmes : cela arrive d'ordinaire à la première ou deuxième sève suivante. Le dépôt blanchâtre qui s'était manifesté de prime-abord, devient brun, se sèche, se détache par écailles; le vin reprend alors sa diaphanéité, il est guéri. Cependant il n'est pas prudent d'attendre ce moment. On doit aussitôt le traiter par ce qu'on appelle *crème de tartre*, ou *bitartrate de potasse*. On emploie cette substance de la manière suivante :

Pour un baril de la contenance de trois hectolitres, on prend quatre litres environ de vin (1) que l'on fait chauffer jusqu'à ébullition, et l'on y jette de 2 à 4 hectogrammes de crème de tartre bien pure, avec autant de sucre dissous ensemble : on verse le tout bien chaud dans la futaille, on bouche hermétiquement, puis on agite en tous sens pendant cinq ou six minutes. Si, pendant l'opération, l'on s'apercevait que le vin pressât trop fortement les fonds du tonneau, il faudrait donner issue au gaz en ouvrant un fausset près de la bonde; mais n'en laissez sortir qu'une petite quantité, car c'est le gaz acide carbonique qui dissout la *Gliadine* ou principe végéto-animal occasionnant la graisse. Deux jours après, on colle le vin comme à l'ordinaire ; mais au lieu de le brouiller à bondon ouvert, il faut fixer la bonde, agiter le tonneau et le remettre en place. Au bout de cinq jours, le vin est clair, sec, limpide et absolument dégraissé; c'est alors qu'on le soutire.

(1) Que ce soit du vin gras ou tout autre, peu importe, l'effet est le même.

Pour le vin en bouteilles, on le transvase dans un tonneau, et l'on opère comme je viens de l'indiquer.

On remédie encore à la graisse en passant le vin sur de la lie fraîche, dans la proportion d'un vingt-cinquième ; en collant et mutant avec soin ; en l'exposant à une température plus chaude ; en mettant les bouteilles à l'air vif ; en collant les vins avec la colle de poisson et des blancs d'œufs battus ensemble ; et, si l'on est pressé d'en faire usage, on répète l'un ou l'autre des moyens indiqués, plusieurs fois de suite, en ayant soin de verser le vin d'une certaine hauteur, afin que, par son agitation, il se mêle une grande quantité d'air atmosphérique dans la liqueur. Mais, il faut le dire, le vin que l'on rétablit aussi promptement n'a jamais les qualités qu'il retrouve quand la maladie se guérit naturellement. Quant aux vins fins, le mieux est d'attendre que la graisse se dissipe d'elle-même, ce qui arrive presque toujours.

On combat plus promptement et avec plus de certitude la graisse du vin par le tannin que l'on introduit au moment du tirage, en quantité proportionnée. Cette découverte est due à l'observation faite sur des vins rouges, ayant fermenté avec la rafle. Cette rafle contient une quantité notable de tannin, et le vin qui en résulte ne tire pas ordinairement à la graisse. On peut aussi recourir aux charbons des végétaux herbacés que nous avons employés plus haut.

Depuis un certain nombre d'années, des manipulateurs de vin de Champagne ajoutent à l'époque du collage des vins une légère solution de tannin dans leurs tonneaux. Cette opération a pour but de clarifier les vins et de les empêcher de *graisser*. La graisse ou l'*état filant* des vins est une maladie qui dépend de la présence d'un excès de matières mucilagineuses, d'albumine végétale, de gluten, etc. Ces matières s'épaississent avec le temps, rendent le vin filant comme de l'huile et lui donnent un goût désagréable. C'est ce qui empêchait autrefois de conserver longtemps les vins de Champagne. On le conserve aujourd'hui indéfiniment, grâce au tannin. De là est née, en Champagne surtout, une branche importante de commerce, la fabrication et la vente des liqueurs tanniques.

On se servait jusqu'à ces derniers temps et beaucoup de maisons se servent encore d'une solution alcoolique de tannin de noix de galle. Cette préparation offrait l'inconvénient de se combiner à l'élément ferrique du vin, de former un précipité noir comme de l'encre, très-abondant, ce qui rendait le travail des vins et leur éclaircissement long et difficile. M. Bacou, d'Epernay, a eu l'idée de fabriquer du tannin à l'aide d'une solution aqueuse et légèrement alcoolique de cachou. Ce tannin a donné dans la pratique de meilleurs résultats que celui de noix de galle. Son précipité, en effet, a été moins coloré, moins abondant, plus sec, et les vins se sont clarifiés mieux et beaucoup plus promptement. La liqueur tannique au cachou offrait en outre l'avantage de ne coûter que 2 francs le litre au lieu de 8 à 16 francs que coûtait l'autre.

Le tannin de cachou dont nous venons de parler a subi, en dernier lieu, un perfectionnement par les soins de son inventeur. Ce perfectionnement consiste dans son épuration à l'aide d'une *distillation forcée* qui le dégage de sa partie colorante et de quelques autres éléments hétérogènes. Le tannin passe ainsi, entraîné par la vapeur d'eau, à travers le serpentin, et s'obtient à l'état d'une liqueur blanche, légèrement rosée. Ce tannin de cachou *raffiné* est versé dans une eau faiblement alumineuse avant d'être employé à l'usage des vins.

Il paraîtrait que cette liqueur exerce sur les vieux vins de Champagne une action beaucoup plus énergique, plus pénétrante, plus salutaire et plus prompte que les liqueurs tanniques rouges et surtout que le tannin de noix de galle.

§ 2. DE L'AIGRE.

Tous les vins peuvent tourner à l'aigre, trois causes les y disposent, la mauvaise condition de la fermentation primitive, l'exposition à une température au-dessous de 15° centigrades, et le peu de vinosité de la liqueur; ce sont surtout les vins faibles qui y sont plus sujets. Cette altération a pour cause le contact de l'air sur les grappes qui s'élèvent en forme de chapeau au-dessus de la li-

queur ; elle est surtout très-commune au moment où la
vigne est en sève et à l'époque de sa floraison ; elle se
fait aussi remarquer lorsque le raisin commence à rou-
gir ; c'est alors qu'il faut spécialement surveiller ses vins.
Cette altération demande à être saisie presque à l'instant
juste de son principe ; elle ne se rétablit pas d'elle-même,
au contraire elle pousse incessamment le vin à s'aciduler
de plus en plus. En l'attaquant dès son origine, on peut
l'arrêter et prévenir ses effets. Il faut transvaser aussitôt
dans un tonneau imprégné de soufre au moyen des mèches indiquées plus haut, le placer dans un local plus
froid que celui où le vin se trouvait, et ouiller avec soin.
Chaque chef de chais a ses recettes particulières. Celui-ci
recommande de dissoudre du miel ou de la réglisse dans
le vin ; celui-là promet les plus grands succès, si l'on
veut ajouter au vin malade un cinquième de lait écrémé.
L'un ordonne de le saturer d'une combinaison d'acétate
de magnésie ; l'autre a recours à la gélatine d'os, ou bien
au marbre pur réduit en poudre, ou mieux encore à des
châtaignes bien sèches, parfaitement saines et dépouil-
lées de leur enveloppe, que l'on triture un peu et que
l'on tient dans un sac de toile long. Le meilleur moyen
est de faire passer de l'air à travers sa masse, ou mieux
encore de l'étendre quelques instants sur la vendange
après l'avoir décuvé : l'une et l'autre opération remet le
vin dans son état naturel, et lui ôte presque toute son
acidité ; mais il faut se presser de le boire ou de le vendre, parce qu'il est à peu près certain qu'il reviendra à
son précédent état au moment de la pousse des vignes.

Si l'acidité est portée au second degré de la fermentation, l'acescence, on tenterait vainement de faire rétrograder la marche de la dégénérescence, tous les moyens
qu'on mettrait en œuvre pour masquer le goût, ne réus-
siraient point, il faut se résigner à en faire du vinaigre.

Si l'acidité n'est que superficielle, on peut, en remplissant le tonneau, sans secousse et avec l'instrument
de Herpin (décrit plus haut, fig. 20, page 285), plongé
de quelques centimètres dans la liqueur, déterminer la
sortie de tout le vin gâté par l'ouverture de la bonde ;

le liquide s'élevant peu à peu dans la futaille, la portion altérée se déplace sans secousse et sans se mélanger aucunement avec le vin du tonneau ou avec celui employé au remplissage.

Certains marchands recouraient, naguère encore, aux préparations de plomb, pour remédier à cette altération. Sous une saveur sucrée et fallacieuse, ils cachaient un des poisons les plus dangereux. La science a mis un terme à ce crime en le dévoilant, et en fournissant à chacun les moyens de découvrir la présence des sels de plomb dans le vin. Ces moyens sont l'épreuve par un soluté de sulfure de chaux dans l'acide hydrochlorique. Le soluté précipite aussitôt en noir le plomb existant, et laisse intact le fer qui se trouve dans le vin, comme il existe dans la plupart des corps.

Lorsque les vins sont naturellement acides, on les adoucit en y ajoutant certaine quantité de craie, qui donne naissance à un précipité de tartrate de chaux.

Dans le Bordelais, les vins une fois soutirés, mêchés et remplis, sont placés en chantier, la bonde inclinée de manière à ce qu'elle baigne toujours dans le vin ; en cet état, il ne se forme jamais à la surface ces efflorescences qui, tombant bientôt au fond pour en soulever d'autres, y établissent le siége de la fermentation acide.

§ 3.   DE L'AMERTUME.

Cette maladie attaque particulièrement les vins qui ont le plus de qualité; elle est une suite de la fermentation insensible continuée dans le verre ou les tonneaux, et ne se montre que lorsque le vin a vieilli. Les vins de l'Yonne, d'une partie de la Côte-d'Or et de Saône-et-Loire, qui y sont très-sujets, ont, à l'époque de la maturité, un petit arrière-goût acerbe ; ils restent souvent clairs pendant le cours de la maladie. S'ils sont en tonneau, l'on peut les rétablir, soit en les passant sur de la lie nouvelle, soit en les renouvelant avec du vin plus jeune du même crû ; mais ils perdent leur bouquet et sont très-susceptibles de s'altérer de nouveau ; il faut les transvaser et les employer de suite, ou bien les brûler, c'est-à-dire les convertir en eau-de-vie. On peut aussi les coller avec quatre blancs d'œufs frais, et laisser reposer un ou deux mois, puis, quand ils sont parfaitement éclaircis, soutirer dans une futaille légèrement imprégnée de soufre.

Si les vins sont en bouteilles, on peut espérer les voir se rétablir d'eux-mêmes au bout de deux ou trois ans, mais il ne faut point les déranger. Ils ont alors perdu de leur couleur, de leur bouquet, mais ils gagnent en finesse, ils sont agréables à boire et chauds à l'estomac. On a soin de les transvaser avant de les transporter. Cette pratique est recommandée par quelques propriétaires ; il en est d'autres qui accélèrent le rétablissement de leurs vins en bouteilles en transvasant avec soin, et en renouvelant cette opération toutes les fois qu'ils voient un nouveau dépôt se former.

§ 4. PERTE DE LA COULEUR.

En vieillissant, tous les vins sont sujets à se décolorer ; plus ils sont chargés en couleur, plus ils deviennent pâles, et n'en sont que meilleurs ; mais quand c'est par maladie, ils perdent leur transparence ; les rouges deviennent noirs, les blancs prennent une teinte jaune livide, leur goût est très-désagréable, et on les dit alors *échauffés*, en *pousse*, ou bien encore *pris du goût d'échaud*. Cette maladie a lieu durant les grandes chaleurs, elle pousse les douves, détermine la transfusion de la liqueur à travers les joints, et lorsqu'on ouvre un trou sur le tonneau à l'aide d'une vrille, le vin sort en sifflant et en écumant.

On arrête cette fermentation nouvelle, tumultueuse, à l'aide du tartre purifié réduit en poudre très-fine, que l'on agite à plusieurs reprises dans le tonneau ; mais il est préférable d'abord d'ouvrir la bonde pour donner issue au gaz qui se dégage ; ensuite on transvase dans un tonneau bien soufré, on le place dans une cave très-fraîche, on le soutire de nouveau et l'on colle. Si ces moyens ne suffisent pas, il faut couper, rajeunir par un mélange de vins fermes avec des vins tendres, des vins déjà anciens avec de plus nouveaux ; mais n'employez pour cet effet que les vins du même cru, ou, si vous n'en avez pas d'autres, avec ceux que j'ai indiqués en parlant des mélanges, et surtout faites bien attention que le nouveau ait au moins dix mois et même l'année : si vous ajoutiez des vins de quatre à cinq mois avec ceux de trois à quatre ans, à plus forte raison avec de plus âgés, leurs principes ne seraient plus en harmonie, et ce mélange, loin de mettre un terme à la détérioration, l'exciterait de plus en plus.

Les anciens œnologues ont donné des conseils tout différents, mais les progrès de la science en ont fait justice. On avait proposé l'emploi de la glace contenue dans une vessie, et introduite par la bonde ; ce moyen n'est pas à dédaigner, il est même excellent, quand on a de la glace à sa disposition.

On cite quelques exemples de vins frappés de cet accident, qui se sont rétablis d'eux-mêmes, particulièrement ceux qui se trouvaient dans les bouteilles. Le fait est incontestable ; mais il ne faut pas s'exposer à perdre tout son vin pour attendre une révolution dont on n'a pas noté toutes les circonstances : il vaut mieux le soufrer, le coller, le soutirer, et le tenir en des caves fraîches.

§ 5.   DU GOUT D'ÉVENT.

Quand un vin est piqué ou a pris du goût d'évent, on est certain qu'il a été mal bouché, que l'air extérieur l'a frappé, et que sa ruine est certaine. En effet, à l'appauvrissement qui le caractérise alors, il joint la perte de son bouquet ; il se trouble de plus en plus, et montre ces filaments blancs qu'on nomme la *fleur*, et qui sont la preuve de l'altération du principe végéto-animal. Dans son principe, cet accident peut être aisément combattu, surtout si le vin a du corps et de la force ; on le soutire dans un tonneau vide de bon vin, et imprégné de l'odeur de mèche soufrée ; on remplit le vase et on le ferme hermétiquement ; quinze jours après, on colle son vin et on le soutire de nouveau, puis on met en bouteilles.

Mais, si le goût d'évent est très-prononcé, il faut remplacer un bon tiers de la liqueur par une quantité semblable, et parfois plus forte, de vin plus jeune et surtout plus spiritueux ; et, ce qui serait préférable, jeter dans le tonneau de 30 à 40 litres de lie fraîche pour une pièce de 240 bouteilles, bien mêler avec le vin altéré une fois par jour, et ce pendant trois ou quatre soleils ; laisser ensuite reposer un mois, puis soutirer et mettre en bouteilles. Si l'accident a lieu au temps des vendanges, on se trouvera fort bien de passer le vin sur le marc.

Il n'est point nécessaire de dire ici que l'on doit entendre par lie fraîche celle que l'on obtient au soutirage des vins nouveaux, et qu'on peut lui substituer pour certains vins l'eau-de-vie et même l'alcool, dans des proportions raisonnables. Que l'on se garde surtout de toutes les drogues que les lois prohibent, que le crime seul emploie, tels que le sel de saturne, la céruse, la litharge : ces préparations de plomb sont des poisons.

Un propriétaire est parvenu à sauver des vins piqués, en arrosant, aux époques déjà indiquées où le vin travaille, les tonneaux à l'extérieur avec de l'eau de puits, et même en appliquant dessus de la glace. Ce froid opère d'une manière aussi prompte qu'heureuse ; il arrête la fermentation dans ses éléments, et l'empêche de se développer.

§ 6. DU GOUT DE MOISI.

Plusieurs causes peuvent donner naissance à cet accident grave. Un tonneau mal préparé, un œuf gâté employé pour le collage, une énorme quantité d'insectes écrasés au moment du foulage (1), des raisins pourris introduits dans la cuve, etc., suffisent pour imprimer le goût de fût ou de moisi au meilleur vin, et lui enlever tout son bouquet. Si vous transvasez dans un tonneau bien conditionné et soufré, si vous ajoutez quelques

---

(1) On a vu, nous apprend Chaptal, en 1791 et 1792, le produit d'une vendange altéré, dans les premiers temps, par une odeur âcre, nauséabonde, qui disparut à la suite d'une fermentation prolongée. Cet accident était dû à une énorme quantité de punaises des bois qui s'étaient jetées sur les raisins, et qu'on avait écrasées durant le foulage.

noyaux de pêches concassés, bois et amandes, vous pouvez espérer remédier au mal, pourvu qu'il soit attaqué dès son commencement. D'autres conseillent l'emploi du charbon de hêtre en poudre, ou mieux encore du charbon d'os, jeté au fond du tonneau, ou bien d'y mettre à macérer, pendant un mois, un chapelet de nèfles bien mûres coupées en quatre; ou d'y faire infuser, pendant deux ou trois jours, une croûte de pain grillée, du froment torréfié, mis dans un sac et suspendu par la bonde. Mais si l'altération est complète, il ne faut pas s'abuser; il est difficile, pour ne pas dire impossible, de rétablir le vin, même par le mélange avec d'autres vins. Il donnera une mauvaise eau-de-vie et ne sera même point propre à donner un vinaigre passable.

§ 7. DES VINS GELÉS.

Lorsque le vin est surpris par le froid au point d'être gelé, soit à la cave, quand elle est trop accessible à l'air extérieur(1), soit lorsqu'on le fait voyager en hiver, il faut avoir soin de le soutirer de suite, et empêcher que les glaçons ne se rompent et ne soient entraînés dans la liqueur. Les glaçons confondus avec le vin le rendent faible et plat, l'eau, qui en est une des parties constituantes, est devenue, en subissant l'action du froid, fade et crue. Mais quand on a agi avec précaution, s'il y a déchet, d'un autre côté, dépouillée de la partie aqueuse qui fait aisément tourner à l'aigre, surtout les petits vins, la liqueur devient plus spiritueuse; et si c'est du vin nouveau, il perd beaucoup de sa verdeur. Cette propriété des vins gelés détermine quelquefois les vignerons à exposer leurs tonneaux aux grands froids.

Si, négligeant ces vins, on attend que le dégel s'opère dans la futaille, on ne sera pas étonné de les trouver troubles, sensiblement décolorés et même d'une teinte livide. Alors il faut, pour les conserver, refaire la liqueur, la

(1) Comme en 1135, en 1216, où la gelée fit éclater les tonneaux, en 1422, en 1468, en 1544, en 1596, en 1776, et dans les années 1827 et 1871 dans quelques localités.

soutirer dans les tonneaux fortement soufrés, et la ranimer en mettant un décilitre d'alcool pour une pièce de cent cinquante bouteilles ; on bouche hermétiquement, et après plusieurs jours, si le vin est bien rétabli, on colle et on met en bouteilles. Le vin, qui demeure trop affaibli, peut être restauré en le coupant avec du vin plus fort.

§ 8.   DES VINS VIEUX A CLARIFIER.

Tous les vins qui vieillissent naturellement se troublent par le principe colorant qui diminue d'intensité, forme dépôt et s'unit à la précipitation des sels ; mais comme ces vins ont acquis tout le degré de maturité qui leur est propre, l'albumine, la colle de poisson, la gélatine sont impuissants pour les clarifier par suite de l'action chimique de ces substances sur le tannin, réaction aussi funeste sur les vins vieux, qu'elle est précieuse et même indispensable aux vins nouveaux. J. Saladin, de Moulins (Allier), a voulu faire disparaître cet inconvénient et trouver un corps qui n'eût qu'une action mécanique et fonctionnât comme un filtre. L'alumine à l'état de gelée lui a donné le moyen d'arriver à cette double condition ; ainsi disposée l'alumine a de plus l'avantage de pouvoir séjourner indéfiniment dans les tonneaux sans y déterminer la moindre altération. Voici la méthode pour préparer cette matière inorganique : on prend 500 grammes d'alun du commerce, autant de sous-carbonate de soude, ou cristaux de soude, que l'on met à dissoudre séparément, et chacun, dans deux litres d'eau bouillante ; les deux liqueurs refroidies se mêlent ensemble et sont jetées ensuite sur une toile ; le magma une fois égoutté, prend la consistance de gelée ; on délaie cette alumine en gelée dans deux litres de vin, on verse dans une barrique de deux hectolitres, en agitant fortement ; quarante-huit heures après, la clarification est parfaite.

§ 9.   DES VINS QUI DÉPOSENT.

A mesure aussi qu'ils gagnent de l'âge et suivant les crûs et les années qui les ont produits, certains vins sont sujets à déposer une matière dont la nature et les propriétés ne sont pas comparables à la lie. Cette matière est de deux sortes : l'une se réunit en masse au fond du vase, ou bien adhère aux parois qu'elle tapisse ; l'autre, spécifiquement plus légère, flotte suspendue dans une portion de la liqueur.

Pour s'assurer de la nature de ces dépôts, qui offrent une apparence de litharge, Deyeux conseille, après les avoir fait dessécher, de les poser sur un charbon ardent : ils brûlent, en répandant une vapeur épaisse qui a l'odeur de tartre brûlé ; et, en continuant le feu, ils laissent un petit résidu blanc qui n'est autre chose que de la potasse ; tandis que, si l'on soupçonne la présence de la litharge, on verse du sulfure de potasse ou foie de soufre dans la liqueur, et aussitôt on voit se former un précipité noir, abondant.

Le tartre se précipite sous forme de petits cristaux écailleux dans presque tous les vins, même les meilleurs : il se présente sous forme de sable bourbeux quand les vins sont gras, et dans ceux mélangés qui n'ont pas subi un même degré de fermentation. Le tartre ne communique aucun mauvais goût à la liqueur, et n'altère que très-peu sa limpidité ; on dit même qu'il la rend beaucoup plus fine, moins sujette aux maladies, et qu'il la conserve fort longtemps. Ne changez pas votre vin de bouteilles, si vous ne voulez point le boire de suite, car il se formera bientôt un nouveau dépôt. Mais le transvasement est de toute rigueur, si vous voulez transporter votre vin ailleurs : sans cette précaution ils pourraient demeurer troubles très-longtemps, et même contracter un mauvais goût.

Le transvasement exige de la patience, une certaine adresse, et que l'on ait la précaution de le faire lentement jusqu'à la dernière cuillerée, que l'on rejette.

C'est ici le moment propice de recourir à la cannelle aérifère de Julien. (Voyez ce que j'en ai dit plus haut, et consultez les figures 21 et 22, page 286).

Les vins rouges donnent des dépôts plus volumineux que les vins blancs. Ceux dont le dépôt est tellement léger qu'il se mêle dans la liqueur au moment où l'on déplace la bouteille, ne peuvent pas être transvasés parfaitement clairs; les vins mousseux sont dans ce cas.

§ 10.   GOUT DE CHÊNE, DE RANCE ET DE MUSC.

Les tonneaux faits avec les bois de chêne sont sujets à dégager une plus ou moins grande quantité d'acide gallique, et de rendre ainsi le vin âpre et dur. Si l'on n'a pas eu le soin de mettre le tonneau défoncé à tremper pendant quelques jours dans une forte lessive de cendres, le vin contracte ce principe d'astringence, et ne le perd que très-difficilement. On peut aussi laver avec un lait de chaux, puis rincer à eau froide jusqu'à ce qu'elle sorte claire. Les vins ainsi altérés ont le *goût de chêne*.

Le *goût de rancé* provient d'une substance visqueuse particulière au bois; en se pourrissant à la manière des graisses, cette partie muqueuse donne à la liqueur avec laquelle elle est en contact, la saveur et l'odeur propres à ce genre de décomposition. Pour corriger ce vice, on a recours à la graine de moutarde ou de genièvre, à la sauge, etc., qui agissent sur la liqueur par leur huile essentielle, et la ramènent à un état convenable.

Une autre altération est le *Musquin* ou *odeur du musc*, contenue dans certaines parties constituantes du bois, et que développe leur combinaison avec les principes fermentescibles du vin. Cette odeur est d'ordinaire extrêmement volatile, elle se dissipe en ventilant le vin.

§ 11.   GUÉRISON DES VINS MALADES.

Un habile cultivateur de la Côte-d'Or, M. Demermety, membre du comité central d'agriculture de ce département, a fait connaître il y a plusieurs années, dans un journal que publie le comité, un mode nouveau pour guérir les vins malades, que nous nous empressons de reproduire dans l'espoir qu'il trouvera de nombreuses applications en France. Nous laisserons parler le savant agronome lui-même.

« *Première expérience.* — J'avais dans ma cave un assez grand nombre de bouteilles de vin de bonne qualité, mais très-vieux (1), et, par ce fait, devenu trop amer (2) ; je le consacrai à des expériences. Après de nombreux essais et beaucoup de bouteilles sacrifiées, je fus conduit à introduire dans l'une d'elles une pincée d'acide oxalique (3) ; j'agitai la bouteille, le vin se troubla, un gaz se dégagea, puis, quelques minutes après, le vin avait perdu son amertume, sa saveur sembla rajeunie, et l'arôme, obscurci par le dégagement du gaz, reparut avant qu'une heure se fût écoulée (4).

« Je n'entrerai point dans des détails sur les suites de cette expérience; il faut des observations de plusieurs années pour les bien connaître. Il serait seulement à désirer que les études chimiques nous apprissent quel est le gaz qui s'est échappé du vin. Serait-ce de l'acide carbonique ? L'acide oxalique s'est-il combiné avec les parties colorantes ou le tannin : s'est-il emparé de quelques parties de la potasse du tartre. L'acide tartrique s'est-il mis à nu (5), ou s'est-il combiné avec quelques particules de chaux. Il serait à désirer qu'après avoir enlevé au vin son amertume, la science pût la lui rendre, ce qui démontrerait complètement qu'on a découvert la cause de cette maladie.

« *Deuxième expérience.* — J'ai fait fondre dans l'eau distillée, séparément, divers échantillons de sucre de pommes de terre, de sucres bruts de betteraves et de cannes. Après les avoir filtrés au papier sans colle, j'ai mis dans chaque dissolution une pincée d'acide oxalique. En quelques minutes, toutes ces eaux sucrées se sont troublées, puis il s'est précipité des dépôts plus ou moins

(1) C'était du Chambertin de 22 ans, de ma récolte ; je l'avais sucré, mais je ne sais plus à quelle dose; c'est pourquoi j'ai négligé de déterminer la quantité d'alcool qu'il contenait.

(2) Je n'ai pas la prétention de ressusciter un vin décomposé, mais seulement de guérir un vin malade.

(3) Il est une quantité qu'il faut atteindre et ne pas dépasser.

(4) Cette expérience a été faite en présence du Comité central d'agriculture de la Côte-d'Or, dans sa séance du 3 septembre 1843.

(5) Cause possible de phénomène du rajeunissement du vin, que j'ai indiqué plus haut.

volumineux : j'ai fait subir la même épreuve à des sucres blancs de premier choix ; l'eau qui en avait été saturée n'a produit aucun dépôt, et n'a même point perdu sa limpidité.

« Existe-t-il une connexion entre les résultats de ces deux expériences.

« Si ce soupçon est fondé, il en résulterait que les impuretés des sucres bruts que l'on emploie quelquefois dans l'intention d'améliorer les vins, peuvent contribuer en quelque chose aux maladies auxquelles ils sont si sujets.»

§ 12. DES VINS FACTICES, ET MOYENS DE LES RECONNAITRE.

C'est un art cruel et perfide que celui qui vient substituer des imitations insalubres et tout artificielles, à des boissons agréables, saines et naturelles. Il est du devoir de l'honnête homme de les dénoncer, de les poursuivre, fussent-elles placées sous la protection des agents du pouvoir, fussent-elles admises à figurer, comme en 1827, aux expositions solennelles des produits de l'industrie nationale. Dans un pays tel que la France, où la vigne joue un rôle aussi important, sous le double point de vue de l'agriculture et du commerce, où elle occupe et alimente la population presque entière de plusieurs départements, c'est un crime de tenter de la sorte d'affaiblir la haute réputation, la réputation justement méritée de nos vins et de nos eaux-de-vie. Laissez vos liqueurs factices, vos vins frelatés à la jalouse Angleterre, à la sauvage Sibérie ; portez-les leur si vous êtes satisfaits d'une découverte désastreuse ; mais, si vous restez sur le sol sacré, sachez le respecter, ne venez point déshériter vos compatriotes d'une production naturelle, qui met chaque année en circulation, dans l'intérieur, un milliard six cents millions, et qui verse également, chaque année, dans le commerce extérieur des vins et des eaux-de-vie, pour une valeur de plus de deux cents millions de francs.

En août 1827, j'ai élevé la voix contre l'honneur accordé aux *vins de Chablis et d'Anjou factices*, de siéger auprès de nos productions agricoles et manufacturières ; j'ai regardé cette faveur comme un outrage fait à ma patrie, comme une coupable concession à la fraude, comme un attentat à la sûreté publique, puisqu'il encourage l'art odieux de frelater les vins, et je dus m'indigner et appeler sur l'auteur l'animadversion de tous les bons citoyens. L'intérêt de notre agriculture et de notre commerce, l'intérêt du riche et celui du pauvre, la raison et la loi, font ici toute ma force et légitiment l'anathème que je renouvelle en ce moment.

Peu m'importe que l'analyse chimique démontre que ces vins factices contiennent toutes les substances qui se trouvent dans les vins proprement dits ; ils n'en sont pas moins le résultat d'un mélange étranger à la vigne ; et qui me répond de leur salubrité ? La combinaison des éléments du vin se fait dans le sol, dans le corps du cep, dans l'action de l'air, de la sève, et d'une foule d'autres circonstances plus faciles à indiquer qu'à suivre, qu'à expliquer ; cette combinaison a lieu molécule à molécule, la fermentation les coordonne en un tout homogène, en un composé parfait que l'on n'imitera jamais, que l'organe du goût, s'il n'est point blasé par des jouissances outrées, mal entendues, finira toujours par découvrir. Tous ces mélanges illicites sont pernicieux ; en leur donnant accès à la table de la famille, c'est assumer sur sa tête une grande responsabilité, c'est partager le crime de leur auteur.

Dans le nombre des substances indiquées pour reconnaître les vins falsifiés, on cite : 1° *l'acétate de plomb liquide*, qui précipite en gris verdâtre le vin naturel ; en bleu d'indigo celui qui est fait avec les copeaux du Brésillet, les baies de Myrtille ou de Sureau, et en rouge celui qui a été coloré par le bois de Santal (*Pterocarpus*) et les betteraves rouges ; — 2° la *potasse*, qui donne au vin une couleur rouge-brun, coloré par le bois de Brésil, et une couleur verte, quand il l'est à l'aide des baies de Myrtille ou de Sureau. Cependant, il faut le dire, cette teinte verte n'est pas toujours un indice certain de falsification, puisque la potasse produit le même effet sur du vin rouge de bonne qualité, ce qui prouve qu'il faut recourir le moins possible aux investigations à l'aide de la potasse ; — 3° *l'eau de chaux*, qui donne un précipité jaune brunâtre avec le vin pur, imprime au précipité le rouge-brun, s'il est coloré par le bois de Brésil ; le vert, s'il l'est par les baies que nous avons déjà nommées : le précipité sera jaune, si la coloration est due aux betteraves rouges.

Une autre méthode a été découverte il y a peu de temps, elle fait connaître la pureté des vins d'une manière infaillible, et doit faire rejeter les autres comme pouvant induire à erreur, surtout quand les vins examinés sont jeunes. On la doit à un botaniste de Bonn, Nées de Esenbeck. Préparez deux solutés, l'un composé d'une partie d'alun, dans onze parties d'eau bien pure, et le second, d'une partie de carbonate de potasse, c'est-à-dire de potasse ordinaire, purifiée dans huit parties d'eau. Mêlez le vin que vous voulez interroger, en volume égal du soluté d'alun, qui rend sa couleur plus claire. Versez dessus peu à peu du soluté de potasse, pour ne pas forcer toute l'alumine, provenant de l'alun, à tomber de suite au fond du vase. Vous verrez alors l'alumine se précipiter lentement avec le principe colorant du vin, sous forme d'une laque, dont la nuance varie avec la nature de la matière colorante ; sous l'influence d'un excès de potasse, la liqueur reçoit une autre teinte, qui varie aussi en raison du principe colorant, combiné avec l'alumine. On ne peut bien juger qu'après douze à vingt heures d'opération, et sur des essais comparatifs, faits avec du vin pur. Le précipité que vous obtenez du vin rouge non frelaté, est d'un gris sale, tirant visiblement sur le rouge, il se décolore à mesure que la précipitation de l'alumine s'effectue. Si vous employez un excès d'alcali, le précipité devient gris cendré, et la couleur se dissout dans la liqueur, qui se colore en brun.

Le vin coloré artificiellement par les pétales du Coquelicot, *Papaver rhœas*, donne un précipité gris-brun, qui devient noirâtre par un excès d'alcali, tandis que la liqueur conserve une partie de sa couleur.

Le vin coloré par le moyen de baies de Troëne, *Ligustrum vulgare*, ou des pétales de la Passe rose, *Althœa rosea*, précipite violet brunâtre ; la liqueur est violette et donne à son tour un précipité gris de plomb, si on l'interroge avec un excès d'alcali.

Un vin coloré par les baies de Myrtille, précipite en gris bleuâtre ; s'il l'est par celles de l'Yèble, le précipité sera violet, et gris bleuâtre avec un excès d'alcali.

Le vin coloré par des cerises, ou des merises, précipite une belle couleur violette ; il est gris violâtre quand on emploie les copeaux du bois de Brésil ; il est rose, avec le bois de Fernambouc, *Cœsalpinia echinata*.

M. Bouchardat a indiqué aussi un moyen sûr pour reconnaître les vins additionnés d'eau.

« La principale falsification des vins consiste à les introduire, dans les villes à octroi, surchargés d'alcool, et à les étendre d'eau : j'ai cherché à reconnaître cette fraude ; voilà les principales données que j'invoque : je fixe exactement la proportion de résidu solide laissé par le vin examiné. Les vins en nature, assez dépouillés pour être potables, laissent en moyenne 24 grammes de résidu sec. Les vins étendus d'eau que j'ai examinés ne m'en ont laissé que 14 à 16 grammes.

« Je décolore, avec le chlore, un échantillon de vin normal et un échantillon de vin soupçonné, j'ajoute dans les deux liqueurs un excès d'oxalate d'ammoniaque, et je dose la quantité d'oxalate de chaux précipité, j'attache beaucoup de prix à ce caractère : en effet, les vins naturels potables, qui conservés sans addition aucune au moins pendant deux ans, sont dépouillés, par les dépôts et par les soutirages successifs, de la plus grande partie des sels qu'ils contenaient, qui se sont précipités à l'état de tartrate de chaux, donnent un précipité très-faible ; tandis que les vins allongés le sont ordinairement avec de l'eau de puits, par le marchand qui aime à faire clandestinement ces additions, et qui craindrait d'éveiller les soupçons en faisant entrer chez lui des masses d'eau de Seine. Ces vins nouvellement faits ne sont pas dépouillés de leurs sels de chaux introduits avec l'eau, et ils précipitent abondamment par l'oxalate d'ammoniaque. La réunion de ces essais m'a permis de porter des jugements exacts.»

§ 13. MOYENS DE PRÉVENIR LA DÉTÉRIORATION DES VINS EXPÉDIÉS PAR MER.

Le transport sur mer enlève à nos vins des départements de la Côte-d'Or, de Saône-et-Loire et de l'Yonne, une partie des excellentes qualités qui les distinguent si éminemment. Le vin d'Aï, Épernay, des côtes de Reims, qui renferme une surabondance de gaz carbonique, se détériore aussi, et lorsqu'il arrive sous le ciel embrasé des régions intertropicales, il brise les plus fortes bouteilles, et si le verre lui résiste, il fait sauter les bouchons goudronnés et ficelés en fil de fer.

On a trouvé le moyen de mettre un terme à ces fâcheux inconvénients, et l'expérience en a prouvé à diverses reprises l'efficacité. On renferme le baril contenant le vin rouge, dit de Bourgogne, dans une plus grande futaille, remplie de vin blanc ordinaire, c'est-à-dire que le baril doit être immergé dans le vin blanc, et séparé des parois intérieures de la grande futaille par des pièces d'écartement et de support. Le vin blanc n'est point altéré par le contact du vaisseau qu'il enveloppe, si les parois du baril et les pièces d'écartement sont en merrain de bonne qualité. De son côté, le vin rouge est parfaitement abrité, et peut voyager ainsi sur mer, durant deux années, sans éprouver le moindre trouble.

Quant aux vins dits de Champagne, il faut plonger les bouteilles qui les contiennent, dans le sel marin ; cette substance est un des plus mauvais conducteurs du calorique, et quand on a soin de le mêler avec de la glace, ou de la neige fondante, il accélère la réfrigération et le glacement des liquides. Par ce moyen très-simple, on boit le vin mousseux de la Marne, aux Antilles et dans l'Inde, avec toutes les jolies qualités qu'il développe en nos verres, qualités qui font nos plus chères délices, et qui amènent la joie et la franche gaîté parmi nos chers parents et nos véritables amis, réunis autour de notre table.

C'est ici le cas de détruire une opinion erronée fort répandue, celle qui veut que tous les vins de Bordeaux ont besoin de voyager sur mer pour acquérir tout leur mérite et pour justifier leur réputation. Une semblable assertion n'est vraie qu'à l'égard des vins communs de Gaves, des gros vins des Palus et de l'Entre-deux-Mers. Les autres vins blancs ou rouges, d'une grande délicatesse et d'une qualité supérieure supportent très-bien les voyages de long cours (surtout ceux des premiers crûs de Médoc), sans qu'ils augmentent ou diminuent leur renommée, sans qu'ils subissent la plus légère atteinte à la couleur, au parfum, et au goût.

CHAPITRE XVI.

Des conditions générales de la culture de la vigne et de la fabrication des vins.

Nous ne terminerons pas les trois livres précédents sans résumer ici les principales conclusions auxquelles est arrivé un œnologue célèbre et éminemment instruit, M. de Vergnette-Lamotte, dans un beau travail qui a été présenté en 1849, à la société d'encouragement, et inséré dans le bulletin de cette société, parce qu'il renferme le résumé d'observations longues et consciencieuses, faites par un homme qui a profondément étudié le sujet.

« Les diverses parties constituantes de l'organisme de la vigne, dit M. de Vergnette-Lamotte, telles que le sarment, les feuilles, les fruits, les racines, le chevelu, etc., sont toutes attachées les unes aux autres de la même manière que la greffe en fente s'implante sur le sujet greffé. Il en résulte que chacun de ces organes, chacune des subdivisions de l'organe est une cellule imperforée qui jouit d'une circulation particulière ; la circulation générale se fait par le réseau des interstices qui se trouvent entre ces organes La vitalité de la plante paraît résider dans la moelle ; le développement du sarment a lieu du dedans en dehors.

« Nous ne tirerons point de conséquences isolées des résultats analytiques que l'on a obtenus par l'examen des cendres des diverses parties des végétaux, puisque ces résultats peuvent varier d'une année à l'autre; mais de la discussion comparative des chiffres obtenus, nous reconnaîtrons que les feuilles et le bois sont riches surtout en sels de potasse, que l'écorce contient une grande proportion de carbonate de chaux. La moelle et le pépin sont riches en phosphates calcaires, la souche et les fortes racines donnent, à l'incinération, un moindre résidu que les feuilles, le jeune bois et le chevelu.

« La vigne, comme tous les végétaux, s'approprie les principes nécessaires à sa nutrition, au moyen de deux systèmes d'organes, qui sont les fibres chevelues de ses racines et les feuilles de sa tige. Les dernières ramifications du chevelu sont terminées par de petits suçoirs qui jouissent de la propriété de dissoudre, dans les acides carbonique et acétique qui sont le produit de la végétation, les alcalis qu'ils réabsorbent ensuite pour les émettre dans la circulation générale. Tant que la plante n'a point de feuilles, c'est dans l'humus qui est en contact avec les suçoirs du chevelu, et sous l'action de l'oxygène atmosphérique qui doit pénétrer le sol, que les racines puisent l'acide carbonique nécessaire à la nutrition du cep. L'analyse des sucs contenus dans la racine de la vigne nous démontre qu'aux premiers mouvements de la sève ils contiennent beaucoup d'eau, de l'acétate de potasse et des sels ammoniacaux ; que, plus tard, les sels de potasse, les phosphates, le tannin s'y développent en fortes proportions ; enfin, à l'automne, le mucilage, l'amidon, les substances résineuses paraissent y dominer.

« L'analyse des sucs du sarment nous donne des résultats analogues.

« Dans l'obscurité, les plantes ne peuvent décomposer l'acide carbonique; la capacité de nutrition de la vigne, à cet endroit, sera donc proportionnelle à l'intensité de la lumière qu'elle recevra.

« C'est aussi dans l'atmosphère que la vigne puise la plus grande partie de l'azote qui est nécessaire à son alimentation. Les pluies, la neige entraînent avec elles, dans le sol, l'ammoniaque qui résulte de la décomposition des matières animales en putréfaction, disséminées à la surface du globe.

« Enfin, l'eau et les vapeurs aqueuses de l'atmosphère donnent encore à la plante un nouvel aliment dont elle s'approprie, en certains cas, un des principes constituants (l'hydrogène) qui y sont contenus.

« La chaleur excite la vitalité de la plante et aide aux oxydations qui s'opèrent sur les surfaces des divers organes du végétal.

« L'électricité produit des effets analogues sur la vigne; peut-être aussi détermine-t-elle, dans les hautes régions de l'atmosphère, des productions de nitrate d'ammoniaque que les pluies entraînent ensuite dans le sol.

« Nous distinguons quatre époques critiques dans la végétation de la vigne : 1° le développement de la bourse et de la tige; l'humus du sol est nécessaire à ce premier acte de la végétation; 2° l'épanouissement de la fleur et la nouure du fruit; cette période de la floraison est précédée de l'apparition de nouvelles fibres chevelues au collet de la racine; 3° dans la troisième époque critique, la baie acquiert sa grosseur et perd à la fois sa dureté et son opacité, pour devenir élastique et transparente; 4° enfin, c'est dans la quatrième période que commence la maturation du raisin; l'aoûtement du bois et la sortie de ses bourgillons qui naissent aux aisselles des feuilles, accompagnent ou précèdent cette dernière période.

« Les gelées printanières, les pluies froides qui surviennent au moment de la floraison, l'extrême sécheresse de l'été, les pluies et les froids de l'automne sont les accidents, par intempéries funestes à la vigne, qui correspondent à chacune de ces époques critiques.

« Nous conclurons, de l'examen auquel nous avons soumis le raisin du Noirin : 1° que ceux des sucs de la baie qui séjournent au milieu des ligaments nourriciers du pépin, que les sucs du parenchyme, en un mot, sont surtout riches en mucilage et en fibres ligneuses; 2° que les sucs qui avoisinent l'enveloppe membraneuse du grain sont les plus sucrés ; 3° que les sucs intermédiaires sont les plus acides et les plus chargés de ferment ; 4° que les fluides aériformes que l'on rencontre dans la sève, et les sucs de la baie paraissent s'y trouver plutôt à l'état de combinaison chimique qu'à l'état de simple dissolution.

« Le pépin est enveloppé d'une tunique fibreuse éminemment riche en tannin. La quantité de tannin que contiendront les vins, pourra, toutes choses égales d'ailleurs, être proportionnelle au rapport qui existera entre le volume des pépins renfermés dans le grain de cépage qui l'aura produit, et le volume de la baie de ce cépage. Le tannin du raisin est identique au tannin de la noix de galle et à celui des écorces. L'enveloppe osseuse du pépin renferme une amande oléagineuse recouverte d'une membrane très-amère.

« Les matières colorantes résident dans la pellicule de la baie, sous l'épiderme qui la revêt. La coloration du raisin se produit sous l'action de la lumière, quand cette lumière peut être absorbée par la baie devenue transparente. A cet endroit, les raisins des vignes très-garnies recevront peu de rayons lumineux, et seront, par conséquent, moins riches en matières colorantes. Il en sera de même pour les raisins à grains très-serrés et pour les raisins qui auront mûri sous le ciel toujours obscurci par les nuages d'un automne pluvieux.

« La grappe contient du mucilage, de l'albumine, des tartrates, du tannin, etc., enfin toutes les substances que l'on trouve dans le raisin ; mais aucune de ces matières n'y prédomine d'une manière prononcée, et elle n'abandonne qu'une faible partie de ses principes constituants aux liquides dans lesquels elle baigne. Son action dans la cuve paraît purement mécanique.

« La pellicule du grain contient une huile volatile odorante.

« En rejetant une partie de leur oxygène, les acides végétaux se transforment en sucre dans la baie du raisin, au moment de sa maturation.

« Un effeuillage complet du cep (cet effeuillage se pratique à l'automne), rend plus acide et moins dense le moût des raisins qu'elle nourrit. L'effeuillage partiel pratiqué à la base du cep à l'époque de la maturation est favorable au développement de la matière sucrée.

« Si dès que le raisin a noué, on supprime, en en coupant les extrémités, le tiers environ des jeunes sarments, la croissance du fruit n'en est point modifiée, et on obtient cet avantage que la lumière et la chaleur pénètrent davantage le cep ; on hâte la maturation du bois et du raisin. En diminuant les organes qui assimilent pour eux les substances inorganiques du sol, on maintiendra la fertilité de ce sol, enfin les tiges herbacées que l'on enfouit dans la terre en lui donnant son troisième labour, lui serviront d'engrais. On comprendra que cette suppression de l'extrémité des jeunes tiges devra être faite rationnellement, varier d'un sol à l'autre, et varier encore suivant le nombre de raisins que porte chaque tige, et la vigueur du sujet ; car il faudra toujours que le sarment présente un nombre de feuilles qui puisse suffire à l'assimilation de la nourriture atmosphérique nécessaire à la croissance du fruit et à la maturation du bois que l'on a conservé.

« La pluie diminue la quantité du moût, gonfle la baie et augmente dans le suc la proportion de matières aqueuses et mucilagineuses ; elle y amène en outre, une nouvelle quantité de sels acides, ce qui, en dernier résultat, recule la maturation du raisin et rougit la pellicule du fruit.

« La pourriture détruit la matière colorante et le sucre, augmente la proportion du mucilage. Le moût du raisin pourri est plus dense que le moût du raisin sain.

« Le moût du raisin saisi par le froid, avant son entière maturité, contient de l'acide acétique.

« Le moût des raisins conservés sur des claies à l'abri, contient, en résultat absolu, plus de sucre qu'il n'en contenait à la récolte ; de plus, comme il y a eu dessèchement partiel du grain, il renferme, proportionnellement au nouveau poids de son fruit, une plus forte quantité de matières colorantes ; enfin, il est évident, par ces deux causes, qu'il doit avoir une densité plus élevée.

« Le raisin grêlé, dont la baie est éventrée à l'automne, éprouve une désorganisation toute particulière ; son parenchyme devient opaque, il a le goût d'évent ; la vitalité du grain, sous l'influence du froid qui le saisit, doit être détruite par la grêle autrement qu'elle l'est par le foulage, puisque le vin que donne ce raisin est toujours entaché d'un goût de non-franchise, même lorsqu'il est immédiatement récolté.

« Les dissolutions salines peu concentrées sont très-rapidement assimilées par la circulation de la vigne, les dissolutions de chlorhydrate de soude et de sulfate de fer paraissent agir d'une manière favorable sur la coloration du feuillage et la vigueur de la végétation.

« Les dissolutions de substances végétales sont moins promptement absorbées par les racines ; les matières visqueuses ou atmosphériques le sont très-peu.

« En comparant les moûts des raisins qui proviennent d'une vigne peu garnie avec les moûts des raisins qui sont récoltés dans une vigne dont les ceps sont très-rapprochés, on reconnaît que dans le suc de ces derniers fruits, dominent le mucilage et les acides libres. Dans le premier moût, le sucre et les matières colorantes sont en plus forte proportion, dans ce dernier cas, la grappe est à grains moins serrés, et la pellicule de la baie est plus épaisse.

« Les raisins cueillis dans une vigne jeune ou trop renouvelée par le provignage, donnent des résultats analogues, et d'ailleurs, comme la baie est plus grosse, il s'ensuit que les sucs des baies les plus volumineuses, et présentant par conséquent les moindres surfaces, seront riches surtout en substances acides, en mucilage, en eau, en ferment, tandis que dans les autres baies domineront les substances propres aux tissus superficiels, c'est-à-dire le sucre et les matières colorantes. On observe, en outre, que dans ce cas, le rapport du volume des pépins à celui de la baie sera toujours inférieur à ce qu'est ce même rapport pour des raisins à plus petits grains ; le vin qui proviendra des jeunes vignes et des jeunes ceps sera donc aussi moins riche en tannin que le vin donné par les vieux ceps.

« Le tannin résidant principalement dans la tunique qui enveloppe le pépin, toutes les manipulations qui, dans l'acte de la vinification, agiront sur cette tunique en la déchirant et en multipliant ses points de contact avec le moût contribueront à augmenter la richesse en tannin du vin qui en sera le produit. A cet endroit, l'égrappage qui écrase la baie, et les foulages qui précéderont la mise en cuve, mais surtout le broiement obtenu au cylindre, seront d'un effet avantageux.

« Toutes les fois que la température du moût, à la récolte, ne s'opposera point à l'emploi du procédé bavarois (1) dans l'acte de la vinification, les foulages répétés et fréquents, que dès le début de la fermentation on pratiquera sur les cuves, auront encore pour effet d'aider (à température égale) à la dissolution dans le vin d'une plus forte proportion de tannin. Enfin, après que la fermentation est terminée, si on laisse séjourner, au contact des pépins, le vin dans la cuve, ce sera encore là une circonstance favorable au développement du tannin dans le vin.

« Dans les vignes que l'on surcharge d'engrais animaux, on obtient des moûts qui présentent tous les caractères des moûts provenant de jeunes vignes; ils contiennent en outre, comparativement, une plus forte proportion de ferment.

« Si, à la suite des pluies d'automne, le mouvement ascensionnel de la sève porte dans la baie une notable

(1) Je désigne ce procédé de vinification sous le nom de *procédé bavarois*, parce qu'on en doit le principe aux brasseurs de Munich ; il consiste à fouler les cuves de trois heures en trois heures, de manière à ce que la fermentation s'opère à la plus basse température possible. Ce procédé sera applicable toutes les fois que le moût aura, au sortir de la vigne, une température initiale de 20° centigrades ; dans ce cas, les foulages répétés auraient pour effet la production d'une certaine quantité d'acide acétique, et alors il faudra avoir recours aux modes de vinification que j'ai indiqués dans un autre travail.

quantité d'eau et de substances mucilagineuses, les raisins des vieux ceps seront moins sujets à ces modifications organiques ; et comme, d'ailleurs, il y a à la surface du bois une continuelle évaporation des liquides séveux, plus un cep vieux aura de longueur, plus auront de densité les sucs qu'il fournira à la nutrition du fruit. Par cette même cause, dans les vignes peu garnies, les effets des pluies d'automne seront moins funestes.

« Comme il est reconnu que, pour la conservation du vin, ce vin doit contenir une certaine proportion de bitartrate, il en résulte que, si on attend, pour récolter les raisins, que toutes les grappes aient atteint une maturité complète, le produit qu'elles donneront ne présentera point toutes les conditions qui importent à une longue durée du vin.

« La pourriture, la gelée, la grêle déterminent, dans les sucs du raisin, des modifications essentiellement funestes à la santé des vins, par la forte proportion de mucilage et d'acide acétique qu'y développent les altérations organiques qui en sont la conséquence. »

LIVRE IV

DES DIFFÉRENTES SORTES DE VINS.

Dans ce livre, nous nous occuperons d'abord de diverses sortes de vins, autres que ceux qu'on prépare par les moyens ordinaires. Nous donnerons ensuite l'énumération de meilleurs vins français, et enfin nous ajouterons divers détails sur quelques vins étrangers célèbres.

CHAPITRE PREMIER.

Vins préparés.

Dans ce chapitre, nous nous occupons de quelques sortes de vins préparés, tant chez les vignerons que chez ceux qui s'adonnent au commerce des vins.

§ 1ᵉʳ. VINS ENFUMÉS.

Avant de cuire les vins, on était dans l'usage de les enfumer, c'est-à-dire de les faire séjourner quelque temps dans des espèces d'étuves bien closes, où la fumée d'un feu entretenu dessous pénétrait par des soupiraux pratiqués au plancher. Galien nous a conservé la description de ces singulières constructions (1). Des Grecs, l'usage d'enfumer le vin passa chez les Romains (2). Horace vantait l'excellence des qualités qu'il en acquérait (3), tandis que Martial riait de cette méthode et plaçait le vin enfumé bien au-dessous du célèbre Falerne (4). Les Gaulois

(1) *De Antidotis*, lib. I, cap. 3.
(2) Columella, *de re rustica*, lib. I, cap, 6.
(3) *Odœ*, lib. III, od. 7.
(4) *Epigr.* lib. 3, epig. 77.

et leurs aïeux, les Celtes, reçurent le procédé des Phocéens, et en firent usage avec succès; il s'est même perpétué longtemps après, puisque le Grand d'Aussi (1) en a suivi les traces jusqu'au xvie siècle. Cependant les Gaulois l'abandonnèrent presque partout dès qu'ils eurent adopté la pratique de tordre la grappe pour augmenter sa maturité (2).

Après un temps plus ou moins long, on sortait les jarres des étuves et on les déposait dans le cellier; on mettait le plus grand soin à les défendre du contact de l'air en les plaçant dans des excavations où l'on avait la facilité de les entourer et même de les couvrir de terre (3). Le vin enfumé se conservait longues années et se buvait aux grandes solennités de famille : c'est du moins ce que nous apprenons en voyant de nos jours le vin enfumé, enterré dans l'île de Chypre à la naissance d'un enfant, pour n'être bu que le jour de son mariage.

De cette méthode on en vint aux vins cuits. Sous ce nom, il ne faut pas comprendre la liqueur qui résulte de la concentration du moût par le feu et du rapprochement de ses diverses parties : cette liqueur n'est qu'un sirop plus ou moins épais qui n'a point fermenté, et qui par conséquent ne présente aucun atome d'alcool, principe essentiel à toute liqueur vineuse. Elle ne peut servir que de condiment aux fruits, aux ratafias, à remédier aux défauts des cuvées, ou bien encore, comme cela se voit dans les îles de l'Archipel grec et en Egypte, à préparer une espèce de sorbet très-recherché, et qui se conserve quelque temps à la cave dans des vaisseaux de bois.

Nous entendons par vin cuit une liqueur de table qui a subi tous les degrés de la fermentation, et que l'on obtient par le mélange du moût de raisin concentré, de l'eau-de-vie et de quelques semences aromatiques ou épices. La préparation de ces vins appartient de droit à la ménagère et à sa fille.

(1) *Vie des anciens Français*, tome II, page 343.
(2) Pline. *Hist. nat.* lib. XIV, cap. 9.
(3) Plutarque. *Sympos.* VII, § 3. Suidas au mot *Lakkos*.

L'usage des vins cuits est très-ancien ; il passa de l'Asie en Grèce, et de là dans presque toutes les contrées de l'Europe. On le retrouve encore en Italie, en Espagne, surtout dans les environs de San-Lucar et dans quelques départements de la France, principalement dans celui des Bouches-du-Rhône. Voici la méthode la plus généralement adoptée pour les faire :

On choisit les raisins les plus mûrs, les plus beaux et les plus odorants parmi ceux des espèces dites de Malvoisie et Muscat, que l'on cueille seulement pendant les heures les plus chaudes de la journée, afin qu'ils soient entièrement dépouillés de l'humidité restante de la nuit et de la rosée du matin. On les transporte avec précaution, et pendant cinq à six jours on les expose sur des claies à l'ardeur du soleil, en ayant soin de les retourner trois fois au moins par jour; le sixième, ils sont foulés dans la cuve comme on le fait pour l'autre vendange. Le moût qui en provient se puise par le dessus pour n'en prendre que ce qu'on appelle la *fine-fleur*, et on le porte à la chaudière sous laquelle s'entretient un feu constamment clair avec le moins de fumée possible. Le moût doit bouillir jusqu'à réduction au tiers, être écumé très-soigneusement, puis jeté dans des vases de bois bien propres et neufs, ou du moins exempts de tout vice, et lorsqu'il est refroidi, on le renferme dans des tonneaux bien clos. Le vin que l'on obtient est d'une couleur ambrée très-agréable, il est généreux, délicat et doit être soutiré promptement.

Au moment de l'ébullition, dans certains cantons du midi, on ajoute un peu d'anis et de coriandre, de la cannelle, l'amande osseuse de six abricots, autant de noyaux de pêches, et, après quarante-huit heures de repos, on passe à travers un linge mouillé. On remet dans le vase la liqueur ainsi obtenue; elle y reste tout l'hiver. On la tire ensuite au clair, on filtre par la chausse et on met en bouteilles.

Les meilleurs vins cuits se font en Corse : dans le commerce avec le nord, ils passent pour vins d'Espagne ou des Canaries, et lorsqu'ils ont acquis leur dernier degré d'activité, et sont devenus de véritables vins de liqueurs, on les vend comme vieux Chypre, vins de Tinto, de Malaga et de Madère, première qualité.

Pour abréger le temps où un vin doit être potable, on le cuit jusqu'à un degré assez voisin de l'ébullition; mis ensuite en tonneaux, bien bouché, il peut être bu au bout de trois mois : il aura dès lors acquis toutes les qualités qu'il aurait eues naturellement après six et même dix ans. Le vin de Bordeaux de deux et trois ans, traité de la sorte, prend, au bout de quelques heures, la couleur, le goût et les propriétés qu'il a après dix et douze ans.

§ 2.   VINS DE LIQUEUR.

On appelle vin de liqueur celui dans lequel le principe sucré n'est pas entièrement métamorphosé en alcool : la France en produit une assez grande quantité de fort bons, qui soutiennent honorablement la comparaison avec ceux que nous tirons à grands frais de l'étranger. Nous en avons des rouges et des blancs; ceux qui occupent le premier rang sont les vins muscats blancs de Rivesaltes, département des Pyrénées-Orientales, que les amateurs placent auprès du Malvoisie le plus estimé; les vins de Frontignan et de Lunel, département de l'Hérault; les vins rouges dits *de Grenache*, que l'on prépare dans les vignobles de Bagnyals, de Cosperon, de Rhodès et de Collioure, département des Pyrénées-Orientales, dont le goût fin rivalise avec le Rota, et surtout le Chypre; le vin blanc dit *Maccabeo*, qui se fait à Salcer, même département, et qui a quelque ressemblance avec le vin de Tokay; et les Muscats dits de *Picardan*, de *Calabre*, de *Malaga*, de *Madère*, etc., que l'on prépare dans plusieurs vignobles du département de l'Hérault.

Ces vins liquoreux jouiraient d'une réputation plus grande encore, si, par une cupidité des plus blâmables, le commerce ne se chargeait pas si fréquemment de vendre sous leur nom des vins additionnés, tantôt avec des raisins secs, de l'aloès succotrin, des cerises, des framboises, des pêches, des racines d'iris et de galanga; tantôt avec du goudron et d'autres substances, que l'art de tromper, poussé aujourd'hui si loin, emploie avec une audace toute particulière. Ces vins que j'appelle *additionnés*, pour ne pas les confondre avec ceux frelatés, ne sont pas malsains, je le sais; mais ils n'ont ni la vertu tonique de ceux dont ils usurpent le nom et la place, ni leur parfum aromatique, que la main de l'homme ne parvient pas à imiter complétement. Je ne donnerai aucune recette pour imiter les vins de liqueur étrangers, je les blâme toutes, parce qu'elles ont pour base la fraude; mais je fais des vœux pour que les vignerons français, surtout ceux de nos départements du midi, réunissent tous leurs efforts pour améliorer la culture de la vigne, pour mieux fabriquer leurs vins : c'est un devoir que leur imposent la patrie et l'intérêt particulier de leurs enfants. Que ces deux voix puissantes pénètrent jusqu'à leur cœur, et bientôt nous n'aurons plus rien à envier aux pays les plus favorisés de la nature. La France a tout dans son sein, il ne faut que la bonne volonté de ses habitants pour l'asseoir en tout au premier rang.

§ 3. VINS DE PAILLE.

Les vins que l'on désigne sous le nom de *Vins de paille*, sont ainsi appelés de ce que, dans l'origine, les raisins employés à leur fabrication étaient étendus pendant plusieurs mois sur de la paille avant d'être portés au pressoir, ou bien suspendus pendant un mois ou cinq semaines à des tresses de paille, après quoi on les égrappait et on les soumettait au pressurage. On prépare encore aujourd'hui des vins de paille dans plusieurs vignobles de l'arrondissement d'Arbois, département du Jura; de Colmar, département du Haut-Rhin; aux environs de Nancy, département de la Meurthe, et à l'Hermitage, département de la Drôme. Comme le mode de préparation est différent dans chacune de ces localités, il n'est peut-être pas hors de propos de les donner ici le plus succinctement possible.

A Arbois, à l'époque des vendanges et par un temps sec, on choisit les raisins les plus mûrs sur les meilleurs cépages; on les recueille et on les apporte avec précaution dans des corbeilles; on les suspend avec du fil dans des chambres sèches et bien aérées : on les y laisse de cinquante à soixante jours, si on les destine à faire du vin *mi-paille*, et trois à quatre mois s'ils doivent donner du *vin paille*. L'un et l'autre se font par le même procédé : on égrappe, on presse, on met le liquide obtenu dans un tonneau que l'on place dans un lieu frais, la bonde entreposée. Après cinq ou six mois, on serre la bonde, et on laisse ainsi un ou deux ans pour le mi-paille, quatre ou cinq pour la paille. On a de la sorte des vins qui, abondants en principes sucrés, les conservent longtemps, fermentent insensiblement, et acquièrent à la longue toutes les qualités des meilleurs vins de Malaga.

Dans le Haut-Rhin, le vin de paille ne se fait d'ordinaire que lorsque l'année a été favorable à la vigne : on choisit les plus belles grappes et les plus mûres parmi les espèces de raisins que dans le pays on nomme *Reitzende* ou *Gentils*; on les suspend à des perches disposées à cet effet dans la partie supérieure de la maison; là, sans cesse frappés par des courants d'air, tant que l'on n'a pas de gelées à craindre, ils sont exactement visités pour enlever tous les grains qui pourraient être gâtés. En hiver, on abrite des grands froids; au mois de mars, on égrappe et on porte au pressoir. Comme le raisin est à demi-sec, il donne peu de moût, qui fermente lentement. La fermentation arrivée à son terme, on soutire une liqueur qui n'est ordinairement que la dixième partie de celle qu'on aurait obtenue à l'instant de la vendange : elle est très-douce et onctueuse; on clarifie et l'on met en bouteilles. Ce vin ne pèche que par une pointe d'acide, qui devient insensible à mesure que la liqueur se combine. Quand il a de six à huit ans, il est fin et très-agréable.

Dans le département de la Meurthe et autres environnants, où le vin de paille prend le nom de *Vin de grenier*, on prépare le raisin de même; mais on l'exprime en décembre et on le met à fermenter. Au mois de mars, on remplit les bouteilles, que l'on ficelle, que l'on goudronne et que l'on porte au grenier. C'est là qu'il acquiert toutes ses qualités, et qu'il devient pétillant comme le Champagne.

A l'Hermitage, le vin de paille a la couleur dorée et un parfum analogue au goût du raisin séché au soleil. Il ne commence à fermenter que plusieurs mois après qu'il a été fait, de sorte que la première année ne compte point lorsqu'on parle de son âge : cette fermentation dure quelquefois six ans, et ce n'est que deux ou trois ans après que l'on peut le livrer à la consommation ; mais alors il est estimé l'un des meilleurs vins de liqueur du monde. Il s'en fait très-peu, sans aucun doute, à cause des soins minutieux, des détails indispensables qu'il exige, mais encore à cause des grandes difficultés pour en assurer le débit.

Le vin de paille qui se fait dans les vignobles aux environs de Tours, provient de raisins cueillis par un temps sec et un soleil ardent, que l'on a étendus sur des claies, exposés, sans contact les uns avec les autres, à l'influence des rayons solaires ; pour éloigner toute action de l'humidité ou de la fermentation, on a soin de les retirer à l'approche de la nuit, et de dépouiller les grappes des grains qui se gâtent. Du moment que tous les grains sont fanés, on les presse et on en reçoit le jus dans des vases pour y subir la fermentation.

§ 4. VIN CLAIRET OU ROSÉ.

Le raisin destiné, dans le département de la Marne, pour faire le vin rosé, est cueilli avec les mêmes précautions que celui destiné à donner le vin mousseux ; on le traite de même au pressoir ; mais avant de l'y porter, on l'égrappe, on le foule légèrement dans des vases préparés à cet effet, et on l'en retire quand il commence à fermenter, à dissoudre une partie de ses résines colorantes, et que le moût prend la teinte rosée que l'on veut obtenir.

Cette méthode est la plus simple et la plus généralement suivie pour la préparation du vin rosé ; cependant on se sert quelquefois, pour l'obtenir plus promptement, d'une liqueur connue dans le pays sous la dénomination de *Teinte de Fismes*, du nom de la petite ville où elle se fabrique. Cette liqueur est tirée des baies du sureau que l'on a fait bouillir avec la crème de tartre, et passer ensuite au filtre. Il suffit de quelques gouttes de cette liqueur pour colorer le vin blanc; cette couleur est plus belle, elle se conserve plus longtemps que celle des vins teints par la fermentation : l'on assure qu'elle n'altère nullement le goût et la salubrité du vin ; cependant, comme matière étrangère à la vigne, j'en blâme l'usage, et je répète avec les plus fins amateurs, qu'il vaut beaucoup mieux s'en tenir à la méthode régulière qui a pour base le moût fermenté.

Dans le vignoble d'Arbois, le meilleur, le plus productif et le mieux cultivé du département du Jura, l'on prépare un vin clairet excellent. On ne le fait que dans les années les plus favorables à une bonne maturité du raisin. On égrappe soigneusement, on porte sous le pressoir afin d'extraire tout le liquide; on met ensuite dans des caveaux, on laisse reposer jusqu'à ce que, par l'effet de la fermentation, le vin se couvre d'une écume épaisse et limoneuse; alors on soutire avec précaution, et on recommence l'opération une ou deux fois, pour obtenir la liqueur le plus clair possible; on met ensuite en tonneaux, on colle au blanc d'œufs au mois de mars, et l'on met en bouteilles. Ce vin a une belle couleur rosée ; il conserve beaucoup du sucré, devient mousseux comme celui de la Marne, a un fumet particulier très-flatteur, et peut être conservé quinze à vingt ans en bouteilles sans perdre entièrement sa douceur ; mais sa couleur devient jaune, légèrement orangée ; il est aussi salubre qu'agréable : c'est le vin de dessert et de déjeûner le plus en vogue sur les meilleures tables.

§ 5. VINS RAPÉS.

On fabrique, sous le nom de *Vins râpés*, dans les environs d'Orléans et dans plusieurs autres départements, des vins avec des raisins égrappés, foulés avec de la vinasse, ou bien avec des sarments de vignes stratifiés par lits alternatifs avec des raisins, ou bien encore en mettant infuser dans le liquide obtenu de la vendange, des sarments. On laisse fortement bouillir et on emploie la liqueur qui en résulte pour colorer les petits vins des pays froids et humides et pour leur donner de la force.

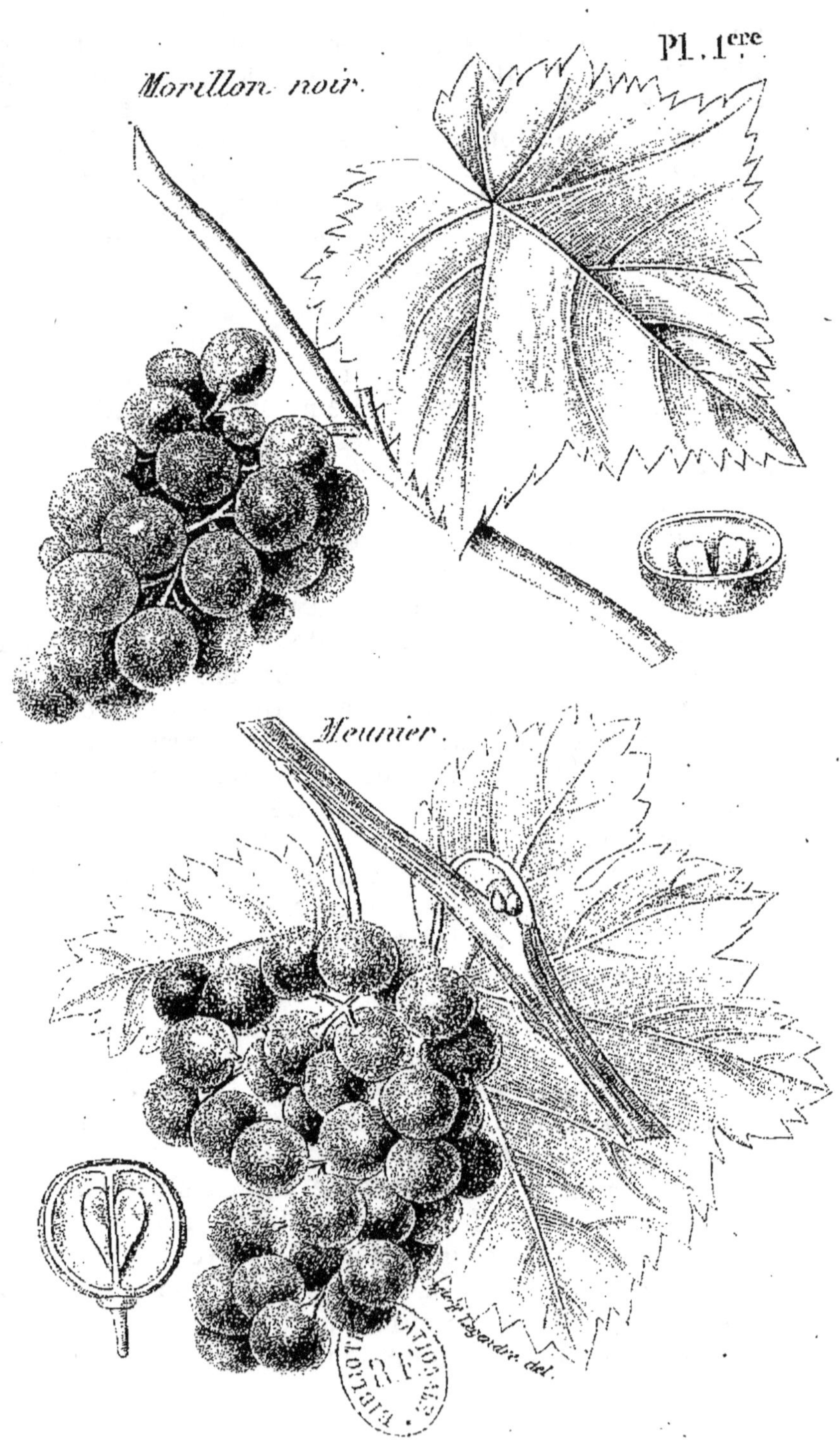

Pl. 1ère
Morillon noir.
Meunier.
Imp. Seringe freres, 2, Place du Caire, Paris.

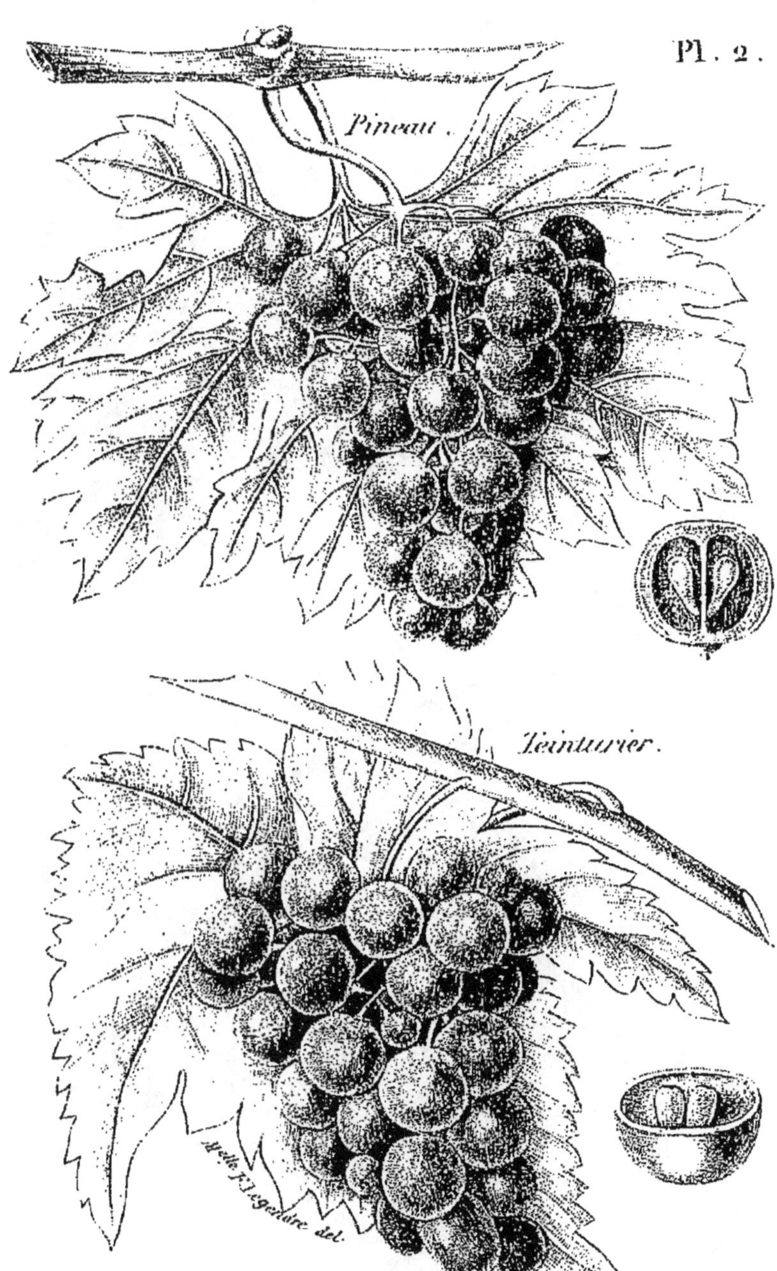
Pineau.
Teinturier.
Pl. 2.

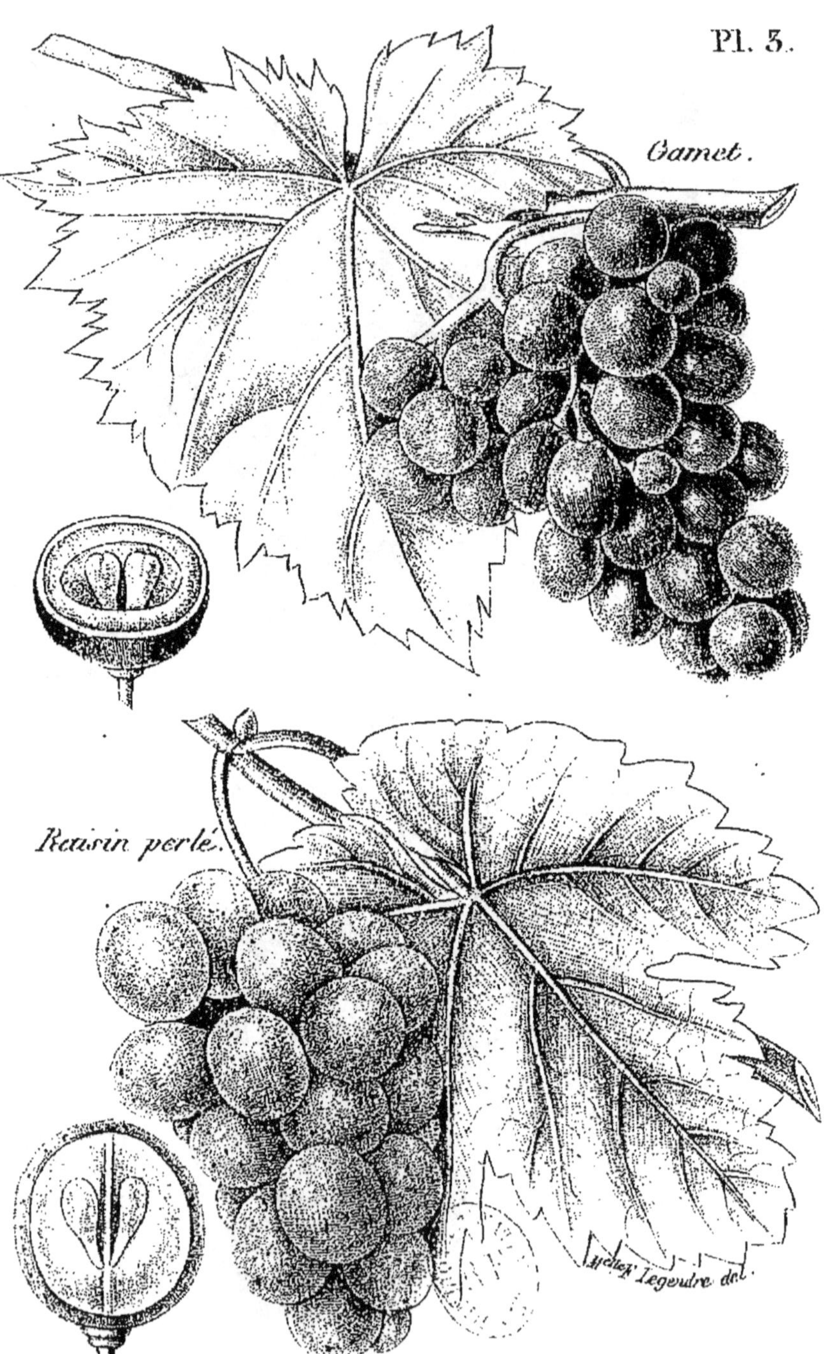
Gamet.
Raisin perlé.
Lackey Legendre del.

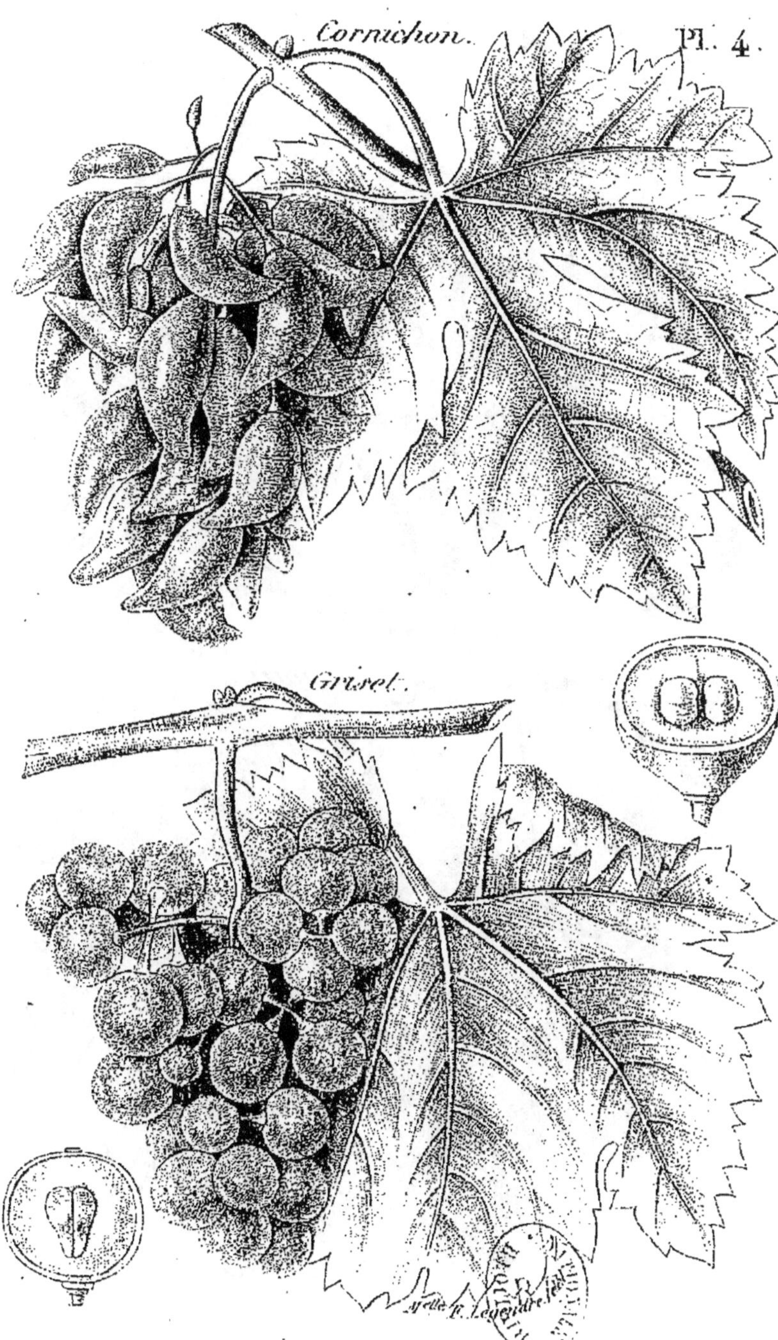

Cornichon.
Pl. 4.
Griset.

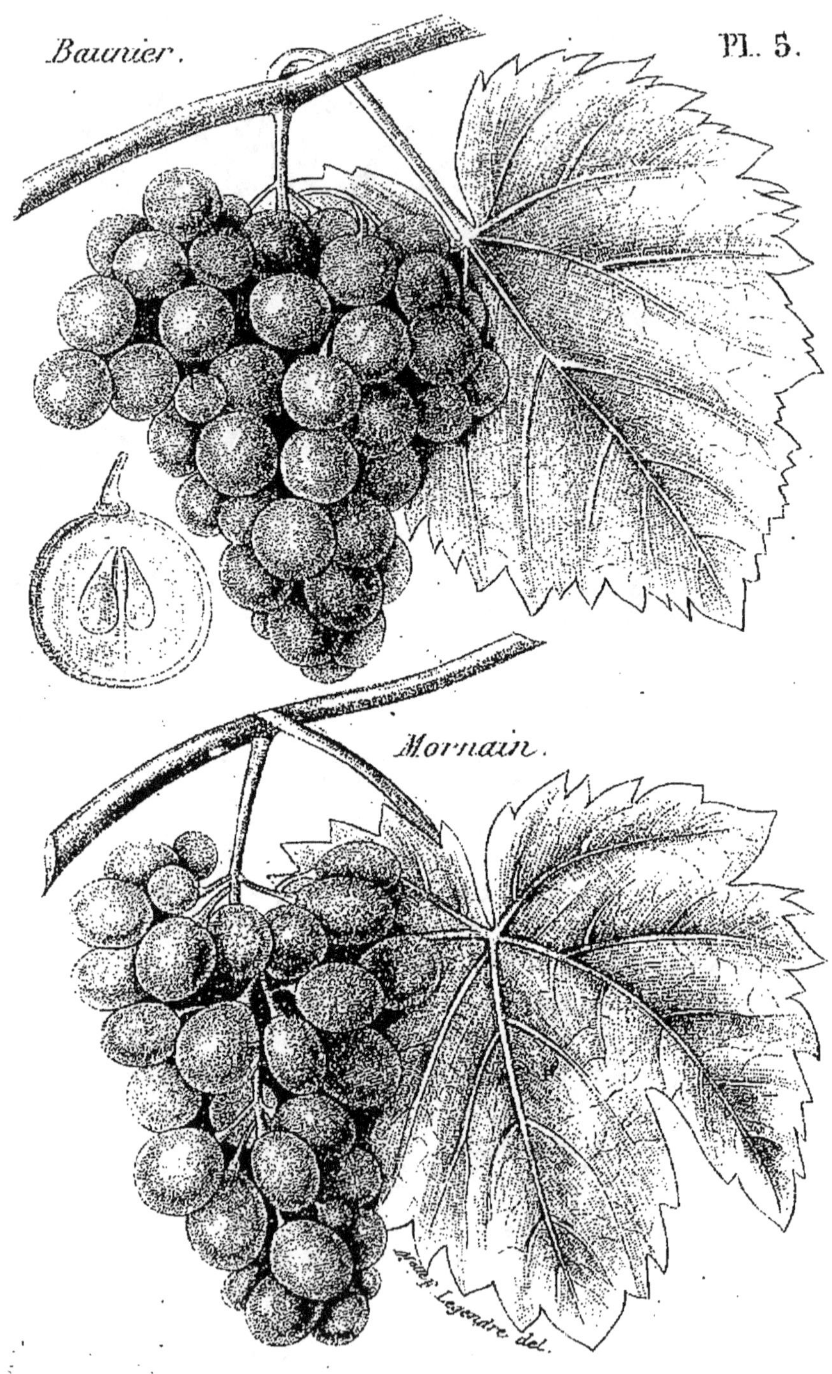

Baunier.
Pl. 5.
Mornain.

Pl. 6.
Muscat d'Alexandrie.
Aug.te F. Legendre del.

Muscat rouge.
Pl. 7.
Muscat blanc.
Mlle F. Legentre del.

Pl. 8.
Chasselas.
Melle H. Legendre del.

Pl. 9.
Ciotat
Raisin d'Alep.
F. Legendre del.

Corinthe
noir.
Pl. 10.
Corinthe
blanc.
Melle F. Legendre del.

Gouais.
Pl. 11.
Muscat noir.

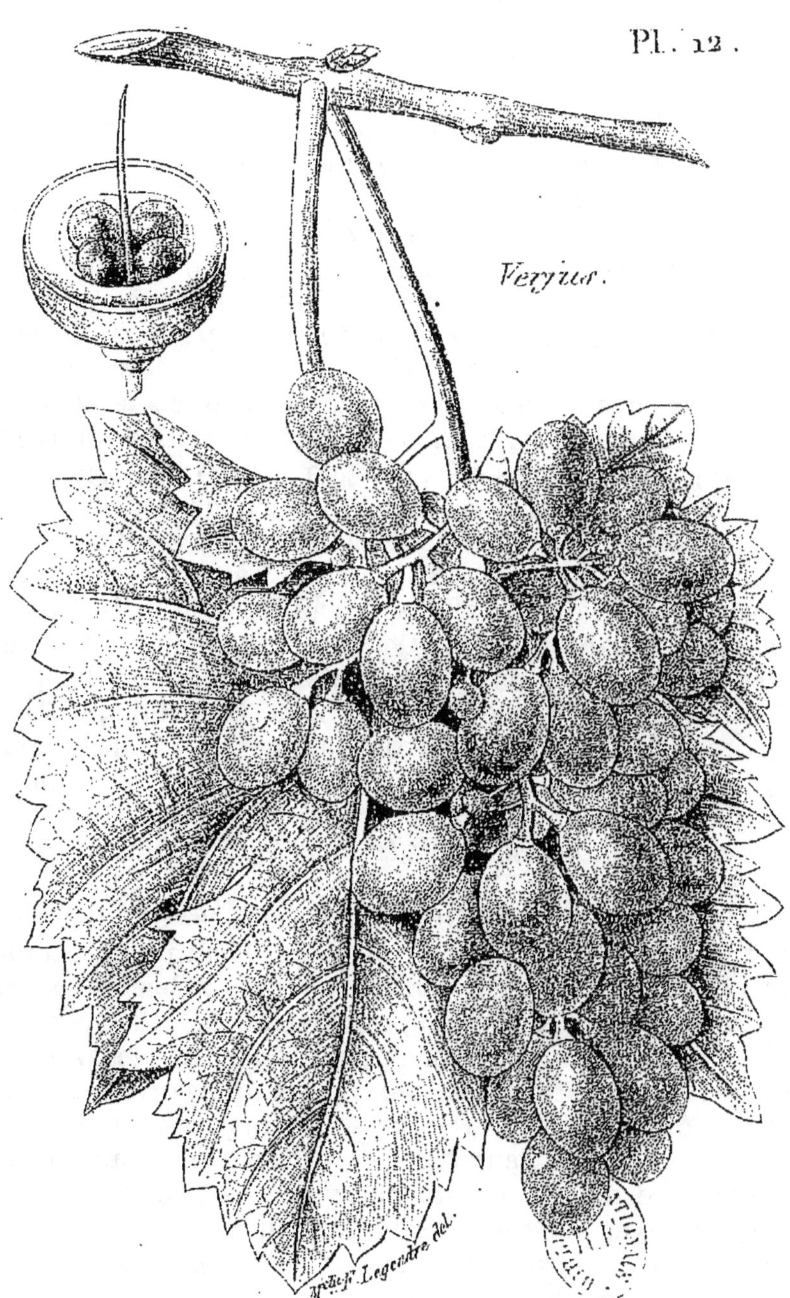

Pl. 12.
Verjus.

CHAPITRE II.

Vins de France.

Nous consacrons ce chapitre à l'énumération des meilleurs vins français. Nous emprunterons cette note à la
Topographie des Vignobles, par M. Jullien.

I. Vins rouges. — *Première classe*. — Les premiers crus
de la *Bourgogne* sont : la Romanée-Conti, le Chambertin,
le Richebourg, le Clos-Vougeot, la Romanée Saint-Vivant,
la Tache, le Clos Saint-Georges et le Corton (département
de la Côte-d'Or). On cite après eux, comme donnant des
vins supérieurs à ceux de la seconde classe, le Clos de
Prémeau, le Musigny, le Clos du Tart, les Bonnes-Marres,
le Clos à la Roche, les Véroilles, le Clos Morjot, le Clos
Saint-Jean et La Perrière, même département.

Le *Bordelais* fournit à cette classe : 1º les vins de ces
quatre premiers crus, qui sont le Château-Margaux, à
Margaux ; le Château-Laffitte, à Pauillac ; le Château-Latour, à Saint-Lambert ; et le Château-Haut-Brion, à Pessac ;
2º les vins des seconds crus qui diffèrent très-peu des premiers, tels que ceux de Rauzan et de Lascombe, à Margaux ; de Léoville et de Larose-Balguerie, à Saint-Julien
de Reignac ; de Gorce, à Cantenac ; de Branne-Mouton, à
Pauillac, et de M. Pichon Longueville, à Saint-Lambert.
Tous ces vignobles sont situés dans le département de la
Gironde.

Le *Dauphiné* a des vins parmi lesquels on distingue
ceux des crus nommés Méal, Gréfieux, Beaume, Raucoule,
Muret, Guiognère, les Bessas, les Burges et les Lauds, sur
le territoire de l'Hermitage, département de la Drôme.

Les vins que nous venons de désigner sont les plus renommés parmi tous les vins rouges que produit notre
pays. Les vins de Bourgogne se distinguent par la suavité de leur goût, leur finesse et leur arome spiritueux.
Ceux du Bordelais, par un bouquet très-prononcé, beaucoup de sève, de la force sans être fumeux et une légère
âpreté qui les caractérise. Les vins du Dauphiné ont quel-

que chose de ceux du Bordelais, beaucoup de corps et une partie du moelleux du vin de Bourgogne; ils sont aussi très-spiritueux.

II. VINS BLANCS. — *Première classe.* — Cinq provinces de France fournissent des vins blancs de qualité supérieure, savoir :

La *Champagne.* Les vins *secs*, dits de Sillery, que l'on récolte à Ludes, Mailly, Verzenay et Verzy; les vins *moelleux* d'Aï, de Mareuil, de Dizy, d'Hautvillers, de Pierry, et les vignes dites *le Clozet*, à Epernay, département de la Marne; ils se distinguent par leur légèreté, leur délicatesse et leur agrément.

La *Bourgogne.* Les célèbres vins de Montrachet, département de la Côte-d'Or, réunissent le corps et le spiritueux à beaucoup de finesse et de bouquet.

Le *Bordelais* offre les vins *moelleux*, pleins de sève et de parfum des premiers crus de Barsac, Preignac, Sauterne et Bommes, avec les vins *secs* de Villenave d'Ornon, département de la Gironde.

Le *Forez.* Les excellents vins de Château-Grillet, département de la Loire.

Le *Dauphiné.* Ceux de l'Hermitage qui brillent par beaucoup de corps, de spiritueux et de parfum.

Le vins de Champagne sont les plus généralement connus et goûtés, tant en France que dans les pays étrangers ; cependant ceux de la Bourgogne et du Bordelais sont préférés par quelques gourmets et mis au même niveau par le plus grand nombre. La petite quantité des vins fournis par les crus de l'Hermitage et de Château-Grillet fait qu'il ne se trouvent que dans les caves les mieux fournies.

III. VINS DE LIQUEURS. — La France, quoique généralement peu productive en vins de ce genre, en fournit cependant de très-bons qui soutiennent la comparaison avec la plupart de ceux que nous tirons des pays étrangers. Il s'en fait de rouges et de blancs. Nous ne dirons rien des rouges qui se trouvent dans les dernières classes.

Première classe. — *Roussillon.* Le vin muscat de Rivesaltes, département des Pyrénées-Orientales.

Alsace. Les meilleurs vins dits de *paille*, que l'on fait à Colmar, à Kaisersberg, à Ammerschwir, à Olwillers, à Kientzheim et dans quelques autres vignobles du département du Haut-Rhin.

Dauphiné. Le vin de *paille* que l'on fait dans les vignobles de l'Hermitage, département de la Drôme.

Languedoc. Les meilleurs vins muscats de Lunel et de Frontignan, département de l'Hérault.

Deuxième classe. — Languedoc. Il produit beaucoup de vins muscats, parmi lesquels ceux de deuxième qualité de Frontignan et de Lunel occupent dans cette classe un rang distingué.

Roussillon. Les vins rouges dits de *Grenache*, que l'on fait à Banyuls, à Cosperon, à Collioure et à Rhodez, avec ceux dits *Maccabeo*, à Salces, département des Pyrénées-Orientales.

Les vins muscats de Frontignan et de Lunel sont les plus généralement estimés ; ceux du Roussillon sont moins connus, parce que la quantité que l'on en récolte n'est pas considérable.

Nous n'avons parlé ici que des meilleurs crus, et ne sommes descendus à la seconde classe que pour les vins de liqueurs, parce que peu abondants dans chaque vignoble et peu connus, il nous a semblé convenable de nous étendre un peu à leur égard.

CHAPITRE III.

De quelques Vins particuliers.

Il existe en Europe certains vins particuliers qui ont une réputation si bien établie et si générale, que nous sommes obligés d'entrer à leur égard dans quelques détails qui compléteront les informations contenues dans ce Manuel. Les plus célèbres de ces vins sont assurément les vins mousseux ou de Champagne, les vins de Johannisberg et les vins de Tokay.

§ 4. VINS MOUSSEUX OU DE CHAMPAGNE.

Ce n'est que dans les environs de Reims et d'Epernay, département de la Marne, que l'on trouve les coteaux célèbres qui fournissent les vins mousseux, les vins dont la mousse pétillante fait les délices des gourmets, s'échappe avec effervescence, et entraîne avec elle une partie de la liqueur. Ces vins sont fournis par un mélange bien entendu de raisins noirs et de raisins blancs, choisis parmi les plus mûrs, les plus sains, et dont les grappes sont exactement purgées de tout grain sec, vert ou pourri. Les grains les plus estimés doivent avoir la pellicule couleur pelure d'oignon, ils ont alors une saveur fine et sucrée qui donne de l'agrément au vin. Les raisins sont portés dans de grands paniers garnis de toile, à dos de cheval, et soumis avec promptitude au pressoir. On donne rapidement trois serres, sans décharger les mouleaux, ni toucher au marc. Quelquefois on met à part le vin de la troisième, lorsqu'on craint qu'il ne donne à celui des deux premières une légère teinte de rouge : le vin de ces premières serres est appelé *Vin de cuvée* et *Vin d'élite*. Avant de presser de nouveau, l'on décharge les mouleaux, on ébarbe, on coupe le marc ; puis, le pressoir mis en état, on serre une quatrième, une cinquième, une sixième fois, pour avoir ce que l'on nomme le *Vin de taille*. Enfin, après avoir bêché et remué le marc dans tous les sens, on finit par une septième et une huitième serre, qui fournissent les *Vins de rebêche*.

Le vin de taille est légèrement coloré, spiritueux, il entre pour un dixième ou un douzième dans les vins mousseux. Le vin de rebêche sert aux vignerons à donner de la force aux vins rouges communs du pays.

Le vin mousseux reste de vingt-quatre à trente heures dans la cuve. On le met en tonneaux dès que l'écume, formée à sa surface, commence à bouillonner. Ce n'est pas dans la cave que les tonneaux sont préparés ; la chaleur est trop nuisible à la qualité du vin, et l'air des caves est en hiver, comme nous l'avons dit plus haut, moins froid que l'air extérieur ; on les met dans des celliers d'environ un mètre de profondeur. C'est là que, durant les gelées, on soutire; le premier soutirage se fait en décembre, on colle douze à quinze jours après; on soutire et l'on colle de nouveau (1).

En mars, on met en bouteilles; quelques propriétaires attendent le mois de mai, et même plus tard encore, surtout dans les années où l'on se méfie de la casse. Les bouteilles sont aussitôt descendues et entreillées en cave ; plus celle-ci est profonde, moins la casse est à craindre. Lorsque le vin est disposé à une mousse violente, on le met dans une cave plus profonde encore : mais s'il annonce devoir être plus tempéré, plus calme, on ne le descend pas au-dessous des premières caves : dans un air trop frais, le vin ne mousserait pas. La fermentation diminuant à l'automne, cause moins d'accidents la seconde année.

Il y a deux sortes de vins mousseux : les premiers dits *Grands-mousseux*, et les seconds *Cramants* (2) ou demi-mousseux. Les grands mousseux se font plutôt dans les années les moins favorables à la maturité du raisin, dans celles où l'on fait plus de vins légers, verts et moins spiritueux ; tandis que les cramants s'obtiennent dans les années dont la température est chaude, soutenue, et amène le raisin à une parfaite maturité. Les grands mousseux perdent souvent leur douceur et leur spiritueux en vieillissant ; mais alors leur qualité mousseuse augmente, et le gaz acide carbonique ne cesse de s'y former naturellement.

Le vin mousseux de Saint-Ambroix, département du Gard, s'obtient d'une manière différente : on prend des

(1) Cette double opération se renouvelle trois ou quatre fois, plus ou moins, suivant la limpidité de la liqueur.

(2) Ce nom leur vient d'un vignoble, embrassant les villages de Cramant, Avise, Oger et Ménil, situés à un myriamètre d'Epernay. C'est là que se fait la clôture des vendanges pour toute la France, car on y cueille encore le raisin du 6 au 11 novembre. Avec le raisin blanc qui seul réussit sur ce côteau, l'on fabrique la *Tisane de Champagne*, vin léger, agréable, fin, apéritif et recommandé dans les maladies de la vessie.

raisins égrappés ou foulés, et le moût reste trente-six à quarante-huit heures à fermenter ; la liqueur obtenue par le soutirage est filtrée au papier gris et mise en bouteilles, que l'on ficelle avec soin. Ce procédé lent ne peut s'appliquer qu'à de petites quantités.

Jusques aux premières années du dix-neuvième siècle, le département de la Marne était le seul pays où l'on fabriquât du vin mousseux ; ce genre d'industrie ne s'éloignait même pas des côteaux qui s'étendent depuis l'ancienne ville d'Epernay, jusqu'à celle plus ancienne encore que possédaient les Gaulois, nos pères, sur l'emplacement de Reims. Aujourd'hui l'on fait des vins mousseux dans un bon nombre de localités. Le plus digne de remarque est celui qui se prépare à Arbois, département du Jura. Il y est connu sous le nom de *Vin blanc de garde ;* il a fort souvent été bu sous l'étiquette de vin de Champagne. On conçoit le silence des gros marchands à ce sujet, mais comment expliquer celui des auteurs en œnologie. J'ai été le premier à en parler et à lui assigner la haute place qu'il doit occuper près de ceux d'Epernay, Aï et Reims. Les vins mousseux d'Arbois, faits dans les années d'une bonne maturité, sont dignes de figurer sur les meilleures tables. Ce vin est très-sucré, agréablement mousseux, mais il est trop généreux pour les tempéraments délicats ou nerveux. Quand il n'a pas été mis trop tôt en bouteilles, il se conserve fort longtemps. Tenu dans des tonneaux dix ou même douze ans, il y prend une couleur jaune dorée, et acquiert l'agréable fumet des vins vieux de Madère ; il perd alors tout son sucré et gagne en vineux. Les Arboisiens l'appellent en ce moment *Vin jaune ;* il arrive sous ce nom sur les bonnes tables au dessert, on le boit avec plaisir, et on y revient avec une sorte de sensualité.

Depuis que l'on a reconnu que la mousse était le résultat du ferment, du sucre et d'une certaine chaleur ; depuis que l'on sait que le ferment décompose le sucre et détermine la production de l'acide carbonique, il est facile, du moment que l'on sait quelle doit être la quantité de sucre à ajouter au vin pour avoir une mousse convenable, il est facile, dis-je, de donner à un vin quelconque la propriété de mousser, en lui faisant absorber du gaz carbonique ; aussi, maintenant les vignerons de Bergerac, d'Agen, de Sauterne, de Limoux, de l'Argentière, de Die, de Tain, de Chablis, de Bar-sur-Aube, en fabriquent-ils de bonne qualité. Celui de la Côte-d'Or me paraît trop spiritueux ; celui du département du Haut-Rhin entre déjà dans le commerce, et soutient la comparaison avec tous les autres ; celui de Garancière, département de Seine-et-Oise, est de fabrique anglaise, il est chargé d'acide carbonique après la fermentation complète, et non pas d'après les procédés employés dans le département de la Marne.

Le vin de Champagne mousseux a été sophistiqué avec du tannin, comme on a donné à certains vins le goût de muscat avec la sauge orvale, *Salvia sclarea*. Les auteurs de cette fraude sont bien coupables, puisque c'est à l'usage de leurs liqueurs frelatées qu'il faut attribuer les phlegmasies gastro-antérites si fréquentes depuis quelques années, depuis les salons dorés jusqu'à la modeste chambre des ouvriers. Les lois sont-elles donc impuissantes pour les atteindre et les frapper.

On a proposé un grand nombre d'appareils pour remplir ou doser les vins dits de Champagne, tels que ceux de MM. Rousseau, Canneaux, Maumené, etc., mais leur description nous entraînerait trop loin.

Donnons encore quelques renseignements qu'on doit à M. Balthazar, connaisseur distingué sur la fabrication des vins de Champagne.

« C'est toucher au monde moderne tout entier, dit-il, que de parler du vin de Champagne et de sa fabrication. Le vin de Champagne est ubiquiste ; il est de l'espace et du temps, il est aimé et bu à Paris et aux antipodes, à Saint-Pétersbourg et au Kamschatka, à Londres et à Bombay, à New-York et à San-Francisco, à Shanghaï et à Melbourne. Voilà bien assez de géographie, je suis même heureux de n'avoir point à faire de cosmographie.... Je passe.

« Il s'agit de dire comment le vin de Champagne se

fabrique, et de le dire en dehors de toute science, de toute chimie et de toute statistique.

« Voici le procédé appliqué et suivi dans ses détails par les plus grandes maisons :

« Le vin de Champagne se fait avec les vendanges des bonnes années. Les maisons prennent leurs propres récoltes, les décuplent ou les centuplent par des achats en tonneaux, et ces produits, sources de légitimes espérances, elles les entassent dans leurs caves et les laissent reposer en fût au moins un an.

« Ce terme écoulé, le vin en fût subit l'opération du soutirage ; il est mis en bouteilles avec un extrême soin. La bouteille est bouchée comme s'il s'agissait d'un vin à laisser vieillir sous verre, c'est-à-dire avec des bouchons de première qualité.

« La bouteille est alors couchée horizontalement ; elle est successivement penchée, le goulot en avant, dans un sens semi-vertical. Cette direction, tête en bas, cul en haut, est graduée pendant toute une longue année ; il en résulte que vers le douzième ou le treizième mois de cette lente et douce opération, le dépôt, dit *macadam*, a été précipité et s'est concentré au bouchon, tandis que le reste du contenu s'est épuré, éclairci, diamanté, diaphanisé, transformé en un liquide dont aucun peintre n'a jamais soupçonné la nuance, dont aucun gourmet n'a jamais mis en doute la précieuse excellence.

« En cet état le vin est splendide, mais il est sec et vert.

« Brusquement débouchée, la bouteille, presque consciente, lâche le dépôt trouble, que j'appelle *macadam* pour mieux saisir l'esprit de mes lecteurs, et quand ce dépôt est tombé, le cellerier ou sommelier, comme vous voudrez, relève d'un mouvement savant et adroit la bouteille qui ne contient plus qu'une fusion de liquide éblouissant et perlé.

« Il s'est produit dans la bouteille un manquant, un vide ; il s'agit de remplacer le manquant, de remplir le vide.

« Ici commence une autre opération.

« La place du macadam dégorgé va être prise par la liqueur de champagne introduite. Cette liqueur, le secret de la fabrication, l'âme de ce vin qui fait les délices de l'univers, cette liqueur est faite :

« 1º D'une base de vin blanc;
« 2º D'une fusion de sucre candi;
« 3º D'une addition de vieux cognac.

« A ce moment, l'ethnographie et la climatologie se dressent devant moi avec toutes leurs rigueurs et toutes leurs gradations scientifiques. Nous avons trois zônes : la glaciale, la tempérée, la chaude ou torride. Impossible à ma fragile et imperceptible individualité d'uniformiser ces trois bandes terrestres et de leur appliquer les mêmes procédés. Comme un flot vide et lâche, je recule épouvanté.

« Mais le maître champenois, le bel et puissant fabricant ne recule pas. Il sait, il voit, il regarde, il juge et il distribue au monde sa rosée, d'après les lois ethnographiques et climatologiques qui me font si grand peur.

« Il divise d'un coup-d'œil d'aigle l'hémisphère boréal en trois parties :

« Pays froids, — anglo-saxons.
« Pays tempérés, — franco-latins.
« Pays chauds, — coloniaux.
« Pour les premiers, liqueur sucrée à 8 p. 100.
« Pour les deuxièmes,   —   à 12 p. 100.
« Pour les troisièmes,   —   à 18 p. 100.

« Sucré par le candi à 8 p. 100, le vin de Champagne est destiné aux Anglais, aux Ecossais, aux Canadiens, aux Américains, aux Russes.

« Sucré à 12 p. 100, il est fait spécialement pour la France: sucré à 18 p. 100, il s'en va en Italie; en Espagne, à Tunis, au Maroc, aux Antilles, au Brésil, au Mexique.

« Ces divisions sont strictement observées. Il est rare qu'un Champenois s'en départe et y fasse une infraction.

Le chiffre de 8 p. 100 pour les pays froids se complète pour atteindre une moyenne d'une infusion de vieux cognac, âgé de 8 à 10 ans, savamment mêlé à la liqueur. De là la désignation de vin sec et capiteux appliqué aux expéditions dirigées sur Saint-Pétersbourg, Stockholm, Copenhague, Edimbourg, Londres, New-York, Québec.

« Lorsque le vin est ainsi travaillé, suivant les zônes auxquelles il est destiné, le cellerier avec ses aides le rebouche, et il emploie pour cela des bouchons dits de Catalogne qui coûtent, en moyenne, de 8 à 10 fr. le cent. Les bouteilles dans lesquelles le vin est logé sont extraites exclusivement, quand il s'agit d'expédition, des verreries de Folembray et de Soissons.

« C'est en ces deux endroits de l'industrieuse et colérique Picardie que se travaillent les plus belles, les plus pures et les plus corsées bouteilles destinées à contenir le merveilleux liquide de Champagne qui se boit dans le monde entier.

« Voilà le vin, les bouchons, les bouteilles connus.

§ 2.   VIN DE TOKAY.

Sous le nom de Tokay, on comprend les vins qui croissent sur les collines Hegyallya, dans le comitat de Zemplin, en Haute-Hongrie. Ces collines sont situées sous le 48ᵉ degré de latitude septentrionale. Le trachyte et le porphyre en forment la base. Le point culminant s'élève à 225 mètres au-dessus du niveau de la mer. Le raisin y mûrit jusqu'à la hauteur de 60 mètres. Cette chaîne qui occupe une étendue de cinq milles carrés est couverte de vignobles qui appartiennent à plusieurs centaines de propriétaires, et tout le vin qu'on y récolte porte le nom de vin de Tokay. On le considère dans le pays comme le vin le plus fin et le plus noble du monde, et il doit cette réputation aux soins extrêmes qu'on apporte à la culture, ainsi qu'au choix des grappes dont on rejette toutes celles qui ne sont pas mûres ou qui présentent le moindre indice de putréfaction ou d'altération. La vendange ne peut pas se faire avant le 28 octobre, et dans les bonnes années elle rapporte 600,000 eimers (450,000 hectolitres).

La saison avancée où l'on vendange, la forte chaleur du jour et l'extrême fraîcheur des nuits de septembre et d'octobre sont cause que beaucoup de grappes sèchent sur pied. On met ces grappes à part dans de grandes boîtes en bois auxquelles on fait un petit trou, et le vin qui en sort préparé par son propre poids s'appelle *essence* ou *vin vierge*, mais comme ce procédé fait perdre aux raisins une partie de leur énergie fermentescible, on y a recours le moins possible.

Ordinairement, on se borne à fouler les grappes sèches qu'on verse dans une cuve contenant du moût ordinaire, et on laisse fermenter le tout ensemble. Selon qu'il y a un plus ou moins grand nombre de ces grappes sèches, la qualité est différente et le vin plus ou moins doux et moelleux.

Si dans une cuve de 2 eimers (150 litres), on jette 4 ou 5 hottées de grappes sèches et qu'on achève de la remplir de moût, on obtient le vin connu sous le nom de *Ausbruch*, qui correspond à peu près à notre mère-goutte. Si on se contente de une, de deux ou trois hottées, c'est le *maszlas*. Si enfin, on foule ensemble toutes les qualités de grappes sans distinction, on obtient le *Vin de Tokay ordinaire*.

Il y a donc quatre espèces de vin de Tokay : 1º le *vin ordinaire* donné par toutes les grappes pressurées ensemble ; 2º le *maszlas* par une, deux ou trois hottées de grappes sèches dans une cuve à vendange ordinaire ; 3º l'*ausbruch* par 4 à 5 hottées ; 4º l'*essence* ou *vin vierge*. Les vins de ces quatre espèces ont la même force et le même arome, mais ils ne sont pas également doux, délicats et moelleux.

D'autres pays fournissent certainement des vins aussi doux et aussi liquoreux que le plant de Tokay, mais peu d'entre eux possèdent son bouquet et sa force.

Les raisins qui dominent dans les plants de Tokay sont : le *furmint* (blanc-jaune) ; le *haes-levelii* (à fleurs de tilleul, à odeur de sureau et à petits grains) ; le *balufaut* (grain jaune, oblong, transparent à l'époque de la maturité) ; le *muskardeli* (muscat blanc), et le *feher-szillo* (très-blanc). Le premier est le plus estimé de tous, celui que l'on préfère et donnant le véritable vin de Tokay, la plus haute liqueur de ce vin célèbre. Tous les raisins sont blancs. Les rouges et les bleus-noirs de ce plant sont uniquement destinés pour la table. La vendange s'opère le plus tard possible ; elle commence d'ordinaire à la fin d'octobre, et quelquefois même elle n'a lieu que dans les 15 premiers jours de novembre. On veut que les brouillards confisent pour ainsi dire les grains.

Le vin de Tokay n'est buvable qu'après trois années de tonneau, mais il se conserve longtemps ; il a l'aspect un peu huileux, du montant, un goût à la fois doux, miellé et spiritueux en même temps qu'il est légèrement astringent.

§ 3. VIN DE JOHANNISBERG.

La vigne et le vin de Johannisberg, nom qu'on donne à la terrasse extrême du dernier gradin d'un contrefort du Taunus, quoique célèbres dans le monde viticole, étaient peu connus en France jusqu'au moment où G. Lesler a adressé à la Société centrale d'agriculture en 1848, un mémoire rempli de détails intéressants dans lequel nous puisons les renseignements suivants dont les vignerons pourront faire leur profit.

« Ce vignoble, placé sous les balcons du château, n'en est séparé que par une simple terrasse couverte de fleurs. Sa contenance est d'environ 20 hectares, dont la moitié la plus précieuse couvre une croupe rapide au sud, à l'est et à l'ouest. L'autre partie s'abaisse en pente peu sensible dans les mêmes directions. La portion la plus élevée, celle qui donne le vin de premier ordre, a sa clôture à part ; un chemin demi-circulaire l'isole complétement. La belle vigne, mon Dieu !

« J'en ai visité beaucoup et de plus renommées, et jamais je n'ai vu tant de soins, tant de propreté. Chaque cep est comme une jeune fille sortant radieuse des mains maternelles, dont l'ingénieuse tendresse a voulu rehausser encore les grâces de la belle enfant. Tout est lié, fixé, ajusté, aligné avec une symétrie, je devrais dire une coquetterie curieuse et qui fait vraiment plaisir à voir.

« D'après Metzger, qui a fait avec soin l'analyse du

sol, la formation sous-jacente est un schiste argileux mêlé de beaucoup de quartz. La terre de la surface se décompose ainsi :

Humus... 2 parties.
Carbonate de chaux... 9
Alumine... 12
Silice... 73
Débris organiques... 3

Traces de magnésie et d'oxyde de fer.

« Je crois cependant que, sur plusieurs points, l'oxyde de fer doit constituer plus que de simples traces.

« Le *petit Rieslieng*, roides raisins, comme disent les Allemands, le *gentil aromatique* de l'Alsace, règne bien au Johannisberg, en effet. Depuis quarante ans, il supplante, dans le Rheingau, l'*Orleaner* ou *Orleander*, ou *gros riesling*, que Charlemagne avait jadis tiré d'Orléans où on ne le trouve plus, pour l'introduire sur le Rhin lorsqu'il créa son beau vignoble de Rudesheim. L'*orléander* disparaît peu à peu de la contrée : on lui reproche de pourrir facilement, et son vin se faisait trop attendre. Ce *petit rieslieng* est moins fécond, mais les liquides qu'il donne sont plus parfumés ; ils mûrissent plus tôt : la comparaison est donc tout à son avantage, en ce que l'intérêt composé ne grève, n'écrase plus autant le producteur.

« On ne provigne pas dans le Rheingau : le cep dure quinze ou vingt ans, après quoi la terre porte trois années de fourrage, puis on replante. Un trou fait à la barre reçoit du sable fin du fleuve ; on y introduit quatre plants enracinés, dont un, le plus faible, est supprimé dans l'année même. Les groupes se placent à 1 mètre de distance, et forment des lignes espacées de 1m.30 : un fort échalas soutient le groupe, et, sur un autre échalas intermédiaire, deux ceps voisins envoient chacun un membre arqué que l'on renouvelle d'année en année : tous se tiennent ainsi comme par la main et sans interruption. D'habiles vignerons critiquent ce mode de culture ; la juxta-position de 1 mètre sur un même point leur paraît peu favorable au *petit riesling*. Tous les trois ans on place une forte dose de fumier d'étable au pied de chaque cep : le vin passerait pour *maigre* si l'arbuste ne recevait un tel secours. On donne à la terre quatre façons, dont une immédiatement après la récolte; la serpe est seule en usage : pas d'épamprement, un pincement suffit en août.

« La vendange se fait le plus tard possible, fin d'octobre aux premiers jours de novembre, et même après la première neige; quelquefois les grappes sont à demi passerillées; souvent les baies se recueillent en grande partie sur le sol, avec une sorte de fourchette en fer.

« Le Johannisberg ne produit que du vin blanc; il n'égrappe pas, et le raisin fermente en cuve ouverte, quelquefois pendant huit jours, si le raisin a été coupé très-sec : point d'inquiétudes, quant à la couleur. Nos meilleurs pressoirs français sont adoptés par tous les propriétaires intelligents du Rheingau.

« Trois soutirages ont lieu dans la première année, on en fait un annuellement ensuite, jusqu'à parfaite limpidité; sept, huit au total : bonne manière de mûrir de tels vins, et sans danger. Ils sont d'abord d'un blanc verdâtre et sucrés très-longtemps lorsque la récolte est de haut mérite. A quatre ou cinq ans, la matière colorante (si peu étudiée encore) se développe, et le liquide prend, à la lettre, l'aspect séduisant de l'or liquide. Je parle des premiers vins du Rheingau, et surtout du Johannisberg; ceux d'un ordre secondaire, même estimés des connaisseurs, gardent leurs tons verdâtres.

« Au moins étais-je en bonne position pour étudier ce fameux Johannisberg dans sa sincérité, dans son intégrité la moins suspecte. Introduit dans une superbe cave formant trois immenses galeries sous le château, me voici donc en présence de longues files de *strickfuss*, ou foudres, contenant environ 1,200 de nos litres, tous datés et numérotés, tous propres et bien entretenus, prêts à me révéler les précieux trésors qu'ils recèlent, et ils l'ont fait avec une généreuse profusion. Je m'en montrai peu digne, il faut bien l'avouer; mais notre cher curé me vint en aide : grand, robuste, trente-six ans peut-être, au courant, sans doute, de ces sortes d'affaires, fort brave d'ailleurs, et d'une complaisance à toute épreuve, il achevait germaniquement ce que mes lèvres françaises se contentaient d'effleurer. Je passais de la sorte une revue solennelle de cette illustre cave, et j'en suis encore dans l'admiration. Quand il est mûr, le grand Johannisberg montre une limpidité parfaite, et perle gracieusement autour du verre; la couleur est d'une incomparable beauté, la sève pleine d'énergie, le goût franc, relevé, fort agréable, avec une imperceptible saveur combinée de muscat et de vieux rhum. Un palais par trop délicat regretterait peut-être d'y rencontrer une légère émanation sulfureuse, commune, du reste, à tous les vins du Rhin, effet ou du schiste ou de la mèche soufrée. Le charmant bouquet et l'arôme surtout sont d'une rare puissance. C'est le plus savoureux et le plus riche des vins; c'est frais, vigoureux et corsé; c'est viril dans toute l'étendue de l'acception. Les Allemands lui attribuent de la finesse, mais je crois qu'ils se trompent : il ne saurait y avoir de finesse dans un vin dont toutes les qualités se prononcent avec cette énergie. Cependant il ne contient pas plus de 10 ou 12 pour 100 d'alcool, aussi n'apporte-t-il aucune fatigue quand les études sont bien dirigées, lorsque la modération règle sagement la somme et la durée des expériences.

« Le vin le plus parfait, ai-je dit, se récolte au pied même de la terrasse du château, dans le vrai *Schloss*, dans le sanctuaire réservé qui porte le nom poétique de *coupe d'Or;* c'est alors du *Johannisberg cabinet,* comme disent les Allemands. Mais les vignes qui tapissent l'immense et laide muraille sur laquelle la coupe d'or est comme posée, sont misérables : ce sont des plants chétifs d'on ne sait quel pineau, de triste chasselas, si c'est du chasselas, et d'autres cépages affublés de noms qu'ils sont indignes de porter, le tout entassé, mal venu, mal conduit. Ah ! si cette coupe d'or m'appartenait, de quelle sublime collection de raisins de table je me plairais à embellir ces contours; il n'y aurait rien de comparable dans le monde viticole.

« Les informations que j'ai pu recueillir sur le produit

du vignoble varient beaucoup : s'il est de 40 foudres, c'est 24 hectolitres par hectare. La valeur moyenne de chaque récolte s'élèverait à 172,000 fr. ; mais de tels chiffres n'ont aucune certitude. Le prix des flacons à la cave même en a davantage, et j'en sais quelque chose : le plus cher coûte 23 fr. 65 c.. le moins cher 4 fr. 05 c. Les belles récoltes se vendent, se débitent ainsi par flacons sur les lieux ; dans les années médiocres, tout est livré à l'adjudication, mode généralement adopté par les grands propriétaires du Rheingau. Le clos princier a des voisins assez nombreux qui font aussi du Johannisberg ou bon ou médiocre, et qui se vendent sous ce nom : de là les perplexités qui assiégent le véritable amateur ; il ne peut s'en tirer qu'en allant droit au schloss, où la vérité œnologique se montre cachetée d'or et de laque, avec étiquette solennellement signée.

« Je voudrais bien tirer du Johannisberg quelque utile leçon pratique, digne d'être offerte à mes amis viticulteurs ; mais, en conscience, on ne peut leur recommander que l'extrême propreté dont il se pare, et les soins minutieux qu'il prodigue à la culture, à la vinification, au traitement des vins. C'est ainsi qu'un bon vignoble marche graduellement à une perfection relative, et que la renommée se forme à la longue. Quant aux grands vins du Rhin, dont je n'ai pas dissimulé les hautes perfections, et que l'on me reprocherait plutôt d'avoir trop exaltées, je crois que c'est perdre son temps que d'entreprendre de les imiter en France, comme l'essaient, dit-on, quelques vinicoles de talent : il faut le sol schisteux du Rheingau et toutes les influences mystérieuses locales pour que le *petit riesling* donne du Johannisberg. Cet excellent cépage, très-répandu maintenant en Alsace, y produit des vins délicieux, différents, mais trop peu connus. Je crois pouvoir affirmer que la majeure partie des vins du Rhin qui figurent sur les tables françaises les plus élégantes, sont fort au-dessous de nos bons vieux Trottaner et Zanhaker de Ribeauvillé, extrêmement agréables, apéritifs et vigoureux. Leur seul tort, en France, est de ne valoir que 4 ou 5 fr. le flacon, à quinze ou vingt ans. »

LIVRE V

PRODUITS QUE L'ÉCONOMIE DOMESTIQUE TIRE DE LA VIGNE.

L'économie domestique et les arts retirent de la vigne, du raisin et même du vin, de nombreux produits qui fournissent, les uns, une branche importante au commerce, les autres des ressources en tous genres à la famille et à l'industrie. Nous nous proposons d'en traiter dans cette quatrième partie de notre ouvrage, comme un complément nécessaire à tout ce qui précède. Nous ne ferons connaître que les procédés avoués par l'expérience, et dont nous pouvons garantir les résultats.

CHAPITRE PREMIER.
Emploi de l'arbrisseau.

Des Feuilles.

Les feuilles de la vigne sont fort recherchées de tous les animaux domestiques, principalement de la vache, de la chèvre, du mouton et du pourceau, qui en sont très-friands. Dans les disettes de fourrages, elles sont d'une grande ressource; mais il ne faut pas oublier qu'elles sont nécessaires à la maturité du bois, et que d'elles dépendent la résistance de la vigne à la gelée, l'abondance de la vendange et la qualité du raisin. D'ailleurs, données fraîches et exclusivement, elles impriment au lait une grande susceptibilité à tourner à la chaleur du feu, souvent même avant l'ébullition. Il convient donc d'attendre que les feuilles tombent d'elles-mêmes, les entasser dans un lieu sec ou dans des tonneaux, les saler, les comprimer et les laisser fermenter. On peut aussi les stratifier avec de la paille, celle-ci s'empreint du goût des feuilles, et les animaux la mangent avec un nouveau plaisir, sans qu'on ait rien à craindre pour leur lait.

Je n'ignore pas que, dans nos départements méridionaux, on est habitué à introduire les troupeaux au sein des vignes, dès l'instant de la récolte, pour brouter les feuilles. A Alais et à Anduse, département du Gard, on taille les feuilles dès l'instant que le raisin est cueilli. Cette méthode est préférable en ce qu'elle ménage le cep et conserve aux yeux une feuille destinée à les protéger.

Des pleurs de la vigne.

Il est peu de végétaux qui distillent autant de sève que la vigne à l'époque où son bouton commence à vouloir sortir. Elle s'extravase aussi très-abondamment par la moindre plaie. Les pleurs qui s'échappent par le bouton ne font aucun tort à la vigne : c'est une évacuation nécessaire; la sève qui s'échappe par une plaie est une perte souvent irréparable pour la plante. On recueille cette liqueur très-limpide, et dans plusieurs endroits on lui attribue des propriétés plus ou moins héroïques contre les infirmités humaines.

Pour recueillir la sève, on enterre une bouteille vide dans laquelle on fait entrer le bout d'un sarment en lui faisant décrire un cercle sans le rompre; on coupe l'extrémité et on l'introduit dans le goulot de la bouteille : en peu de jours elle se trouve pleine.

Du sarment.

Les anciens attribuaient au bois de la vigne des propriétés merveilleuses; aussi en faisaient-ils des statues de leurs dieux et des vases sacrés. On ne l'emploie plus guère qu'à de très-petits ouvrages de tour. On retire de la potasse ou du salin des sarments réduits en cendres. On leur a aussi reconnu une propriété textile, c'est-à-dire qu'il est possible d'obtenir de leur écorce, qui se détache facilement, une substance propre à faire des cordes et de grosses toiles. Mais cette application ne s'est pas propagée. Le squelette du bois sert de combustible. On peut enfin employer les rubans ou lanières d'écorce du sarment pour accoler la vigne : ils remplaceraient économiquement la paille de seigle, le petit chanvre et l'osier en usage assez généralement.

Des débris de la vigne.

On a reconnu que les sarments, les vieilles souches, les grappes, ainsi que les marcs et les lies de raisin pouvaient être utiles par la grande quantité de potasse que l'on peut retirer de leurs cendres. Ce point de vue a particulièrement frappé un chimiste auquel nous devons la note qu'on va lire, et dont l'importance ne manquera pas d'attirer l'attention.

« Quant on réfléchit à la quantité énorme des vignes qui décorent le sol français, et qui produisent chaque année, par l'incinération de la grappe, de la pellicule du raisin et du sarment, une masse considérable de cendres, desquelles on pourrait retirer plus que la quantité de potasse nécessaire à la consommation du pays, on ne peut qu'être extrêmement étonné de voir que la potasse dont la France a besoin nous vient de l'Allemagne et de l'Amérique, tandis que nous pourrions, avec la dernière facilité, fabriquer la potasse dont nous avons besoin, et même en fournir aux autres puissances, si nous voulions retirer tout l'alcali que peuvent donner, nous le répétons, chaque année, les produits de la vigne.

« Pour faire la potasse, on prend la cendre, qu'on jette dans un cuvier à double fond, sur lequel on a la précaution de mettre un lit de paille, afin que l'eau, en le traversant, puisse se clarifier; on remplit le tonneau de cendre, on y verse de l'eau pour qu'elle en soit recouverte d'environ trois doigts; on laisse tremper une nuit. Alors on laisse couler la lessive par un robinet qu'on a adapté au bas du tonneau. Lorsqu'on veut opérer en grand, on a plusieurs rangées de tonneaux, de manière qu'on verse l'eau qui provient de la première rangée sur la deuxième, afin d'en augmenter le degré de force, car si l'eau qui a passé sur la première cendre a 10 degrés au pèse-sel, en la faisant passer à travers de nouvelles cendres, elle aura 15 degrés, c'est-à-dire qu'elle contiendra 15 pour 100 d'alcali. Il faut continuer de passer l'eau sur de nouvelles cendres, afin d'obtenir le plus haut degré possible; vous mettrez alors votre lessive dans une chaudière en fonte de fer. On fait évaporer. Après que le tiers ou la moitié de la liqueur sera évaporée, la potasse commencera à se précipiter dans le fond de la chaudière; on pourra l'enlever avec une écumoire et la mettre à égoutter dans des paniers placés au-dessus de la chaudière. Vous continuez l'évaporation jusqu'à siccité; on détache alors la potasse qui s'est attachée aux parois de la chaudière, on la réunit à celle qu'on a déjà ôtée, et on la concasse grossièrement. Elle porte le nom de *Salin.* On l'emploie dans cet état pour la fabrication du verre commun. Quand on veut la purifier, on la met dans un four à réverbère fait à peu près comme ceux des boulangers, à la réserve que le foyer est placé sur chacun de ses côtés, de manière que la flamme puisse circuler sur la surface de la potasse. Au bout de quelques heures, le charbon, par ce moyen, ainsi que les matières colorantes que contenait la potasse, sont brûlés, et la potasse devient d'un blanc bleuâtre, couleur que préfèrent les négociants et les consommateurs Il faut, dans cette opération, avoir la précaution de n'augmenter le feu que par degrés, et de n'employer, autant que possible, que du bois qui donne une flamme vive et pure; il faut aussi prendre garde de faire entrer la potasse en fusion, car, dans ce cas, l'opération serait manquée, parce que la potasse perdrait le coup-d'œil qu'on a l'habitude de lui voir dans le commerce, et la vente en serait difficile.

« C'est ainsi que l'on prépare la potasse du Rhin, de Dantzick et de Russie. Nous en avons encore une autre espèce, connue dans le commerce sous le nom de *potasse d'Amérique.* Elle est d'un blanc veiné de rouge; elle est très-caustique. La différence qui existe entre cette potasse et les autres, c'est qu'elle ne contient que peu d'acide carbonique, et qu'au lieu de la calciner dans un four, on la fait fondre. On peut faire de la potasse en tout semblable à celle d'Amérique avec le salin qu'on retire de la chaudière. On en prend 98 kilog.; au lieu de la faire calciner dans un four, on la met avec 25 kilog. de chaux vive en poudre, on la place dans un tonneau à double fond, recouvert d'un lit de paille; on verse de l'eau sur le mélange, on couvre bien le tonneau, on laisse infuser pendant douze heures, on ouvre le robinet et on laisse couler la lessive; on verse de nouvelle eau sur le mélange, afin d'enlever l'alcali qu'il pourrait encore contenir, et on laisse couler quelques heures après. On continue ainsi jusqu'à ce que le marc ne contienne plus de potasse; on réunit les liqueurs et on les met évaporer dans une chaudière de fer. Au fur et à mesure que l'eau s'évapore, la liqueur devient plus dense. Au moment que les dernières portions de l'eau s'échappent, elle se gonfle, se boursoufle. On attend que la fonte soit bien uniforme et tranquille; on la coule et on la met dans des tonneaux bien fermés, car elle absorbe avec beaucoup d'énergie l'eau que contient l'air atmosphérique, et elle tombe en déliquium.

« Lorsqu'elle a été ainsi préparée, elle peut être comparée aux meilleures potasses d'Amérique; elle est supérieure à la plupart de celles qu'on trouve sous ce nom dans le commerce, lesquelles ne sont souvent qu'un mélange de potasse et de sel marin.

« Il est aisé de voir, par les moyens que nous venons d'exposer, combien il est facile de faire de la potasse avec les cendres des sarments, des vieilles souches, de la pellicule et de la grappe de raisin. Si les vignerons voulaient s'en donner la peine, ils seraient récompensés de leurs travaux par un grand bénéfice, vu surtout la grande quantité de potasse que contiennent les cendres de vigne, puisque 250 kilog. de cendre, soit de sarments ou marc du raisin, donnent 55 kilog. de potasse.

« Supposons maintenant que chaque vigneron fasse, année commune, 1,958 kilog. de cendres, il en retira 438 kilog. de potasse. Comptés au prix moyen de 50 fr. les

50 kilog., il recevra 444 fr., dont les trois quarts au moins seront pur bénéfice.

« Nous ne pouvons trop recommander aux vignerons et propriétaires de vignobles de faire de la potasse pour deux causes principales : d'abord leur intérêt, et d'une autre part pour empêcher la France de payer plus longtemps un tribut aux étrangers, en allant chercher au loin la potasse qu'elle possède chez elle. Le haut degré des lumières où l'industrie française est parvenue, ne permet pas de négliger plus longtemps une branche aussi importante que la fabrication de la potasse. »

CHAPITRE II.

Emploi des fruits.

—

Moyen d'obtenir des raisins précoces et gros.

Veut-on se procurer des raisins précoces, et en même temps leur donner une grosseur capable de tromper l'œil ? À l'époque où les fleurs commencent à s'épanouir, faites une incision annulaire de 8 à 10 millimètres sur les branches qui sont le plus garnies, ou bien de simples ligatures avec du fil de fer ou de la corde nouvelle, et serrées le plus possible : vous aurez de la sorte de belles grappes dont les grains seront d'une belle grosseur et mûrs un mois avant celles abandonnées à la marche naturelle. Ce moyen n'est point neuf, ainsi que je l'ai dit plus haut, il était employé par les anciens. Les auteurs géoponiques, grecs et latins, nous apprennent aussi que l'on recourait encore aux cendres nouvelles, à l'eau salée, à la torsion et à la perforation.

Conservation des raisins à l'état frais.

On conserve le raisin à l'état frais, pour être servi sur table, de plusieurs manières : sur la souche, après avoir tordu le pédoncule de la grappe dans des sacs de papier, ou au fruitier étendu sur la paille ou suspendu dans l'air. De la sorte, la quantité de matière sucrée qu'il contient se concentre et contribue à sa conservation. Mais, il faut le dire, le raisin ne tarde pas à se rider et à se couvrir de moisissures, surtout si on n'a pas eu la précaution de le cueillir par un beau soleil et de l'enfermer dans un lieu sec, à l'abri de l'air et de la lumière; si on ne l'a point privé d'une partie de son eau de végétation, en l'exposant pendant quelques heures à la chaleur d'une étuve ou à celle que le four retient après la cuisson du pain.

Voici un procédé plus simple et dont le succès est certain. Prenez une futaille sèche, neuve et cerclée vigoureusement que vous tiendrez en un lieu dont la température soit toujours égale, placez au fond et sur les côtés de votre futaille du son de froment bien séché au four; placez vos raisins lit par lit, chacun couvert de son, et fermez hermétiquement. On peut de la sorte avoir, après sept mois de vendange, de très-beaux, de très-bons raisins, dans toute leur fraîcheur, sans vice de moisissure ni goût étranger, et conservant encore cette poussière, ou léger duvet d'un blanc-gris, dont les grains mûrs sont revêtus à l'époque de la cueillette; il semble un un mot qu'on vient de les enlever au cep. Le raisin se conserve ainsi très-longtemps sans la plus petite altération. On peut substituer au son la charrée, c'est-à-dire la cendre à laquelle on a enlevé son sel par la lixivation, ou bien encore le millet bien sec, ainsi que le faisait Franklin, que nous aimons à compter parmi les pères de l'économie. Ce grand physicien mettait le raisin qu'il voulait conserver dans des tonnelets intérieurement garnis de feuilles de plomb laminé, et il remplissait les interstices de millet. Les Espagnols se servent de sciure de bois séchée au soleil et de tonneaux goudronnés à l'intérieur.

Les caisses, garnies de gaulettes ou de ficelles auxquelles on suspend les grappes tenues éloignées les unes des autres, que l'on enduit de plâtre sur toutes les jointures et qu'on recouvre de cendre ou de sable fin et très-sec, n'offrent pas le même avantage que notre futaille. Je n'aime point non plus la croûte de cendres tamisées et réduites en bouillie claire que l'on fixe sur les raisins dans certaines fruiteries ; la cendre séchée conserve bien les grains ; mais, avant de servir les grappes, il faut les plonger dans l'eau, les agiter pour en détacher la cendre, encore en reste-t-il toujours quelque peu, ce qui est fort désagréable lorsqu'on les mange.

Les raisins qui montreraient quelques rides, et à qui l'on voudrait rendre leur état de fraîcheur, se plongent durant quatre à cinq minutes dans de l'eau chaude, mais dont la température permet d'y laisser la main. Quand on les retire, les raisins sont pleins, vermeils, sans éprouver aucune sorte d'altération : il ne faut tremper que ce que l'on doit consommer dans la journée et même pendant le repas. Avant de les servir, il convient de les refroidir en un lieu frais.

Aux environs de Paris, on conserve très-habilement les chasselas dans toute leur fraîcheur, pendant tout l'hiver et jusqu'au printemps, par un procédé dû à M. Rose Charmeux.

Pour cela, on se procure une certaine quantité de petites fioles en verre qu'on remplit presque d'eau dans laquelle on a jeté un peu de charbon végétal en poudre. Cela fait on coupe les grappes, non pas sur la queue de la râfle, mais sur le bois, c'est-à-dire avec une portion du sarment ; puis on les nettoie des grains écrasés et gâtés, et on plonge le sarment dans l'eau des fioles, la grappe pendant en dehors. On clôt les issues du fruitier, on visite fréquemment pour enlever les grains altérés et renouveler l'air, et ainsi traités les raisins se conservent sans perte de leur aspect, de leur couleur ou de leur arôme. Le reste de vie qui subsiste encore dans le sarment suffit pour conserver de la vitalité au grain, l'eau subvient à l'évaporation qui peut se produire, et le charbon, par ses propriétés antiseptiques, s'oppose à la putréfaction de cette eau.

Préparation des raisins secs.

La dessiccation du raisin se perd dans la nuit des temps ;

on en trouve des traces fort anciennes chez les Grecs. Ils tordaient d'abord la grappe et la laissaient sur le cep jusqu'à ce que les raisins fussent flétris; ils cueillaient alors et achevaient la dessiccation à l'ombre. Les raisins secs étaient pour eux une branche de commerce intéressante.

La petite ville de Roquevaire, département des Bouches-du-Rhône, s'étant acquise, par ses raisins secs, une réputation, je crois devoir faire connaître les procédés qu'elle met en usage. Je pourrais aussi parler des raisins secs que j'ai vu préparer dans les Calabres; mais, outre que je dois me limiter aux pratiques françaises, il est certain que les raisins secs de Calabre sont moins soignés que ceux de Roquevaire.

On ne fait sécher, dans cette petite ville, que des raisins blancs. On choisit les plus gros, qui sont charnus, peu chargés de pépins et clair-semés sur la grappe; il faut surtout qu'ils soient bien mûrs. Après la cueillette, on purge la grappe de tous les grains qui donnent le plus léger signe d'altération, et l'on prépare une lessive de cendres communes concentrée de 12 à 15 degrés de l'aréomètre pour les sels. On met à bouillir, et lorsque la lessive monte, on y plonge les grappes et on les retire quand le grain est ridé. On les laisse égoutter, puis on étend les raisins sur des claies ou sur des roseaux croisés pour les exposer au soleil depuis son lever jusqu'au coucher : la nuit, on les rentre et on les met à couvert sous des hangars. Dix belles journées suffisent pour sécher au degré convenable, mais il faut davantage si le temps est pluvieux.

Les raisins secs de Roquevaire sont d'une qualité excellente et d'un goût acidule agréable. Ceux de Calabre ont le défaut d'être noirâtres, mais ils sont plus doux que ceux de Roquevaire. Ceux d'Espagne réunissent les avantages des uns et des autres; mais comme ils sont généralement préparés avec assez de négligence, ils se gardent moins et sont mélangés de petits grains très-secs. Les raisins de Syrie, que l'on mange sous le nom de Damas, et dont la couleur est dorée, sont très-recherchés, et pour leur goût exquis et pour leur propriété de se conserver

sans altération pendant deux saisons. Les raisins secs que
le commerce nous apporte des îles de Zante et de Lipari,
sous le nom de *raisin de Corinthe*, jouissent aussi d'une
haute réputation : on peut cependant reprocher à ceux
de Lipari d'être souvent gâtés de terre et par d'autres
saletés. Quant aux raisins secs de Zante, ce sont bien les
meilleurs que j'aie jamais mangés : ils sont petits, mais
d'un goût admirable; ils exhalent une odeur de violette
fort jolie, et ont rarement plus d'un pépin. On les prépare indistinctement avec des raisins blancs et des raisins
rouges de choix.

Il est possible, quand on a de beaux raisins parfaitement mûrs, d'avoir des raisins secs chez soi; mais, avant
de les exposer à l'ardeur du soleil, à la chaleur du four
ou de l'étuve, il faut avoir soin de les blanchir dans de
la lessive de cendre bouillante. Je n'ignore pas que beaucoup de personnes se contentent de l'eau bouillante; mais
si elles savaient que l'alcali, qui attendrit la peau du raisin, a des propriétés vraiment héroïques sur les fruits
venus dans les contrées au nord, elles ne négligeraient
pas son emploi. Comme cet alcali ne pénètre point dans
l'intérieur du grain, il ne peut en neutraliser les acides
qui font le charme des raisins secs.

Sirop de raisin.

On extrait du moût du raisin une matière sucrée, sèche
et liquide, sur laquelle notre illustre maître et ami Parmentier a laissé un traité des plus complets, que l'on con-
sultera toujours avec profit lorsqu'on voudra se procurer du bon *sirop de raisin*.

Pour obtenir cette liqueur, on prend du moût ou jus
de raisin blanc parfaitement mûr, ou à défaut, du raisin
noir non cuvé; on lui enlève son acidité au moyen de la
craie, de la poudre de marbre ou des cendres lessivées.
Si on doit l'employer immédiatement après son expression, le moût n'a pas besoin d'être mûté; mais si l'on doit
attendre, même vingt-quatre heures, il est de toute nécessité de l'empêcher de fermenter, c'est-à-dire de le mû-
ter deux ou trois fois, et d'évaporer très-promptement et

dans des vaisseaux plats à large surface. Ce sirop ordinairement n'a pas besoin d'être clarifié; cependant, on peut le faire à l'aide de quelques blancs d'œufs (plus ou moins, en raison de la quantité) fouettés dans le liquide avant parfaite réduction.

Le sirop de raisin est excellent dans tous les usages de la maison rurale et dans une foule de circonstances de l'art œnologique.

Sous ce dernier rapport, il est précieux pour les petits vignobles ou le vin manque de principe sucré, pour donner du mérite aux cuvées de raisins peu mûrs. Avec le sirop de raisin moins concentré, on peut faire des vins liquoreux.

Dans les préparations de l'économie domestique, il supplée avantageusement le sucre; on fait avec lui d'excellentes confitures, du raisiné de première qualité, de très-bons fruits à l'eau-de-vie, etc., etc. Je reviendrai tout-à-l'heure sur ces diverses préparations.

Liqueur de raisin.

Depuis plusieurs années je fais une liqueur très-agréable, et qui ne coûte réellement que la peine de la faire. On prend à cet effet des raisins noirs parfaitement mûrs, on égrappe, puis on met dans un bocal; les grains occupent la moitié au plus du vase, et l'on remplit d'eau-de-vie. On bouche, et l'on met infuser au soleil pendant quinze jours. Après ce temps, on verse le tout dans une terrine neuve, bien vernissée et très-propre; on écrase le raisin, et on passe le tout dans un linge bien serré, qu'on a eu la précaution de mouiller auparavant. Du moment que la liqueur est exprimée, on remet dans le bocal, on ajoute un peu de cannelle et des noyaux de pêches, bois et amandes bien concassés, puis on met infuser de nouveau pendant quinze jours. Enfin on passe au papier gris, et l'on a une boisson charmante, amie de l'estomac, qui devient d'autant plus agréable qu'elle demeure plus longtemps en bouteilles.

Raisiné.

Avec du moût bien conditionné, on fait d'excellent raisiné. Celui de Montpellier jouit de beaucoup de réputation ; il est préparé avec du raisin blanc, et aromatisé avec du citron et du cédrat : il ressemble plutôt à une gelée qu'à une marmelade. Celui des départements de l'Yonne et du Loiret, quoique estimé, lui est inférieur : il est un peu plus aigre ; et, pour l'adoucir, on y mêle des fruits à pépins et à noyaux, dont la pulpe est abondante en muqueux.

Parmi les poires, on choisit de préférence la cressane, la cuisse-madame, le martin-sec, le messire-jean, le bon chrétien d'hiver, le rousselet, ou toute autre espèce un peu ferme. Les coings occupent le second rang ; viennent ensuite les pommes et les prunes, et en dernier lieu le potiron, les côtes de melons qui n'ont pas mûri, les racines potagères les plus sucrées, telles que les carottes, les panais, etc. On coupe ces fruits par petits morceaux, et on les met cuire dans du sirop à moitié réduit ; mais il faut les choisir bien sains et les étendre sur la paille, où ils perdent, en attendant le moment de les employer, une partie de leur âpreté et s'adoucissent. Cependant, si l'époque de la vendange est encore éloignée, on les épluche et on les réduit en marmelade. Les fruits à couteau, c'est-à-dire ceux que l'on destine pour la table, ne valent rien pour faire le raisiné : leur pulpe mollasse et leur suc doux perdent leur agrément par la combinaison avec le moût et pendant la cuisson. Les fruits les meilleurs sont les plus acerbes ; on profite ainsi de ceux abattus et tombés avant la maturité, que l'on nettoie avec soin et qu'on émonde exactement de leurs peaux, de leurs pépins, de leurs noyaux et de leurs cœurs.

Il se prépare, non-seulement dans nos contrées du midi, mais encore dans celles situées au nord, deux sortes de raisiné : le simple et le composé. Celui préparé au midi n'a pas besoin d'être réduit et cuit autant que celui du nord ; il contient, toutes choses égales d'ailleurs, moins d'eau, de tartre et d'extrait, mais aussi beaucoup plus de matière sucrante. Parmentier a décrit ces deux méthodes de préparation : mon lecteur me saura gré de laisser parler cet homme excellent, dont la vie entière fut consacrée aux recherches utiles et aux moyens de tirer parti de tout ce que la maison rurale peut offrir de ressources.

« Le *Raisiné simple du midi* se fait en prenant vingt-quatre litres de moût : on en met la moitié dans une bassine qu'on ne perd pas de vue, et on établit promptement le bouillon qu'on abaisse, en ajoutant peu à peu l'autre moitié, après quoi l'on écume à diverses reprises, et on passe à travers une toile serrée. On remet de nouveau sur le feu, et on continue l'évaporation, en remuant sans discontinuer, avec une spatule de bois à long manche, jusqu'à ce que le raisiné ait acquis une consistance convenable, ce que l'on reconnaît en le versant chaud sur une assiette. Il parvient, en se refroidissant, à l'état d'une gelée de fruits.

« Quant au *Raisiné simple du nord*, dès que les vingt-quatre litres de moût sont réduits aux deux tiers par l'évaporation, et qu'on a écumé, l'on ôte la bassine du feu, et on distribue la liqueur bouillante dans des terrines non vernissées et évasées ; on la laisse en repos deux fois vingt-quatre heures dans un lieu frais. Elle se couvre à sa surface d'une substance saline qu'il ne faut pas briser, mais enlever avec précaution à l'aide d'une écumoire, attendu qu'elle n'est formée que de cristaux de tartre, dont la séparation est un moyen certain de diminuer l'acidité trop marquée de la confiture, et d'augmenter la puissance du sucre. Cette précaution nécessaire dans les cantons septentrionaux, surtout pour certaines années, est absolument inutile au midi, où la présence du tartre devient essentielle pour affaiblir la saveur trop sucrée du raisiné ; c'est ce qui fait qu'on est obligé d'y ajouter des aromates pour en relever la fadeur. Le moût rapproché, et passé à travers un linge clair, étant dépouillé d'une partie de son tartre, décanté et remis au feu, l'on procède de nouveau à son évaporation, en remuant sans cesse, principalement quand le terme de la cuisson approche. Le raisiné est cuit lorsqu'en le mettant à refroidir, il se prend comme une gelée.

Vigneron.   33

« *Raisiné composé du midi.* — Quand le moût est réduit à la moitié de ce qu'on a employé, qu'il a été suffisamment écumé, on le passe aussitôt à travers une toile, et on met dans la bassine les fruits épluchés et coupés par quartiers, en versant par-dessus la liqueur ; elle se décuit au premier bouillon, et prend la fluidité nécessaire pour favoriser son action sur les fruits, opérer leur ramollissement, leur combinaison et leur disparition dans la masse totale, de manière à n'en plus former qu'une marmelade égale et homogène. Il faut remuer et agir continuellement, en modérant le feu vers la fin. On reconnaît qu'elle est cuite, lorsqu'en en mettant gros comme une noix dans une assiette de faïence ou de terre vernissée, elle ne s'aplatit pas trop, et surtout quand elle ne laisse plus dissiper d'humidité qui marque autour une espèce d'auréole. Cette manière d'incorporer les fruits au raisiné réussit à souhait ; mais quand on a été obligé de les cuire à part, et de les réduire à l'état de pulpe, on ne doit les ajouter que quand le moût a acquis encore davantage de consistance.

« Pour le *Raisiné composé du nord,* après avoir rapproché le moût et l'avoir débarrassé d'une partie de son tartre surabondant, on le remet au feu avec les fruits, on fait cuire le tout, en suivant ponctuellement le procédé du raisiné composé du midi, et en observant de lui donner plus de consistance. Mais comme ces fruits sont quelquefois si acides que la confiture ne serait pas supportable, si elle n'était adoucie au moyen d'une matière sucrée, on y parvient en mêlant du sirop de raisin, de la conserve et du raisiné du midi. Si les ménagères des vignobles du nord n'ont pas d'autres ressources que leurs raisins abondants en tartre, elles peuvent, après avoir ajouté de la craie, toujours nécessaire pour donner de l'agrément, pour absorber ou neutraliser une partie des acides, réduire le moût jusqu'à la consistance de sirop, y ajouter alors les fruits et continuer la cuisson en suivant le même mode que dans les précédentes opérations. »

Le raisiné d'excellente qualité est fait avec du moût désacidifié, des poires dans la proportion de cent à cent vingt pour un seau de vin doux, et de quatre à six coings ; il est doux, moelleux, avec une petite pointe d'acide qui augmente l'agrément de son parfum. Sous ce rapport, le raisiné de l'Yonne et de la Côte-d'Or est de beaucoup préférable au raisiné du midi, où l'extrait, le sucre, le mucoso-sucré et le tartre ne se trouvent pas dans des proportions convenables. Le raisiné demande, pour ne pas être sujet à dégénérer, tous les soins indiqués pour sa préparation, et d'être tenu liquide, bien couvert et dans un lieu sec. Quand il est candi, on le mêle avec du moût, si l'on est au temps de la vendange, ou bien on le rajeunit en l'exposant à une chaleur modérée, en le remuant sans discontinuer pendant quelques heures.

Charlotte d'automne.

Mais, si au lieu de mettre du fruit dans son raisiné, l'on y jetait une certaine portion de moût rapproché par l'évaporation, on obtiendrait cette sorte de confiture que l'on nomme *Charlotte d'automne*, et l'on aurait une provision agréable dans le ménage. On fait ensuite passer les pots au four, après avoir ajouté à la pâte obtenue un peu de cannelle ou de girofle. Pour la manger, on la fait chauffer et on la garnit de pain grillé et beurré.

En traitant des vins de liqueur, j'ai eu l'occasion de faire connaître les autres emplois du moût : je ne les cite point ici, afin de ne pas me répéter.

Vin de presse.

Après la première opération du foulage, il reste au fond de la cuve une grande quantité de marc imbibé de vin ; on l'extrait à plusieurs reprises, et l'on obtient une liqueur appelée *vin de presse*, presque aussi bonne que le vin qui a coulé librement de la cuve.

Piquette.

En ajoutant au résidu des grappes un peu vertes, disons mieux, le rebut de la vendange, et de l'eau chauffée à 15 degrés, avec addition proportionnée de quelques kilogrammes de sirop, on a un petit vin ou piquette supportable, surtout si on a eu la précaution de jeter dans la cuve deux ou trois poignées de tonte de pêcher, quelques fleurs de sureau et un peu d'iris de Florence. La robe de cette boisson sera jolie, quoique peu foncée en couleur ; elle fera surtout grand plaisir aux moissonneurs pendant les brûlantes journées qu'ils demeurent aux champs à faucher les foins et les grains.

Le moindre contact de l'air peut aigrir cette piquette ; on prévient cet accident en lui donnant du corps au moyen du miel. Il y a des personnes qui y ajoutent en outre du tartre et de la crême de tartre, destinés à aider la fermentation et la formation du spiritueux.

La piquette la meilleure est faite avec le marc des raisins blancs ; elle est bien moins bonne quand on l'extrait des raisins rouges. Huit à dix jours suffisent pour obtenir cette liqueur : autrefois on prolongeait la durée de la macération pendant un mois entier ; la piquette n'était alors jamais aussi bonne qu'elle l'est maintenant.

Dans presque tous les vignobles, on est dans l'usage de garder un ou deux tonneaux de marc de raisin que l'on scelle, et avec soin, pour que l'air ne pénètre point dans leur intérieur. Au printemps, au département de la Côte-d'Or, le vigneron met de l'eau sur ce marc, composé particulièrement de raisins gamets, et après l'y avoir laissé huit ou dix jours, il perce le tonneau et en retire une boisson aigrelette qui n'a rien de malfaisant. Comme, durant les mauvaises années, cette piquette se gâte promptement, il importe de saisir le moment de s'en défaire avant qu'elle puisse devenir nuisible.

Eaux-de-vie.

Tout le monde sait que le vin qu'on distille fournit des eaux-de-vie et des esprits dont on fait un commerce considérable en France, que ces eaux-de-vie et ces esprits jouissent dans le monde entier d'une réputation méritée et bien acquise que nous devons surtout chercher par tous les moyens à conserver et à étendre ; mais ce n'est pas ici le lieu de faire connaître les moyens employés pour cet objet, et nous renvoyons les personnes qui veulent s'instruire sur cette matière à consulter le *Manuel de la Distillation des Vins, marcs, moûts, etc.*, qui fait partie de cette Encyclopédie.

Vinasse.

La vinasse ou résidu de la distillation des vins, que l'on s'était contenté jusqu'ici, lorsque la distillation avait été mal faite, de convertir en vinaigre, et quand elle avait été complète, de jeter et de laisser sans aucun emploi, convient très-bien à l'engrais des terres. Composée de mucilage, de tannin, de matière colorante, de tartrate acidule de potasse, d'acide acétique, de divers sels, d'acétates, d'hydrochlorures et de sulfates de potasse, ainsi que de traces de sels ammoniacaux, elle jouit de hautes propriétés fertilisantes. En effet, elle féconde le sol destiné à porter les céréales, si on la convertit en terreau liquide; elle donne une nouvelle vigueur aux vignes et aux prairies artificielles. On s'est assuré que réduite en compost, elle offre les mêmes avantages et les mêmes résultats que la marne. On la rend plus ou moins active en diminuant ou bien en augmentant la masse de terre qui en absorbe tout le liquide. Cet engrais, économique pour le vigneron, ne demande aucuns frais dans son emploi, puisqu'on en fait usage après la vendange.

Dans quelques localités du midi, surtout du département de l'Hérault, on perd toutes les vinasses, on les laisse couler avec les eaux, et elles deviennent de la sorte une cause notable d'insalubrité. Dans quelques autres, on est plus sage, on les réunit en des fosses ouvertes exprès, on y jette de la terre, et lorsque celle-ci est bien imprégnée, on la porte aux vignes et on la répand autour des ceps. Ailleurs, on en retire de la potasse. On a calculé que là où l'on distille de 100 à 150,000 hectolitres de vin, il serait facile d'obtenir de ces résidus depuis 20 jusqu'à 30,000 kilog. de potasse pure ou en salin, comme on l'appelle dans le langage des arts, c'est-à-dire se créer une valeur de 22,500 fr., en portant le kilogramme à 75 cent. seulement. Un chimiste a, par la calcination à vase clos, réduit la vinasse en charbon convenable pour la décoloration.

Alcali de marc.

Le marc peut être brûlé pour en retirer de l'alcali sec, ou potasse : l'expérience a démontré que 1950 kilogrammes de marc fournissent 245 kilogrammes de cendres, lesquelles donnent à leur tour 52 kil.500 d'alcali sec. (*Voyez* plus haut.)

Eau-de-vie de marc.

Si vous délayez le marc dans une quantité d'eau suffisante, et si vous soumettez le tout à la distillation, vous aurez une eau-de-vie que l'on désigne ordinairement sous le nom d'*eau-de-vie de marc*, ainsi que j'ai déjà eu occasion de le dire, en traitant plus haut des diverses sortes d'eaux-de-vie (1).

Vinaigre de Marc.

On retire encore, du marc de raisin, par une pression vigoureuse, un vinaigre excellent. Pour cela, il faut faire aigrir le marc, en l'aérant avec soin. (Voyez le *Manuel du Vinaigrier*, de l'*Encyclopédie-Roret*.)

Fabrication du vert-de-gris au moyen du marc.

On appelle vert-de-gris, l'oxyde de cuivre combiné avec l'acide acétique que donne le marc des raisins. C'est un objet de fabrication assez important, autrefois limité à la seule ville de Montpellier et à ses environs, mais qui, de nos jours, occupe beaucoup de bras dans un bon nombre de pays vignobles. A cet effet, on dispose des lames de cuivre d'une largeur calculée d'après celle du vase dans lequel on opère; on les recouvre de marc de raisin, distribué couche par couche ; on arrose ensuite avec de la vinasse ou du petit vin. Une fois que le cuivre est suffisamment oxydé par la décomposition de l'acide acé-

---

(1) On peut consulter, pour l'eau-de-vie de marc, le *Manuel de la Distillation des vins, marcs, moûts, etc.*, de l'*Encyclopédie-Roret.*

tique, on le râtisse et on le met dans des vases pour le livrer au commerce.

Marc donné en nourriture aux bestiaux.

En général, le marc de raisin convient, comme nourriture, à tous les animaux herbivores ; donné sec, émietté et mêlé à d'autres substances, il plaît aux vaches, aux moutons, et surtout aux volailles, qu'il excite à pondre. On le donne frais, dans certains endroits, aux vaches et aux mulets ; mais il est sujet alors à les enivrer et à les échauffer tellement, que le lait des premières tourne très-promptement, et qu'il épuise bientôt les forces des seconds : il abrège leur existence à tous les deux.

Il faut avoir soin d'enlever la rafle, elle cause aux bœufs une indigestion assez forte pour les empêcher, plus ou moins de temps, huit jours au moins, de ruminer, pour les dégoûter de boire et de manger. Au moyen d'un crible qui laisse passer la pellicule et les pépins, l'on retient la rafle, et comme le marc contient encore un spiritueux favorable à la nutrition et à la transpiration des animaux, cette nourriture leur donne une chair excellente et les dispose merveilleusement à l'engraissement.

D'après des expériences qu'on doit à M. J. Pagezy, et dont les résultats ont été insérés dans l'*Agriculteur praticien*, du mois de décembre 1845, il paraîtrait que dans le département de l'Hérault, 145 kilogrammes de marc de raisin aussi non-distillé du canton de Castries, ou 175 kilogrammes de marc de raisin non-distillé de la plaine de Massilargues, seraient égaux en pouvoir nutritif, pour les bêtes à laine, à 100 kilogrammes de bon foin sec, tandis qu'en marc distillé, il faudrait, pour représenter la même quantité de foin, 290 kilogrammes de marc du canton de Castries et 350 kilogrammes du marc de la plaine de Massilargues.

M. Guichard a indiqué un procédé pour conserver pendant toute l'année la vendange sortie du pressoir, afin de la donner comme nourriture aux bêtes à cornes et aux chevaux ; voici en quoi consiste ce procédé :

Plusieurs auteurs ont signalé depuis longtemps la pos-

sibilité d'utiliser la vendange pressée comme nourriture
pour les animaux ; mais personne, que je sache, ne nous
a indiqué le moyen de la conserver avec toutes les qualités nécessaires, afin de la rendre agréable aux animaux
auxquels on la destine.

Cette substance, venant d'être pressée, a une odeur
aromatique fort agréable : elle contient du sucre et de
l'alcool ; elle possède tout le goût du fruit, et même une
petite partie de son suc, si l'on s'est servi de mauvais
pressoir ; mais elle ne tarde pas à tout perdre et à devenir désagréable et même nuisible dès qu'elle en est
sortie, par la raison que, dans la plupart des localités,
après la pressée, on est généralement dans l'usage de
jeter cette substance dehors ou dans un coin de grange,
en gros tas, jusqu'à ce que les vendanges soient entièrement terminées, ou bien on la met dans des tonneaux
de forte dimension.

Dans cet état de choses, il est incontestable qu'il se
développera une forte chaleur ; la vendange entrera en
fermentation, la décomposition suivra immédiatement ce
travail, et elle se détériorera au point qu'elle perdra ses
qualités premières et finira par devenir du véritable fumier.

On concevra facilement que la vendange arrivée, par
la fermentation, à l'état d'acidité, ne flattera plus le goût
de l'animal ; quelque chose que vous fassiez alors, vous
aurez de la peine à l'y accoutumer : il faut donc chercher d'autres moyens pour conserver à cette substance
les qualités qui la rendent propre à la nourriture des
bestiaux, et voici celui que propose M. Guichard :

Après la pressée, le marc étant encore sur le pressoir,
coupez-le au moyen d'une hache ou de tout autre instrument tranchant, en ligne droite d'un côté à l'autre et
sur toute sa surface dans un sens, laissant entre les incisions un intervalle de 0^m.25 ; cette opération finie, il
faut la répéter dans un sens opposé, de manière que ces
nouvelles incisions traversent les premières en angle
droit et laissent entre elles des mottes d'un carré long
ayant 0^m.30 sur 0^m.25. Une fois la pressée coupée à fond

dans les deux sens, on enlève toutes les mottes par le moyen d'une pelle de fer, en leur conservant une épaisseur de 0ᵐ.12 ; on continue ainsi couche par couche, jusqu'à ce que le tout soit entièrement enlevé. Transportez-les dans un lieu sec et bien aéré, afin de pouvoir les faire sécher le plus promptement possible, sans jamais les laisser mouiller ; pour cela, placez-les d'abord sur un rang, laissant entre elles un intervalle. Le deuxième rang sera placé sur le premier, de manière que l'intervalle du premier réponde au milieu des mottes formant le deuxième, ainsi de suite. Par cette disposition, on pourra placer plusieurs rangs l'un sur l'autre, les mottes ne porteront que par leurs extrémités ; l'air pourra circuler partout librement, la dessiccation aura lieu promptement, et la fermentation deviendra impossible.

La vendange pressée est une substance précieuse à la conservation de laquelle nous devons porter toute notre attention, afin de pouvoir l'utiliser pour les animaux et la leur rendre agréable à manger : les bœufs auraient plus de force et d'embonpoint, les bêtes à laine seraient moins accessibles à la pourriture, maladie occasionnée par l'atonie des organes digestifs.

La vendange bien conservée peut se donner sèche ou mouillée, avec un peu de son au commencement ; elle peut se donner dans toute saison, deux fois par jour et à la dose de 3 kilogrammes environ chaque fois. Si on la donne mouillée, on la détrempe dans de l'eau tiède, afin de bien la diviser ; on peut y ajouter, si l'on veut, des raves, des pommes de terre, ce qui fait un mélange très-nourrissant. Mais il faut la donner avec modération aux bêtes nourrices ou laitières, par la raison que, si la vendange avait acquis, par défaut de soins, un degré d'acidité, il serait à craindre qu'elle portât atteinte aux qualités du lait : ce sera donc aux propriétaires eux-mêmes à en surveiller l'emploi et à en observer les effets.

Marc employé comme engrais.

Le marc est d'une grande ressource comme engrais, dans divers vignobles, et n'a pas l'inconvénient des autres substances employées comme fumier, celui de nuire à la qualité du vin. On le mélange de colombine ou fiente de pigeon. Après les vendanges, on transporte chaque jour plusieurs grands paniers de marc de raisin dans le colombier. Les pépins, qui fournissent aux pigeons une nourriture excellente, sont un moyen d'augmenter la colombine. Au bout de deux mois, ce mélange se met dans un creux ouvert auprès des étables à cochon, et où s'écoule le liquide de chaque loge ; mais auparavant, on a soin de jeter au fond de ce creux une forte couche de fumier de porc, et par dessus, le mélange extrait du colombier ; on y porte aussi les fientes des oies, des canards et autres volailles. Le fumier de porc étant de sa nature frais et onctueux, tandis que la colombine est au contraire un engrais sec et chaud, il en résulte un compost parfait pour les vignes. Louis de Villeneuve, de Castres, l'un des plus habiles agronomes du midi, et celui qui a rendu le plus de services à l'agriculture de ces contrées, faisait usage de ce compost. Il le faisait conduire aux vignes dès le mois de février, s'il était beau ; des journaliers déchaussaient les souches, et des femmes portaient dans des paniers le terreau qu'elles déposaient au pied de chacune, en les recouvrant légèrement pour qu'il ne se dessèche point. De cette matière, les premières pluies font pénétrer les sels végétaux dont il abonde, jusqu'aux racines, et l'on jouit la même année de l'effet de l'amendement.

Marc employé comme combustible.

Un usage plus répandu est celui de retirer le marc de dessous le pressoir, de le réduire en mottes plus ou moins fortes, qu'on fait sécher et brûler en hiver comme on le fait des mottes de tan.

On calcine aussi les marcs en vase clos pour fabriquer un charbon d'une belle couleur noire qui est vendu pour les usages de la peinture et de l'impression, sous le nom de noir de Francfort.

Marc employé en bains toniques.

Enfin l'art de guérir regarde le marc nouveau comme un médicament fortifiant, très-actif pour les douleurs rhumatismales, les anciens efforts, les faiblesses de jambes et de reins, surtout à la suite du rachitisme. On le vante aussi beaucoup pour consolider les fractures guéries ; on enfouit la partie malade dans un tas de marc échauffé par la fermentation, et on l'y laisse plus ou moins longtemps. Il excite des sueurs très-abondantes qui soulagent beaucoup et déterminent une prompte guérison. Ces sortes de bains se nomment bains de marc.

Huile de pépin.

On peut exprimer des pépins de raisin une huile excellente. A cet effet, les uns s'emparent du pépin au moyen d'un bon lavage à l'eau dès qu'il est retiré du marc, puis ils le mettent à sécher, et le passent ensuite sous la meule verticale du moulin à huile. Les autres étendent le marc sur une aire, séparent la rafle avec un râteau de fer, et ils passent ensuite dans un van le pépin encore adhérent à la pellicule, pour l'en dépouiller : cette opération est facile, la pellicule venant toujours dessus en agitant le van, il suffit de la pousser avec une plume pour en débarrasser le van lui-même ; ils lavent alors à l'eau claire, égouttent, font sécher au soleil sur un drap, et obtiennent ainsi des pépins bien purs et bien secs qu'ils soumettent à la meule ou à la presse.

L'huile est supérieure à celle de noix, et convient au service des lampes. Brûlée, elle jette une lumière aussi brillante que l'huile d'olive : l'odeur et la fumée qui l'accompagnent sont à peine sensibles.

Quelques personnes font usage de cette huile comme aliment : elle rend, au dire de plusieurs, la salade très-bonne. Cette huile est limpide, d'un jaune verdâtre, très-grasse, fluide à 10 degrés centigrades. Trois hectolitres de pépins donnent environ 14 $\frac{1}{2}$ kilogrammes d'huile. Il convient de choisir préférablement les pépins de raisins noirs, les blancs étant estimés moins bons, ceux d'une vigne jeune et dans sa vigueur valent mieux que ceux d'une vigne vieille. Dans tous les cas, il importe que le grain de raisin soit arrivé à sa parfaite maturité. J'aime mieux l'huile retirée à froid que celle faite à chaud ; son épuration et la clarification par l'acide sulfurique et le charbon, dont l'idée appartient à Hermbstaedt, ont parfaitement réussi sous mes yeux. Il faut aussi prendre garde de se servir, pour écraser les pépins, d'une meule que l'on aurait employée à la fabrication de l'huile de noix ; celle-ci, comme l'a remarqué l'illustre Rozier, communique son odeur à l'huile de pépins. Elle est très-propre à faire un savon très-blanc, elle convient à la peinture, à la préparation des laines et des cuirs.

L'usage d'extraire cette huile n'est pas fort ancien, même en Italie, qui paraît être le pays où l'on s'en servit pour la première fois. Pendant mon séjour dans la célèbre péninsule, j'ai vu presque partout employer pour cette extraction des presses simples, au moyen desquelles un seul homme déploie une force vraiment extraordinaire, et m'occupant de recherches sur l'époque du premier emploi de ces presses et de cette huile, j'ai appris qu'elle remonte dans le pays de Bergame et dans celui de Brescia, vers l'année 1750 ; elle date de 1780 à Rome et aux environs d'Ancône ; et de 1818 à Naples, Castellamare et Résina (1). Dès 1756, on fabriqua de l'huile de pépins à Mont-Rognon, à Savigny, près de Lyon, en suivant ponctuellement la méthode italienne. Depuis, en 1791, on a tenté d'en retirer sur plusieurs points de la France, même à Paris, et l'on a parfaitement réussi. On a également fait des essais à Berne en 1781 et en 1787, dans plusieurs cantons de l'Allemagne ; mais nulle part on ne la fabrique en grand que dans l'Italie ; son produit n'est point assez considérable pour qu'elle puisse entrer, dans le commerce, en concurrence avec les autres huiles. Les Italiens en retirent neuf pour cent d'huile ; en France

(1) Consultez, à ce sujet, un ouvrage publié à Rome, en 1791, par la Société géographique de Montecchio ; il est intitulé : *Memoria sulla maniera di estrarre l' olio dai vinaccioli, ossia delle granelle dell' uva ;* in-8°, avec figures.

on est arrivé, à Tonnerre, département de l'Yonne, à dix, à Auxerre, même département, à seize, et dans le Jura, à dix-sept pour cent. Malgré cela, je ne pense pas que le bénéfice de cette fabrication puisse balancer les rapées, les eaux-de-vie, le vinaigre et l'emploi du marc pour la nourriture des bestiaux. Les frais qu'exigeraient l'épluchement des pépins, leur transport aux huileries, ou, comme on l'a demandé, l'établissement d'un moulin communal, la fabrication et manutention de l'huile n'excéderaient-ils pas le léger profit que semble promettre ce genre de spéculation? Tous ceux de mes correspondants qui l'ont tenté l'ont bientôt abandonné.

Cependant, la vérité veut que, contradictoirement à mon opinion, je cite ici le calcul que me remet un partisan de l'huile de pépins. «La masse des pépins qui se récoltent en France, étant soumise au procédé de l'extraction, on retirerait de 71,389 tonneaux de pépins, 571,002 kilogrammes d'huile qui, au prix de 1 fr. 50 c. le kilogramme, produiraient une valeur de 856,503 fr. Ajoutons que le tourteau, converti en briquettes, est un excellent combustible. Il donne une cendre très-alcaline.»

LIVRE VI

APPENDICE.

Nous consacrerons ce livre à l'examen des maladies qui affectent le vigneron, et aux moyens d'y porter remède, à la cure de diverses affections et maladies par le raisin, à l'observation de quelques traditions historiques relatives aux sujets qui nous ont occupés jusqu'ici.

CHAPITRE PREMIER.

Coup-d'œil sur les Maladies particulières aux vignerons.

En général, les vignerons travaillent beaucoup et se nourrissent mal; si le travail excessif occasionne des maladies, la mauvaise nourriture débilite et dérange toutes les fonctions vitales. Sans doute l'obligation de faire promptement les travaux nombreux que la vigne exige, nécessite, de la part de celui qui s'y livre, une activité, des efforts extraordinaires; mais si, à cet excès de travail, la misère, ou ce qui serait pis encore, la cupidité refusait les aliments réparateurs, il en résulte des maladies graves, compliquées, qui mettent en danger l'existence. Il faut à l'homme des champs une nourriture saine; il lui faut faire quatre repas par jour et même cinq à l'époque de la vendange; mais il faut aussi que la frugalité y préside. La frugalité soutient, développe les forces, elle conserve toute la puissance des organes digestifs, et donne à la santé une robusticité qui plaît et paie de toutes les peines. J'ai vu des hommes ne vivant que de pain, de fromage et d'eau pendant une grande partie de l'année, travailler avec une ardeur toujours soutenue, et conserver leurs forces jusqu'à un âge où le mol habitant des villes atteint à peine, et qu'il ne voit qu'accablé d'infirmités de tout genre. L'activité des organes digestifs de l'homme des champs nous prouve bien, ainsi que le disait le célèbre médecin Tissot, que ce n'est pas ce qu'on mange qui nourrit, mais seulement ce que l'on digère.

La propreté dans les vêtements et la salubrité des habitations sont aussi des points essentiels pour la santé. Il n'y a rien à reprendre sur la largeur des vêtements des vignerons : elle est ce qu'elle doit raisonnablement être ; mais ils ne sont pas toujours tenus dans un état de propreté convenable, et le vigneron n'a pas toujours la précaution de s'en couvrir toutes les fois qu'il interrompt son travail. Par cette imprévoyance, il s'expose aux maladies inflammatoires qui déterminent non-seulement les phlegmasies des membranes, mais aussi celles des muscles et des enveloppes articulaires ; les rhumatismes aigus sont fréquents, ainsi que les dyssenteries et les fièvres intermittentes.

L'intérieur des habitations est ordinairement tenu avec assez d'ordre, mais elles sont mal aérées et surtout environnées de dépôts de fumier, de mares ou fosses remplies d'eau croupissante. Rien ne nuit plus à la santé qu'une atmosphère humide, que les miasmes délétères qui s'échappent des fumiers et des eaux en fermentation. Une habitation doit avoir au moins deux fenêtres et une porte, afin d'établir un courant d'air ; les fumiers doivent être déposés loin de l'habitation, dans un coin du jardin, de la vigne ou d'un champ, et tout foyer de corruption doit être comblé avec du sable et des pierres, après avoir été soigneusement curé.

Un vice essentiellement dangereux, et pour la morale et pour la santé, c'est l'habitude du vin et de l'eau-de-vie, à laquelle certains vignerons se livrent sans mesure et sans frein. Ces excès souvent répétés causent beaucoup de maladies aux jeunes gens, et accablent le vieillard principalement d'hydropisies presque toujours incurables. Certes, il est loin de ma pensée d'empêcher le vigneron de boire de ce vin pour lequel il a donné tant de soins et supporté tant de fatigues : le vin est nécessaire pour soutenir les forces de celui qui travaille, mais il ne doit point en abuser. L'homme utile doit être exempt de ces vices qui déshonorent et qui sont l'apanage de l'oisif, de l'être dangereux.

De ces considérations générales, descendons à quelques maladies inhérentes à l'état même du vigneron.

Ordinairement courbé vers la terre, dans tous les travaux que lui demande la plante vinifère, le vigneron est sujet aux fatigues de la région lombaire, vulgairement connues sous le nom de *courbature*. Le malaise qu'elles lui causent, joint aux alternatives de chaud, de froid et de pluie, le dispose, avec l'âge, à se tenir toujours plié ; dans une grande vieillesse, j'en ai vu former presque un angle droit, et marcher très-bien à l'aide d'un bâton. Il serait possible de s'opposer à la fréquence de cette incommodité par l'usage des bains et par un partage mieux entendu des travaux ; mais l'habitude est prise, et le vigneron trop souvent préfère suivre le mauvais exemple de ses pères, de ses voisins, que de secouer le joug de la routine ; il aime mieux se rendre au cabaret que se soigner. Indiquons-lui les moyens de diminuer le malaise, peut-être sera-t-il plus docile dans cette circonstance. Les moyens consistent à employer les frictions d'huile de camomille, d'olive ou de noix, mêlée avec une douzième partie d'alcali volatil, ou bien avec du baume de Fioraventi, et d'adopter l'usage de porter une ceinture de laine sur la peau.

Le vigneron résiste avec avantage aux influences du soleil du printemps, mais il n'en est pas de même du soleil d'été ; son impression vive ou longtemps soutenue sur la tête détermine des douleurs violentes, l'engorgement des vaisseaux sanguins, le vertige, les vomissements bilieux, etc. Lorsque le mal se montre avec violence, il faut de suite appeler le médecin, et surtout un médecin instruit ; son traitement sera débilitant. En attendant son arrivée, on disposera le malade en le tenant dans un lieu également éloigné de la lumière et du bruit ; on lui fera prendre de l'eau acidulée par le vinaigre, on lui mettra les pieds dans des bains très-chauds, saturés de sel ou de moutarde, et on lui administrera des lavements émollients.

Plus encore que tous les autres cultivateurs, le vigneron est sujet aux hernies. Il lui serait très-facile de prévenir cet accident, toujours incommode et souvent dangereux; mais du moment qu'il en est atteint, il exige de sa part les plus grandes précautions, et le seul moyen de pouvoir continuer à se livrer sans crainte à des travaux tant soit peu pénibles, c'est de porter une ceinture de corps, ou mieux encore un bandage de sûreté. L'application doit en être faite par un homme de l'art. Il ne faut pas, si l'on est jaloux de sa santé, regarder à une première dépense, et, pour économiser quelques francs, s'en rapporter à un tailleur, à une couturière qui, au lieu d'un bandage régulièrement confectionné, moyen de compression sûr et facile, ne vous en donneront qu'un inutile et gênant, propre à multiplier, à aggraver les accidents, loin de les diminuer.

Durant la première fermentation du vin renfermé dans la cuve et même dans les tonneaux tenus en des celliers étroits, point aérés et fort peu élevés, il se dégage des vapeurs qui occasionnent l'ivresse et donnent lieu à des vertiges, à des vomissements, à l'engourdissement des membres et à un assoupissement irrésistible. Ces symptômes n'ont rien d'effrayant : ils cèdent au repos et à l'air libre, à l'infusion de café, ou bien à l'eau acidulée ; mais si le vigneron s'expose trop longtemps aux effets du gaz acide carbonique, l'engourdissement est dangereux, l'asphyxie est voisine et la mort presque certaine. On prévient ces accidents par les précautions suivantes : avant d'entrer dans un cellier, interrogez par l'odorat si le gaz méphitique y est développé; à cet avis, ouvrez et éloignez-vous de l'action foudroyante qui résulte de son expansion. Dans le cas où l'odorat ne vous préviendrait point à l'avance, ouvrez avec précaution et fixez attentivement la cuve : si vous apercevez alors un nuage s'élevant au-dessus de la cuve, ne pénétrez pas plus avant, et donnez du mouvement à l'air intérieur pour qu'il se renouvelle. Il arrive parfois qu'il faut s'assurer de la présence du gaz et de son dégagement, en plaçant au-dessus de la cuve une lumière : la flamme est d'abord jaune et faible, puis elle diminue d'intensité et finit par s'éteindre. L'asphyxie demande des secours prompts, des secours actifs ; il faut exposer à l'air libre la personne qui en est frappée, la dégager de tout vêtement ou cordon qui pourrait gêner la respiration, l'asperger d'eau froide et de vinaigre, et surtout la frictionner légèrement sur la poitrine. Ces moyens étant insuffisants, il importe d'insuffler de l'air dans ses poumons, soit au moyen d'une sonde de gomme élastique, soit en appliquant la bouche sur la sienne ; dans le même temps, on appuie légèrement et alternativement avec la main sur le thorax et l'abdomen, on administre des lavements purgatifs, on applique des synapismes et même des ventouses sur diverses parties du corps. Il ne faut rien brusquer ; agissez avec précaution, activité et persévérance : il est des cas où le malade réclame les mêmes secours pendant plusieurs heures de suite. La moindre négligence ou impatience peut entraîner la mort.

Je ne parlerai point des autres infirmités que le vigneron partage avec tous les cultivateurs et même avec les autres classes de la société : je n'ai point entrepris un traité d'hygiène complet. Cette tâche serait trop au-dessus de mes forces ; elle réclame une plume expérimentée et l'autorité d'un médecin connu, praticien consommé et riche d'observations recueillies dans toutes les circonstances de la vie active de l'homme des champs. J'ai voulu donner quelques conseils utiles : heureux si ma tâche est remplie de manière à satisfaire mes lecteurs, et à prouver les vœux sincères que je fais de voir dans ma patrie prospérer toutes les branches de l'art agricole, et fleurir de santé, de bonheur, tous ceux qui s'adonnent à ses travaux si importants, si étroitement unis à la longue destinée des Etats !

CHAPITRE II.

Cure aux Raisins.

« Nous donnons dans ce chapitre, d'après M. Ernest Menault, un aperçu d'un traitement au moyen du raisin, dit *Cure aux raisins*, tel qu'il se pratique surtout en Suisse et en Allemagne.

« Les raisins le plus généralement employés pour la cure aux raisins sont des variétés de chasselas blancs, de pineaux (petits gris, petits noirs, morillons), etc.

« On préfère les espèces à grains sphériques, petits ou moyens, ayant peu de chair, la peau tendre, beaucoup de jus et une saveur délicate.

« Le gutedel et l'oestreiche, dont on fait presque uniquement usage à Durkeim, sont des chasselas blancs, à grains plus serrés, d'une couleur dorée, moins gros, moins serrés et moins délicats que le précédent.

« Les raisins blancs que l'on consomme à Montreux, à Vevey, à Méran, sont aussi des variétés de chasselas.

« On peut entreprendre la cure aux raisins aussitôt que la maturité du fruit le permet. A Méran, en Tyrol, on commence dès les premiers jours du mois de septembre. La durée du traitement est de trois à six semaines. La quantité de raisin qu'on doit consommer varie de 1 à 4 kilog. par jour, pris en quatre ou cinq repas, dans l'intervalle desquels on fait un exercice modéré de promenades, etc. On commence par une assez petite quantité de raisin, 1/2 ou 1 kilog.; on l'augmente progressivement chaque jour. On doit rejeter les pellicules et les pépins.

« Dans quelques localités, on boit aussi, chaque jour, deux ou trois verrées de jus de raisin frais que l'on soumet, au moment même où l'on veut boire, à l'action d'une petite presse construite à cet effet.

« On prépare dans quelques endroits (Creuznach) et l'on expédie au loin le jus de raisin conservé dans des bouteilles, suivant les procédés d'Appert. Il est probable que, dans ce cas, le liquide ne contient plus les substances albuminoïdes ou azotées qui doivent être coagulées par la coction.

« A moins d'être trop débilité, le régime doit être ordinairement doux, frugal et spécialement composé de végétaux.

« A l'aide de cette médication par le raisin, la santé générale s'améliore, l'appétit augmente et devient plus vif de jour en jour; l'embonpoint ne tarde pas à se manifester d'une manière sensible.

« Chez un grand nombre de malades, on a constaté un accroissement en poids du corps de 4 à 6 kilog., après un traitement de quelques semaines.

» La cure aux raisins agit : 1º en introduisant dans l'économie une quantité notable d'eau qui passe dans le sang et entraîne au dehors les matériaux usés, inutiles ou nuisibles; 2º comme agent nutritif de nature végétale, et par les substances albuminoïdes ou azotées et respiratoires que contient le jus de raisin; 3º comme médicament adoucissant, altérant, dépuratif, laxatif, dérivatif sur les intestins ; 4º par les alcalis qui diminuent la plasticité du sang et le rendent plus fluide; 5º par les divers éléments minéraux, tels que sulfates, chlorures, phosphates, etc., qui font de ce produit un analogue, un succédané précieux de plusieurs sources d'eaux minérales.

» Employée d'une manière méthodique et rationnelle, aidée par un régime et une hygiène appropriés, la cure aux raisins peut donc produire les plus heureuses modifications dans l'économie en favorisant les transmutations organiques, en apportant des matériaux sains pour renouveler et reconstituer les divers tissus, en déterminant la diminution des matériaux viciés, inutiles et nuisibles à l'économie. Pline le naturaliste, livre XVIII, Galien (*de Alimentis*, livre II), Dioscoride, Dodoens, Jean Bauhin, Frédéric Hoffmann, Zimmermann, Tissot, Hufeland, etc., rapportent de nombreux faits de guérisons opérées par l'usage du raisin. La médication par le raisin est spécialement employée contre les maladies des organes digestifs, dans les affections gastro-intestinales, les crampes d'estomac, la constipation habituelle et certaines maladies de la peau. Le choix des localités dans lesquelles on doit faire la cure au raisin n'est point indifférent, puisque les qualités, ainsi que les propriétés médicamenteuses du raisin, varient selon les terrains, le climat, la température du pays, etc., puisque les raisins sont plus ou moins aqueux, colorés, acides, aromatiques, plus ou moins chargés de sels minéraux, selon la nature des terrains où ils ont été cultivés, qu'ils sont plus ou moins hâtifs ou tardifs dans tel point que dans tel autre, que la saison d'automne est moins froide, plus saine et plus agréable. C'est absolument comme pour les bains de mer, qu'il n'est pas égal de prendre à Dunkerque ou à Biarritz.

« Les localités les plus renommées en Allemagne pour la cure aux raisins sont : Durkheim en Bavière, près Neustadt ; Gleisweiler, près de Landaw ; Creuznach, Boppard, Bingen, Rudesheim, Saint-Goar et la plupart des vignobles qui sont situés sur les bords du Rhin, entre Mayence et Coblentz ; Grunberg en Silésie, Méran en Tyrol ; les environs de Vevey, Montreux, Veytaux en Suisse, sur les bords du lac de Genève ; Aigle en Savoie. Le nombre des malades qui arrivent chaque année dans ces localités est considérable ; les guérisons, nombreuses : c'est qu'on peut tirer de la médication par le raisin des effets semblables à ceux des eaux minérales. Il est à désirer que la France, qui est le pays vinicole par excellence, qui possède des vignobles très-étendus, des cépages variés et délicieux, mette aussi à profit pour la santé, surtout dans les classes pauvres, des ressources précieuses que la nature nous a prodiguées partout avec tant d'abondance. »

CHAPITRE III.

Fêtes des Vignerons.

L'époque de la vendange est particulièrement pour les vignerons un temps de joie et de plaisirs ; après de longs et pénibles travaux ; après une suite non interrompue d'espérances et de craintes, le moment de jouir est venu.

Le vin va couler dans les tonneaux, tout chagrin s'oublie, et au milieu de bruyantes promenades, au son du tambour et des rustiques instruments, aux cris que l'écho répète, tous les âges, tous les rangs se confondent; jeunes et vieux ne forment plus qu'une seule famille. Les écrivains de l'antiquité nous parlent avec enthousiasme de ces fêtes, de ces transports, de ce délicieux délire. Les temps ne sont pas encore éloignés où, dans presque tous nos vignobles, cette époque joyeuse était annoncée par des fêtes publiques; on s'y rendait de la ville et des campagnes voisines. Depuis 1789, elles sont généralement fort limitées; les événements politiques, aggravés par une double et funeste invasion, par les persécutions attachées aux opinions, par l'instabilité des lois et le poids des impôts, ont fait prendre aux esprits une direction plus grave.

Parmi les fêtes de ce genre qui subsistent encore, celle de Vevey, dans le canton de Vaud, en Helvétie, est la plus singulière et la plus intéressante. Elle est due à des religieux de Haut-Crest qui défrichèrent les rocs alors sauvages du Jura; elle offre un bizarre mélange de cérémonies symboliques, d'usages celtico-gothiques et de rites empruntés à l'église romaine; elle est célébrée à des époques plus ou moins rapprochées par la confrérie dite *Abbaye des Vignerons*, et sa fondation, dont la date est perdue, rappelle les réglements qui la régissent encore. Depuis les temps les plus anciens, la confrérie veille aux travaux des vignes, et chaque année elle charge des agents de visiter tout le vignoble et de lui rendre un compte exact de leur mission, afin d'appliquer convenablement, sans faveur comme sans injustice, les encouragements pécuniaires promis à ceux dont le travail serait régulier, les vignes bien plantées et les ceps de bon choix. Quand la fête doit se célébrer, on en prévient tout le pays, qui ne manque jamais d'envoyer sa population entière à cette cérémonie.

Anciennement, elle avait un caractère de simplicité qu'elle a perdu depuis les cérémonies religieuses célébrées dans le sud-est de la France, sous le nom de *Fêtes de l'Ane.* C'était une promenade joyeuse de vignerons dans le costume de leur état, portant un fossoir sur l'épaule et le barillet pendant au-dessous. A leur tête marchait l'abbé avec sa crosse, au milieu de son conseil, et suivi des deux vignerons qui avaient remporté le prix du travail. Venait ensuite un petit enfant, couronné de pampres, porté sur un tonnelet et agitant une coupe ornée de médailles ; puis la masse des vignerons entonnant des chansons patoises.

On introduisit d'abord un peu plus de luxe, on voulut ensuite plus d'appareil. On orna donc les chapeaux de rubans, puis de paillettes ; on en borda les coutures de la veste et de la culotte, on argenta les fossoirs et les manches furent peints en vert. On donna bientôt après une compagne au Bacchus, c'était Cérès tenant une javelle dans la main gauche, une faucille dans la droite. On joignit plus tard à ce premier groupe allégorique le patriarche Noé, sa femme et ses fils, l'énorme grappe de raisin du pays de Chanaan, l'arche du déluge consacrée par la tradition mosaïque, et la première vigne plantée. On était en si beau chemin qu'il ne fut plus possible de s'arrêter ; aussi chaque année voyait-on apparaître un et même plusieurs personnages ou groupes nouveaux, et avec eux grandissaient la pompe et la magnificence.

Premièrement, on déclara qu'il était inconvenant de laisser le petit Bacchus au milieu d'une troupe d'enfants de son âge, portant au bout de longs bâtons les principaux attributs de la culture de la vigne et de la fabrication du vin ; on lui donna un cortège de Faunes et de Bacchantes, dansant et chantant des hymnes en l'honneur du Dieu ; derrière eux suivaient Silène, monté sur son âne, et un grand prêtre à barbe vénérable entouré de ses accolytes, portant un autel sur lequel brûlait l'encens. (Livrée vert et or.)

Secondement, on fit monter Cérès sur un char triomphal, sous un dais richement orné de draperies flottantes, et au lieu du petit cheval sur lequel elle était placée auparavant, elle était traînée par des bœufs aux cornes dorées, et autour de son char marchait un chœur de moissonneurs et de moissonneuses, présidé par une prêtresse que suivaient les canéphores, les thurifères et ses servants (Livrée rouge et or) chargés de cerceaux de fleurs et d'épis de blé.

Troisièmement, Palès vint rappeler les travaux du printemps et prendre place, accompagnée de bergers et de bergères. (Livrée blanche et bleue avec franges d'argent), portant des corbeilles de fleurs, puis des faucheurs et des faneuses se groupant d'une manière piquante, et exécutant des danses autour d'un char couvert de tous les ustensiles d'un châlet, pendant que d'autres chantaient en chœur le ranz des vaches.

Enfin, on voulut, à l'occasion de cette fête, qu'il y eût une noce champêtre, à laquelle présiderait le maire du village, en grand habit de gala, donnant le bras à son épouse, et accompagné des notables.

Tous les costumes étaient dessinés d'après l'antique; ils devaient être de la plus grande fraîcheur, et chacun mettait de l'orgueil à les montrer riches et éclatants, sans cependant faire oublier que la fête était celle des vignerons. La fête se terminait toujours par un banquet général où régnaient l'ordre, la gaieté, les refrains joyeux, ainsi que la frugalité.

En 1797, en 1819 et en août 1833, elle a été célébrée de manière à laisser un long souvenir, non-seulement à Vevey, mais encore à Lausanne, à Rolle, à Nyon, à Payerne. A la première de ces époques, il y eut quatre grands prix de donnés; il n'y en eut que deux à la seconde et douze accessits. Les grands prix consistent en une médaille d'or, sur laquelle on lit ces mots : *Ora et labora*, prie et travailles; plus une serpette d'honneur, entourée de guirlandes aux couleurs variées. La serpette s'acccorde aussi aux accessits. On donne aux vainqueurs une place distinguée, et successivement ils sont salués par une danse exécutée par chacun des groupes de bergers, de jardiniers, de faucheurs, de moissonneurs, de vignerons, de faunes et de bacchantes. Les danses sont toutes à caractères, les instruments que l'on groupe en les exécutant ajoutent de l'intérêt aux tableaux riants que l'on dessine.

Un spectacle nouveau a été ajouté en 1819. Les vignerons de la côte, donnant le bras à leurs jolies compagnes, se sont présentés dans le costume du pays, c'est-à-dire avec le chapeau de paille à cou de bouteille, la petite coiffe noire si élégante, le corset de soie noire ouvert, les longs gants de tricot, le tablier de soie noire, les bas de laine à coins rouges, et leurs longues tresses de cheveux que termine un nœud de rubans. Ils chantaient en patois et ne dansaient que des *Régates*.

A leur suite venaient les *Armaillers* de la montagne (les vachers), dans leur costume de gala, répétant en chœur l'air chéri des Suisses, ce ranz qui fait vibrer le cœur quand on l'entend, répété par les longs échos de la montagne. Chaque armailler avait sa vache, et montrait avec fierté les outils qui lui servent pour la préparation des fromages.

La marche de cette promenade toute nationale était ouverte par un corps de cent gardes, vêtus et armés dans l'ancien costume suisse, précédé de musiciens et du drapeau fédéral.

Sur les rives du Rhin, au milieu de ces riches coteaux où la vigne se montre si vigoureuse, où elle fournit une si belle et si bonne liqueur, où elle vit abritée des vents du nord et de l'est par de grands arbres à l'ombre épaisse qui couronnent la cîme des hauts rochers, on célèbre le temps de la vendange en promenant, au bruit des instruments et des chants, la plus grosse grappe de chaque vignoble ; elle est portée par deux jeunes et jolies filles bien parées. Chacun des trente-six villages qui forment le Rhingaw, dans l'espace d'un myriamètre de longueur, a sa fête particulière : c'est une délicieuse époque pour visiter ce magnifique amphithéâtre. Rien de plus gai que le pays, rien de plus aimable que l'hospitalité qu'on y reçoit, tout est en harmonie, l'élégant costume des femmes, la blancheur des maisons, le bleu d'azur de leurs toits, la richesse du sol, la verdure des arbres, et les ruines que l'on rencontre de distance en distance ! La grappe, après avoir été promenée dans le pays, est portée chez le propriétaire. On la dépose dans la chambre la plus grande,

Vigneron.   35

sur une table ornée de linges fins et de guirlandes; un orateur fait l'éloge du vigneron, puis on danse autour de la grappe, et cette antique cérémonie, religieusement observée par tous les riches, se termine par un repas où le vin coule en abondance, et à la suite duquel on danse de nouveau, l'on chante en chœur, puis chacun reçoit un grain de la grappe. On verse de nouvelles rasades, et l'on se sépare au milieu des démonstrations les plus amicales.

CHAPITRE IV.

De la Concurrence étrangère.

Dans les éphémérides de la ville de Metz, département de la Moselle, sous la date du 22 janvier 1381, j'ai copié l'article suivant : « Les Messins accordent en ce jour aux « habitants de Norroy la permission de venir vendre leurs « vins dans la ville, à condition qu'ils feront arracher les « vignes de mauvaise espèce. » La condition fut remplie, et de cette époque les vins du village se firent remarquer par une belle couleur, par un goût agréable, et par la propriété non moins précieuse de pouvoir être gardés dix ans et plus. Malheureusement les hivers rigoureux de 1608, de 1658, de 1709, de 1740, de 1768, de 1776, et de 1789, détruisirent tous les plants fins; on les a remplacés par de gros plants qui résistent mieux à l'intempérie des saisons, mais qui ont l'inconvénient de produire beaucoup de vins d'une qualité très inférieure, susceptibles de se gâter à la moindre circonstance, et par conséquent d'appauvrir de plus en plus le vigneron. Mieux vaudrait se livrer à tout autre genre de culture.

Si une prescription semblable à celle dictée à la ville de Metz dans l'intérêt des vignerons et des consommateurs était de nos jours imposée aux cantons où la culture de l'arbrisseau vinifère est déshonorée par l'habitude de viser plus à la quantité qu'à la qualité, nous verrions bientôt des pays entiers, aujourd'hui si tristes, si pressés par tous les besoins, rendus à des cultures plus importantes, moins chanceuses, et plusieurs excellents vignobles reconquérir leur antique et noble réputation. L'intérêt particulier, séduit, aveuglé par un commerce florissant, a laissé perdre la qualité primitive des vins par une fatale abondance, et les funestes résultats de ce faux calcul ont entraîné le commerce; les vins qui s'exportaient jadis très-avantageusement restent sans débouché, et sont livrés à la consommation intérieure qui est presque nulle, ici par la misère, là par suite d'une surabondance désespérante.

Une autre considération pressante : la vigne prospère maintenant avec succès dans diverses contrées où naguère encore elle était étrangère. Les vins de Moldavie, qui sont blancs, légers, chargés d'acide carbonique, rendent déjà célèbres les coteaux situés sur la rive gauche du Pruth. Les vallées de la Crimée, surtout celles du Sondach, produisent maintenant des grappes de raisins énormes qui donneront, avec plus de soins, un vin excellent. A Laspi, près de Balaklava, prospèrent les meilleurs plants du midi de la France et de l'Espagne. Les vins blancs de la Molotschena, qui naguère encore étaient très-faibles, commencent à prendre de la valeur. On a planté des chevelées du Tokai, près d'Astracan; elles parurent d'abord y avoir dégénéré; mais un major hongrois en a sensiblement amélioré la culture, et leur raisin est aujourd'hui recherché. La Géorgie et la Mingrélie se couvrent de ceps, ceux de la première de ces contrées donnent des raisins abondants, très-vineux, et une liqueur agréable.

Ce n'est pas tout, la vigne vient très-bien dans l'une et l'autre Amérique; déjà plusieurs vignobles du Mexique, de la Californie, du Pérou, du Chili, du Brésil, etc, jouissent d'une réputation aussi brillante que ceux de Madère, de Porto, d'Alicante, et des bords de la Garonne. Enfin la vigne a été transportée à la Nouvelle-Hollande, aux îles Sandwich où elle prospérera sans doute, fournira de nouveaux types et peut-être des vins qui rivaliseront avec ceux de la France. Cette double conquête faite sur nous est un avertissement de perfectionner nos méthodes de culture, de relever la qualité de nos vins, et de soutenir

au plus haut degré cette branche importante de notre
commerce. Ne nous le dissimulons pas, nos vins auront
toujours la suprématie sur les vins les plus exquis de
l'étranger, on les recherchera toujours avec plaisir, si
nous voulons purger nos vignes de ces misérables cépages dégénérés qui les envahissent et qui les discréditent
aujourd'hui, qui encombrent nos caves et nos celliers
sans pouvoir en sortir (1), et qui décident, de la sorte,
de la misère de tous les vignerons imprévoyants.

(1) Pas même pour être brûlés; la distillation des grains et de la
solanée parmentière fournit aux pays, jadis nos tributaires, une provision suffisante d'alcool pour boire, ou pour la mêler aux gros vins
qu'ils nous demandent encore, mais en petite quantité.

FIN.

TABLE DES MATIÈRES

LIVRE II.

MALADIES DE LA VIGNE.— LEURS CAUSES ET MOYENS DE LES PRÉVENIR ET DE LES GUÉRIR.

LIVRE III.

ART DE FAIRE LE VIN.

LIVRE IV.

DES DIFFÉRENTES SORTES DE VINS.

LIVRE V.

PRODUITS QUE L'ÉCONOMIE DOMESTIQUE TIRE DE LA VIGNE.

LIVRE VI.

APPENDICE.

FIN DE LA TABLE DES MATIÈRES.

BAR-SUR-SEINE. — IMP. SAILLARD.

ENCYCLOPÉDIE-RORET.

COLLECTION

DES

MANUELS-RORET

FORMANT UNE

ENCYCLOPÉDIE

DES SCIENCES ET DES ARTS,

FORMAT IN-18

Par une réunion de Savans et de Praticiens;

MESSIEURS

AMOROS, ARSENNE, BIOT, BIRET, BISTOE, BOISDUVAL, BOITARD, BOSC, BOUTEREAU, BOYARD, CAREN, CHAUSSIER, CHEVRIER, CHORON, CONSTANTIN, DE GAYFFIER, DE LAFAGE, P. DESORMEAUX, DUBOIS, DUJARDIN, FRANCŒUR, GIQUEL, HERVÉ, HUOT, JANVIER, JULIA-FONTENELLE, JULIEN, LACROIX, LANDRIN, LAUNAY, LEBOUY, LENORMAND, LESSON, LORIOL, E. LORMÉ, F. MALEPEYRE, MATTER, MINÉ, MULLER, NICARD, NOEL, PAUTET, RANG, RENDU, RICHARD, RIFFAULT, TARBÉ, TERQUEM, THIÉBAUT DE BERNEAUD, THILLAYE, TOUSSAINT, TREMERY, TROУ, VAUQUELIN, VERDIER, VERGNAUD, YVART, etc.

Tous les Traités se vendent séparément, 400 volumes environ sont en vente; pour recevoir franc de port chacun d'eux, il faut joindre un mandat sur la poste à la lettre de demande. Tous les ouvrages qui ne portent pas au bas du titre : *Librairie Encyclopédique de Roret* n'appartiennent pas à la *Collection de Manuels-Roret* qui a eu des imitateurs et des contrefacteurs.

Cette Collection étant une entreprise toute philantropique, les personnes qui auraient quelque chose à nous faire parvenir dans l'intérêt des sciences et des arts, sont priées de l'envoyer franc de port à l'adresse de M. le *Directeur de l'Encyclopédie-Roret*, format in-18 chez M. RORET, libraire, rue Hautefeuille, 12, à Paris.

Poissy. — Typ. S. Lejay et Cie.

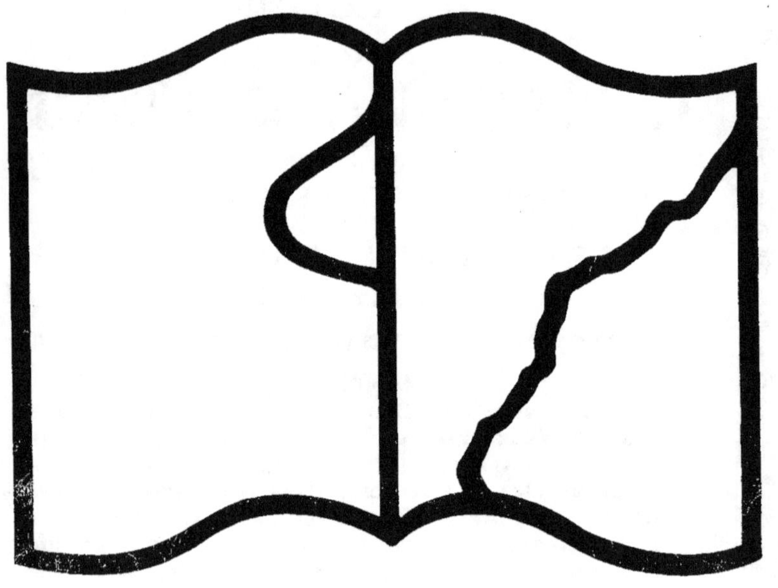

Texte détérioré — reliure défectueuse

NF Z 43-120-11

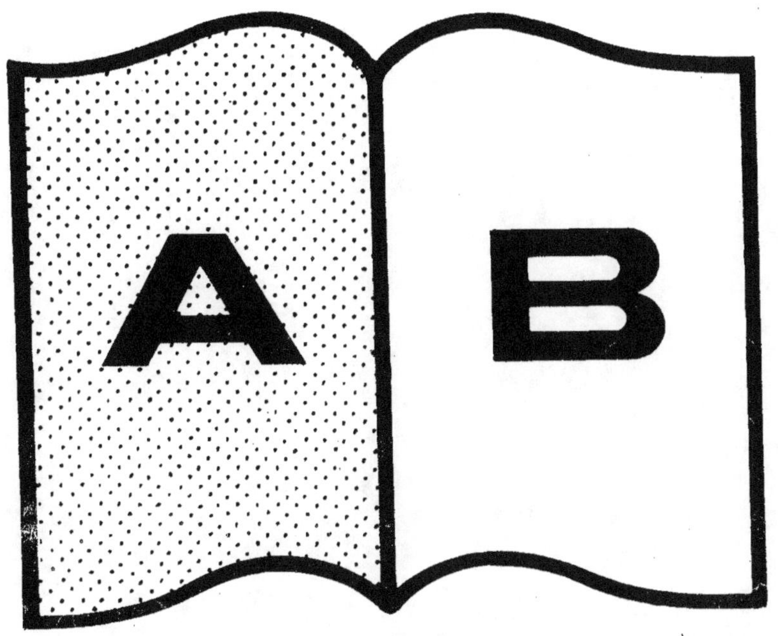

Contraste insuffisant

NF Z 43-120-14